Saint-Simon

Einführung in ein
Leben und Werk, eine Schule,
Sekte und Wirkungsgeschichte

Von
Dr. R. Martinus Emge
o. Professor der Soziologie
an der
Universität Bonn

R. Oldenbourg Verlag München Wien

CIP-Kurztitelaufnahme der Deutschen Bibliothek

Emge, Richard Martinus:
Saint-Simon : Einf. in e. Phänomen / von Richard
Martinus Emge. – München ; Wien : Oldenbourg,
1987.
   ISBN 3-486-20235-9

© 1987 R. Oldenbourg Verlag GmbH, München

Das Werk einschließlich aller Abbildungen ist urheberrechtlich geschützt. Jede Verwertung außerhalb der Grenzen des Urheberrechtsgesetzes ist ohne Zustimmung des Verlages unzulässig und strafbar. Das gilt insbesondere für Vervielfältigungen, Übersetzungen, Mikroverfilmungen und die Einspeicherung und Bearbeitung in elektronischen Systemen.

Gesamtherstellung: R. Oldenbourg Graphische Betriebe GmbH, München

ISBN 3-486-20235-9

Inhaltsverzeichnis

Einleitung 1

Teil I: Zur Ausgangslage 5
1. Kapitel: Das Haus Saint-Simon 5
2. Kapitel: Zur Sozialstruktur des „Ancien Régime": Krone, Klerus, Adel und „dritter Stand" 11
3. Kapitel: Über einige Elemente und Ausdrucksformen der französischen Aufklärung 20
4. Kapitel: Zur Bedeutung der großen Französischen Revolution für unser Thema 26

Teil II: Ein Leben als Experiment? 31
5. Kapitel: Jugendjahre in Frankreich 31
6. Kapitel: Als Offizier in Amerika 36
7. Kapitel: Letzte Militärdienste sowie Projekte in Mexiko, den Niederlanden und Spanien 44
8. Kapitel: Revolution, Spekulation und Kerker 51
9. Kapitel: Unternehmungen während des Direktoriums 59
10. Kapitel: Studien, Mäzenatentum und eine sonderbare Ehe 67
11. Kapitel: Unter dem Empire 73
12. Kapitel: Nach der Restauration 83
13. Kapitel: Letzte Jahre und Lebensende 92

Teil III: Einführung in das Werk 99
14. Kapitel: Die „Genfer Briefe" und das Streben nach wissenschaftlichem Positivismus und Universalismus 100
15. Kapitel: Fortschrittsglaube und Sehnsucht nach Frieden in einem vereinigten Europa 107
16. Kapitel: „Alles durch die Industrie, alles für die Industrie" .. 113
17. Kapitel: Ein berühmtes Lehrer-Schülerverhältnis: Saint-Simon und Auguste Comte 118
18. Kapitel: Das „Neue Christentum": Für einen neuen Glauben und die Förderung des Proletariats 124
19. Kapitel: Zusammenfassung 131

Teil IV: Die „Saint-Simonisten" 141
20. Kapitel: Die Beisetzung eines „Propheten" und praktische Probleme .. 141
21. Kapitel: Die Bildung einer Redaktionsgemeinschaft und Schule .. 143
22. Kapitel: Zur soziologischen und sozialpsychologischen Analyse eines Kreises 148
23. Kapitel: Die „Exposition de la Doctrine" 154
24. Kapitel: Sektenbildung und Julirevolution 162
25. Kapitel: Frauenfrage und Sexualität. Krise und Schisma 168
26. Kapitel: Das Gaukelspiel von Ménilmontant und ein Prozeß ... 174

Teil V: Diaspora und weitere Wirkungsgeschichte 181
27. Kapitel: Projekte in Ägypten und Visionen über Israel 181
28. Kapitel: Eisenbahnbau, „Crédit Mobilier" und Ausklänge in Frankreich 187
29. Kapitel: Der Saint-Simonismus in England und Deutschland 193
30. Kapitel: Die Aktualität Saint-Simons: Zwischen Realität und Utopia . . 205

Anhang
1. Chronologische Übersicht 209
2. Genealogie Saint-Simon (Ausschnitt) 212
3. Bibliographie 213
   A. Hauptschriften Saint-Simons 213
   B. Exemplarische Publikationen der Saint-Simonisten 213
   C. Ausgewählte Sekundärliteratur über Saint-Simon und den Saint-Simonismus 214
   D. Weitere einschlägige Literaturhinweise 215
4. Sachregister 217

«Ma vie présente une série de chutes; et cependant ma vie n'est pas manqué»
Henri de Saint-Simon

„... da mir bekannt, daß der Simonismus eine der wichtigsten Erscheinungen, ja noch mehr ist: der Inbegriff von vielen wichtigen Erscheinungen dieser Zeit."
Ludwig Börne

„Es gibt fast kein Gebiet des gesellschaftlichen Lebens, auf dem er nicht zum ersten Male ein ganz neues Licht verbreitet hätte."
Lorenz v. Stein

Vorwort

Von Henri de Saint-Simon hörte ich zuerst kurz nach dem Kriege als Student in Heidelberg, wo uns Alfred Weber in seinen Colloquien nachdrücklich auf den bedeutenden Franzosen hinwies. Am „Collège d'Europe" in Brügge rühmte dann Rektor Henri Brugmans den Vorkämpfer der Einigung Europas und benannte ein Studienjahr nach ihm. Selbst akademischer Lehrer geworden, behandelte ich in dogmengeschichtlichen Vorlesungen und Seminaren Leben und Werk des schillernden Denkers so, wie das in Deutschland üblich ist: Mit Heiterkeit, aber auch mit durch Originallektüre wenig beschwerter Apodiktik. Daß die Sekundärliteratur auf über 1000 Titel angeschwollen ist, blieb bei uns ziemlich unbeachtet. Der Wunsch, die eigenen Ausführungen zu belegen, die Notwendigkeit, manches darin zu revidieren, der Mangel an lesbaren Texten und lebhaftes, studentisches Interesse führten dazu, das Thema gründlicher anzugehen. Dies war im Rahmen von Forschungen in Paris, vor allem in der „Bibliothèque Nationale" und der „Bibliothèque de l'Arsenal" möglich. Ein erstes Ergebnis war der Beitrag „Saint-Simon als Wissens- und Wissenschaftssoziologe", der 1980 im Sonderheft „Wissenssoziologie" der „Kölner Zeitschrift für Soziologie und Sozialpsychologie" Aufnahme gefunden hat.

Dieses Buch ist als Einführung in ein wichtiges Gesamtphänomen gedacht. Es soll helfen, Wege zu Saint-Simon und den Saint-Simonisten zu erhellen und die von ihnen ausgehenden Ströme zu verfolgen. Im wesentlichen wird berichtet (wobei die Quellen sich öfter widersprachen), es wird zusammengefaßt und zu analysieren versucht. Anspruchsvollere eigene Konzeptionen finden sich nicht. Der Verf. glaubt aber, einige kleinere Fakten oder doch Deutungen neu bringen zu können. Die Übersetzungen stammen, wo nicht anders vermerkt, von ihm.

Der französischen Botschaft in Bonn und den beiden genannten Pariser Bibliotheken gilt der Dank für mancherlei Unterstützung. Kollegen, nicht zuletzt René König, haben wertvolle Anregungen gegeben. Einem Urgroßneffen Saint-Simons verdanke ich eine Einladung und Informationen. Meiner Frau danke ich für das Schreiben des Manuskripts und ihren Ansporn. Das Bonner Seminar für Soziologie hat ebenfalls mancherlei gute Hilfen geleistet und verständnisvoll den Verf. einem Thema nachgehen lassen, das er für wichtig hält.

Das vernachlässigte Grabmal Saint-Simons auf dem Pariser „Père Lachaise" ist mit seiner zersprungenen Platte ein Symbol der Vergänglichkeit. Es verdient, instand gesetzt zu werden.

Bonn, am 1. Mai 1986   R. M. Emge

Einleitung

Die akademische Tradition der Sozialwissenschaften, welche der Marxismus als „bürgerlich" etikettiert, und damit abqualifiziert, hat Saint-Simon längere Zeit vernachlässigt, jedenfalls in Deutschland. Dabei hat der exzentrische Denker zunächst gerade bei deutschen Wissenschaftlern ein starkes Echo gefunden, wozu nur auf LORENZ V. STEIN verwiesen sei. FRIEDRICH ENGELS hatte Saint-Simon die „höchst geniale Entdeckung" des Klassenbegriffs attestiert. Aber die Klassifizierung als „Utopist", die ihm von vielen Seiten widerfuhr, schadete seinem Ruf als Theoretiker. Die behagliche Anwendung des Utopie-Begriffs lediglich auf das doch niemals zu Realisierende wird aber heute stark in Frage gestellt. Und in der Tat sind die Utopien von Saint-Simon inzwischen zu einem großen, fast unheimlich großen Teil Wirklichkeit geworden.

Im Hinblick auf diesen kühn spekulierenden und prognostizierenden Denker kann man einen Ausspruch VOLTAIRES über die Werke Spinozas („moins lus que célèbres") dahingehend erweitern, daß unser Autor kaum gelesen, dafür aber gerühmt und geschmäht wird. Anders formuliert: Er wird so gut wie überhaupt nicht gelesen, und seine Person ist im positiven oder negativen Sinne zu einem Mythos geworden. Das erste ist leicht verständlich, da noch nicht einmal in Frankreich eine gut lesbare Ausgabe seiner wesentlichsten Werke greifbar ist und auf deutsch überhaupt nur wenige Auszüge vorliegen. Das Ansehen Saint-Simons scheint aber trotz alledem wieder zu wachsen. Denn er ist modern geblieben, ja wieder aktuell geworden, weil er Fragen aufgeworfen und zu beantworten versucht hat, die uns gerade heute „existentiell" angehen.

Bei der Beschäftigung mit dem Phänomen Saint-Simon wird man *a limine* eines tun müssen: Man hat den Autor selbst und die späteren Saint-Simonisten deutlich auseinanderzuhalten. Und man sollte auch letztere, trotz ihrer Bizarrerien und der Tatsache, daß einige ihrer Vertreter typische „Kaffeehaus-Literaten" waren, ernster nehmen. Sie haben dessen ungeachtet messianisch stark gewirkt. Und hatten nicht auch andere sozialistische Richtungen einige Wurzeln in solchen Milieus, bleibt nicht auch der Faschismus, deutlicher noch der Nationalsozialismus mit seinem folgenschweren Antisemitismus ohne Beitrag eines solchen Literatentums unverständlich? „Sektenchef", wie man oft lesen kann, war Saint-Simon selbst freilich niemals, die Geschichte der Saint-Simonisten begann erst mit seinem Sterben. Sie war ebenso farbig, ambivalent und folgenreich wie sein eigenes Leben. Und was für die Werke mancher großen Autoren gilt, war in hohem Maße gerade auch bei Saint-Simon der Fall: Posthum hat man Neues aus ihm gemacht und ihn dadurch stark verfälscht.

So wird es also zunächst unsere Aufgabe sein, einige Wege zu bahnen durch einen Dschungel von Vergötzung und Diffamierung, von immer erneut erzählten und dabei variierten Anekdoten, von den Leser manchmal zur Verzweiflung treibenden Konglomeraten fragmentarischer Arbeiten und Textfetzen, Prospekten und Korrespondenzen. Dabei lassen sich Biographie, Sektengeschichte und Werk nicht immer säuberlich voneinander trennen. So fesselnd Vieles hier ist, so sehr es manches Mal an Gegenwartsprobleme erinnert, das letztlich Wichtige bleibt: das geistige und soziale Gesamtphänomen. Es handelt sich um ein Syndrom, zu dem materielle und geistige Verursachungskomplexe beigetragen haben und von dem entscheidende Wirkungen ausgingen.

Dieses Gesamtphänomen ist zwar durch verschiedene Arbeiten partiell erhellt, im Zusammenhang aber bei uns seit fast 80 Jahren[1] nicht mehr ausführlich behandelt worden. Erst dadurch kann aber seine Bedeutung klar werden. Daß eine Gesamtwürdigung im Unterschied zu wertvollen Untersuchungen zu Teilaspekten so lange unterblieb, hat gewiß verschiedene Ursachen. Wir nannten bereits die Schwierigkeiten bei der Lektüre der Originalschriften Saint-Simons, und dies gilt in noch höherem Maße für das umfangreiche Konvolut der schließlich wild wuchernden Publikationen von Schule und Sekte. Gewichtiger ist vielleicht: Saint-Simon gilt noch heute vielfach als ein Theoretiker der Wirtschaftswissenschaften, wobei man aber zu dem Schluß kommen konnte, daß der bedeutende Dilettant von Wirtschaftstheorie nicht genügend verstand. Die Isolierung dieser Theorie von den gern unter „*ceteris paribus*" abgetanen Zusammenhängen kultureller, sozialer, politischer und sonstiger Art war zwar nach einigen Exzessen des Historismus[2] die Voraussetzung ihrer Blüte. Sie hat aber wichtige Überlegungen mit in den Abgrund der Entfremdung zwischen den sozialwissenschaftlichen Disziplinen sinken lassen. Es dürfte an der Zeit sein, diese Kluft wieder etwas zu schließen, die der Marxismus bei aller Einseitigkeit niemals hat entstehen lassen.

Wenn wir richtig sehen, begann der anspruchsvolle Theoretiker, den wir behandeln, erst wieder in den Jahren nach dem 1. Weltkrieg stärker zu wirken. Sein hundertster Todestag im Jahre 1925, zu dem mehrere Schriften erschienen, die um sein Werk und Leben und um das Wirken der Sekte kreisten, war ein Markstein. Das Bekenntnis des „wissenschaftlichen Sozialismus" zu diesem „Ahnherrn" bildete freilich schon vorher einen Schwerpunkt. Nicht zufällig steht sein Name auf einem Obelisk in Moskau eingemeißelt, der den Vorkämpfern des Sozialismus gewidmet ist. Versuche, z.B. in Deutschland, nach dem 1. Weltkrieg auch von Unternehmerseite auf Saint-Simon zu rekurrieren („Neo-Saint-Simonismus"), führen wir der Vollständigkeit halber an. Hierher gehörten seit WALTHER RATHENAU[3] Konzeptionen von der „Gesellschaft als Werkstatt". Und wenn nach dem 2. Weltkrieg die Schlagworte von der „formierten Gesellschaft" oder von der „sozialen Marktwirtschaft" auftauchen, wenn man gegenwärtig international Möglichkeiten eines „caring capitalism" als Alternative zur „Ellenbogengesellschaft" diskutiert, so ist auch dies Saint-Simonistisches Gedankengut.

Unbestritten kann jedenfalls die Aussage von LORENZ V. STEIN bleiben, daß der Saint-Simonismus auf fast jedem Gebiet des gesellschaftlichen Lebens neues Licht verbreitet hat. Oder, um es mit der zeitgenössischen „International Encyclopedia of the Social Sciences" von 1968 auszudrücken: „Saint Simon ... had a

---

[1] FRIEDRICH MUCKLE, Henri de Saint-Simon, die Persönlichkeit und ihr Werk, Jena 1908.
[2] Vgl. zu dieser Richtung: GOTTFRIED EISERMANN, Die Grundlagen des Historismus in der deutschen Nationalökonomie, Stuttgart 1956.
[3] WALTHER RATHENAU vertrat bereits während des 1. Weltkriegs das Gedankengut Saint-Simons (vgl. z.B. sein viel gelesenes Buch: Von kommenden Dingen, Berlin 1917, passim). Er erstrebte eine durchrationalisierte Planwirtschaft, die aber nicht durch Sozialismus, sondern durch Selbstverwaltung der Wirtschaft auf korporativer Grundlage und in gemeinwirtschaftlichem Geist herbeizuführen sei.

crucial role in the early nineteenth-century developments of industrial socialism, positivism, sociology, political economics, and the philosophy of history." Wir sind aber alle Kinder auch des gern unterschätzten vorigen Jahrhunderts, und in der Tat: Es lassen sich die imponierenden Entwicklungstendenzen des Kapitalismus und Sozialismus mit Saint-Simonistischem Ideengut in funktionelle Zusammenhänge bringen, selbst wenn natürlich Ideen keine unabhängigen Variablen sind. Saint-Simon bleibt auch unbestritten einer der Begründer der modernen Soziologie, aber leider auch Vorläufer der kaum verhüllten Absolutheitsansprüche einiger ihrer Vertreter.

Hinzu kommt, und dies mag die Bedeutung des von uns behandelten Komplexes unterstreichen: In der Gegenwart sind die Friedensbewegung, die Frauenbewegung und die Bedeutung bestimmter intellektueller und künstlerischer Schlüsselgruppen und Meinungsbildner nicht mehr zu ignorieren. Die „Krise" unserer Kultur und Gesellschaft fordert, über eine neue Moral nachzudenken. Bei alledem kann man aber unschwer Gedankengut Saint-Simons oder doch – wie beim „Feminismus" – der späteren Sekte ausmachen.

So erscheint die gründlichere Beschäftigung mit einem Phänomen angezeigt, das sowohl zum wissenschaftlichen und ökonomischen Fortschritt wie zur menschlichen Hybris, ja zum Totalitarismus wesentlich beigetragen hat. Hierbei klarer und nüchterner zu sehen, erscheint uns aber als die vornehmste Aufgabe an der Schwelle des dritten Jahrtausends unserer Zeitrechnung. Schon vor drei Jahrzehnten trug die deutsche Ausgabe eines Werkes von ALBERT SALOMON den inhaltsschweren Titel „Fortschritt als Schicksal und Verhängnis".[4] Auch wissen wir noch nicht, ob die Zukunft der Plan- oder der Marktwirtschaft gehört, und wie mögliche Mischformen zustandekommen werden. Der „Klassenkampf", den Saint-Simon so engagiert zu vermeiden trachtete, ist auch keineswegs beendet und bedient sich mancherlei, darunter auch subtiler neuer Formen.

---

[4] ALBERT SALOMON, Fortschritt als Schicksal und Verhängnis. Betrachtungen zum Ursprung der Soziologie, Stuttgart 1957.

Teil I
Zur Ausgangslage

1. Kapitel
Das Haus Saint-Simon

Es ist immer wieder erstaunlich, wie lange sich auch in der Moderne Mythen halten können, die den Tatsachen erwiesenermaßen widersprechen. Auch Sozialwissenschaftler fallen auf solche Mythen herein. Sie bieten freilich auch selber die Erklärung an, daß solche Mythen eben besondere Funktionen erfüllen. Im Hinblick auf Henri de Saint-Simon gibt es nun ein ganzes Gewebe von Mythen, an dem er selber fleißig mitgewoben hat. So reizvoll, so symbolträchtig es auf uns wirkt, so berechtigt ist es, sich wissenschaftlich um die Tatsachen zu bemühen.

Eine dieser Mythen betrifft schon das Gesamtgeschlecht. Dieser Mythos reicht über tausend Jahre zurück und betrifft die Abstammung von KARL D. GROSSEN – wir kommen gleich darauf zurück. Ein anderer Mythos rankt sich um die Tatsache, daß das Haus Saint-Simon mindestens zwei bedeutende und berühmt gewordene Vertreter aufweist, nämlich einmal: LOUIS DE ROUVROY, DUC DE SAINT-SIMON (1675–1755), einen der prominentesten Memoirenschreiber der Weltliteratur, der den Hof Ludwigs XIV. und seine Zeitgenossen in geistvoll-satirischer Weise schilderte und damit über 40 Memoirenbände füllte.[1] Und zum anderen: CLAUDE-HENRY DE ROUVROY, COMTE DE SAINT-SIMON (1760–1825), einen höchst skurrilen und exzentrischen sozialwissenschaftlichen Schriftsteller von epochalem Rang, der im Mittelpunkt unseres Buches steht. Das ist schon etwas für eine einzelne Familie. Der große französische Historiker JULES MICHELET hatte ganz recht, wenn er schrieb: „Diese neuere Familie, die vorgibt, von Karl dem Großen abzustammen, hat doch genug geleistet, indem sie einen der größten Schrift-

---

[1] C. A. SAINTE-BEUVE schrieb in seinen „Causeries du lundi": „Nach dem Tode Saint-Simons erlebten seine Memoiren manche widrigen Schicksale. Aus den Händen der Familie genommen, wurden sie zu einer Art von Staatsgefangenen; man fürchtete die indiskreten Enthüllungen" ... „Ab 1784 begann die Publizistik sich vorsichtig der Memoiren Saint-Simons über Hintertreppen anzunehmen, in Form von herausgeschälten Anekdoten und von Stückwerk. Zwischen 1788 und 1791, dann später 1818, erschienen Auszüge daraus, mehr oder weniger umfangreich" ... „Man muß daher die Gesamtheit der Memoiren vorlegen, in ihrer originalen und authentischen Form. Die Ausgabe von 1829 hat dieses Anliegen zur Reife gebracht. Die Sensation, welche die ersten Bände erzeugten, war sehr groß: Es wurde der größte Erfolg seit demjenigen der Romane von Walter Scott." (Diese Ausführungen – „Causeries du lundi", Paris 1862, S. 455–457 – bereiteten die Ausgabe von 1856/58 vor, die SAINTE-BEUVE selbst einleiten wird.) Die Gesamtausgabe erschien dann im Verlag Hachette, Paris, herausgegeben von A. DE BOISLISLE 1879–1928 in 43 Bänden. An deutschsprachigen Auszügen nennen wir u. a.: WILHELM WEIGAND (Hrsg.): Der Hof Ludwig XIV., nach den Denkwürdigkeiten des Herzogs von Saint-Simon, 3. A., Leipzig 1925. Wir zitieren die Ausgabe von BOISLISLE kurz als „Memoires".

steller des XVII. Jahrhunderts und den kühnsten Denker unserer Epoche hervorgebracht hat."² Beide Autoren werden, auch in gebildeten Kreisen, immer wieder miteinander verwechselt. In Frankreich fragt man daher häufig: „Le duc ou le comte?" – „sprechen Sie vom Herzog oder vom Grafen?" Bis heute wird behauptet, der Comte Henri sei ein Enkel des Herzogs gewesen. Diese Behauptung findet sich selbst noch in der neuesten „Brockhaus-Encyclopädie". Auch Sozialwissenschaftler von Rang, von LORENZ V. STEIN³ bis HELMUT SCHELSKY⁴, haben diese Version übernommen und sind damit einem genealogischen Irrtum aufgesessen. Es ist dies freilich ein Irrtum, an dem Henri de Saint-Simon selbst, ohne es zu wollen, nicht ganz unschuldig ist. Hatte er doch gern erklärt – z. B. in den Bruchstücken seiner Autobiographie von 1808⁵ –, er sei „der nächste Verwandte" dieses um 1800 immer berühmter werdenden Memoirenschreibers gewesen und dessen Herzogtum, wie sonstige damit verbundene Würden und Besitztümer, seien ihm nur durch einen Familienzwist entgangen. In Wirklichkeit ist die Verwandtschaft zwischen diesen beiden berühmten und, wie wir später erkennen werden, dialektisch zusammengehörenden Vertretern einer begabten Familie (die auch sonst eine Anzahl überdurchschnittlicher Autoren, Kirchenfürsten und Militärs aufweist⁶) sehr weitläufig. Es macht schon Mühe, die Verwandtschaft zu rekonstruieren, da es sich um Familienzweige handelt, die vor Jahrhunderten auseinandergedriftet waren (der Herzog entstammte der Linie RASSE, der Sozialphilosoph der Linie SANDRICOURT). Da aber die Nachkommen des Herzogs auch in der weiblichen Linie ausgestorben waren, ist es trotzdem möglich, daß der Anspruch Henris, der „nächste Verwandte" des Herzogs gewesen zu sein, formal nicht unberechtigt war. Immerhin hatte schon sein Vater 1775 versucht, zusammen mit seinem Bruder, dem Bischof von Agde, der 1794 guillotiniert werden wird, einen Teil des schriftlichen Nachlasses des Herzogs, darunter die berühmten Memoiren, mit Hilfe einer Gerichtsklage zu erhalten.⁷ Im übrigen hinterließ der Herzog eigentlich nur Schulden.

---

² JULES MICHELET, in einer Fußnote seines „Tableau de la France", das im 2. Band seiner „Histoire de France" (1833) enthalten ist. MICHELET behielt dieses Urteil auch noch in der Auflage von 1852 bei und modifizierte es erst 1861 in: „einen der kühnsten Denker" (vgl. die von LUCIEN REFORT hrsg. Ausgabe des „Tableau", Offenburg–Mainz, 1947, S. 86 und 110).
³ LORENZ V. STEIN, Geschichte der sozialen Bewegung in Frankreich von 1789 bis auf unsere Tage, hrsg. von GOTTFRIED SALOMON, 3 Bde., München 1921, Bd. 2, S. 133, wo es über Henri de Saint-Simon heißt: „Sein Vater war der Graf von Saint-Simon, der Sohn des berühmten Herzogs Saint-Simon ... der Enkel desselben war einziger Erbe eines großen Namens und eines nicht minder bedeutenden Vermögens. Der Titel eines Herzogs, eines Pairs von Frankreich und Granden von Spanien waren ihm bestimmt." Durch LORENZ VON STEIN hat sich dieser Irrtum offenbar in Deutschland verbreitet.
⁴ HELMUT SCHELSKY, Die Arbeit tun die andern, Klassenkampf und Priesterherrschaft der Intellektuellen, Opladen 1975, S. 259.
⁵ Œuvres de Claude-Henri de Saint-Simon et d'Enfantin, 47 Bde., Paris (E. Dentu) 1865–1878, Vol. I, S. 71. Eine Reprint-Ausgabe der Werke Saint-Simons (5 Bde.) aus diesem Mammutwerk erschien, um einen 6. Bd. ergänzt, Paris 1966, in den „éditions anthropos". Künftig von uns zitiert als „anthropos".
⁶ Vgl. die beiden älteren französischen Biographien „Biographie Universelle, ancienne et moderne", Paris 1843 ff., und „Nouvelle Biographie Générale", 1857 ff.
⁷ GEORGES POISSON, Monsieur de Saint-Simon, Paris 1973, S. 406. Der Antrag wurde abgewiesen. Für diese Biographie des Herzogs zog Poisson auch die ältesten Archive der Familie Saint-Simon heran, die sich auf dem Schloß de la Nièvre (Besitzer: LE MALLIER) befinden (Anmerkung 5 zu Kap. I.).

Über das Haus Saint-Simon gibt es seit rund hundert Jahren eine ausführliche gedruckte Abhandlung, die mit mehreren Stammtafeln ausgestattet ist. Diese Abhandlung, „Généalogie de la Maison de Rouvroy de Saint-Simon", findet sich in der genannten Gesamtausgabe der Werke des Herzogs, die BOISLISLE ab 1879 herausgegeben hat. Ein genealogischer Anhang, der bis in das letzte Viertel des vorigen Jahrhunderts fortgeführt worden war, behandelte auch kritisch jenen schon genannten Abstammungsmythos von KARL D. GROSSEN, der von allen Zweigen des Geschlechts seit Jahrhunderten als Ahnherr verehrt wurde. Der Mythos betrifft die angebliche Abstammung des Hauses de Rouvroy de Saint-Simon von einer ehemals regierenden Dynastenfamilie wohl tatsächlich karolingischen Ursprungs, nämlich den ehemals regierenden Grafen von Vermandois, einem Territorium der Haute Picardie, mit seinem Zentrum in Saint-Quentin. Aus dieser leicht melancholischen Landschaft der oberen Somme, seit der Verwaltungsreform aufgeteilt in die heutigen Departements Aisne und Somme, im 1. Weltkrieg Schauplatz schwerer Kämpfe, stammte zwar in der Tat die Familie, aber sie regierte dort nicht. Die Familienmitglieder glaubten sich aber infolge dieser Fiktion nicht nur der kapetingischen Dynastie der Bourbonen ebenbürtig, sondern durch die karolingische Abstammung sogar vor diesen ausgezeichnet. Dieser Mythos wurde für Henri de Saint-Simon sehr bedeutend. Man beginnt heute zu Recht, familiensoziologische Zusammenhänge in ihrer Bedeutung für die Nachkommen, nicht zuletzt in ihrer wissenssoziologischen Bedeutung für prominente Autoren, viele Generationen zurückzuverfolgen.[8]

Bei den Abstammungsmythen der Saint-Simons liegt es wie bei vielen genealogischen Prunk- und Schaustücken: Sie halten der nüchternen Forschung nicht oder nur teilweise stand. Wenn sie nicht oder kaum beweisbar sind, so besagt dies keineswegs, daß sie unsinnig sind. Denn sie dienen ja nicht nur dem Sozialprestige der Familie nach außen hin, einer Funktion, der bei gefährdeter Familienstellung besonderes Gewicht zukommt, sondern sie sollen auch die Familiensolidarität und Familienmoral im Binnenraum stützen. Dies gilt für Mythen von Familien ebenso wie für solche der Nationen, Klassen, Völker, Rassen und sonstiger Kollektive. „Demokratische" oder „proletarische" Mythen unterscheiden sich diesbezüglich von aristokratischen grundsätzlich nicht, auch bei ersteren gibt es ja entsprechende Bedürfnisse, man denke nur an den großen Mythos vom Sturm auf die Bastille. Für die Anfänge des später durch zwei Abkömmlinge so prominent gewordenen Geschlechts hat man folgendes feststellen können: Die ersten nachweisbaren Mitglieder des Hauses de Rouvroy, mit gleichnamigem, an weite Sumpfgebiete der Somme grenzenden Besitz einige Kilometer von Saint-Quentin, waren kleinerer Grund- und Schwertadel der Grafschaft Vermandois. Angehörige der Familie hatten an Kämpfen des „hundertjährigen Krieges" gegen England (1339–1453) teilgenommen und sich dabei ausgezeichnet. Einer dieser Ritter bekam den Beinamen „le Borgne" („der Einäugige"), der sich zwei Generationen vererbte. Ein relativ bescheidener Besitz mit Namen Saint-Simon, übrigens nicht-adeligen Ursprungs, kam um 1430 durch Heirat in die Familie[9], der Titel wurde dem Namen beigefügt, später vorherrschend. In

---

[8] Die Methode, den wissenssoziologischen Standort von Autoren genealogisch weiter zurückgehend abzurunden, wendete z.B. engagiert MARIANNE KRÜLL an: Freud und sein Vater, München 1979.
[9] Hinweis bei GEORGES POISSON, l.c., S. 8.

den folgenden Jahrhunderten teilte sich das Geschlecht dann in mehrere Linien auf, von denen aber zunächst keine nachweislich den Durchschnitt überragte.

Man unterschätzt freilich heute, selbst noch seitens der Sozialwissenschaften und vielleicht aus ideologischen Gründen gerade hier, das Ausmaß vertikaler sozialer Mobilität in früheren Zeiten, also die Frequenz sozialer Aufstiegs- und Abstiegsprozesse. Dem entspricht dann, daß man auf der anderen Seite die heutigen Mobilitätschancen gerne überschätzt. Ein Paradebeispiel für ersteres, für eine steile soziale Karriere innerhalb einer einzigen Generation, ist nun CLAUDE DE ROUVROY (1606 bzw. 07–1693) aus der Linie Saint-Simon-Rasse. Dieser ursprüngliche Stallpage, Jagdgefährte und Protégé König Ludwigs XIII. von Frankreich, machte eine verblüffend steile Karriere. Sie erhob den Reiterbuben aus armem, niederen Adel ohne damals wie heute erkennbarer größerer Leistungen über einige Zwischenränge im Alter von nur 28 Jahren zur Herzogs- und Pairswürde. Dieser ausgesprochene Günstling seines Königs verstand es – so notierte sein Sohn, der berühmte herzogliche Memoirenschreiber mangels anderer Meriten seines Vaters als erwähnenswert –, „das Reservepferd des Königs bei der Jagd so zu wenden, daß dessen Kopf an die Kruppe des Pferdes zu stehen kam, von welchem der König absitzen wollte. So konnte dieser, gewandt wie er war, vom einen Pferd auf das andere springen, ohne den Fuß zur Erde zu setzen".[10] GÉDÉON TALLEMANT DES RÉAUX spottete: „Der König faßte Zuneigung zu Saint-Simon, weil ihm der Bursche stets gewisse Nachrichten über den Jagdbestand gab, weil er seine Pferde nicht plagte und nicht in sein Horn geiferte, wenn er blies."[11] Der König, Sohn HEINRICHS IV. und der Maria von Medici, „der sich trotz seines galanten Hofes im Grunde seiner Seele vor den Frauen fürchtete"[12], bedurfte wohl solcher Freundschaft. Doch war das Erheben eines ehemaligen kleinadeligen Reitpagen im noch jugendlichen Alter zum Herzog derart außergewöhnlich und neiderweckend, daß ein dringendes Bedürfnis bestanden haben muß, solche Protektion rational zu legitimieren. Es dürfte daher König wie Günstling recht zupaß gekommen sein, daß just zu jener Zeit ältere – vielleicht bestellte – genealogische Notizen auftauchten, aus denen das Konnubium eines Saint-Simon mit einer der letzten Nachkomminnen der ehemals in der Picardie regierenden Grafen von Vermandois hervorging, die karolingischer Abstammung waren. Welches war damals das Gewicht solcher matrilinearer Deszendenz? Halten wir uns mit dieser realen oder fiktiven Abstammung nicht weiter auf. Sie war jedenfalls willkommener Anlaß für den König, noch vor Erhebung seines Günstlings zur Pairswürde eine historische Kontinuität zumindest über die Spindelseite zu etablieren, die alle Rangerhebungen besser rechtfertigte und dann auch von seinen königlichen Nachfolgern gebilligt wurde. Es entbehrt freilich nicht einer gewissen Komik, entspricht aber durchaus sozialpsychologischer Logik, daß ausgerechnet der extrem adelsstolze Herzog und Memoirenschreiber, der Verfechter und Dogmatiker damals schon anachronistisch gewordener Vorrechte des hohen Adels, ein Autor, der mit boshafter Kritik zahlreiche Stammbäume seiner Zeitgenossen auf dubiose Stellen abklopfte, selbst der Sohn eines Emporkömmlings aus relativ unbedeutendem Kleinadel gewesen war. Diese erste herzogliche Linie des Hauses stirbt noch im selben Jahrhundert wieder aus,

---

[10] Mémoires, Vol. I, S. 144.
[11] TALLEMANT DES RÉAUX, Mémoires, Vol. III, S. 65 (Edition Mommerqué).
[12] WILHELM WEIGAND, Der Hof Ludwigs XIV., Leipzig 1925, S. 201.

die letzte Nachkommin vermählt sich 1745 mit einem Angehörigen des Hauses GRIMALDI-MONACO.

Die stolze Behauptung des herzoglichen Memoirenschreibers über die blutsmäßige Abstammung von KARL DEM GROSSEN hat aber auch für Henri de Saint-Simon selbst eine solche Bedeutung gehabt, daß ihm sein hoher Ahnherr während des „terreur", unter der Schreckensherrschaft der Jakobiner im Verlauf der französischen Revolution, in einer von ihm selbst sehr wichtig genommenen Vision erscheint. Und er wird seinen schon erwähnten autobiographischen Versuch bezeichnenderweise mit dem Satz beginnen: „Je descends de Charlemagne", ich stamme von KARL DEM GROSSEN ab. Für das krankhaft überhöhte Sendungsbewußtsein unseres sozialwissenschaftlichen Autors, ja für den Anspruch seines gesamten Werks, erscheint uns jedenfalls dieser Familienmythos von Relevanz.

Henri stammte aus der Linie Saint-Simon-SANDRICOURT, die 1620 das Marquisat erhielt. Solche Titulaturen bedeuteten auch im „Ancien régime" nicht eben viel. Der Herzog schrieb in seinen Memoiren leicht distanzierend im Hinblick auf diese Vettern: „Wir gehören zum selben Haus, wenn auch zu Familienzweigen, die seit mehr als drei Jahrhunderten getrennt sind."[13] Freilich: Verwandtschaftskreise und -gefühle der Saint-Simons reichen – wie bei allen selbstbewußten Oberschichten, seien sie adeliger, patrizischer, jüdischer oder sonstiger Provenienz sehr viel weiter als dies in unteren europäischen Schichten (abgesehen vom Judentum) der Fall zu sein pflegt. Der Herzog: „Ich habe meinen Namen immer geliebt".[14] Dementsprechend versucht er auch, seinem Namensvetter, dem Großvater von Henri Saint-Simon, dem Marquis und späteren Generalleutnant LOUIS-FRANÇOIS DE SAINT-SIMON (1680–1751) zu einer für das Gesamthaus vorteilhaften ehelichen Verbindung zu verhelfen. Dieser heiratet jedoch, ohne den Herzog überhaupt zu konsultieren, LOUISE-MARIE-GABRIELLE DE GOURGES, eine Tochter des Beamtenadels („noblesse de robe"), vom Herzog aus gesehen die Tochter eines „Roturiers", eines aus nichtadeligen Schichten stammenden Mannes. Obwohl dieser Schwiegervater als „maître de requêtes", als Berichterstatter für Bittschriften im Staatsrat, nicht ohne Einfluß und auch nicht ohne Vermögen war, ist der Herzog doch sehr verärgert, zumal auch der Ruf der Braut nicht der beste war. Er wendet sich erbost und verletzt von dieser Verwandtschaft ab und wird die ganze Affäre später in seinen Memoiren ausführlich darstellen. Dabei wird er sogar bemerken: „Ich hatte mit ihnen gebrochen."[15] Diese Großmutter Henris väterlicherseits „beschäftigte sich später mit Chemie, und sie wurde schließlich in ihrem Laboratorium zusammen mit dem ihr assistierenden Chemiker erstickt aufgefunden".[16] Zweifellos war sie recht exzentrisch und hat auch sonst zu Kritik Veranlassung gegeben. Ein Zeitgenosse, der Jurist und Schriftsteller MATHIEU MARAIS berichtet in seinen Memoiren von einer pikanten Operation, die sie persönlich an einem nicht voll einsatzfähigen Liebhaber durchgeführt haben soll.[17] Der Herzog hatte also gegen Mademoiselle

---

[13] Mémoires, Vol. XIX, S. 186.
[14] Ebenda.
[15] l.c., S. 193.
[16] Der Duc D'ALBERT DE LUYNES berichtet darüber in seinen „Mémoires sur la cour de Louis XV."
[17] MATHIEU MARAIS erzählt diese Skandalgeschichte in seinem „Journal et Mémoires", Vol. II, S. 274.

DE GOURGES, von seinem Adelsdünkel abgesehen, vielleicht wirklich begründete Reserven. Was seinen Standesdünkel angeht, so mußte der Herzog freilich wissen, daß ein Großvater seiner eigenen, von ihm sehr geliebten Frau, bloß als ein bürgerlicher Steuerpächter[18] nachzuweisen ist. Wir bringen solche Marginalien nur, um zu zeigen, wie weit bis in die Spitzen der Gesellschaft hinein, bereits im „Ancien Régime" ökonomischer Wohlstand sozialen Aufstieg im Ständesystem bewirkte. Die Ständegesellschaft brütete eben bereits die Klassengesellschaft aus, wenn auch der Schein fester Standesschranken nach außen hin und auch intern in den Familien aufrechterhalten wurde. Schon damals galt, wie auch in bestimmten früheren Epochen, was MAX WEBER so formulieren wird: „Innerhalb der Klassen der Besitzenden und durch Bildung Privilegierten kauft Geld zunehmend – mindestens in der Generationenfolge – A l l e s."[19] Die Sperrung stammt von Max Weber selbst.

Erscheint also schon die Herkunft der Großmutter Henris väterlicherseits im Rahmen einer „Mikrosoziologie des Wissens" (WERNER STARK) relevant, so finden wir Entsprechendes bei seiner Großmutter mütterlicherseits. Ihre 1735 geschlossene Ehe verursachte sogar einen noch größeren Skandal, wiederum nicht zuletzt beim Herzog. Der Großvater mütterlicherseits von Henri, ebenfalls ein Henri de Saint-Simon aus einer dritten Linie, war nämlich als 32jähriger Brigadegeneral auf einem Feldzug in Italien in Liebe zu der vierzigjährigen Witwe eines Marchese GASTON BOTTA, einer geborenen ZACCARIA, entbrannt, und schon kurz darauf hatte der Bischof von Cremona die beiden getraut. Man kann Einzelheiten über diese Liebesaffäre in zwei Briefen nachlesen, welche die Zeitschrift „L'Athenaeum Français" 1853 veröffentlichte[20]: einmal in einem Schreiben des Bischofs von Metz (ebenfalls einem Saint-Simon) an den Kriegsminister D'ANGERVILLIERS vom 2. Mai 1735 mit der Absicht, die Heirat rückgängig zu machen, sodann in einem Schreiben des letzteren an den militärischen Vorgesetzten des Bräutigams in Italien, den Marschall DE NOAILLES. Die Schreiben sind amüsant und aufschlußreich. Im ersten heißt es, der Bischof von Cremona sei als Freund der Familie Zaccaria mit im Komplott gewesen und „der arme Junge, liebestoll und verhext durch eine Kreatur, die er erst seit acht Tagen kannte, habe sich hinreißen und an der Nase herumführen lassen", in einem „Exzeß der Leidenschaft, die ihm so wenig Freiheit ließ, wie einem Trunkenen". Wer waren die BOTTAS und ZACCARIAS? Den Namen BOTTA findet man auch bei jüdischen Familien, ZACCARIA hieß damals eine bedeutende Tuchhändler- und Bankiersfamilie in Genua. Ist es denkbar, daß sich Henri über die Herkunft seiner beiden Großmütter niemals Gedanken gemacht hat? Sollte er nie bemerkt haben, daß man in konservativen Kreisen des Schwertadels über diese beiden selbstbewußten und unschicklich emanzipierten Töchter der Großbourgeoisie die Nase rümpfte? In seinen gedruckten wie ungedruckten Schriften findet sich über seine beiden skandalumwitterten Großmütter kein einziges Wort.

Das Haus Saint-Simon blüht noch heute. Und zwar lebt es in der Linie Sandricourt weiter, eben derjenigen, aus welcher die zentrale Figur unseres Buches

---

[18] WILHELM WEIGAND, l.c., S. 205.
[19] MAX WEBER, Wirtschaft und Gesellschaft, Tübingen 1922, S. 179.
[20] Siehe „L'Athenaeum Français", vom 12. Nov. 1853, S. 1090/91. Die Briefe sind von M.L. LALANNE publiziert und kommentiert, wobei er schrieb: „Diese Mesalliance, denn es schien eine gewesen zu sein, entrüstete die Familie Saint-Simon, die mit allen möglichen Mitteln versuchte, die Ehe rückgängig zu machen." (S. 1090).

stammt. Sie setzte sich über die Nachkommen eines Bruders fort, eines späteren Konteradmirals, der 1803 REGINA SACHS geheiratet hatte. Auch hier finden wir wieder die Einheirat einer Tochter des Bürgertums, wie auch bei einem weiteren Bruder.[21] Aber solche Konnubien waren nach der großen französischen Revolution, auch ohne Nobilitierung der entsprechenden Bürgerhäuser, nichts Ungewöhnliches mehr. Die verschiedenen verwandtschaftlichen Beziehungen des Hauses Saint-Simon zur höheren Bourgeoisie erscheinen jedenfalls nicht nur für die Zeit, sondern auch für unser Gesamtthema relevant.

2. Kapitel
Zur Sozialstruktur des „Ancien Régime": Krone, Klerus, Adel und „Dritter Stand"

Die folgenden drei Kapitel können selbstverständlich gründliche Darstellungen auch nicht im entferntesten ersetzen. Vielleicht regen sie aber den Leser dazu an, sich mit solchen zu befassen, wozu wir jeweils einige Hinweise geben. Für unseren speziellen Zusammenhang und die nur daran Interessierten müssen wir aber wenigstens einige sehr pauschale Fingerzeige auf die umfassendere Ausgangssituation zum Verständnis des Wirkens von Saint-Simon geben. Und wir wollen dabei einige Charakteristika hervorheben, die für unseren speziellen Erkenntniszusammenhang wesentlich erscheinen. Sie sind idealtypisch vereinfacht und betreffen vor allem die Lage im XVIII. Jahrhundert.

Die Bevölkerung des französischen Königreiches war in dem Jahrhundert zwischen 1680 bis zur Großen Revolution von etwa 20 Millionen – im wesentlichen infolge der Fortschritte der Medizin, aber auch der Landwirtschaft – auf rund 25 Millionen angestiegen. Sie gliederte sich ausdrücklich und auf Grund offizieller Ordnungen, insbesondere von Rechtsordnungen, nach dem **Prinzip der Ungleichheit**. Dies war damals überall in Europa der Fall, wenn auch in sehr verschiedenen Formierungen, die in Frankreich gewissermaßen in „klassischer" Weise erscheinen und jedenfalls für unser Thema zugrunde gelegt werden müssen. Frankreich stellt sich uns als ein durch entsprechende Rechtsvorschriften – was ja das Strukturprinzip desselben darstellt – abgesicherter Ständestaat dar.

a) Die Krone

Dieser Ständestaat hatte eine monarchische Spitze, den König. Es war eine Spitze, die seit RICHELIEU, MAZARIN und LUDWIG XIV. das „absolutistische" Prinzip (die oberste Macht ist *„legibus absoluta"*) in vollendeter Form zur Reife gebracht hatte, mögen die selbstherrlichen Worte „l'état c'est moi" vom „Sonnenkönig" gesprochen worden sein oder nicht. Jedenfalls verstand sich die königliche Autorität in angeblich christlicher Tradition als „von Gottes Gnaden", nahm also göttliches Recht für sich in Anspruch, während der Volkswille – mochten ihn auch Politiker praktisch durchaus einkalkulieren – als Legitimitätsgrundlage noch nicht existierte. Dieses Gottesgnadentum darf man freilich nicht in platter Weise als bloßen „Herrentrug" verstehen. LUDWIG XVI. beispielsweise war tief religiös. Diese absolute Autorität des Königs, die sich im Prinzip von

---

[21] Wir verweisen zu diesen genealogischen Angaben auf die anliegende Stammtafel.

jenseitigen Mächten herleitete, und sich in der Theorie von keiner Seite als kontrolliert oder limitiert verstanden wußte, war durch JEAN BODIN schon im 16. Jahrhundert theoretisch vorbereitet worden und erhielt paradigmatischen Charakter für unzählige Monarchen der damaligen Zeit. Wie immer *in praxi* die verschiedenen, natürlich auch von der Krone Frankreichs zu nehmenden Rücksichten aussahen, etwa auf nähere Familienangehörige, alle durch gemeinsame kapetingische Abstammung bevorrechteten „princes du sang", oder auf die Kirche, die politischen und militärischen Verwaltungsstäbe oder den Hofstaat, es blieb doch dabei, daß der König allein Gesetze erließ und die oberste Exekutive in seiner Hand vereinigte. Zumindest formal hingen von seiner Entscheidung letztlich auch die Staatsausgaben ab. Er allein schloß für Frankreich internationale Allianzen, kündigte sie, erklärte Kriege und schloß Frieden. Trat der Monarch die Ausübung bestimmter Funktionen an andere Organe ab, so bedeutete dies freiwillige Selbstbeschränkung des obersten Staatsorgans.

Alle individuellen Freiheiten, soweit davon überhaupt die Rede sein konnte, durften dem einzelnen Untertan durch Befehle des Königs – z.B. mittels der berüchtigten „lettres de cachet" – genommen werden. Religionsfreiheit bestand nicht. Die Gerichte waren nicht genügend im Sinne MONTESQUIEUS und seiner Gewaltenteilungslehre zu einer unabhängigen dritten Gewalt ausgestaltet, sie waren in der Hand bestimmter Familien, ihre Urteile konnten vom „conseil du Roi" kassiert werden. Die Publizistik war einer „Zensur" unterworfen. Und doch zählen Phasen des „Ancien Régime" zu den äußerlich glänzendsten Epochen Frankreichs: Unter LUDWIG XIV. hatte das Zeitalter des Absolutismus seinen Höhepunkt erreicht, der „roi-soleil" war Mittelpunkt eines Systems, dessen Gestirne von ihm Richtung und Glanz erhielten. Von den Strahlen seiner Gunst beschienen zu werden, galt als höchste Gnade. Von nahezu 20000 Personen, die den Hof des Königs darstellten, standen etwa dreiviertel in seinen persönlichen Diensten, der Rest tummelte sich dort ohne besondere oder formal fixierte Funktionen. Im 18. Jahrhundert verblaßte der Glanz nach und nach und wurde schließlich abrupt ausgelöscht.

Diese französische Gesellschaft des alten Régimes findet sich sehr grob in den berühmten drei Ständen gegliedert, die durch ihre spezifischen Rechtsordnungen voneinander geschieden waren, jedoch wiederum ihre internen Gliederungen besaßen. Es waren dies:
• der Klerus (le clergé)
• der Adel (la noblesse)
• der Dritte Stand (le „tiers état").

Diese drei Stände müssen wir uns etwas näher ansehen, auch wenn dies wiederum nur höchst summarisch geschehen kann.

b) Der Klerus

Die Gesellschaft des „Ancien Régime" war eine katholische Gesellschaft. Die römisch-katholische Religion war diejenige des Staates, wobei die Kirche, wenn auch geistig und dogmatisch von Rom abhängend, seit dem Konkordat von 1516 weltlich und disziplinarisch der Krone unterworfen war. Dafür war die Geistlichkeit der erste Stand im Königreich, dies war ihr erstes Privileg, das von anderen Privilegien begleitet wurde. Das zweite war das fiskalische Privileg: Die Geistlichkeit bezahlte keine Steuern vom Vermögen oder Einkommen („la taille") und fixierte ihre alle fünf Jahre fälligen Abgaben an den König letztlich selbst. Der erste Stand verfügte über sehr großen Besitz: Er besaß an Grundbesitz rund ⅕ des gesamten französischen Territoriums. Zu den Erträgen aus diesem Grundbesitz gehörte „La dîme", eine Steuer, die als „Zehnter" von allen Agrarerzeugnissen einbehalten wurde. Schließlich hatte die Geistlichkeit weitere wichtige **Rechts**privilegien. So besaß sie ihre eigenen Gerichtshöfe.

Bei den relativ hohen Einkünften des Klerus muß man freilich berücksichtigen, daß er mit diesen Summen damals nicht nur seine seelsorgerischen, sondern auch wichtige öffentliche Funktionen zu erfüllen hatte, z. B. standesamtliche. Unzählige Gebäude waren zu unterhalten und zu ergänzen. Die Alten-, Kranken- und Armenfürsorge lag vor allem in der Hand der Kirche. Es handelte sich dabei also um jenen Sektor, der heute in unseren modernen Staaten, als „Sozialetat" perfektioniert, einen Großteil der Staatsausgaben, in der Bundesrepublik Deutschland derzeit beispielsweise den größten Einzelposten, umfaßt.

Gleichwohl wird man sagen müssen, daß ein Großteil der Revenuen von Kirche und Klerus nicht für Funktionen verbraucht wurde, die man von unserem Standpunkt aus als „sinnvoll" rechtfertigen könnte. Wenn dies natürlich nicht bedeuten muß, daß sie in anderem weltanschaulichen Kontext „sinnlos" waren, so erscheint ein erheblicher Teil davon selbst im geistigen Rahmen des „Ancien Régime" als nicht funktional.

Um sich die Verhältnisse im Klerus weiter deutlich zu machen, ist es nötig, eine Einteilung in einen oberen Teil, den „haut clergé", die „reiche Kirche" und einen unteren Teil, den „bas clergé", die „arme Kirche", vorzunehmen. Der hohe Klerus, das waren an der Spitze die 138 Erzbischöfe und Bischöfe, wozu man die mondänen Prälaten und sonstigen Besitzer großer kirchlicher Pfründen hinzurechnen darf. Man hat diese sog. „reiche Kirche" auf ca. 5000–6000 Personen geschätzt, von denen ein erheblicher Teil sein Leben in Paris und am Versailler Hof verbrachte. Wenn wir etwa das Beispiel TALLEYRANDS nehmen, der 1788 Bischof von Autun in Burgund wurde und dies bis 1791 blieb, so ist bezeichnend, daß er seinen Bischofssitz nur ein einziges Mal besuchte[1], und dies dann nur deshalb tat, um dort als Abgeordneter gewählt zu werden. Dieser hohe Klerus rekrutierte sich im Unterschied zum XVII. Jahrhundert, wo die Mehrzahl der Prälaten noch aus dem Dritten Stande stammte[1a], in den Jahrzehnten vor der Revolution so gut wie ausschließlich aus nachgeborenen Söhnen des einflußreichen Adels. Man kann eine soziologische Gesetzmäßigkeit darin sehen, daß bei zunehmender Bedrohung privilegierter Positionen eine stärkere Abschließung praktiziert wird. Zunehmend war die Krone auch dazu übergegangen, die Vergebung hoher kirchlicher Positionen als Instrument dafür zu benutzen, den höheren Adel an sich zu binden. Ein Beispiel für den Pfründencharakter solcher kirchlicher Stellen im damaligen Frankreich dürfen wir noch bringen: Der Erzbischof von Straßburg verfügte vor der Revolution über ein Einkommen von 600 000 Livres jährlich, was man nach heutiger Kaufkraft mit vielen Millionen Francs gleichsetzen darf. Von solchen Revenuen konnte, auch wenn sie nicht mit persönlichem Einkommen verwechselt werden dürfen, ein heute von uns kaum mehr nachvollziehbarer Luxus betrieben werden, dem wir freilich eine Fülle herrlicher Kunstwerke verdanken.

---

[1] Dieser Absentismus hatte schon zu den Gravamina auf dem Trienter Konzil gehört, vgl.: HUBERT JEDIN, Krisis und Abschluß des Trienter Konzils 1562/63, Freiburg usw., 1964, S. 34 ff.
[1a] RENÉ RÉMOND, L'Ancien régime et la Révolution, Paris 1974, S. 72.

Diesem „hohen Klerus", dieser „reichen Kirche" können wir nun fast dichotomisch den „niederen Klerus", die „arme Kirche" der kleinen Pfarrer und Desservants (Pfarrverwalter, Vikare) gegenüberstellen, wobei der Gegensatz immer größer geworden war. Diese „arme Kirche" hatte zahlenmäßig etwa den zehnfachen Umfang des hohen Klerus und umfaßte ca. 50000–60000 Personen. Diese stammten fast ausschließlich aus dem Dritten Stand, aus dem kleinen Bürgertum oder bäuerlichen Schichten. Ihr Lebensstandard war im allgemeinen recht bescheiden. Sie hatten wenig Anrechte auf die Einkünfte aus dem Kirchengut, sondern sie mußten sich in der Regel mit kleinen, festen Gehältern begnügen, die 700 Livres für Pfarrer und die Hälfte davon für Vikare betrugen. Es waren dies zudem Gehälter, von denen sie nicht einmal sicher sein konnten, sie regelmäßig und vollständig ausgezahlt zu erhalten. Die Bildung dieser niederen Geistlichkeit war oft dürftig. Man hat zumal die Vikare, die sich oft keine Hoffnung auf eine Pfarrstelle machen konnten, als „regelrechtes, geistliches Proletariat" bezeichnet. (HENRI SÉE). Alles dies macht auch die Sympathien verständlich, die in Kreisen des niederen Klerus anfänglich der Revolution entgegengebracht wurden.

c) Der Adel

Der zweite privilegierte Stand im „Ancien Régime" war der Adel, dessen Umfang zu schätzen noch schwieriger ist als bei dem Klerus. HIPPOLYTE TAINE (1828–1893) schätzte in seinem bekannten, vom konservativen Standpunkt aus geschriebenen großen Werk „Die Entstehung des modernen Frankreich"[2] die Anzahl der privilegierten Adeligen im 18. Jahrhundert auf 140000, die sich auf 25000–30000 Familien verteilten[3], womit jeweils mindestens eine solche Familie auf 1000 Einwohner gekommen wäre. Hier wird der Begriff der „noblesse" offenbar weit ausgelegt, denn wir finden demgegenüber eine weit restriktivere Auffassung bei PHILIPPE DU PUY DE CLINCHAMPS in seinem zeitgenössischen Büchlein über den französischen Adel, worin er ausführt: „Es ist schwierig, wenn nicht überhaupt unmöglich, die Anzahl der Adligen 1789 (oder zu irgendeinem anderen Datum) zu bestimmen, da es kein Gesamtverzeichnis dieser Privilegierten gab, das von der Zentralgewalt geführt worden wäre. Immerhin darf man schätzen, daß die Anzahl der notorisch adeligen Familien an die 12000 betrug, vielleicht etwas mehr. Da jede Familie damals etwa 4 bis 5 männliche Vertreter umfaßte, gab es im Königreich etwa 60000 Personen mit erblichem Adel."[4] Das wäre also weniger als die Hälfte der von TAINE angegebenen Zahl. Wie dem auch immer gewesen sein mag – die Unterschiede sind wohl auch auf Einschluß oder Ausschluß des sog. Amtsadels (der „noblesse de robe") zurückzuführen –, alle Angehörigen der Adelsschicht genossen wichtige Privilegien. Während sich der Klerus mit jeder Generation erneuerte, waren diese Privilegien beim Blutsadel erblich. Es war daher die Abstammung, die betont und mythisch verklärt wurde. Theoretiker der Aristokratie wie HENRI DE BOULAINVILLIERS[5], kultivierten die – man muß schon fast sagen „rassistische" – Fiktion von der höherwertigen Abstammung des französischen Adels, nämlich von den früheren germanischen

---

[2] HIPPOLYTE ADOLPHE TAINE, Les origines de la France contemporaine, 6 Bde., 1875–93, zahlreiche Neuauflagen, deutsch: 6 Bde, Leipzig (Lindner) o. J., Bearbeitung von LEOPOLD KATSCHER.
[3] l.c., 1. Bd., S. 59.
[4] PHILIPPE DU PUY DE CLINCHAMPS, La Noblesse, Paris, 1959, S. 67.
[5] HENRI DE BOULAINVILLIERS (1658–1722), Essais sur la Noblesse de France, contenant une dissertation sur son origine et abaissement, Amsterdam 1732.

Überlagerern. Es war dies ein Gedankengut, das sich in der Revolution dialektisch und grausam gegen diese Schicht richten sollte und noch im vorigen Jahrhundert bei der Geburt der neueren Rassenlehren Pate stand. Auch bei Henri de Saint-Simon finden wir dazu Entsprechungen.[6] Der Ursprung der meisten Adelsfamilien erhärtet die These freilich nicht, da sich der Adel ständig durch Nobilitierungen ergänzt hatte. Jedenfalls erhielt der zweite Stand erblich in großem Umfang Revenuen aus seinen Feudalrechten, sei es in bar, sei es in Naturalien oder auf dem Wege von Dienstleistungen der Hintersassen. Besonders ins Gewicht fiel, daß auch der Adel von der hauptsächlichen direkten Steuer, der „taille", befreit war, womit also die beiden reichsten Stände diesbezüglich für den Staat als Geldquelle ausfielen.

Und schließlich hatte der Adel, neben dem bevorzugten Zugang zum Hofe, Monopole auf bestimmte Positionen und die damit verbundenen Pfründen durchsetzen und immer stärker erweitern können. Wir nannten schon den höheren Klerus. Ebenso wichtig war aber auch das Quasi-Monopol auf höhere Offizierschargen, das vor allem von jüngeren Söhnen genutzt zu werden pflegte, wobei man die Tradition eines „Schwertadels („noblesse d'épée") kultivierte. Kurz vor der Revolution, 1781, reservierte ein königlicher Erlaß den direkten Zugang zu Offizierschargen (außer in den technischen Waffengattungen wie den Genietruppen) sogar ausschließlich dem Adel, wobei vier adelige Großeltern („quatre quartiers") nachzuweisen waren. Er war das gefährliche Produkt einer anachronistischen Adelsreaktion.

Wir müssen nun aber sehr unterschiedliche Gruppen auch beim Adel auseinanderhalten, Gruppen, die so unterschiedlich waren, daß man trotz der ständischen Gemeinsamkeiten, also der Privilegien, verschiedene Schichten, ökonomisch gesehen verschiedene Klassen, in ihnen sehen darf.

Da haben wir an der Spitze der Gesellschaftspyramide: zunächst die **„Grands"**, die Granden. Es waren dies einmal die Prinzen des königl. Hauses, auch von Nebenlinien (die „princes du sang"), deren Erstarken und Konkurrieren die Krone zu verhindern gewußt hatte, wobei eine von ihnen, die Orléans, im vorigen Jahrhundert noch einmal vorübergehend den Thron erlangte. Hinzurechnen kann man die in Frankreich ansässigen Sprossen auswärtiger Fürstenhäuser, anfangs auch Dynastenfamilien karolingischen Ursprungs, wie die schon genannten Vermandois oder die Grafen von Champagne und Flandern. Dann wären hier auch die französischen Herzöge und „Pairs" neueren Ursprungs zu nennen, zu denen der Duc de Saint-Simon gehörte. Alle diese Häuser verfügten über großen, teilweise immensen Landbesitz und monopolisierten die bedeutendsten Ämter im Lande, beispielsweise die Gouverneursposten in den

---

[6] Im Widmungsschreiben an seinen Neffen VICTOR, das er seiner geplanten „Nouvelle Encyclopédie" 1810 voranstellte, heißt es: „Das Studium der Geschichte wird Dich lehren, daß alles, was geleistet wurde, daß alles, was man groß nennt, von Adeligen gemacht und gesagt wurde." (anthropos I. S. 98). Rassistische Gedankengänge finden sich auch in den „Genfer Briefen", wo Gott Saint-Simon verkündet: „Lerne, daß die Europäer die Kinder Abels sind, lerne, daß Asien und Afrika von der Nachkommenschaft Cains bewohnt werden. Siehe, wie diese Afrikaner blutrünstig sind; bemerke die Indolenz der Asiaten; diese unreinen Menschen..." (anthropos I., S. 56). Madame DE BAWR, die geschiedene Gattin Saint-Simons, soll im Salon der Madame ANCELOT von seinen Überlegungen erzählt haben, „zu Rassenkreuzungen im Interesse der Menschheit zu gelangen" (MARGUERITE LOUISE VIRGINIA ANCELOT, Un Salon de Paris 1866, S. 52).

Provinzen. Damit band man sie an die Krone, nachdem sie in der „Fronde"[7] noch vergeblich eine größere Rolle gegen die wachsende königliche Zentralgewalt zu spielen versucht hatten. Diese Gruppe umfaßte freilich nur wenige Dutzend Familien.

Wir kommen zum „**Hofadel**". Der königliche Hof, seine Schlösser in Paris und Versailles waren das politische und geistige Zentrum Frankreichs geworden, so wie es heute noch – trotz reicher Kritik daran – Paris ist. „Im Jahre 1789 war es bereits Frankreich selbst."[8] Der Zentralismus war mit dem extremen Absolutismus gewachsen. Vom König beachtet oder ignoriert zu werden, bedeutete Glück oder Unglück von einzelnen und Familien. So drängte sich um die königliche Familie eine breite Schicht von sterilem Hofadel, der seit den Zeiten HEINRICHS IV. zunehmend seine Stammsitze in der Provinz verlassen hatte und vernachlässigte, um ein aufwendiges Leben in der Nähe der Machtspitze zu führen. „In der Mitte des 18. Jahrhunderts ist diese Desertion fast allgemein geworden."[8a] Unzählige Familien haben sich auf diese Weise ruiniert, unzählige aber auch – dies war ein Sinn der Sache – Pfründen vom König und andere Vergünstigungen für sich, ihre Familien und Freunde von ihm erhalten. Man brachte Geld nach Paris, tanzte um goldene Kälber und beteiligte sich an einem großen Lotteriespiel, während die Probleme des Landes ungelöst blieben.

Der **Provinzadel**. Eine scharfe Trennung zwischen dem Hofadel in der Hauptstadt und dem Provinzadel ist nicht möglich. Wie in anderen Ständegesellschaften wechselten viele Adelsfamilien zwischen ihren Besitzungen auf dem Lande, wo sie die Sommermonate verbrachten und der Hauptstadt oder anderen Städten (Straßburg, Rennes, Poitiers, Bordeaux, Toulouse), wo sie Stadtpalais besaßen oder mieteten. Wenn aber auf der einen Seite, wie wir sahen, viele Familien ihr Land[9] definitiv verlassen hatten („Absentismus"), so gingen zahlreiche Adelige niemals vom Lande fort. Es waren dies vor allem die ärmeren Familien, die sich den Wechsel nicht leisten konnten. Gleichwohl galt: „Fast niemals befaßte sich der Landadel mit der Bebauung oder auch nur mit der Administration seiner Güter, was er den Verwaltern überließ. Seine einzige Beschäftigung war, während seiner Jugend, in der königlichen Armee als Offizier zu dienen."[10] Einen erheblichen Teil des damaligen Adels muß man direkt als arm bezeichnen, da die ständische Position, d. h. die rechtliche Privilegierung nicht mit der Klas-

---

[7] Bei der „FRONDE" handelte es sich um den Bürgerkrieg (1648–1653), der während der Minderjährigkeit LUDWIGS XIV. zwischen der „Hofpartei" (um die Königinwitwe Anna und Kardinal MAZARIN) und der „Parlamentspartei" (Gerichtshöfe, Hochadel, Prinz de Condé, Kardinal de RETZ) geführt wurde. Es ging dabei im Kern um den letzten adeligen Widerstand gegen den königlichen Absolutismus, der sich dann durchsetzte. Das Wort ist vom Werk- und Spielzeug „la fronde" (Schleuder) abgeleitet, mit dem Kinder und Jugendliche sich amüsierten, ohne daß die Organe der öffentlichen Ordnung, die beliebte Angriffsziele boten, dies verhindern konnten.
[8] ALEXIS DE TOCQUEVILLE, Der alte Staat und die Revolution, Bremen o. J., S. 95. Dieses Werk von Tocqueville („L'Ancien régime et la Revolution", 1856) ist eine vorzügliche Einführung in unsere Thematik und verdient es, neben seinem Werk über „Die Demokratie in Amerika" (1839/40) nicht vergessen zu werden. Zahlreiche franz. und englische Auflagen.
[8a] ALEXIS DE TOCQUEVILLE, l. c., S. 153.
[9] Man kann diesen Adelsbesitz ungefähr mit 20% des französischen Territoriums ansetzen, wobei die Anteile je nach Region zwischen 9 und 44% betragen (vgl. GEORGES DUPEUX, La Société française 1789–1960, S. 67).
[10] HENRI SÉE, Französische Wirtschaftsgeschichte, Jena 1936, S. 86.

senlage, d. h. der ökonomischen Besserstellung korrelierte. Viele waren – vor allem im Westen Frankreichs – ökonomisch nicht besser gestellt als Bauern, ja teilweise können sie als in echter materieller Notlage befindlich, von den Subsistenzmitteln her als „proletaroid" bezeichnet werden. Bei Handarbeit (bäuerlicher oder handwerklicher) drohte der Ausschluß aus dem Stand, andere Arbeit zum Lebensunterhalt wurde kaschiert. Man lebte oft von winzigen Pachterträgen, die Familien waren in der Regel groß, die Erträge, wie bei der damaligen Landwirtschaft üblich, sehr wechselnd. Wie verständlich in solcher Lage, nützte man die adeligen Rechte bis zum äußersten aus, drückte die Pächter, betonte die Privilegien und Standesschranken, und hegte Ressentiments gegenüber begünstigteren Adelsfamilien, vor allem aber gegenüber der reich gewordenen Bourgeoisie. Man erbat in Notlagen Hilfe vom König, wie 1774 ein gewißter COLAS DE LA BARONNAIS, der angab, mit 2000 Livres Einkommen 17 Kinder aufziehen zu müssen.[11] Es gab zahlreiche analoge Beispiele, die P. DE VAISSIÈRES in seinem Buch über den damaligen Landadel anführt.[12]

Der **Beamtenadel** (die „noblesse de robe"). Gegenüber dem Schwert- oder Blutsadel (noblesse d'épée), der freilich in der Mehrzahl der Fälle seine adelige Abstammung schwer über mehr als drei Generationen belegen konnte (und von der Spindelseite viel bürgerliches Erbe trug), spielte im Frankreich des „Ancien Régime" der Beamtenadel eine bedeutende Rolle. Ihn gab es in vielen Kulturbereichen, z. B. in Rußland oder in China. Während es Adelsverleihungen an hohe Beamte fast überall gab, war das Entscheidende hier, daß mit bestimmten Beamtenposten der Adel automatisch verliehen wurde. Angeblich sollen 4000 Chargen zum Adel geführt haben. Im 17. und 18. Jahrhundert brachten z. B. folgende französische Ämter ihren Inhabern den Adel: die Staatsräte (conseilliers d'état), die „maîtres de requêtes", die Finanzintendanten, die Staatssekretäre, Kanzler und Generalkontrolleure der Finanzen, die Präsidenten, Räte, Anwälte und höchsten Kanzlisten der Obergerichte.[13] Solche Ämter, die im allgemeinen die Adelsqualität zunächst als persönlichen Adel verliehen, waren käuflich. Ein kompliziertes System, bei dem die Dauer der Amtsausübung und die Ausübung in der Generationenfolge eine Rolle spielte, konnte aber aus dem persönlichen einen erblichen Adel werden lassen. Im wesentlichen handelt es sich hier um Exekutive-Schichten der Krone, die ihre wichtigsten Diener belohnte und damit zugleich den alten Adel etwas duckte. Wir finden hier eine Entwicklung perfektioniert, die wir auch in Ansätzen im „Heiligen Römischen Reich Deutscher Nation" hatten, wo der Juristenstand zu bestimmten Zeiten ähnlichen Rang genoß oder doch beanspruchte, wie der Adel, eine viel diskutierte und vom Erbadel ungern gesehene Erscheinung. Auch der Herzog und Memoirenschreiber SAINT-SIMON ist oft voll Ärger über diese „gens de plume et de robe", diese geadelten Schreiber und Amtsträger. Selbst bei Henri de Saint-Simon läßt sich die Antipathie eines Angehörigen des alten Schwertadels gegen die „Legisten" in seinem Werk passim belegen. Dies ist angesichts der hohen Anzahl der Nobilitierungen durch Amtsverleihung verständlich. Während im 18. Jahrhundert nur höchstens 1000 Adelsbriefe auf Grund anderer Meriten oder Nachweise ausgestellt wur-

---

[11] Zitiert ebenda.
[12] P. DE VAISSIÈRES, Gentilshommes campagnards de l'ancienne France, Paris 1903.
[13] Weiteres bei WOLFGANG MAGER, Frankreich vom Ancien Régime zur Moderne, Wirtschafts-, Gesellschafts- und politische Institutionengeschichte 1630–1830, Stuttgart 1980, S. 84–86.

den, sollen nach einer Berechnung von J. MEYER „zwischen 1710 und 1790 rund 9000 „homines novi" durch den Kauf eines nobilitierenden Amtes die Adelsqualität erworben haben".[14]

Diese Adelsmonarchie fand mit der Revolution ihr Ende, auch wenn es mit dem napoleonischen Adel und während der Restauration einige Nachspiele gab. In der berühmten Nacht vom 4. 8. 1789 hatte der Adel in der Nationalversammlung fast enthusiastisch auf seine Feudalrechte verzichtet.[15] Nach einem entsprechenden Beschluß der Nationalversammlung vom 19. Juni 1790 mußte König LUDWIG XVI. selbst noch formell alle Rechte und Ehren des Adels abschaffen. Der Adelsstand war in der Tat der **nutzloseste** aller Stände geworden, und für Henri de Saint-Simon wird wissenssoziologisch der eigene Stand einen ständigen Vorwurf bedeuten.

d) Der „Dritte Stand"

Haben wir bei der Behandlung der beiden privilegierten Stände bereits eine erhebliche Mannigfaltigkeit festgestellt, so erscheint der Dritte Stand als eine Residualkategorie der Nicht-Privilegierten. Dieser Stand, den der liberale Abbé SIEYÈS (1748–1836) am Vorabend der Revolution, im Januar 1789 in einer berühmt werdenden Broschüre über die Frage: „Was ist der Dritte Stand?"[16] mit 96% ansetzte und damit zur eigentlichen „Nation" erklärte, dürfte mit 98% noch genauer umrissen sein. Es war also die Quasi-Totalität der Franzosen, die sich aber mindestens in drei große Gruppen gliederte. Es waren dies:
• die sog. „Bourgeoisie"
• die Handwerkerschicht
• die Bauern.

Die sog. **„Bourgeoisie"** – der Terminus ist bis heute in der marxistischen Tradition als Kampfbegriff lebendig geblieben – umfaßte als Schicht in Frankreich nur einen Teil dessen, was man in Deutschland zu jener Zeit und bis heute unter „Bürgertum" verstanden hat und versteht. Diese französische „Bourgeoisie" stellt vielmehr nur die obere Schicht unseres Bürgertums dar. Sie umfaßte einmal die Rentiers, nicht erwerbstätige Bürger, die an Besitz und Einkommen oft den ärmeren Adel weit übertrafen, freilich steuerpflichtig und politisch unterprivilegiert waren. Sie umfaßte auch die großen nichtadeligen Fernhandelskaufleute, Bankiers, Steuerpächter, Manufakturisten und Verleger. Diese Schicht ahmte oft adelige Lebensformen nach, was MOLIÈRE in seinem „Bourgeois Gentilhomme" in der Gestalt seines Monsieurs Jourdain unübertrefflich persifliert hat. Ähnliches galt für die großen landwirtschaftlichen Pächter und einige großbäuerliche Eigenproduzenten. Kriterium war auch bei dieser Schicht, nicht selbst zur Handarbeit gezwungen zu sein. Diese Bourgeoisie stellte in jener Zeit des beginnenden Industriezeitalters das aktivste Element dar, doch fand sie nicht nur rechtliche Schranken, sondern genoß auch mäßige Achtung, auch im Vergleich zu dem Beamtenprestige. WERNER SOMBART hat dies zu Recht in seinem „Bourgeois" betont: „Ich meine die beleidigend geringe Bewertung der händlerischen und kom-

---

[14] Zitiert bei MAGER, l.c., S. 84.
[15] Hierüber gibt es einen farbigen Bericht eines Augenzeugen: Marquis DE FERRIÈRES, Correspondance inédite, 1789, 1790, 1795, publiée et annotée par H. CARRÉ, Paris 1932, S. 113–119.
[16] JOSEPH-EMMANUEL SIEYÈS, Qu'est-ce que le tiers état?, Paris 1789.

merziellen Tätigkeit, die beleidigend wegwerfenden Äußerungen über deren sozialen Wert, die wir in so ausgeprägter Form bis ins 18. Jahrhundert hinein (außer in Spanien) doch wohl nur in Frankreich finden."[17] Trotz der Kriege, ja oft gerade durch sie zu Wohlstand gekommen, verlieh diese Bourgeoisie ihre Gelder nicht zuletzt auch an die Krone und übernahm die Durchführung großer öffentlicher Aufgaben.

Die zunehmende Unordnung der Staatsfinanzen mußte nun diese Bourgeoisie beunruhigen, ein Staatsbankrott sie bedrohen, ein weiterer Grund, Einfluß auf die politische Führung zu verlangen. Hierbei stieß man jedoch auf Widerstände, ebenso wie bei dem Versuch der Auflockerung der Adelsprivilegien, die sich, wie wir sahen, typischerweise eher noch versteiften. So konnte die Bourgeoisie dem Abbé SIEYÈS nur zustimmen, wenn er in seiner schon genannten Schrift vom Dritten Stande schrieb: „Was ist er bisher in unserer politischen Ordnung gewesen? Nichts! Was verlangt er? Etwas zu werden!"

Wir kommen zu den **Handwerkern**. Wie in mehreren Ländern Europas hatten die erfolgreichen und zu Wohlstand gekommenen darunter schon im alten Régime den Weg über die Manufakturen zum Fabrikantentum beschritten und waren in die obere Bourgeoisie aufgestiegen. Doch blieb das Gros der Handwerkerschicht dies im wörtlichen Sinn, also darauf angewiesen, von seiner Hände Arbeit zu leben. Man hat die Anzahl der Handwerker auf etwa 2 Millionen geschätzt, die zumeist in den Städten lebten. Diese „kleine" Bourgeoisie i. U. zur Bourgeoisie schlechthin war in überkommenen und erstarrten „Corporationen" organisiert, die ihre Mitglieder zur Berufsausübung strengen Regeln und kollektiver Disziplin unterwarfen, sie freilich damit auch vor unerwünschter Konkurrenz abschirmten (Monopole). Standen die Corporationen als geschlossene Gesellschaften untereinander in Rivalitätsstreitigkeiten, so spalteten sie sich intern in die Schicht der Meister und ihre oft proletaroiden Zuarbeiter auf, die aber – Seite an Seite mit ihren Meistern arbeitend – erst langsam ein Klassenbewußtsein entwickelten. Um eine Vorstellung von den Zahlenverhältnissen zu geben: Am Vorabend der Revolution standen in Paris, das eine Bevölkerungszahl von 500 000 bis 600 000 aufwies, ungefähr 100 000 Arbeiter 11 208 Meistern gegenüber.[18] Insgesamt finden wir auch im Handwerkertum die typischen Verkrustungen des „Ancien Régime", die freie Initiativen und freie Konkurrenz lähmten und das „Recht auf Arbeit" einengten, welches schon damals formuliert wurde; ein Recht, das nach Auffassung von TURGOT (1721–1781), dem zeitweiligen Finanzminister LUDWIGS XVI., „das erste, heiligste und unveräußerlichste aller Rechte" darstellen sollte.[19]

Wir lassen die „intellektuellen" Berufe hier zunächst beiseite, die sich auf alle Schichten der Bourgeoisie verteilten, werden aber auf ihre für unser Thema höchst relevante Wirksamkeit im nächsten Kapitel eingehen. Skizzieren wir viel-

---

[17] WERNER SOMBART, Der Bourgeois, Zur Geistesgeschichte des modernen Wirtschaftsmenschen, München u. Leipzig 1913, S. 180.
[18] RÉGINE PERNOUD, Histoire de la bourgeoisie en France, Vol. II., Paris 1962, S. 202.
[19] In seinem Edikt vom Januar 1776, das auf die Abschaffung der Corporationen zielte, heißt es: „Dieu, en donnant à l'homme des besoins, en lui rendant nécessaire la ressource du travail, a fait du droit de travailler la propriété de tout homme; et cette propriété est la première, la plus sacrée et la plus imprescriptible de toutes" (ISAMBERT, Recueil générale des Anciennes Lois françaises, t. XXIII., zitiert in „Cours d'Histoire Mallet-Isaac", XVIIe et XVIIIe Siècles, Paris 1952, S. 439).

mehr jetzt die größte Gruppe im vorindustriellen Königreich: die **bäuerliche** Bevölkerung. Wir verstehen darunter im weiteren Sinne des Begriffes die landbebauende Bevölkerung, womit sich also nicht die Kriterien der Selbständigkeit und eines zum Lebensunterhalt der Familie ausreichenden Einkommens verbinden. Man hat diese Schicht vor der Revolution auf $^9/_{10}$ der Bevölkerung geschätzt, es war also eine sehr breite ländliche Schicht, die unterhalb der adeligen und bourgeoisen Eigentümer und der seigneuralen Pächter als Basis lag. Wiederum weist auch diese Schicht erhebliche Unterschiede auf, wiederum finden wir, daß Handarbeit sie disqualifiziert, ja daß die Landarbeit noch mehr verachtet wird als das Handwerk.

Diese $^9/_{10}$ der französischen Bevölkerung sind bis auf 1 Million, die sog. „Mainmortables", die als Leibeigene bezeichnet werden müssen, im formaljuristischen Sinne frei, faktisch jedoch überwiegend sehr abhängig. Ein Drittel bis zur Hälfte des französischen Bodens ist Eigentum der Bauern selbst[20], während der übrige Grundbesitz der Krone, der Geistlichkeit, dem Adel und der Großbourgeoisie gehörte. Dieser bäuerliche Besitz spaltete sich aber oft in winzige Teile auf, wobei Besitz unter 50 Morgen kaum das Existenzminimum erwirtschaftete. Die Mehrzahl der Landbevölkerung bestand aus kleinen Pächtern und Tagelöhnern, wobei letztere sich mit einem ausgesprochenen Hungerlohn zufriedengeben mußten. Die kleinen Pächter wiederum wurden oft von den Steuerlasten und von den Pachtzinsen erdrückt, von zahlreichen Lasten auch, die mit den alten Feudalrechten (z. B. dem Jagdrecht der Aristokratie) zusammenhingen. Im Winter vor der Revolution durchzogen Hunderttausende von proletarisierten Landleuten Frankreich.

Dieser kursorische Überblick über einige wichtige, idealtypisch vereinfachte Elemente der Sozialstruktur des „Ancien Régime" am Ausgang seiner Epoche muß für unsere einleitenden Überlegungen zunächst genügen. Wie man sieht, waren die Zustände nicht länger haltbar, hier darf man also wirklich von der „Logik der Geschichte" sprechen, die damit aufräumte, oder mit SCHILLER sagen: „Die Weltgeschichte ist das Weltgericht". Nicht zufällig trat gerade in Frankreich die große bis heute andauernde revolutionäre Wende ein, wenn auch neben dieser höchst anachronistischen Rechts- und Sozialstruktur noch andere Faktoren, etwa der Abfall der Intellektuellen oder der Staatsbankrott zu gewichten sind. Die Diskussion darüber ist unter Historikern noch nicht abgeschlossen.

3. Kapitel
Über einige Elemente und Ausdrucksformen der französischen Aufklärung

Eine der köstlichsten und brisantesten Satiren des 18. Jahrhunderts ist das kleine Werk von DENIS DIDEROT (1713–1784) „Le Neveu de Rameau". Kein Geringerer als GOETHE hat „Rameaus Neffe" als erster veröffentlicht und kommentiert,

---

[20] Die Angaben über den Umfang des bäuerlichen Grundeigentums schwanken sehr, zwischen 25–50%, was mit der verschiedenen Bewertung der Rechtsverhältnisse zusammenhängt. Die maximale Aussage: „Schon vor 1789 gehörte die Hälfte des Bodens im Königreich den Bauern" findet sich bei FRANÇOIS FURET und DENIS RICHET, Die Französische Revolution, Ausgabe München 1981, S. 43.

nachdem er die Übersetzung aus schlechten Abschriften des Manuskripts selbst gefertigt hatte. So war die erste Ausgabe eine deutsche.

In diesem später zu Recht berühmt gewordenen Werk findet sich eine Passage, wo das Dreigestirn des Wahren, Guten und Schönen auftaucht. Diese fremde Gottheit, welche der Autor auch dem Vernünftigen gleichsetzt, nimmt zunächst – sehr bescheiden – an der Seite des Landesgötzen auf dem Altar ein Plätzchen ein. „Nach und nach gewinnt sie Raum, und an einem hübschen Morgen gibt sie mit dem Ellenbogen ihrem Kameraden einen Schubs, und bauz, pardauz! Der Götze liegt am Boden".[1] Diese politische Methode, so fährt DIDEROT fort, welche ohne Lärm auf ihr Ziel zusteuert, ohne Blutvergießen, ohne Martyrium, ohne Haarausreißen, scheint mir die beste zu sein.

HEGEL hat in seinem großen Erstlingswerk, seiner „Phänomenologie des Geistes" von 1807, also kurz nach der Veröffentlichung von DIDEROTS genanntem Werk durch GOETHE, diese Passage wörtlich angeführt. Und zwar hat er diese Stelle dort zitiert, wo er vom Kampf der Aufklärung gegen den Aberglauben handelt.[2]

Als Henri de Saint-Simon 1760 geboren wurde und in den darauffolgenden Jahrzehnten seiner Kindheit und frühen Jugend- und Lehrjahre, kulminierte die geistige Bewegung der Aufklärung, die nach und nach alle Regionen Europas, zumindest die dort führenden Schichten erreicht hatte. Es war eine mächtige Bewegung, von welcher man sagen darf, daß sie kurz nach der Mitte des 18. Jahrhunderts die öffentliche Meinung Frankreichs so gut wie ganz erobert hatte. Nach ihr nennt man in Frankreich dieses Jahrhundert noch heute auch das „siècle des lumières", das Jahrhundert des Lichtes und der erleuchteten Geister, was aber im Sinne des Prinzips und nicht im Sinne einer bloßen Wissensanhäufung verstanden sein will.

Auf die bedeutenden Vorläufer dieser neueren Aufklärung, eine Vorgeschichte, die man bis in die Antike zurückverfolgen kann, und auf ihre wichtigen internationalen Bezüge können wir hier nicht näher eingehen: Auf ihre Befruchtung durch angelsächsisches Denken, auf die deutsche Ausprägung vor allem bei KANT oder auch nur auf ihre Anfänge in Frankreich selbst (FONTENELLE, PIERRE BAYLE, FÉNÉLON). Über dem Wenigen, was wir bringen, soll hier aber die berühmte Formulierung von KANT stehen, daß nämlich Aufklärung der „Ausgang des Menschen aus seiner selbstverschuldeten Unmündigkeit"[3] sei.

Die Bewegung hatte sich das anspruchsvolle Ziel gesetzt, der Vernunft und Menschenwürde zum Durchbruch innerhalb der Gesellschaft zu verhelfen; und sie erstrebte damit nicht nur einen geistigen Durchbruch, sondern sie zielte durchaus auch auf die „Eroberung der geschichtlichen Welt" (ERNST CASSIRER). Für den epochalen europäischen Rahmen hat PAUL SAKMANN, ein Kenner der Materie, einmal folgende gute Zusammenfassung gegeben, die hier für zahlreiche andere Darstellungen und Resümees stehen soll: „Die französische Aufklärung im engeren Sinne des Worts reicht von 1714–1789, von der Lockerung der staatskirchlichen Zwangskultur der Bourbonen durch den Tod des Sonnenkö-

---

[1] „Peu à peu il s'y affermit; un beau jour il pousse du coude son camarade, et patatras, voilà l'idole en bas..." (DENIS DIDEROT, Le neveu de Rameau, Edition: nouveau classiques Larousse, Paris 1972, S. 113/114.
[2] Jubiläumsausgabe, hrsg. v. GEORG LASSON, Leipzig 1911, S. 354.
[3] IMMANUEL KANT, Was ist Aufklärung?, in der „Berliner Monatsschrift", 1784.

nigs LUDWIGS XIV., d. h. dem Augenblick, wo der lange unterirdisch fließende Strom der Kritik an die Oberfläche hervorbricht, bis zur Revolution. Die deutsche Aufklärung setzt ein mit dem unmerklich langsamen Schwinden der Nachwehen des 30jährigen Kriegs und endet mit dem Aufgang des strahlenden Sternbildes der klassischen Dichter und Denker. Die englische Aufklärung setzt deutlich erkennbar ein mit dem Jahr der zweiten ‚glorreichen', weil unblutigen Revolution von 1688, dem Jahr, in dem das mit starkem Ausschlag schwingende Pendel von Revolution und Reaktion in eine lange anhaltende Ruhelage kam."[4]

Man kann die Bewegung in Frankreich sinnvoll in eine Früh- und Spätaufklärung gliedern, wobei uns vor allem die letztere für unsere Zusammenhänge angeht. Dabei halten wir es für gut, einige ihrer wichtigsten Elemente festzuhalten.

Äußerlich und, wenn man so will, instrumental, d. h. im Hinblick auf die faktische und insbesondere die multiplikatorische Wirkung, ist das wichtigste und repräsentativste Produkt der Aufklärung unbestritten die berühmte „Encyclopédie ou Dictionnaire raisonné des sciences, des arts et des métiers". Nach dem Vorgang des in seiner Wirkung oft vernachlässigten „Dictionnaire historique et critique" von PIERRE BAYLE[5] (welcher der Vernunft zunächst bloß die Aufgabe zugewiesen hatte, die Probleme der Menschheit zu erkennen, ohne sie noch lösen zu wollen)[6], war 1728 von EPHRAIM CHAMBLES eine „Cyclopädia" veranstaltet worden. Darin wurde schon, dem Geist des angelsächsischen Empirismus und des europäischen 18. Jahrhunderts entsprechend, das Streben nach Fortschritt und Weltgestaltung mit Hilfe der Vernunft deutlich. Diese neue Geisteshaltung hatte mit schnell gewachsener Macht, durch naturwissenschaftliche Fortschritte ermutigt, den im 17. Jahrhundert in Kontinentaleuropa bis dahin vorherrschenden Skeptizismus abgelöst, der die Menschen in ihrem närrischen Treiben gelassen hinzunehmen suchte (LA BRUYÈRE, LA ROCHEFOUCAULD, LESAGE)[7]. Nun erscheint während der Jahre 1751–1772 in 28 Bänden dieses Mammutwerk der „Encyclopédie", dem ein „Supplément" in 5 Bänden (Amsterdam 1776/77) und schließlich noch zwei Bände einer „Table Analytique" (1780) folgen werden. Dieses Werk, einige Jahre also vor der Revolution komplett vorliegend (wenn es auch am 6. Februar 1759 durch ein oberstes französisches Gericht zum Scheiterhaufen

---

[4] PAUL SAKMANN, Die Denker und Kämpfer der englischen Aufklärung, Stuttgart 1946, S. 12 f.
[5] PIERRE BAYLE, Dictionnaire historique et critique, 2 Bde., Rotterdam 1695–97 (deutsch v. GOTTSCHED, 4 Bde., 1741–44). Über dieses Werk, welches theologische und naturwissenschaftliche Ansichten einander gegenüberstellte, gibt es eine Anekdote, die erhellt, wie solche geistigen Produkte im 18. Jahrhundert verbreitet wurden und wirkten. Voltaire hatte es am Hofe FRIEDRICH D. GROSSEN bekannt gemacht. Die Gattin Friedrichs, die Königin Marie-Christine, die er bekanntlich sorgsam von sich fern hielt, war im Unterschied zu dem freigeistigen König sehr fromm. Voltaire stellte ihr daher „nur die ‚guten' Artikel vor, während ihr Gatte vor allem die ‚bösen' las. So teilte VOLTAIRE die Lektüre des königlichen Paares, wodurch beide zusammengenommen BAYLE auswendig konnten". (Nach JEAN ORIEUX, Das Leben des Voltaire, Frankfurt 1978, S. 449.)
[6] Vgl. BERNHARD GROETHUYSEN, Philosophie der Französischen Revolution, Neuwied und Bln. 1971, S. 16 ff. GROETHUYSENS Werk, 1956 aus dem Nachlaß von seiner Lebensgefährtin ALIX GUILLAIN herausgegeben (Philosophie de la Révolution française), ist für unser Thema wichtig. Wir nennen ferner GROETHUYSENS nicht vollendetes Hauptwerk: Die Entstehung der bürgerlichen Welt- und Lebensanschauung in Frankreich, 2 Bde., Halle 1927 u. 30.
[7] B. GROETHUYSEN, l.c., S. 15.

verurteilt worden war), hatte sich ausdrücklich ein hohes Ziel gesetzt: die geistige „Summe" seines Zeitalters zu sein, das Gesamtgebiet der Wissenschaften und Künste zu umfassen und darzustellen.

Die Begründer und Herausgeber dieses Werkes, der schon genannte DENIS DIDEROT sowie, mit ihm verbunden, der Naturwissenschaftler, Mathematiker und Philosoph JEAN LEROND D'ALEMBERT (1717–1783) wirkten revolutionierend, sei es auch bloß in ihren Andeutungen. Dabei war dieses Werk aus vielen Federn nicht deutlich politisch-revolutionär, auch nicht seiner Intentio nach. Die Hauptautoren waren vom unaufhaltsamen Fortschritt der Aufklärung und Menschheit alle mehr oder weniger überzeugt. Von D'ALEMBERT wird Saint-Simon später bezeichnenderweise behaupten, er sei sein Lehrer gewesen, worauf wir zurückkommen. D'ALEMBERT hatte die berühmte Einleitung zum großen encyclopädischen Werk verfaßt, den „Discours préliminaire", worin er an FRANCIS BACON (1561–1626) anknüpfte. Dieser hatte schon in seinem „Novum Organum" (1620) das Elend der Wissenschaften darauf zurückgeführt, daß diese sich von ihren eigentlichen Wurzeln, von der Natur und Erfahrung, losgerissen hätten, um verschiedenen Bereichen von Vorurteilen zu verfallen.[8] Gegen diese Vorurteile sind die Verfasser der Enzyklopädie erneut angetreten. Dieser „Discours préliminaire" führt uns auch eine Gliederung und Methodik der Wissenschaften vor, ein Thema, welches noch Generationen bis in unser Jahrhundert hinein beschäftigen wird und auch Saint-Simon und seinen Schüler AUGUSTE COMTE fasziniert hat.

Unter den vielen brillanten Federn des damaligen Frankreichs, die an dem Werk mitgearbeitet haben, finden wir zunächst VOLTAIRE (1694–1778), den glänzendsten und einflußreichsten Sprecher der französischen Aufklärungsperiode. Obwohl VOLTAIRE in seinem eigenen, 1764 in London erschienenen „Dictionnaire philosophique" zu zahlreichen aktuellen Grundbegriffen Stellung nahm, arbeitete er auch mit betonter Bescheidenheit an der großen Enzyklopädie mit, als „ein Geselle in dieser riesigen Werkstatt", wie er sich ausdrückte. Er prägte bekanntlich den Begriff „Geschichtsphilosophie". Oder wir begegnen unter den Mitarbeitern JEAN-JACQUES ROUSSEAU (1712–1778), der später freilich gegen das Werk Stellung beziehen wird. Unter den zahlreichen weiteren Mitarbeitern von Rang nennen wir hier nur noch den Baron PAUL HENRI D'HOLBACH (1723–1789) und den Wirtschaftswissenschaftler ANNE-ROBERT-JACQUES TURGOT (1727–1781). Letzterer ist für unsere Zusammenhänge nicht zuletzt deshalb wichtig, weil er mit 23 Jahren in einem 1750 an der Sorbonne gehaltenen Vortrag („Discours sur les progrès successifs de l'esprit humain") die Fortschrittsidee zum Maßstab der Geschichtsanalysen ausgewählt hatte, wobei er auch eine frühe Fassung des sog. „Drei-Stadien-Gesetzes" vortrug.

Beim Studium der Aufklärung werden wir immer wieder auf England zurückgeführt, wo übrigens die Bevölkerung – neben Holland – am frühesten schreiben und lesen konnte. Die Weltansichten und Lehren des großen Mathematikers und Physikers ISAAC NEWTON (1643–1727), der die Notwendigkeit der Verbindung von grundlegenden begrifflich-mathematischen Axiomen mit Induktion, Erfahrung und Experiment betont hatte, verbreiteten sich ebenso wie die Erfahrungsphilosophie von JOHN LOCKE (1632–1704) schnell in Frankreich, was neben VOLTAIRE nicht zuletzt durch die Vermittlung des Geometers und Naturwissenschaft-

---

[8] Wir verweisen hier auf seine Idolenlehre.

lers MAUPERTUIS (1698–1759) und durch MONTESQUIEU (1698–1755) geschah. NEWTON und seine drei Bewegungsgesetze der Mechanik („Newtonsche Axiome") wurden, von England über Holland sich nach Frankreich verbreitend, ausgesprochen Mode: „Man sieht Advokaten ihre Plätze verlassen, um sich dem Studium der Anziehungskräfte hinzugeben, Kleriker vergessen darüber alle theologischen Übungen", berichtete der Marquis D'ARGENS 1746[9]. Hier wurde nun von der französischen Aufklärung angeknüpft und weiter gearbeitet, wobei nicht nur die wissenschaftlichen Ansätze, sondern auch die von JOHN LOCKE (1632–1704) formulierten Lehren über die „natürlichen Rechte" des Menschen, über Volkssouveränität, Gesellschaftsvertrag und die religiöse Toleranz weiterwirkten. Bei durchaus verschiedenen Auffassungen in religiöser Hinsicht, die von christlichen Bekenntnissen über den Deismus von VOLTAIRE („wenn Gott nicht existieren würde, müßte man ihn erfinden") zu pantheistischen, agnostischen und atheistischen Einstellungen reichten, waren sich die Autoren doch einig im Kampf gegen religiöse Unduldsamkeit. Ein morsches Riesengebäude überlieferter Vorstellungen, gesellschaftlicher Beziehungen und Gebilde geriet dadurch ins Wanken. Vor allem VOLTAIRE, der sich nicht nur als prominentester Sprecher der Aufklärung, sondern auch als Kämpfer gegen das mannigfache Unrecht im Ancien Régime verstand, hat den neuen Gedanken in der damaligen Oberschicht weite Verbreitung verschafft.

Es ist nun wichtig, ja im Hinblick auf unser Gesamtthema unerläßlich zu sehen, daß die Aufklärung gerade in der privilegierten höfisch-aristokratischen Gesellschaft und anderen elitären Milieus vor sich geht, die sich damit also zusätzlich von den damals doch kaum instruierten niederen Schichten abheben. Es wäre auch schief, wollte man in simpler Dichotomie auf der einen Seite eine von den alten Glaubensüberzeugungen erfüllte aristokratische Oberschicht und auf der anderen Seite das aufgeklärte, aufstrebende Bürgertum sehen. „Man kann sich kaum vorstellen", schreibt der Historiker LOUIS MADELIN, „bis zu welchem Grade die Philosophie seit 1760 in alle Klassen der Gesellschaft eingedrungen war." Und er fährt fort: „Der Adel war davon mehr als jede andere Klasse durchdrungen – bis zum Mark. Die großen Damen hatten Montesquieu, Voltaire, Diderot, d'Alembert und vor allem Rousseau willkommen geheißen ... die kleinen Edelleute hatten gewissermaßen auf den Knien der alten Meister der Enzyklopädie gespielt."[10] Diese Orientierung der jungen französischen Aristokratie hat kürzlich CHAUSSINAND-NOGARET wieder stark betont.[10a] SAINT-SIMON erinnerte sich 1809: „Jean-Jacques [Rousseau, d. V.], Voltaire, Helvetius, Raynal, d'Alembert, alle Encyklopädisten, einschließlich Diderots (der den letzten König mit dem Darm des letzten Priesters aufzuhängen wünschte), das waren die Autoren, welche man uns in die Hand gab. Unsere Erziehung erreichte ihr Ziel: Sie hat uns zu Revolutionären gemacht."[11] Was Deutschland angeht, so bemerkte GOETHE am 3. 1. 1830 zu seinem Privatsekretär ECKERMANN: „Sie ... haben keinen Begriff von der Bedeutung, die Voltaire und seine großen Zeitgenossen in meiner Jugend hatten, und wie sie die gesamte sittliche Welt beherrsch-

---

[9] Zitiert nach HAZARD, La pensée européenne au XVIIIe siècle, Vol. I, S. 175f.
[10] LOUIS MADELIN, Les Hommes de la Révolution, Paris 1928, S. 6.
[10a] GUY CHAUSSINAND-NOGARET, La Noblesse au XVIII ème siècle, Paris 1976.
[11] HENRI DE SAINT-SIMON, Projet d'Encyclopédie, Second Prospectus (1809), anthropos, VI, S. 281.

ten."¹² JOHANN GOTTLIEB FICHTE hat später die Niederlage Preußens bei Jena gerade auch auf die aufklärerische Erweichung der alten Oberschicht zurückführen wollen, womit der kraftvolle Philosoph, der aus proletarischen Verhältnissen stammte, vielleicht nicht unrecht hatte. Diese und ähnliche Thesen haben dann zur pauschalen Ablehnung der aufklärerischen Vernunft in gewissen konservativen Milieus beigetragen, einer Vernunft, die noch bei FRIEDRICH D. GROSSEN so hoch in Ansehen stand. Politisch gesehen war es aber ganz folgerichtig, wenn sich dann die Oberschichten im Europa der heiligen Allianz zum Bündnis von „Thron und Altar" bekannten. Auch in der Moderne können sich Machteliten – zumindest äußerlich – nicht von den Legitimitätsgrundlagen distanzieren, auf denen sie bei ihren Völkern stehen.

Relevant für unser Thema muß aber auch folgender Zug im Wirken der französischen Aufklärung sein, den u. a. FRIEDRICH JONAS schon gut herausgearbeitet hat: Ihr technisch-wissenschaftlicher Charakter, der vor allem in der „Enzyklopädie" zum Ausdruck kommt. Es ist dies ein Leitmotiv, das sich von da an immer weiter durchsetzen wird, um schließlich in problematische Bahnen zu geraten. „Der eigentliche Inhalt der Geschichte", schreibt JONAS von dieser Weltsicht, „bewegt sich auf der technisch-lebenspraktischen Ebene und kann demzufolge, wenigstens prinzipiell, dem menschlichen Willen unterworfen werden."¹³ Und die Enzyklopädie beschränkt sich bei näherer Betrachtung „nicht nur darauf, den Leser über die neuesten technischen Errungenschaften zu unterrichten und die Steigerung der Arbeitsproduktivität hervorzuheben, die auf Grund der Arbeitsteilung eintritt. Hier wird schon deutlich, daß es ... darum geht, die Gesellschaft in Hinblick auf diese Errungenschaften zu organisieren".¹⁴ Damit wird ein später ganz zentrales Thema unseres Autors angeschnitten, das uns noch intensiv beschäftigen muß. In diesem Zusammenhang verlangt die Enzyklopädie auch von den gelehrten Akademien, sich praktischen Problemen zuzuwenden – ebenfalls ein Thema und Postulat Saint-Simons – oder man fordert die Gründung neuer Gesellschaften zu diesem Zweck. Techniker und Handwerker sollen dabei künftig mit den Gelehrten Hand in Hand arbeiten und Gleichberechtigung mit diesen genießen. Es ist bezeichnend, daß die Väter einiger prominenter Mitarbeiter der Enzyklopädie dem Handwerkerstand angehört hatten: So war der Vater von DIDEROT Messerschmied und der Vater ROUSSEAUS Uhrmacher gewesen. DIDEROTS Artikel über die „Arts méchaniques", einer unter vielen aus seiner Feder, stellte auch schon einen ersten Versuch dar, ein „technisches Entwicklungsprogramm für die Gesellschaft" vorzulegen, worauf JONAS ebenfalls hingewiesen hat. Es wird jedenfalls schon in den Jahrzehnten der Aufklärung immer wieder direkt oder indirekt gefordert, daß die Wissenschaften, wie alle in der Gesellschaft, sich „nützlich machen" sollten, eine Forderung, welche auch in unserer Gegenwart immer wieder erhoben wird. Die Gefahr, den Begriff des „Nutzens" dabei allzu eng zu fassen und auf schnell verwertbare Ergebnisse zu drängen, grobe utilitaristische Kalküle anzustellen, wird leider immer noch nicht überall gesehen. Der „homo faber" scheint auf der ganzen Linie gesiegt zu haben, womit der „homo contemplativus" als Parasit suspekt wird, bis er, als „marginal man" immer weniger gesellschaftliche Nischen findet, nur noch vegetieren kann. Auch diese Entwicklung wird damals eingeleitet.

---

¹² JOHANN PETER ECKERMANN, Gespräche mit Goethe in den letzten Jahren seines Lebens, Bd. 1 und 2, Leipzig 1836, Bd. 3, Magdeburg 1848, zahlreiche Neuauflagen.
¹³ FRIEDRICH JONAS, Geschichte der Soziologie, Hamburg 1968, I. Bd., S. 38.
¹⁴ ibidem.

Jeder wird sich heute mit der Forderung der Aufklärung solidarisieren, daß nicht gerade diejenigen verachtet werden dürfen, welche sich produktiven Aufgaben in hervorragender Weise widmen, nämlich neben den Bauern die Techniker und Handwerker. So selbstverständlich für unsere Ohren ein solches Postulat klingt, so wenig verstand es sich doch für die Oberschicht des „Ancien Régime" von selbst – jedenfalls als ernstzunehmende Maxime. Wir sahen bereits, daß Erwerbs- und gerade Handarbeit zum Verlust des adeligen Ranges führten. Doch setzte nun ein modischer Trend ein, der selbst die Residenzen erreichte: Fürsten begannen, sich körperlicher Arbeit und ausgesprochen handwerklicher Tätigkeit zuzuwenden. Zar PETER D. GROSSE arbeitete handwerklich auf Schiffswerften und als Hufschmied, LUDWIG XVI. schien am glücklichsten in seiner Schlosserwerkstatt zu sein. Hier beginnt eine neuere Tradition, deren Ausläufer man noch in der Holzarbeit des letzten deutschen Kaisers in seinem Exil in Doorn erkennen kann, auf die er stolz war. Gleichwohl hat es lange gedauert, bis die Technik „hoffähig" wurde, in Deutschland länger als in Frankreich. Jenseits des Rheins wurde der Durchbruch bereits in der Revolutionszeit und unter NAPOLEON, dem ehemaligen Artillerieoffizier, erzielt. Die berühmte „École Polytechnique", die unter dem Nationalkonvent gegründet wurde, und welcher der Kaiser dann zu hohem Prestige verhalf, legt u. a. davon Zeugnis ab. Sie wird uns noch beschäftigen. In der deutschen Armee war demgegenüber sogar noch bis zum 1. Weltkrieg das Prestige technischer Waffengattungen relativ gering. Dem entsprach, daß die Technischen Hochschulen und Oberrealschulen erst um 1900 als ranggleich mit den älteren Bildungsinstitutionen gleicher Ebene anerkannt wurden. Die preußische Staatsführung und ihre diesbezüglich modern denkende Spitze waren dabei den meisten anderen deutschen Monarchien und der Mentalität des sog. Bildungsbürgertums sogar noch voraus.

Hiermit beschließen wir diese nur im Hinblick auf unsere späteren Kapitel ausgewählten Hinweise zur Aufklärung. Die Marquise ANNE-THÉRÈSE DE LAMBERT, die in ihrem Salon die Geister der frühen Aufklärung empfing, schrieb programmatisch, philosophieren hieße der Vernunft ihre Würde zurückzugeben und sie in ihre Rechte wieder einzusetzen. Es bedeute, das Joch der herrschenden Meinung und Autorität abzuschütteln. Die Bewegung – man spricht hier zu Recht von einem „**mouvement** philosophique" –, die in ihrer Bedeutung Humanismus und Renaissance zu Beginn der Neuzeit noch übertrifft, wollte alle Theorien, Glaubensüberzeugungen und etablierten Institutionen einem freien und objektiven Examen durch die menschliche Vernunft unterziehen. Dies gelang ihr in bezug auf viele traditionellen Zwänge. Doch wird man sich nur allzu bald wieder in neue Fesseln begeben, die nicht nur geistig ihre Opfer fordern.

4. Kapitel
Zur Bedeutung der großen Französischen Revolution für unser Thema

Bekanntlich müssen wir bei wissenschaftshistorischen Bemühungen versuchen, Zusammenhänge zwischen den gesellschaftlichen, politischen und ökonomischen Entwicklungen und der Entstehung bestimmter Konzeptionen und Lehrmeinungen zu erhellen. Wir wollen damit das herausfinden, was man den wissenssoziologischen Standort eines Denkers im makrosoziologischen Sinne nennen könnte, was also seinen Bedingungsrahmen im großen ausmacht. Wir wollen nun versuchen, solche Zusammenhänge zwischen der großen französischen Revolution und dem von ihr so stark befruchteten – oder wenn man will: herausgeforderten – sozialwissenschaftlichen Denken herzustellen. In der Tat wird man vereinfachend sagen dürfen, daß mit diesem Revolutionszeitalter auch die Geburt der modernen Sozialwissenschaften, insbesondere der Soziologie, als einer dynamischen und in ihren Konsequenzen bis heute noch nicht abzuschätzenden Macht erfolgt. Wie man das jeweils bewertet, steht auf einem anderen Blatt.

Wir alle kennen die dramatischen und für viele Zeitgenossen tragischen Ereignisse dieser Umwälzung. Aber bis heute findet man große Kontroversen über die Kausalzusammenhänge, über die Dimensionen und Implikationen, welche die Ereignisse damals gehabt haben. Das „Thema 1789" liefert bis heute Stoff für weitreichende Auseinandersetzungen, und dies wird auf noch nicht absehbare Zeit so bleiben. Man wird das gewaltige Thema zumindest in unserem Kulturkreis wohl niemals *ad acta* legen können, wobei das Mißtrauen zünftiger Historiker gegenüber den Wertungen jüngerer Sozialwissenschaften noch lange wach bleiben wird.

Die große Französische Revolution wirkte als ein so mächtiges, über alle bisherigen revolutionären Bewegungen, selbst diejenigen des 16. und 17. Jahrhunderts in Deutschland und England, so weit hinausgehendes Geschehen, daß weder Zeitgenossen noch die unmittelbar nachfolgenden Generationen imstande waren, es voll zu erfassen. Akklamatorische Kommentare finden wir sofort auf breiter Front; SCHILLER wird „Citoyen de la République", aber auch die negativen Analysen setzten, z. B. mit EDMUND BURKE[1], sofort ein. Man kann sich die Wirkung dieser Umwälzung nicht groß genug vorstellen. Unruhen, Umstürze, Palastrevolutionen, Königsmorde, auch revolutionäre Bewegungen im Volke selbst, hatte es immer gegeben. Aber daß in einer ganz kurzen Zeitspanne ein derartig gewaltiger und umwälzender kumulativer Effekt entstand, daß dieser intentional und faktisch weit über die Grenzen einer einzelnen Nation ausstrahlte und nicht nur die Nachbarländer ergriff (z. B. auch Polen), das war als politisches Phänomen bis dahin noch nicht bekannt; darauf war man in keiner Weise gefaßt. Und es wird sich zeigen, daß mit dem Ende der jakobinischen Schreckensherrschaft, mit dem Sturz ROBESPIERRES am 9. Thermidor, diese Revolution nicht zu Ende gegangen ist, wie bisherige Revolutionen. Sie wird auch nicht mit der Machtübernahme NAPOLEONS beendet werden, wie dieser meinte, als er nach dem 18. Brumaire und angesichts des neuen Jahrhunderts seine Proklamation an die Nation vom 15. Dezember 1799 mit den Worten schloß: „Bürger! Die Revolution ist auf die Grundsätze gestellt, von denen sie ausging, sie ist beendet!" Jeder Versuch freilich, das, was hier in Frankreich geschah, in eine Systematik zu bringen, wirkt willkürlich und fordert leicht Widerspruch heraus. Und er wird vor allem auch immer einer politischen Bewertung unterliegen, einer Bewertung, die von da an deutlich das sozialwissenschaftliche Denken und darüber hinaus zunehmend auch die benachbarten Wissensdomänen beherrscht und in Lager spaltet.

---

[1] EDMUND BURKE (1729–1797), neben FOX einer der Führer der Whigs im Unterhaus, hat in seinen „Reflections on the revolution in France", zuerst 1790 (deutsch von FRIEDRICH GENTZ, 2 Bde., 1793), die Revolution kritisch analysiert und damit bis heute großen Einfluß ausgeübt, zuerst auf die deutsche Romantik.

Dies zeigt sich schon bald in der Historiographie, wo sich die großen Werke von JULES MICHELET und von HIPPOLYTE TAINE mit ihren jeweiligen Anhängern gegenüberstehen. Wir können die politisch polarisierten Anschauungen verfolgen, wobei sich gewissermaßen Parteien der Revolution fortpflanzen, eine „Linke", eine „Mitte" und eine „Rechte" in vielen Ländern entstehen und perseverieren. Es werden Lager sein, die nicht selten mit Absolutheitsanspruch behaupten, im Besitz einer tieferen Wahrheit zu sein, mit ihrem Wirken allein die höheren Werte der Menschheit zu verteidigen. Und man wird von da an versuchen, wobei stark simplifiziert wird, „revolutionäre" und „gegenrevolutionäre" Strömungen über Generationen zu verfolgen, mit heißem Herzen für die einen oder anderen parteinehmend; wobei Neutralität als suspekt betrachtet und in gewissen Situationen und in bestimmter Hinsicht unmöglich gemacht wird. Wir finden diese Strömungen mit mannigfachen Verzweigungen, Rinnsalen und auch Zusammenflüssen im sozialwissenschaftlichen Denken wieder, das durch politisches Engagement sowohl gefördert wie behindert wird. Der berühmte „Ideologieverdacht" hat hier seine Mutterlauge, hier wird er, obwohl theoretisch älter, gewissermaßen ins Volk geworfen. Wenn wir fragen, was sich eigentlich in dieser großen Revolutionsepoche vollzog, und eine Auswahl nach der Relevanz für unsere Thematik, für den Saint-Simonismus also, zu treffen suchen, so könnte man vielleicht folgendes herausstellen:

a) Es vollzog sich vor aller Augen schon in der Dekade zwischen 1789 und 1799 ein bis dahin unbekannt schneller Wechsel und damit eine starke Relativierung von Staats- und Regierungsformen. Wenn man, was man in diesem Zusammenhang tun sollte, auch noch die kurz darauf folgenden Formen der napoleonischen Herrschaft, ihren zweifachen Sturz und die Restauration der Bourbonenherrschaft hinzurechnet, so finden wir ein rundes Dutzend von konstitutionellen Formierungen im Zeitraum von 30 Jahren. Das wird dann auch nach kurzer Pause weitergehen, über die Julirevolution von 1830 und die Februarrevolution von 1848 bis zum 2. Kaiserreich NAPOLEONS III. Das sozialwissenschaftliche Denken wird durch diese raschen Wechsel geradezu gezwungen anzuerkennen, daß der **Staat** mit seinen Institutionen und die **Gesellschaft** nicht kongruent sind, daß staatliche Institutionen wechseln, während gesellschaftliche Strukturen im wesentlichen gleichbleiben können. Als theoretische Aussage finden wir die Unterscheidung allerdings bereits bei ADAM FERGUSON.[2]

b) Die **Revolution,** der abrupte und gewaltsame Machtwechsel nebst intendiertem Umbruch gesellschaftlicher Strukturen, ist von da an für jedes politische Denken einzukalkulieren, sei es als Hoffnung, sei es als Bedrohung. Die französische Revolution hat „als erste ihrer Gattung ein Muster geschaffen, das auf der Geschichte lastet".[3] Besonders in Frankreich wird die Revolution zum quasi „normalen" Instrument und das „Hilfsmittel, welches sich anbietet, um ein Regime zu beseitigen, dessen Legitimität bestritten wird".[4] Auch außerhalb Frankreichs wird das Beispiel schnell Schule machen.

---

[2] ADAM FERGUSON (1723–1816) hat in „An Essay on the History of Civil Society" (1767) wohl die erste Geschichte der bürgerlichen Gesellschaft vorgelegt. Eine deutsche Übersetzung erschien bereits Leipzig 1768 (v. JÜNGER).
[3] RENÉ RÉMOND, Introduction à l'histoire de notre temps, Vol. I. L'Ancien régime et la Révolution, Paris 1974, S. 146.
[4] l. c., S. 147.

c) Wir können bereits zu Beginn der Revolution ein fast überstürztes und **widerstandsloses Zerbrechen** von ständischen Formen konstatieren, einen Verzicht auf Privilegien, die noch kurz zuvor – ja gerade kurz vorher – noch in allen Details verteidigt worden waren. Dabei ergab sich ein **dialektischer** Umschlag ins Gegenteil: „Freiheit" (des Individuums, des Bodens, des Berufswesens etc.) tritt anstelle von „Bindung", „Gleichheit" anstelle von „Differenzierung". Der Inhalt der Erklärung der Menschen- und Bürgerrechte von 1789 (nach amerikanischem Vorbild) gehört von da an zum unveräußerlichen (Lippen-)Bekenntnisgut der Menschheit. Man kann die Substanz so zusammenfassen: Alle Menschen sind frei und gleich, nur das Gemeinwohl darf Unterschiede begründen. Alle Menschen haben das Recht auf persönliche Sicherheit und auf Widerstand gegen Unterdrückung. Alle Souveränität soll ihren Ursprung im Volk haben, letztlich auch alle Herrschaft. Die Frage nach der Berechtigung einzelner oder Gruppen zur Besetzung bestimmter Positionen wird ubiquitär.

d) Die Frage des Verhältnisses von **Religion** und ihren Institutionen zu Gesellschaft und Staat ist und bleibt aufgeworfen. Es ist nicht mehr selbstverständlich, daß (wie noch in den englischen Revolutionen oder älteren deutschen revolutionären Bewegungen) politische Systeme ein religiöses Fundament haben. Große Demütigungen der christlichen Institutionen, Sakrilege mannigfacher Art vollziehen sich ohne weltliche oder gar „göttliche" Strafen. Freilich wird man bald darüber nachzudenken beginnen, ob sich Gesellschaften ohne religiöse oder quasi-religiöse Absicherungen halten lassen, was auch das letzte große Thema Saint-Simons ist.

e) Die Aufklärung, der Glaube an die **menschliche Vernunft** schienen sich zunächst zu bestätigen. Die „Vernunft" wurde sogar *in natura,* in weiblicher Gestalt übrigens, auf den Thron gehoben. Unter der Schreckensherrschaft nur vorübergehend erschüttert, wird es noch anderthalb Jahrhunderte dauern, bis sich Zweifel stärker bemerkbar machen. Bis dahin wird die Überzeugung, die irdischen Verhältnisse durch die Wissenschaften fast grenzenlos verbessern zu können, immer weiter wachsen.

f) Gleichwohl ist auch das Bewußtsein von einer „**Krise**" geweckt. Es werden seither bis heute Fragen nach ihrer Ätiologie und ihrer Überwindung gestellt und heterogen beantwortet. Dies ist nicht verwunderlich: Ständische Zwänge, vorgegebene Autoritätsreihen, Unterordnung unter religiöse Werte und Normen, überkommene Rechtsnormen, feste Sitten und Gebräuche vermittelten, mochte man noch so sehr unter ihnen leiden, Gefühle von Sicherheit. Ihre Auflösung – *de facto* oder *de jure* – mußte Krisengefühle erzeugen.

g) Seit der Revolution ist die sog. „**öffentliche Meinung**" ein Phänomen, das, schon vorher entdeckt, als Machtfaktor nicht mehr ignoriert werden kann, sondern zunehmende Berücksichtigung erzwingt. Für die Revolutionsjahre darf man im Hinblick auf bestimmte Jahre von einer Art „Zeitungsherrschaft" sprechen. Generell wirkt sich der Glaube an eine sog. „volonté générale" Rousseauscher Prägung[5] aus, die zu artikulieren die verschiedenen Lager sich bemühen.

---

[5] Die Lehre von der „volonté générale" hat J. J. Rousseau vor allem in seinem Artikel „Économie politique" (1755) und seiner berühmten Schrift „Le Contrat Social" (1762) entwickelt. Dieser Gemeinwille, Kollektivwille ist nicht zu verwechseln mit dem Willen aller („volonté de tous") oder identisch mit der Summe der Einzelwillen. Er zielt, unzerstörbar und lauter, auf das allgemeine Beste, ist einigend und dient der Aufrechterhal-

Es ist dies eine Macht, welche – sofern an sie geglaubt wird – keine Widersacher neben oder gegen sich aufkommen läßt. Dabei füllen verschiedene Lager die Leerstelle „gesellschaftliche Relevanz" im Sinne ihrer Interessen aus. Dies gilt nicht nur national, sondern auch international: Das Meinungsfeld strukturiert sich dabei „als Funktion ideologischer Präferenzen, welche den Vortritt gegenüber der Anhänglichkeit an den Heimatboden und dynastischer Abhängigkeit gewinnen".[6] Diese Abhängigkeit der Regierenden von der öffentlichen Meinung wird sich von da an weiter steigern, bis zu den heute manchmal fast sklavischen Befolgungen von Mehrheitswünschen, die durch Meinungsforschungsinstitute festgestellt werden. In der Zwischenzeit gewannen Publizisten (der Feder, aber auch der Künste) zunehmendes Gewicht.

---

tung des Gemeinwesens, der Republik. Es liegt auf der Hand, daß er auch höchst divergierenden Interpretationen und Mystifizierungen ausgesetzt ist. Seine Perversion oder Prostituierung zeigte sich in der nationalsozialistischen These: „Was dem Volke nützt, ist Recht". Vgl. IRING FETCHER, Rousseaus Politische Philosophie, 2. A., Neuwied 1968.

[6] RENÉ RÉMOND, l.c., S. 163.

Teil II
Ein Leben als Experiment?

5. Kapitel
Jugendjahre in Frankreich

Claude-Henri (oder Henry, die Schreibweise dieses von ihm meist allein geführten Vornamens wechselt) wurde am 17. Oktober 1760 geboren. Man liest bei fast allen Biographen[1], sein Geburtsort sei Paris gewesen. Hieran sind aber Zweifel erlaubt! Es gibt sogar eine Äußerung von ihm selbst, die dem klar widerspricht. So heißt es in einem der Schriftstücke, die von seiner eigenen Hand erhalten sind: „das Arrondissement Péronne, Département Somme, wo ich geboren wurde".[2] MATHURIN DONDO will die Geburt in der Provinz auch in der Sterbeurkunde Saint-Simons bestätigt gefunden haben, in der angegeben wäre „geboren in Péronne, Somme".[3] Auch der bekannte Chansonnier PIERRE-JEAN DE BÉRANGER, der mit Saint-Simon persönlich bekannt war, schrieb in der Einleitung zu einem Huldigungsgedicht auf Saint-Simon, daß dieser auf Schloß Berny, einige Meilen von Péronne, geboren sei.[4] Die Familie besaß eben, wie es bei begüterten Familien vielfach üblich war und ist, mehrere Wohnsitze, neben einem oder mehreren Landsitzen ein Haus in der Hauptstadt. Wo sich die Mutter zum Zeitpunkt der Geburt ihres ältesten Sohnes aufhielt, wird sich schwer einwandfrei feststellen lassen. Es war zwar in solchen Familien üblich, den Winter in Paris zu verbringen, wo die Saint-Simons in der Rue du Bac, im neuen Aristokratenvorort Saint-Germain, ein kleines Palais bewohnten, doch geben wir trotzdem seiner eigenen Angabe den Vorzug.

Jedenfalls ist Henri de Saint-Simon Pikarde, wie sein Standesgenosse, der für ihn auch geistig wichtige Marquis DE CONCORDET, wie CALVIN oder die Revolutionsheroen FRANÇOIS EMILE („GRACCHUS") BABEUF und LOUIS-ANTOINE-LÉON DE SAINT-JUST.

---

[1] Wir nennen hier nur die diesbezüglich dubiosen biographischen Angaben bei LORENZ V. STEIN, MAXIME LEROY, RUDOLF KAYSER und FRANK E. MANUEL, deren Werke im Literaturverzeichnis aufgeführt sind. Diese und andere Autoren, wie selbst der vorsichtige HENRI GOUHIER, haben den Geburtsort Paris offenbar kritiklos von den Saint-Simonisten übernommen (vgl. anthropos I., S. 8, Fußnote 1)

[2] MATHURIN DONDO hat bisher als einziger Autor (The French Faust Henri de Saint-Simon, New York, 1955, S. 226) auf das in Frage kommende, hier entscheidende Dokument in den „Archives Nationales" zu Paris hingewiesen, das den Titel trägt: „Pétition aux membres de la Chambre des Députés pour demander un amendement à la Loi sur les Impôt" (carton C 2744).

[3] DONDO, l.c., S. 10.

[4] PIERRE-JEAN DE BÉRANGER (1780–1857) war der populärste Liederdichter Frankreichs im 19. Jahrhundert, der zahlreiche Lieder liberaler und patriotischer Tendenz verfaßte. Er kämpfte gegen die Übergriffe eines beschränkten Royalismus und Klerikalismus.

Henri war das zweite von 9 Kindern, und er war der älteste von 6 Söhnen, weshalb ihm der Grafentitel zukam. Sein Vater war der Comte BALTHASAR-HENRI DE SAINT-SIMON (die Familie schrieb sich auch „St. Simon"), aus der schon genannten Linie SANDRICOURT. Damit war er Enkel des wegen seiner Ehe mit Mademoiselle DE GOURGES beim Herzog und Oberhaupt des Geschlechts in Ungnade gefallenen Marquis. Seine Mutter war, wie ebenfalls schon ausgeführt, die einzige Tochter aus der anderen, den Herzog verärgernden, italienischen „Mesalliance" des weitverzweigten Hauses. Ihr Vater war gestorben, als sie zwei Jahre alt war.

Das Elternhaus war nicht ohne Problematik. FRIEDRICH MUCKLE irrte sich, wenn er schrieb, daß der Vater „eine ganze Reihe hervorragender Ämter" innegehabt habe und durch seine Ehe „den Glanz seines Hauses durch die dadurch bedingte Zuführung großer Reichtümer beträchtlich zu steigern wußte".[5] Wenn man den hohen Rang der Familie berücksichtigt, dürfte eher das Gegenteil richtig gewesen sein, auch wenn PIERRE ANSART in anderer Hinsicht übertreibt, wenn er schreibt „sa famille vit pauvrement à Paris".[6] Der Marquistitel der Familie war – nebst damit verbundenen Besitztümern – an den ältesten Bruder des Vaters gefallen, Maximilian-Henri, einen damals nicht unbekannten exzentrischen Schriftsteller und Botaniker.[7] Beim Vater unseres Saint-Simon darf man sich nicht von tönenden Titulaturen blenden lassen, sondern man muß fragen, was realiter dahinterstand. Das war nicht großartig, wenn man Vergleiche mit dem Potential anderer Familien des höheren Adels zieht. Schon der Großvater Henris hatte, wie einmal der Herzog boshaft schrieb, „keinen Mangel an Kindern, aber oft an Geld gehabt, ohne jedoch welches auszugeben; und er hat ruhmlos in seinem Quartier gelebt".[8] Der Vater, ebenfalls schon einer von 9 Geschwistern, war zunächst Capitaine, also Subalternoffizier, der Kavallerie gewesen, ohne besondere militärische Fortune, und hatte dann, wohl im wesentlichen nur mehr nominell, höhere militärische Rangbezeichnungen erhalten. Er hatte sich den kaum mit schweren Funktionen oder hohen Bezügen verbundenen Titel eines Großzeremonienmeisters von STANISLAUS LESZYNSKI verschafft, des Exkönigs von Polen, Herzogs v. Bar und Lothringen, der als Schwiegervater von König LUDWIG XV. von Frankreich von diesem in Nancy unterhalten wurde. Der Vater

---

[5] FRIEDRICH MUCKLE, l.c., S. 25.
[6] PIERRE ANSART, Saint-Simon, Paris 1969, S. 6.
[7] MAXIMILIAN-HENRI MARQUIS DE SAINT-SIMON (1720–1799). Zunächst Offizier, quittierte er 1749 den Dienst und unternahm zahlreiche Forschungsreisen. Seit 1758 lebte er auf seinen Besitzungen in Holland, in der Nähe von Utrecht, und wurde ein berühmter Hyazinthenzüchter. Er widmete sich aber auch Studien der Geschichte sowie der Kultur- und Wissenschaftsgeschichte, speziell der Botanik. Er veröffentlichte mehrere Werke, darunter eine Geschichte des französischen Feldzugs 1744 in Italien, wohin er den Prinzen CONTI als Adjutant begleitet hatte. Er verfaßte: „Mémoires sur les troubles actuels de la France", London 1788, „Essai sur le despotisme et les Révolutions de la Russie", 1794. Von ihm stammt auch eine Übersetzung des berühmten Werks von ALEXANDER POPE, „Essay on man" ins Französische (1771). Bei der Gelegenheit nennen wir einen weiteren Bruder des Vaters: CHARLES-FRANÇOIS-SIMÉON (1727–1794), Bischof von Agde (1759). Dieser Onkel war ein schwerer Asthmatiker und schlief seit seiner Jugend in einem Stuhl. Den größten Teil der Nacht soll er zwischen seinen Büchern verbracht haben. 1791 flüchtete er nach Paris, wurde aber dort nach mehreren Monaten Haft zum Tode verurteilt und sofort hingerichtet.
[8] Duc DE SAINT-SIMON, Mémoires, Band XXIX, S. 1715.

hatte seinen militärischen und sonstigen Ehrgeiz offenbar kaum befriedigen können, etwa wenn er sich mit dem Mann einer seiner Schwestern verglich, die einen späteren Marschall von Frankreich (MONTMORENCY) geheiratet hatte. Früh retiriert, im Familienkreis offenbar sehr autoritär, lebte er von und auf seinen mittelgroßen Besitzungen in der Picardie. Um seine zahlreichen, damals für unerläßlich geltenden Standespflichten zu erfüllen, geriet er offenbar öfter in pekuniäre Schwierigkeiten. Als er im Jahre 1783 stirbt, wird nicht einmal sein ältester Sohn materiell etwas von ihm erben.[9]

Die Mutter, Blanche-Elisabeth, geb. 1737 zu Metz, hatte dem Vater als einziges Kind ihrer Eltern 60 000 Francs Mitgift gebracht. Aber sie hat ihm auch wiederum 9 Kinder geschenkt, die nun ebenfalls standesgemäß aufgezogen und untergebracht werden sollten. Die Mutter kränkelte. Sie ist, vielleicht von den vielen Schwangerschaften und häuslicher Problematik erschöpft, früh nervenleidend. Ihr Sohn Henri spricht bereits 1782, wo sie 45 Jahre alt ist, von ihr als „notre chère malade"[10], deren Befinden sich, wie er fürchtet, verschlechtert haben könnte. Zu einem späteren Zeitpunkt, den wir nicht feststellen konnten, wird sie unter Kuratel gestellt werden. Sie hatte unter der Revolutionszeit erheblich zu leiden, zumal sich – neben anderen Saint-Simons – einige ihrer Kinder in der Emigration befanden. Das wird sie vollends gebrochen haben. DONDO zitiert, leider ohne Quellenangabe, ein Dokument aus der Revolutionszeit, worin es heißt: „Die Dame Saint-Simon, Mutter von Emigranten, wurde veranlaßt, ihren Besitz unter ihre künftigen Erben aufzuteilen. Da sie nicht geschäftsfähig war, erhielt sie einen Rechtsvertreter, der bevollmächtigt wurde, sie vor Gericht zu vertreten."[11] In den Archiven des Distrikts Péronne befindet sich ein weiteres Dokument, das ihre Geschäftsunfähigkeit feststellt. Ihr jüngster Sohn Hubert, der sich darum bemühte, Werte des mütterlichen Vermögens durch Übertragung auf die Erben zu retten, schrieb – wohl ebenfalls gegen Ende des Jahrhunderts – an einen Notar in Péronne: „Meine Mutter, die auf Grund ihres Gesundheitszustands rechtlich für geschäftsunfähig erklärt worden ist, war seit vielen Jahren nicht mehr in der Lage, ihr Eigentum zu verwalten. Infolgedessen hat ihre Unterschrift juristisch keinen Wert."[12] Die Mutter wurde aber alt, wenn der Verf. auch ihr Todesdatum nicht finden konnte. Sie wird zwischen 1813 und 1820 verstorben sein.

Der Vater erbittet, wie damals in seinem Stande üblich, von seinem König Dotationen und Sinekuren für sich und die Seinen. Dafür muß er teilweise auch zahlen. Die Stelle eines Regimentskommandeurs, die er herrisch fordert, erhält

---

[9] „Der Tod meines Vaters, der 1783 erfolgte, hat an meiner pekuniären Lage nichts geändert... Ich habe niemals etwas von irgend jemand geerbt", heißt es in seinem autobiographischen Fragment von 1808 (anthropos I., S. 71).
[10] In einem Brief vom Feldzug in Amerika an seinen Vater, datiert Brinston Hill, 20.2.1782, bittet er um Nachrichten über das Befinden seiner Mutter. Dieser Brief befindet sich im Original in der Pariser „Bibliothèque Nationale".
[11] DONDO, l.c., S. 57.
[12] ibidem.
[13] Der Vater schreibt in einer Eingabe vom 14. Januar 1747: „Der Graf von Saint-Simon erbittet seit zehn Jahren ein Regiment, ohne daß er es bis heute erhalten konnte; obgleich er sich vertrauensvoll gestattet vorzutragen, daß es überhaupt keinen Offizier gibt, der zu seinen Gunsten mehr Qualitäten anführen könnte, um eine solche Gunst zu verdienen." Vgl. MAXIME LEROY, l.c., S. 44 (ohne weitere Quellenangabe). Die stolze Diktion könnte von seinem Sohn Henri stammen.

er aber nicht.[13] Drei jüngere Brüder Henris waren schon als Kinder dem Malteserorden verpflichtet worden, der nach entsprechender Dienstzeit eine relativ billige Versorgung für Adelssöhne auf den Domänen des Ordens bot. Der autoritäre Vater verstand sich offenbar sehr schlecht mit seinem ältesten Sohn. Solche Vater-Sohn-Problematik ist bekannt genug, zumal wenn es sich um den Ältesten, früher also den künftigen Familienchef und um Grundbesitz handelt.

Unter den zahlreichen, in keiner Weise nachprüfbaren Anekdoten, die sich um Henri ranken, ragt zunächst diejenige hervor, die beschreibt, wie er sich im Alter von 13 Jahren weigerte, zur ersten Kommunion zu gehen. Das wäre für den Neffen und Großneffen eines Bischofs und Fürstbischofs schon tollkühn gewesen. Er soll von seinem Vater dafür auf einige Wochen in das Gefängnis im Kloster Saint-Lazar eingewiesen worden und anschließend daraus ausgebrochen sein. Möglich scheint uns, wenn auch weniger symbolträchtig für die Saint-Simonisten, die, wie er selbst, in Opposition zur römischen Kirche standen, daß dies in Wirklichkeit mit einem anderen Vorkommnis zusammenhängt. Er soll nämlich, etwa im selben Alter, einen Hauslehrer, der ihn auspeitschen wollte, mit einem Federmesser an seinem Hinterteil verwundet haben. Anträge von Vätern, einen Sohn in Gefängnishaft zu nehmen, kamen damals in Adelsfamilien häufiger vor. Auch der große Revolutionspolitiker und spätere Präsident der Nationalversammlung MIRABEAU hatte in seiner Jugend ähnliches erleben müssen.[14] Zwei weitere Anekdoten aus Henris Jugend wollen wir ebenfalls berichten, weil auch für sie das bekannte „se non è vero, è ben trovato" gilt: Sie hätten sich nicht verbreitet, entsprächen sie nicht so gut seiner Persönlichkeit. Bei diesen und allen künftig noch erzählten Anekdoten, die von Mund zu Mund und von Feder zu Feder gingen, steht es im Belieben jedes Lesers, soviel, aber auch sowenig davon zu glauben, wie er möchte. So soll der junge Henri einmal von einem tollwütigen Hund gebissen worden sein, woraufhin er sich die Wunde selbst mit einem glühenden Eisen ausbrannte. Dann bewaffnete er sich mit einer Pistole, um bei den ersten Anzeichen der Krankheit seinem Leben ein Ende zu setzen. In allen Biographien findet sich der Bericht, er habe sich jeden Morgen mit folgenden Worten wecken lassen: „Erheben Sie sich, Monsieur le Comte, Sie haben noch große Dinge zu vollbringen!" Es gibt verschiedene Varianten dieses Morgenspruches. Natürlich weiß man nicht – sofern die Sache überhaupt stimmt –, wer diese Weisung an den Domestiken gegeben hat, sein Vater oder er selbst. Das 18. Jahrhundert war einerseits noch dem Barock verpflichtet und pflegte von der Antike übernommene Ideale von männlicher Tugend, Tapferkeit und stoischer Seelengröße; andererseits war es ja die Zeit ROUSSEAUS, eine Zeit des Experimentierens mit verschiedenen neuen pädagogischen Methoden. Zumal dem ältesten Sohn ließ man in der Regel erzieherisch besondere Sorgfalt und damit auch Härte angedeihen.

Henri hat mehrere Hauslehrer gehabt, was für die Erziehung der Kinder damaliger Adelsfamilien billiger war, als ihre Ausbildung auf standesgemäßen aus-

---

[14] GABRIEL DE RIQUETI, Graf von MIRABEAU (1749–1791), besaß ein wildes, zügelloses Temperament. Wegen mancherlei Händel und Schulden erwirkte sein Vater 1773 einen Haftbefehl gegen ihn, woraufhin er auf dem Château d'If bei Marseille und dem Fort Joux bei Pontarlier festgesetzt wurde. Einige Jahre später wurde er, der geflohen war und in Amsterdam seinen „Essay sur le despotisme" geschrieben hatte, nochmals auf dem Donjon zu Vincennes gefangengesetzt. Hier verfaßte er die glänzende Schrift „Des lettres de cachet et des prisons d'Etat".

wärtigen Internaten. „Ich wurde von Lehrern erdrückt", erinnerte er sich später, „ohne genügend Zeit zu haben, über das, was sie mich lehrten, nachzudenken. Die Folge davon war, daß viele Jahre vergingen, bevor die wissenschaftliche Saat, die mein Geist empfing, auch wachsen konnte."[15] Saint-Simon behauptete, von D'ALEMBERT unterrichtet worden zu sein, und man hat dies wörtlich genommen. Er selbst hatte geschrieben: „Meine erste Erziehung wurde von d'Alembert geleitet (fut dirigée par d'Alembert)."[16] Ist man aber wirklich berechtigt, aus dieser Formulierung den Schluß abzuleiten, D'ALEMBERT habe den Knaben als Hauslehrer unterrichtet? Wie fast alle Biographen tat dies FRIEDRICH MUCKLE, der schrieb: „d'Alembert, den der hochgeborene junge Herr seinen Lehrer nennen durfte."[17] Sogar MAXIME LEROY, der die Vita Saint-Simons sonst viel korrekter darstellt, schrieb: „Saint-Simon hat d'Alembert als Hauslehrer gehabt."[18] Setzen wir diese „erste Erziehung" um 1772 an, so wäre der 1717 geborene D'ALEMBERT damals 55 Jahre alt gewesen. Er war damals langjähriges berühmtes Mitglied der Akademie der Wissenschaften und der Akademie Française, auch deren Sekretär und ein vielbeschäftigter wissenschaftlicher Autor von hohem Rang. Es ist höchst unwahrscheinlich, daß sich dieser prominente Gelehrte, Korrespondent FRIEDRICH DES GROSSEN und der großen Zarin KATHARINA, als Hauslehrer eines Adelsjungen in der Provinz betätigt hat. Die Bemerkung sollte man vielmehr im übertragenen Sinne verstehen, wofür auch der komplette autobiographische Text spricht. Das schließt natürlich nicht aus, daß die beiden sich begegnet sind, vielleicht war D'ALEMBERT zu Gast im Elternhause, wir sagten ja schon, daß die Familie neben ihren Besitzungen in der Picardie (Falvy und Berny in der Nähe von Péronne, wo die jungen Saint-Simons heranwuchsen) auch ein Haus in Paris bewohnte, es lag in der Rue du Bac. Henri will auch einmal JEAN JACQUES ROUSSEAU besucht haben.[19] Alle diese Jugendanekdoten gehen aber ausschließlich auf seine eigenen Angaben zurück und sind dann von zweiter und dritter Hand fortgeschrieben und weiter ausgeschmückt worden.

Henri de Saint-Simon war für den Militärdienst bestimmt, wie es in seiner Familie üblich war, und er strebte ihn selber an, sei es auch nur, um der väterlichen Fuchtel zu entkommen. Er erhält mit Datum vom 15.1.1777 ein Patent als Unterleutnant. Dieses vom Vater wiederholt erbetene Offizierspatent setzte keinen vorherigen Militärdienst voraus, es war die Inanspruchnahme eines Adelsprivilegs.[20] Der Eintritt in die Armee wird aber vom Vater hinausgezögert, der den Sohn, der gerade 16 Jahre zählte, für noch nicht genügend reif hielt. Aber im nächsten Jahr ist es soweit und der 17jährige wird als Leutnant im Infanterieregiment de Touraine aktiv, wo ein Vetter von ihm Oberst ist. Zwei Jahre darauf, am 14. Nov. 1779, wird er zum Hauptmann im selben Regiment befördert werden.

---

[15] Zitiert nach DONDO, l.c., S. 13, der als Quelle den aus dem Jahre 1812 stammenden „Mémoire introductif" (zur Auseinandersetzung mit dem Grafen Redern) angibt. Ich habe die Stelle dort aber nicht gefunden.
[16] Der komplette Text lautet: „Ma première éducation fut dirigée par d'Alembert, éducation qui m'avait tressé un filet métaphysique si serré, qu'aucun fait important ne pouvait passer à travers." (Zitiert nach MAXIME LEROY, La Vie du Comte de Saint-Simon 1760–1825, Paris 1925, S. 57, ohne Quellenangabe.)
[17] MUCKLE, l.c., S. 27.
[18] LEROY, l.c., S. 57.
[19] FRIEDRICH MUCKLE, l.c., S. 27 und MAXIME LEROY, l.c., S. 62.
[20] Wir sagten schon, daß ab 1781 dafür sogar vier adelig geborene Großeltern vorausgesetzt waren, was Saint-Simon vielleicht nicht erfüllen konnte.

Der begabte junge Offizier macht Schulden, er fordert Geld von zu Hause und richtet auch sonst allerhand wohl nicht nur harmlosen Blödsinn an, der den Vater erneut verärgert. Denn in mehreren Kriegsbriefen, die er im Jahre 1782 schreiben wird[21], bittet er darum, ihm doch die „gedankenlosen Taten", die „jugendlichen Irrtümer" zu vergeben und zu vergessen, die er begangen habe. Das kann sich aber nicht mehr nur auf Kinderstreiche beziehen. Und es ist auch die Frage, ob sich diese wiederholten Entschuldigungen, die einen flehentlichen Charakter tragen, lediglich auf hemmungsloses Schuldenmachen beziehen, eine Schwäche, die er sein ganzes Leben nicht ablegen wird. Ist er vom öden Garnisonsleben, das durch Visiten an dem unter LUDWIG XVI. fader gewordenen Hofe nicht aufgeheitert werden kann, unausgefüllt und gelangweilt? Die Armee hatte eben zu viele Offiziere, zahlreiche darunter nur „à la suite", die man nicht sinnvoll zu beschäftigen wußte. In dieser Situation mußte es von dem jungen Offizier, dessen Fähigkeiten überhaupt nicht gefordert waren, als Glück empfunden werden, zu einem ernsthaften Einsatz zu kommen. Wir werden sehen, daß er diesen Einsatz – in der Retrospektive – mit besonderen Akzenten versehen wird, die über die militärische Frontbewährung hinausgehen.

6. Kapitel
Als Offizier in Amerika

Konflikte, die sich vor allem an Fragen neuer Zölle und Steuern entzündeten, hatten am 4. Juli 1776 zur Unabhängigkeitserklärung der ersten Vereinigten Staaten von Amerika in Philadelphia geführt. Diese von dem Advokaten THOMAS JEFFERSON entworfene Erklärung fußte auf Lehren, mit deren Hilfe englische Autoren, vor allem JOHN LOCKE, ihren Widerstand gegen die Selbstherrlichkeit der Stuarts gerechtfertigt hatten. Sie fußte aber auch auf Gedankengut von ROUSSEAU und anderen Enzyklopädisten:

„We hold these truths to be self-evident", lautet die berühmteste Passage, „that all men are created equal, that they are endowed by their creator with certain unalienable rights, that among these are life, liberty and the pursuit of happiness. That to secure these rights, governments are instituted among men, deriving their just powers from the consent of the governed. That whenever any form of government becomes destructive of these ends, it is the right of the people to alter or abolish it."

Wenn auch das Auslösen dieser Revolution, wie es stets der Fall ist, das Werk einer politischen Minorität war, so erklärt die propagandistische Kraft der Prinzipien doch einen erheblichen Teil ihrer Wirkung. Das gilt auch für das Ausland. Als 1776, im ersten Jahr des Bestehens der Vereinigten Staaten, eine amerikanische Delegation nach Paris kam, die von BENJAMIN FRANKLIN geleitet wurde, wurde sie begeistert begrüßt. Dieser Quäker und leibhaftige Republikaner, der sein Bürgertum stolz und eigenwillig zur Schau stellte, machte in Versailles große Figur. Eine Zeitgenossin notierte: „Man gab dem Dr. Franklin elegante

---

[21] Es handelt sich um die im Original erhaltenen Kriegsbriefe vom 20.2.1782 und 16.9.1782 an den Vater (Bibliothèque Nationale, MSS.N.A.F. 24605). Auszüge brachte MAXIME LEROY, l.c., S. 70–74. DONDO veröffentlichte Übersetzungen des ersten komplett und des zweiten im Auszug (l.c., S. 23–29 und S. 31–33).

Feste, einem Mann, der das Renommee eines der fähigsten Physiker mit patriotischen Tugenden verband, die ihn die vornehme Rolle eines Apostels der Freiheit übernehmen ließen."[1] Aufgabe dieser amerikanischen Delegation war es natürlich, Frankreich zu Hilfeleistungen für die schwierigen militärischen Aktionen gegen den englischen Kolonialherrn zu veranlassen.

In französischen Regierungskreisen hatte man die amerikanischen Ereignisse gespannt, aber zunächst vorsichtig und zurückhaltend verfolgt. Man war sich, trotz vieler Sympathie und eindeutig proamerikanischer Volksstimmung noch im Zweifel, ob man den Revolutionären helfen sollte. Immerhin ging es dabei ja um einen Kampf zur Befreiung von dynastisch-legitimen Herrschaftsstrukturen, und man hatte selber Kolonien. Der amerikanische Kongreß hatte aber alle Welt um Hilfe beim Freiheitskampf gebeten. Man half mit Material, Geld und Krediten, aber es engagierten sich auch zahlreiche junge Europäer persönlich beim Kampf. So gingen der frühere preußische und badische Offizier FRIEDRICH WILHELM V. STEUBEN oder der polnische Militär TADEUZ KOŚCIUSZKO hinüber, aber vor allem traten viele junge Franzosen als Offiziere in die Armee WASHINGTONS ein. Am prominentesten ist zweifellos der damals zwanzigjährige Marquis MARIE JOSEPH DE LA FAYETTE (1757–1834) geworden, der schon 1777 mit mehreren jungen Standesgenossen nach Amerika ging (auf einem angeblich aus eigenen Mitteln angeschafften Schiff). Er wurde in Amerika sofort zum General befördert, und wir werden ihm im Zusammenhang unserer Darstellung später wieder begegnen. Henri de Saint-Simon gehörte aber damals nicht zu diesen Freiwilligenscharen, auch wenn man es öfter so lesen kann.

Wir sagten, daß das offizielle Frankreich sich zunächst scheute, offen für die Insurgenten Partei zu ergreifen, wenn es sie auch auf mancherlei Weise unterstützte. Doch wie dies häufig der Fall ist: Als sich die Chancen der Freiheitskämpfer deutlich vergrößerten, vergrößerten sich auch die Hilfeleistungen von auswärts und nahmen offiziellen Charakter an. Als es den Amerikanern gelungen war, die von Kanada gegen den Hudson vorgerückte englische Armee zu schlagen, sie einzukesseln und sie anschließend bei Saratoga zur Kapitulation zu zwingen (16.10.1777), entschloß sich auch das offizielle Frankreich, Farbe zu bekennen: Es erkannte am 6.2.1778 die jungen Vereinigten Staaten von Amerika an und schloß mit ihnen einen Freundschafts- und Handelsvertrag, worin sich beide Staaten als Verbündete bezeichneten. Kein Vertragspartner sollte ohne Zustimmung des anderen den Krieg durch Waffenstillstand oder Frieden mit Großbritannien beenden dürfen.

Nun greifen reguläre französische Truppen in das Geschehen ein, auch Spanien war militärisch mit von der Partie. Diese Hilfe war natürlich nicht selbstlos. Frankreich verfolgte u.a. das Ziel, seinen Besitz auf den Antilleninseln auszuweiten. Eine französische Armee unter dem Marschall DE ROCHAMBEAU wurde ausgerüstet, und schon im April 1778 lief eine erste französische Flotte mit 10000 Mann Landtruppen von Toulon aus. Zu den Kontingenten ROCHAMBEAUS gehörte u.a. auch das Regiment Touraine, in dem Henri de Saint-Simon Offizier war und sein weitläufiger Vetter Oberst. 1779 wird dieses Regiment nach Übersee verfrachtet, die beiden Saint-Simons fahren auf dem Flaggschiff „La Couronne". Es wird zunächst nach San Domingo gehen, das seit dem Ende des 17. Jahrhunderts eine französische Kolonie war.

---

[1] JEANNE-LOUISE CAMPAN, Mémoires.

Die Einzelheiten des Feldzugs und die speziellen Einsätze des Regiments Touraine und anderer Einheiten, bei denen Henri de Saint-Simon als Offizier stand, können wir hier nicht nachzeichnen. Letzteres erforderte gründliche militärhistorische Studien, die für unseren Zusammenhang nicht relevant erscheinen. Wir beschränken uns vielmehr auf einige wichtige Ereignisse, die in die Kriegsjahre Saint-Simons 1779–1783 fallen. In diesen Jahren ist er, soweit aus den Quellen (Briefen, Militärakten, Zeugnissen von dritter Seite) ersichtlich, ein couragierter junger Frontoffizier, der das militärische Abenteuer sucht, ehrgeizig um seine Karriere bemüht ist und einen „gout de la gloire" hat. Er ist eifersüchtig, wenn ihm andere unverdientermaßen vorgezogen werden. Seine Briefe stehen zwar eindeutig über dem Durchschnitt üblicher Kriegsbriefe, doch verraten sie in keiner Weise den späteren Philosophen, Philanthropen und Pazifisten.[2] Seine finanziellen Ausgaben sind wiederum beträchtlich.[3]

Wenn man versucht, ein wenig Ordnung in die oft wirren Berichte zu bringen, welche die Biographen Saint-Simons uns überliefert haben, wenn man seine Briefe an den Vater heranzieht und sonstige leichter greifbare Quellen auswertet, so ergibt sich folgendes:

1779 kommt er auf der Insel San Domingo an und wird Capitaine, also Hauptmann.

1780 nimmt er an einer Reihe von See-Unternehmungen teil, u.a. gehört er zu den französischen Truppen, die vergeblich versuchen, die britischen kleinen Antilleninseln Barbados und St. Lucia zu erobern. Er steht unter dem Kommando des Marquis DE BOUILLÉ, desselben Mannes übrigens, der später die unglückliche Flucht LUDWIGS XVI. nach Varennes vorbereiten wird. Henri wird später einer seiner Adjutanten und für den Generalstabsdienst vorgesehen. Ein Kommando führt ihn auch auf die Insel Martinique, ebenfalls eine der bedeutenderen französischen Antilleninseln.

1781 ist das Entscheidungsjahr des amerikanischen Unabhängigkeitskampfes: Am 19. Oktober mußte bei Yorktown im Staate Virginia, an der Bay von Chesapeake, der eingeschlossene englische General Lord CORNWALLIS mit 7000 Soldaten gegenüber den vereinigten amerikanischen Truppen unter WASHINGTON und einem französischen Heer unter ROCHAMBEAU kapitulieren. An dieser Entscheidungsschlacht hat Saint-Simon teilgenommen. Und da auch die französischen Kontingente dabei unter dem persönlichen Kommando von WASHINGTON standen, konnte er später mit Recht und Stolz behaupten, er habe unter ihm gekämpft. Wir haben einen amüsanten Bericht von ihm darüber, wie man mit dem Flaggschiff, dem „Cormoran", bei der Landung zunächst fast gestrandet wäre.[4]

---

[2] So heißt es beispielsweise in seinem Brief vom 20.2.1782 an den Vater: „Wir waren sehr glücklich bei dieser Belagerung. Nur 100 unserer Männer wurden getötet oder verwundet." (DONDO, l.c., S. 27).

[3] In demselben Brief an den Vater heißt es: „Meine Ausgaben, obwohl ich sie in Ordnung gebracht habe, mögen Ihnen höchst beträchtlich erscheinen, und sie überschreiten vielleicht Ihre Möglichkeiten. Ich weiß dies genau... Obwohl ich meine Ausgaben eingeschränkt habe, ist alles so exorbitant teuer hierzulande, daß ich mit 10 000 Franken rechnen muß, die ich Ihnen dieses Jahr koste. Und dies nur, um mich auf dem gleichen Niveau zu halten, wie andere Personen meines Ranges, mit denen ich dienen werde, ohne daß ich mir dabei irgendwelche Extravaganzen erlaube." (l.c., S. 24 f.).

[4] Vgl. HAROLD A. LARRABEE, Henri de Saint-Simon at Yorktown, The Franco-American Review, 1937, S. 102 f. (nach DONDO, l.c., S. 20).

In der Schlacht selbst kommandierte Henri de Saint-Simon Artillerieeinheiten. Es ist der Bericht eines CLAUDE BLANCHARD erhalten, der ihn im Schützengraben vor Yorktown traf.[5] Auch hier hatte Henri wieder Ärger gemacht, denn der Berichterstatter notiert, daß er ihm einige Tage vorher „einen ziemlich deutlichen" Brief („une lettre assez ferme") habe schicken müssen. Aber jetzt, in vorderster Kampflinie, tauschen sie darüber „einige freundliche Erklärungen" aus.[6] Fünf Tage nach der Kapitulation, am 24. Okt. 1781, segelt Saint-Simon mit der französischen Flotte unter Admiral F. J. P. DE GRASSE zu den ständigen französischen Flottenbasen auf den westindischen Inseln zurück. Es war also nur eine kurze Zeit, die er auf dem nordamerikanischen Kontinent verbrachte, ein wichtiger Lebensabschnitt jedoch, den er später ideologisch verklären wird.

1782, das nächste Jahr, ist durch die zwei handschriftlich erhaltenen Briefe belegt, die Henri an seinen Vater geschrieben hat, und zwar am 20. Februar und am 16. September. Der erste Brief ist datiert von Brinston-Hill, auf der Insel St. Christoph, auch St. Kitts genannt, einer der von CHRISTOPH KOLUMBUS entdeckten Inseln der Kleinen Antillen, und er ist vor seiner Abreise nach Martinique geschrieben. Im Januar war das Geschwader, das aus dreißig Schiffen bestand, dorthin gesegelt, mit 6000 Truppen an Bord. In einem offenbar geschickten und kühnen Handstreich wurde die englische Insel erobert, was in dem Brief eingehend beschrieben wird. Das Ganze ist ein ausgezeichneter militärischer Bericht, verfaßt von einem begabten Frontoffizier, der nebenbei empfiehlt, seinen jüngeren Bruder Eudes in die Armee eintreten zu lassen – „Eudes hat ein Alter erreicht, wo er den Dienst schleunigst antreten sollte" – und möglichst auch nach Amerika zu senden (Eudes ist 16½ Jahre alt!): „Ich glaube, aus Erfahrung, zu wissen, daß ein Jahr Krieg ihn besser ausbilden würde als zehn Jahre Frieden in Frankreich." Dieser Brief an den Vater schließt mit den Worten: „Bitte geben Sie Ihrem Sohn, der Sie zärtlich liebt, Ihre Achtung und Freundschaft zurück. Dann werden Sie ihn zum glücklichsten aller Menschen machen."

Am 12. April 1782[7] fand die Seeschlacht bei den Inseln „Les Saintes" bei Guadeloupe statt. Die englischen Flotteneinheiten unter Admiral GEORGE BRYDGES RODNEY besiegten ein französisches Geschwader unter Admiral DE GRASSE.[8] Waren die Engländer auf dem nordamerikanischen Festland geschlagen worden, so behaupteten sie doch zur See ihre Herrschaft, die eineinhalb Jahrhunderte andauern wird, auch Gibraltar wurde ja glänzend gegen die Spanier gehalten. Bei dieser Seeschlacht von „Les Saintes" war Saint-Simon dabei. In späteren Jahren erzählte er gern nach Art alter Kriegsveteranen eine Episode, die er dabei erlebt haben will. Der Saint-Simonist NICOLAS-GUSTAVE HUBBARD erzählt sie sehr far-

---

[5] CLAUDE BLANCHARD, Guerre d'Amerique (1780–1783); journal de campagne, Paris 1881, S. 100 f. Bei dem Chronisten handelte es sich aber nicht um einen der 166 Artilleristen, die unter Saint-Simons Kommando standen, wie DONDO meinte (l.c., S. 21), sondern um den Hauptkriegskommissar seines Armeekorps.
[6] Ebenda bei BLANCHARD.
[7] Frank E. MANUEL (l.c., S. 19) schreibt irrtümlich 1783.
[8] Ich verdanke meinem verstorbenen Bonner Kollegen, dem Historiker WALTER HUBATSCH, den Hinweis auf die ausführliche Darstellung in: RUDOLPH RITTMEYER, Seekriege und Seekriegswesen in ihrer weltgeschichtlichen Entwicklung mit besonderer Berücksichtigung des 17. und 18. Jahrhunderts, 2 Bde., Berlin 1911, S. 363–375.

big⁹, sie wird auch von GUSTAVE D'EICHTHAL¹⁰ überliefert, der aber den Helden der Geschichte ebenfalls nicht mehr persönlich gekannt hat: Saint-Simon befand sich auf Deck der Fregatte „Ville de Paris", dem Flaggschiff des französischen Flottenchefs. Einem Matrosen, dem er gerade Befehle gab, wird bei dem Bombardement der Kopf zerschmettert. Saint-Simon selbst wird betäubt. Aus der Bewußtlosigkeit erwachend, greift er Gehirnmasse des gefallenen Soldaten. Wie kann ein Mensch denn aber, so soll der Denker sich dabei überlegt haben, sein eigenes Gehirn ertasten? Für die Saint-Simonisten, in ihrer grenzenlosen Verehrung für den Meister, war dies natürlich ein früher Beweis seiner Kaltblütigkeit, wissenschaftlichen Begabung und Auserwähltheit. Denn wer konnte sich sonst noch rühmen, ein derartiges Erlebnis gehabt zu haben? Auch soll man im Begriff gewesen sein, den Ohnmächtigen über Bord zu werfen, als er noch in letzter Sekunde protestierend den Arm hob. Diese ausgesprochenen „Horrorstories" gehen freilich nur auf ihn selbst zurück, wenn er sie überhaupt jemals so erzählt hat.¹¹ Doch paßt es durchaus in sein Gesamtbild, daß er mit einer derartigen Erzählung seine Zuhörer unterhalten hat, wie er es offenbar ja auch mit seinen entsprechend dramatisierten Jugenderinnerungen und mit späteren Erlebnissen getan hat.

Wie gesagt, endete die Seeschlacht mit einer Niederlage der Franzosen, die gefangengenommen wurden. Während man Admiral DE GRASSE nach London brachte, internierte man die übrigen Gefangenen, darunter Saint-Simon, auf Jamaica. Wenn wir wiederum HUBBARD folgen, der noch weitere Anekdoten zu berichten weiß, so war die Gefangenschaft für Saint-Simon aber nicht streng. Dies soll der Dank dafür gewesen sein, daß er selber früher einem gefangenen englischen Offizier, dem er nun wieder gegenübertrat, Milde hatte angedeihen lassen. Doch hatten sich die Franzosen den gefangenen englischen Militärs gegenüber – jedenfalls was die Marine anbetraf – generell chevaleresk gezeigt, was sich nun offenbar positiv auswirkte.

Vom 16. September 1782 haben wir wieder ein authentisches Zeugnis aus dem Leben Saint-Simons, und zwar den zweiten der schon erwähnten Kriegsbriefe. Dieser Brief ist im Fort Saint-Pierre auf der Insel Martinique geschrieben worden und er erreichte, wie aus einem Empfangsvermerk ersichtlich, den Vater im Februar 1783, vier Wochen vor dessen Tode. Aus dem Tenor darf man schließen, daß sich eine gewisse Versöhnung angebahnt hat, daß der Vater aber kränkelt. Der Sohn empfiehlt ihm daher, wieder mehr unter Leute zu gehen, um „Ablenkung zu suchen, in der zahlreichen und angenehmen Gesellschaft", die der Vater „um der Kinder willen verlassen hat". Offenbar haben sich die Eltern stärker einschränken müssen, um für die Kosten aufzukommen, die ihnen die Kinder verursachten. Die Schwester LOUISE, so ist dem Brief zu entnehmen, hatte ebenfalls Schwierigkeiten mit dem autoritären Vater gehabt. Der Sohn empfiehlt nun dem Vater, der Tochter freundlich zu begegnen. Sie habe „väterliche Freundlichkeit nötig, um Vertrauen in Sie zu fassen, so wie ich es jetzt mit

---

⁹ NICOLAS-GUSTAV HUBBARD, Saint-Simon, sa vie et ses travaux suivi de fragments des plus célèbres écrits de Saint-Simon, Paris 1857.
¹⁰ Eine entsprechende Notiz des Saint-Simonisten GUSTAVE D'EICHTHAL befindet sich in der Bibliothèque de l'Arsenal, welche den Nachlaß der Simonisten hütet („Fonds Enfantin", Nr. 7855).
¹¹ Vgl. zu diesen Berichten u.a.: MAXIME LEROY, l.c., S. 92 f.

Freude tue. Diese Tatsache macht mich so glücklich, wie man es achtzehnhundert Seemeilen entfernt vom besten der Freunde nur sein kann".

Saint-Simon berichtet im Brief von seinen verschiedenen militärischen Pflichten, offenbar ist er nach Entlassung aus Kriegsgefangenschaft, vielleicht im Austausch gegen gefangene englische Offiziere, sofort wieder eingesetzt worden. Er wird auf die französische Insel Guadeloupe gehen, als „aide-maréchal général des logis" seines Generals, der ihm freundlich gesinnt ist, wie er schreibt. War er bisher damit beschäftigt, Rekruten auf verschiedene Einheiten zu verteilen, so wird er nun Straßen und Festungen inspizieren, zumal man mit einem Angriff der Engländer rechnen muß. Marschall DE BOUILLÉ setzt alles in Verteidigungsbereitschaft, da die Seemacht der Engländer überlegen ist, und diese ihre Truppen aus dem nordamerikanischen Kontinent herausziehen, um ihre koloniale Inselwelt zu behaupten und zu erweitern. Am Schluß des Briefes beklagt Saint-Simon sich bitter darüber, daß ihm ein anderer Offizier bei einer Beförderung vorgezogen werden soll. „Sie werden zugeben, mein lieber Freund", schreibt er an den Vater, „daß dies ziemlich hart für mich ist, der ich vor meiner vierten Campagne stehe und verwundet worden bin. Seien Sie aber versichert, daß ich für alle Ihre Bemühungen um meine Beförderung dankbar bleiben werde, mag mich der Hof auch noch so unfair behandeln." Nach diesem Brief wird sein Schiff gleich darauf die Segel setzen. Ein Jahr tut er noch Dienst auf den kleinen Antilleninseln, dann kehrt er – nach dem Friedensschluß von Versailles vom September 1783 zwischen England, Frankreich und den USA – in die Heimat zurück.

Diese Kriegsjahre in Amerika sind bei genauerer Betrachtung eine Stationierung auf den französischen Antillen-Inseln, insbesondere auf den kleinen Antilleninseln, den sog. „Inseln über dem Winde", von wo aus man verschiedene Ausfälle unternahm. Es ging, wie gesagt, der französischen Regierung und Militärführung hierbei weniger um den Freiheitskampf der Amerikaner, als um den Schutz bzw. die Erweiterung des eigenen Kolonialbesitzes in der Karibik. Saint-Simon hat später alles dies weltanschaulich verklärt. Die wenigen Wochen, die er bei einem Einsatz der Franzosen auf dem nordamerikanischen Kontinent war, stilisiert und idealisiert er als bedeutende Mithilfe beim amerikanischen Freiheitskampf. In dem ersten seiner „Briefe an einen Amerikaner", die viel später – 1817 – im Rahmen seines Sammelwerks „L'Industrie" publiziert werden, und von denen wir nicht wissen, wann er sie verfaßt hat, schreibt er: „Ich habe an der Belagerung von York teilgenommen. Ich habe auf ziemlich bedeutende Weise bei der Gefangennahme des Generals Cornwallis und seiner Armee mitgewirkt. **Ich kann mich daher als einen der Begründer der Freiheit der Vereinigten Staaten betrachten**[12], denn diese militärische Operation hat, indem sie den Frieden entschied, unwiderruflich die Unabhängigkeit Amerikas festgestellt."[13] Und er wird im zweiten dieser Briefe sogar behaupten: „Während meines Aufenthalts in Amerika beschäftigte ich mich sehr viel mehr mit den politischen Wissenschaften als mit militärischer Taktik. Der Krieg an und für sich interessierte mich nicht, aber das Ziel des Krieges interessierte mich lebhaft!"[14]

Wenn wir diese Aussage, die er über dreißig Jahre später drucken ließ, mit seinen Kriegsbriefen vergleichen, so könnten wir sie leicht für eine glatte Lüge hal-

---

[12] Hervorhebung von mir.
[13] L'Industrie, Lettres de Henri Saint-Simon à un Américain, première lettre, anthropos I/2, S. 140.
[14] Deuxième lettre, S. 148.

ten. Aber es ist mit Lebenserinnerungen wie mit anderen Erinnerungen: Die Zeit verändert sie, und wir brauchen deshalb nicht gleich den moralischen Zeigefinger zu erheben. Man erinnert sich an das, an was man sich erinnern will, man sieht sich selbst in der Erinnerung, so wie man gern gewesen sein möchte. Dies gilt natürlich besonders für Situationen, in denen man, direkt oder aus späterer Sicht, versagt hat. FRIEDRICH NIETZSCHE formulierte einmal: „‚Das habe ich gethan', sagt mein Gedächtnis. ‚Das kann ich nicht getan haben' – sagt mein Stolz und bleibt unerbittlich. Endlich gibt das Gedächtnis nach."[15] Die Problematik ist den Historikern ebenso geläufig wie den Gerichten. Man muß deshalb mehrere Memoiren miteinander vergleichen und vor allem Originaldokumente der Zeit heranziehen und alles inhaltsanalytisch auswerten (bei Briefen z. B. auch im Hinblick auf den Adressaten), wenn man ein richtiges Bild von den Ereignissen und dem Handeln der beteiligten Personen gewinnen will. „Bona" oder „mala fide" ist bei Erinnerungen nicht leicht voneinander zu trennen.

Auch eine weitere Passage aus dem zweiten „Brief an einen Amerikaner" gehört in diesen problematischen Zusammenhang, eine Stelle, die von Verehrern Saint-Simons gern zitiert wird: „Die Abscheu vor dem Waffenhandwerk überwältigte mich vollends, als ich den Frieden herannahen sah. Ich fühlte klar, welches die Laufbahn war, die ich ergreifen mußte, die Laufbahn, zu welcher mich meine Neigung und meine natürlichen Gaben riefen. Meine Berufung war es keineswegs, Soldat zu sein: Ich wurde zu einer ganz anderen Tätigkeit geführt, ja, ich darf sagen, zu einer konträren. Das Ziel, das ich mir setzte, war es, den Gang des menschlichen Geistes zu studieren, um daraufhin für die Vervollkommnung der Zivilisation zu arbeiten."[16] Haben wir gegenüber solchen späteren Aussagen erhebliche Reserven anzumelden – denn wie hätte er sonst 1782, also nach der Entscheidungsschlacht von Yorktown, als der Friede am Horizont auftauchte, noch seinen 16jährigen Bruder für Waffenhandwerk und Frontdienst empfehlen können? –, so ist doch ein anderes sicher: Saint-Simon hatte in Nordamerika gesellschaftliche Strukturen kennengelernt, die ganz anders waren als diejenigen im „Ancien Régime", die demokratische Züge enthielten, die lebendiger waren als die verkrusteten und denaturierten „ständischen", die er von zu Hause gewohnt war. Er lernte in Amerika Militäreinheiten kennen, die auch in den unteren Rängen von einer Idee erfüllt waren, für die zu kämpfen die Kombattanten für sinnvoll hielten. Er hatte Milizen kennengelernt, die aus Bürgern bestanden, und er konnte als denkender Offizier Vergleiche ihrer Qualität mit derjenigen europäischer Zwangssoldaten und ständisch privilegierter Offiziere anstellen. Man darf ihm daher glauben, wenn er schon damals erkannt haben wollte, „daß die Revolution in Amerika den Beginn einer neuen politischen Ära bedeutete; daß diese Revolution einen wichtigen Fortschritt der allgemeinen Zivilisation bestimmte und daß durch sie binnen kurzem große Veränderungen in der damals noch bestehenden Gesellschaftsordnung Europas bewirkt werden würden".[17] Beweisen läßt sich diese frühe Erkenntnis natürlich nicht.

Seine Kriegsjahre auf dem amerikanischen Kontinent bringen Henri de Saint-Simon zwei angesehene und daher sehr begehrte Auszeichnungen ein: Er wird am 3. September 1784 Mitglied im amerikanischen „Order of Cincinnatus" und später auch Ritter im französischen „Ordre de Saint-Louis".

---

[15] FRIEDRICH NIETZSCHE, Jenseits von Gut und Böse, Viertes Hauptstück; Sprüche und Zwischenspiele, Nr. 68. Nietzsches Werke, 1. Abt., Bd. VII, S. 94 (Stuttgart 1921).
[16] Lettres à un Americain, deuxième Lettre, anthropos I/2, S. 148.
[17] Lettres à un Américain, deuxième Lettre, l.c., S. 149.

Der „Orden von Cincinnatus" leitet seinen Namen nicht von der Stadt Cincinnati her, die erst 1788 gegründet wurde, sondern von dem römischen Staatsmann LUCIUS QUINCTUS CINCINNATUS, der als ein Muster altrömischer Tugenden gilt. Es handelte sich um eine wirkliche Ordensgemeinschaft, die gegen Ende des amerikanischen Freiheitskampfes (13. Mai 1783) von amerikanischen Offizieren gegründet wurde. Die Insignien, ein an goldenem Adler hängendes Medaillon, stellen CINCINNATUS dar, wie er von römischen Senatoren ein Schwert erhält.[18] Die Ordensgemeinschaft wollte die Erinnerungen und Freundschaften des Krieges pflegen und hatte eine Hilfskasse gegründet. GEORGE WASHINGTON war auf Lebenszeit erster Präsident. In den 13 Staaten der Union wurden Ordenskapitel gegründet, auch eines in Frankreich. Dort fand am 7.1.1784 ein erstes Treffen im Hause des Marschalls ROCHAMBEAU statt, des ehemaligen Oberbefehlshabers des Expeditionscorps. An dem Haus, 40 Rue du Cherche-Midi, erinnert noch heute eine Tafel an die Gründung des französischen Zweiges. Präsident wurde Admiral Graf HENRI D'ESTAING, der wegen erfolgreicher Unternehmungen auch in Amerika Prestige genoß.[19] Dem Orden, der eigentlich nur Offiziere vom Obersten an aufnahm, gehörte außer Henri auch sein ehemaliger Vorgesetzter, der Marquis DE SAINT-SIMON an. Natürlich gehört auch der General DE BOUILLÉ dazu, der Gouverneur der Antillen wurde. Bemerkenswert ist, daß die französische Nationalversammlung diesen amerikanischen Orden von der Verfügung des 19. Juni 1790 ausnahm, die alle Titel und Würden abschaffte. Man wollte offenbar die Freundschaft mit der jungen Republik in Übersee nicht belasten, doch blieb die Gemeinschaft, deren französischer Zweig nur aus Aristokraten bestand, sicher nicht unverdächtig. Der Orden existiert noch heute und nimmt männliche Nachkommen der alten Gründungsmitglieder auf.

Den Orden von SAINT-LOUIS, gestiftet von LUDWIG XIV., eine hohe Militärauszeichnung für kriegsverdiente Heeres- und Marineoffiziere[20], erhielt Saint-Simon am 29. März 1791, also erst siebeneinhalb Jahre nach seiner Rückkehr aus dem Kriege. Er hatte das goldene Kreuz am roten Band seit längerem angestrebt. 1790, zu einer Zeit also, wo er schon als Revolutionär aufzutreten liebt und gegen Standesvorrechte wettert, richtet er sogar zwei schriftliche Eingaben an den Kriegsminister und hebt darin seine militärischen Verdienste und seine Teilnahme an 9 Seegefechten hervor. Seine alten Kriegskameraden vom Regiment Touraine bestätigen seine Verdienste in einem beigefügten Schriftstück, worin sie seine hervorragenden Leistungen bei allen Gelegenheiten rühmen.[21] Saint-Simon wußte die Bedeutung äußerer Symbolik durchaus zu schätzen, deren Vernachlässigung er später dem Protestantismus vorwerfen wird.

---

[18] Die Gestaltung der Insignien des Cincinnatus-Ordens soll vom französischen Architekten und Offizier PIERRE-CHARLES L'ENFANT stammen, der auch die Pläne für den Regierungskern der 1790 gegründeten amerikanischen Hauptstadt Washington entworfen hat.
[19] HENRI COMTE D'ESTAING (1729–1794). Nach Eroberungen in Indien nahm er als Admiral am Krieg in Amerika teil und entriß den Engländern die Inseln Sainte-Lucie und Grenade. Während der Revolution wurde er in Paris guillotiniert, obwohl er sich zu liberalen Ideen bekannt hatte. (Die Familie des letzten französischen Präsidenten Giscard d'Estaing hat sich wegen verwandtschaftlicher Beziehungen den ausgestorbenen Namen d'Estaing zugelegt.)
[20] Der Militär-Orden von Saint-Louis wurde 1693 begründet und in der Revolution aufgehoben. Nach der Restauration (1814–1830) wurde er erneut verliehen.
[21] LEROY, l.c., S. 91.

7. Kapitel
Letzte Militärdienste sowie Projekte in Mexiko, den Niederlanden und Spanien

Im Herbst 1783 kehrt Saint-Simon nach Frankreich zurück, wo er sich bei Hofe vorstellen oder wieder vorstellen läßt. Es ist sehr merkwürdig, aber bisher noch niemals besonders aufgefallen, daß er nicht die Leitung der väterlichen Güter übernimmt, für die er der geborene Anerbe war. Dies muß um so mehr erstaunen, als er doch nach eigenen Angaben des Waffenhandwerks überdrüssig war. In diesem Zusammenhang ist zunächst die wiederholte Behauptung Henris zu registrieren, daß er „nichts geerbt" habe. Darüber hinaus ist aber ein Dokument in den Archiven von Amiens aufschlußreich, in dem es mit Datum vom 1.12.1798 heißt: „Saint-Simon, der älteste Sohn, hatte auf die beträchtlichen Vorteile verzichten müssen, die ihm auf Grund der Gesetze und Sitten der Zeit zustanden, als der väterliche Besitz vermacht wurde. Das ganze Familieneigentum ging an die Mutter."[1] Warum **mußte** er verzichten? War er übermäßig verschuldet und erschien er schon damals als ein allzu „unsicherer Kantonist"? Was immer der Grund dafür gewesen sein mag, daß er seiner Anerbenrechte entkleidet wurde: Hierin sehen wir einen entscheidenden, bisher völlig übersehenen Ansatz zum psychologischen Verständnis des Werkes von Saint-Simon. Das „Ancien Régime" hatte ihn für sein Gefühl verraten.

In seinem autobiographischen Fragment behauptet Saint-Simon, bei seiner Rückkehr in die Heimat zum Obersten befördert worden zu sein.[2] Zieht man seine Militärakten heran, so ergibt sich eine Divergenz zu dieser eigenen Aussage. Nach den Akten wurde er damals noch nicht Oberst, sondern erst am 1.1.84 zu der darunter liegenden Charge Oberstleutnant befördert. Auch ein späteres Dokument[3] spricht dafür. Wir bringen die Angaben aus den Archiven des Kriegsministeriums hier in extenso:

„Rang eines Unterleutnants, ohne Ernennung, im Regiment de Touraine (Infanterie) am 15. Januar 1777.

Kapitän [Rittmeister, d. V.], dem Kavalleriecorps zugeteilt, am 3. Juni 1779.

Dem Regiment de Touraine zugeteilt (Infanterie) am 14. November 1779.

„Aide-major général" bei der Armee von Bouillé am 22. März 1782.
Oberstleutnant im Regiment d'Aquitaine (Infanterie), am 1. Januar 1784.

Oberst, dem Infanteriecorps zugeteilt, am 22. Juli 1788.
Ritter des Ordens Saint-Louis, am 29. März 1791 (ohne weitere Informationen).

Feldzüge: 1779, 1780, 1781, 1782 und 1783 Amerika.

Verwundungen: Wurde zweimal verwundet und auf dem Schiff „Ville-de-Paris" gefangengenommen.

---

[1] Zitiert nach Dondo, l.c., S. 56. In diesem Zusammenhang hat mein Kollege Justin Stagl die Frage gestellt, ob die väterlichen Güter bei der Mutter verschuldet waren?
[2] „Histoire de ma vie", anthropos I/1, S. 64: „De retour en France, je fus fait colonel; je n'avais pas encore vingt-trois ans".
[3] Register des Regiments d'Aquitaine.

Vermerk: Eine Pension von 1500 Livres aus der königl. Schatzkammer wurde ihm am 29. Dezember 1785 in Anbetracht seiner während des Krieges in Amerika geleisteten Dienste bewilligt.⁴

Wie aus dieser Notiz hervorgeht, wurde Saint-Simon dem Regiment d'Aquitaine als Oberstleutnant zugeteilt. Er soll dort als stellvertretender Quartiermeister Verwendung gefunden haben⁵, und zwar in Mézières, der Hauptstadt der alten Ardennenprovinz. Angeblich hat er während dieser Zeit auch Kurse der dortigen Militär-Ingenieurschule besucht, die einen hohen wissenschaftlichen Rang besaß. Dies scheint uns angesichts seiner späteren wissenschaftlichen Neigungen durchaus wahrscheinlich, der Truppendienst wird ihn nicht ausgefüllt haben. Ob er dort aber auch Vorlesungen des berühmten Mathematikers GASPARD MONGE (1746–1818) besucht hat, wie ebenfalls behauptet wird, scheint zweifelhafter. MONGE war nämlich damals nicht mehr in Mézières, sondern schon in Paris. Freilich ist DONDO überkritisch, wenn er schreibt, daß MONGE „therefore could not have given lectures during the years of 1784 and 1785".⁶ Der prominente Mathematiker konnte sehr wohl Gastvorträge an seiner alten Wirkungsstätte, der Militär-Ingenieurschule in Mézières gehalten haben, die Saint-Simon beeindruckten und durch welche sein wissenschaftliches Interesse weiter geweckt wurde. Freilich ist zu berücksichtigen, daß die Saint-Simonisten, denen wir diese Überlieferung verdanken, ein Interesse daran hatten, den in Frankreich sehr bekannten MONGE mit in ihre eigenen Traditionen einzubinden. So hat man vielleicht Bemerkungen von Saint-Simon, er habe MONGE gehört, dahingehend ausgeschmückt, er wäre ein Schüler von MONGE gewesen. Auch für eine andere Angabe aus dem Kreis der späteren Saint-Simonisten, nämlich von GUSTAVE-NICOLAS HUBBARD, gibt es keine Beweise: HUBBARD behauptete nämlich, Saint-Simon sei nach seiner Rückkehr Stadtkommandant von Metz geworden. Wir vermuten, daß es sich hier lediglich um eine Verwechslung mit Mézières gehandelt hat, das HUBBARD vielleicht in einer Quelle abgekürzt („Mez!") gelesen und mit Metz verwechselt hat. Jedenfalls fand LEROY in den Archiven von Paris und Metz von einer diesbezüglichen Verwendung Saint-Simons keine Spur. Von LEROY wird auch, leider ohne Quellenangabe, eine schriftliche Bemerkung von Saint-Simon überliefert, worin er behauptet: „Exerzieren im Sommer, den Hof machen im Winter, das war eine Art von Leben, die für mich unerträglich war." Und sein künftiges Verhalten wird uns dies in der Tat beweisen.

Bereits nach dem Friedensschluß in Amerika, also im Herbst 1783, will er – noch in der Neuen Welt – den Versuch zu einer wichtigen Innovation unternom-

---

⁴ „Rang de sous-lieutenant, sans appointement, au régiment de Touraine (infanterie), le 15 janvier 1777.
Capitaine attaché au corps de la cavalerie, le 3 juin 1779.
Attaché au régiment de Touraine (infanterie), le 14 novembre 1779.
Aide-major général de l'armée de Bouillé le 22 mars 1782.
Mestre de camp en 2° du régiment d'Aquitaine (infanterie), le 1ᵉʳ janvier 1784.
Colonel attaché au corps de l'infanterie, le 22 juillet 1788.
Chevalier de Saint-Louis, le 29 mars 1791 (Sans renseignements ultérieurs).
Campagnes: 1779, 1780, 1781, 1782 et 1783, Amérique.
Blessures: a reçu deux blessures et a été fait prisonnier sur le vaisseau ,la Ville-de-Paris.'
Note: Une Pension de 1500 livres sur le Trésor royal lui a été accordée le 29 décembre 1785, en considération de ses services pendant la guerre d'Amérique."
⁵ MANUEL, l.c., S. 21, ohne Quellenangabe.
⁶ DONDO, l.c., S. 39.

men haben, eine mysteriöse Angelegenheit: „Ich habe dem Vizekönig von Mexiko ein Projekt unterbreitet, um zwischen den beiden Ozeanen eine Verbindung herzustellen. Eine solche ist möglich, indem man den Fluß „in partido" schiffbar macht, dessen eine Mündung sich in unseren Ozean, dessen andere sich in den Pazifik ergießt."[7] Einige Autoren haben nun festzustellen versucht, welchen Fluß Saint-Simon dabei im Auge hatte und haben nach vergeblichen Bemühungen das Ganze für ein reines Phantasieprodukt gehalten. Aber ein Fluß dieses Namens war, wie MANUEL festgestellt hat[8], auf einigen älteren Karten verzeichnet, und die Einbildungskraft Saint-Simons konnte sich daran entzündet haben. Er kreuzte ja mehrfach auf der Karibik, die an den Isthmus von Panama grenzt. Das Panamagebiet gehörte damals auch zum spanischen Vizekönigreich „Neugranada" und erklärte erst 1821 seine Unabhängigkeit bzw. schloß sich der neu gegründeten Republik Kolumbien an. Es ist freilich sehr unwahrscheinlich, daß Saint-Simon – wie manche Simonisten später geglaubt hatten – vom Vizekönig empfangen worden ist, er dürfte seinen Vorschlag schriftlich eingereicht haben. Auch war er ja nicht der erste, den der Gedanke bewegt hatte, schon der Konquistador HERNANDO CORTEZ hatte entsprechende Überlegungen angestellt und manche nach ihm. Wie dem auch gewesen sein mag: „Da mein Projekt kühl aufgenommen wurde, habe ich es aufgegeben"[9], wird er später, im Jahre 1808, schreiben. Aus alledem wird jedenfalls früh ein wichtiger Charakterzug Saint-Simons deutlich, der ihn sein ganzes weiteres Leben auszeichnen und zu großen Erfolgen, aber auch in tiefste Miseren bringen wird: Er war ein begeisterter Projektemacher, wobei sich Überlegungen zum Fortschritt der Menschheit bei ihm auf angenehme Weise mit der Verfolgung des eigenen Vorteils verbinden konnten.

1785 finden wir den jungen Offizier in den Niederlanden. Hierbei handelte es sich um folgendes: Trotz des Friedensschlusses mit England war die Stimmung in Frankreich dem Nachbarn jenseits des Kanals gegenüber keineswegs freundlich. Was lag näher als der Gedanke, nach dem erfolgreichen Abschluß der Operationen in Nordamerika nun in Indien ebenfalls die konkurrierende englische Herrschaft zu beseitigen oder zu reduzieren? Auch LA FAYETTE hatte an ähnliches gedacht, und Holland war dabei wegen seiner indischen Besitzungen ein wichtiger Bundesgenosse. Die französische Botschaft in Holland wurde offenbar zu einem wichtigen Konspirationszentrum. Der General DE BOUILLÉ, den wir schon von den Antillen her kennen, und dem Saint-Simon als Adjutant enger verbunden gewesen war, hatte den Auftrag, sich mit der militärischen Seite des Projekts zu befassen und vielleicht seinen ehemaligen Mitarbeiter angefordert. BOUILLÉ berichtet über die damals natürlich geheimgehaltenen Planungen später selbst in seinen Memoiren[10]: Man plante damals, „die Provinzen, welche die Engländer erobert hatten, den eingeborenen Fürsten des Landes zurückzugeben", aber auch, da dies allein ja nicht unbedingt fortschrittlich genannt werden konnte, „Fabriken und Handelsunternehmungen einzurichten, die allen Völkern der Erde offenstehen sollten". Vermutlich war auch der älteste Bruder des Vaters von Henri, der Hyazinthenzüchter Marquis MAXIMILIAN-HENRI DE SAINT-SIMON,

---

[7] Histoire de ma vie, première partie, anthropos I/1, S. 64.
[8] MANUEL, l.c., S. 21 und 374, Fußn. 37. Zum Beweis wird dort verwiesen auf: DON DOMINGO JUARROS, A Statistical and Commercial History of the Kingdom of Guatemala in Spanish America, London 1823.
[9] Histoire de ma vie, anthropos, I/1, S. 64.
[10] FRANÇOIS-CLAUDE DE BOUILLÉ, Mémoires, 2. Bde., Paris 1822, S. 34–37.

den wir ebenfalls schon kennen, eingeweiht und wirkte als französischer Agent. Aus dem ganzen Projekt, in welchem für Henri schon „eine ehrenvolle Stelle vorgesehen war"[11], wurde aber nichts. Ein politischer Umsturz in Holland kam dazwischen, der das frankophile Lager schwächte. „Das große Projekt einer Eroberung Indiens löste sich in Luft auf", schloß der Marquis DE BOUILLÉ in seinen Memoiren diese Episode.[12] Die veränderte innenpolitische Situation in Holland scheint uns jedenfalls für das Fallenlassen des unseren jungen Offizier gewiß faszinierenden Unternehmens wichtiger gewesen zu sein, als die angebliche Unfähigkeit eines neuen französischen Botschafters dort, dessen Ungeschicklichkeit Saint-Simon später dafür verantwortlich macht.[13] Diplomaten pflegen ja in der Regel – und oft mit gutem Grund – eher zögerlich zu sein. „1786 nach Frankreich zurückgekehrt, dauerte es nicht lange, bis mich die Inaktivität langweilte, in der ich mich erneut befand", so zitiert ihn OLINDE RODRIGUES aus nicht angegebener autobiographischer Quelle.[14] Man kann dies Mißvergnügen sehr gut verstehen: Die französische Armee hatte, nicht zuletzt um die Privilegien des zahlreichen Adels zu befriedigen, viel zu viele Offiziere. Der Historiker ALFRED RAMBAUD berechnete 60000 Offiziere für eine Armee von 170000 Mann![15] Ein großer Teil darunter war, wie schon gesagt, lediglich „à la suite", d.h. ohne bestimmte Funktionen, nur formal bestimmten Einheiten zugeteilt. MANUEL behauptet sogar[16], leider ohne Quellenangabe, daß von 36000 Offizieren im Jahre 1787 nur 13000 aktiven Dienst geleistet hätten. Demnach wären also damals nahezu zwei Drittel der Offiziere ohne Dienstpflichten der Armee nur formal attachiert gewesen. Das ist schon möglich, zumal die Offiziersstellen, wenn auch erst nach Nachweis der standesgemäßen Abstammung und einer gewissen Befähigung, käuflich waren. Mannigfache Stufen zwischen „diensttuend" und „nicht-diensttuend" müssen wir freilich annehmen, zumal die französische Armee nicht nur militärische Funktionen ausübte, sondern eine Anzahl anderer Funktionen politischer und ökonomischer Natur erfüllte.

Ob die neue Phase im Leben Saint-Simons, die ihn schon im folgenden Jahr, 1787, nach Spanien führte, nun auf höheren Weisungen beruhte, oder ob er sich, wie die simonistische Tradition es will, von seinen technischen und progressiven Begabungen und Visionen getrieben nur persönlich den nötigen Freiheitsspielraum verschaffte, wissen wir nicht. Sofern sich nicht noch neue Quellen auftun, wird die Frage offenbleiben müssen. Angesichts der Tatsache, daß man für Zehntausende von Offizieren keine sinnvolle Beschäftigung wußte, dürfte es jedenfalls für ihn nicht allzu schwer gewesen sein, längeren Urlaub von der Truppe zu erhalten. Daß er während seiner Abwesenheit zum Oberst befördert wurde (am 22.7.1788) und daß dieses Avancement Rücksicht auf seine Arbeit insofern nahm, als er in der französischen Armee keiner besonderen Einheit zugeteilt wurde, läßt immerhin darauf schließen, daß seine vorgesetzte Militärbehörde Interesse an seiner Tätigkeit in Spanien hatte. Der Phantasie wird hier

---

[11] Histoire de ma vie, a.a.O., S.65.
[12] DE BOUILLÉ, l.c., S.37.
[13] Histoire de ma vie, ebenda.
[14] OLINDE RODRIGUES, Œuvres de Saint-Simon, Paris 1923 (erstmalig Paris, 1841), S.XVII–XVIII.
[15] ALFRED RAMBAUD, Histoire de la Révolution Française 1789–1799, Paris 1883, S.20. Das entspräche der Gesamtzahl des männlichen Erbadels der Schätzung von DU PUY DE CLINCHAMPS, woraus drastisch die Unsicherheit solcher Zahlenangaben erhellt.
[16] Frank E. MANUEL, l.c., S.22.

keine Grenze gesetzt: „Bei uns", so hatte der Kriegsminister DE SÉGUR 1784 zu seinem Sohn gesagt, der Offizier war, und den er zu einer politischen Tätigkeit führen wollte, „sind die Karrieren des Waffendienstes und der Politik keineswegs notwendigerweise getrennt."[17]

In Spanien ist Saint-Simon nach seinen eigenen Angaben in erster Linie wiederum von einem Kanalbauprojekt fasziniert.[18] Die spanische Regierung erwog seit längerem, Madrid mit dem Atlantischen Ozean durch einen Kanal zu verbinden, der – nach Sevilla führend – die Wasser des Guadalquivir benutzen sollte. Dieses Riesenprojekt, vergleichbar dem französischen „Canal des Deux mers", war aber seit längerem nicht vorangekommen. Es fehlte an Mitteln zur Finanzierung und deshalb auch an Arbeitern. Hier schaltet sich nun Henri de Saint-Simon ein, und er wird dabei zum ersten Mal in engste Verbindung zur Hochfinanz treten, eine Verbindung, die ihn entflammt, und die in seinem weiteren Leben eine besondere Rolle spielen wird.

Saint-Simon begibt sich also im Jahre 1787 nach Spanien. Zu jener Zeit wirkte dort maßgebend der Finanzmann FRANÇOIS DE CABARRUS (CABARROS), geboren 1752 zu Bayonne, also im französisch-baskischen Grenzland am Fuße der Pyrenäen. CABARRUS war zukunfts- und fortschrittsorientiert, und er hatte sich bereits durch mehrere Projekte (Ausgabe von verzinslichem Papiergeld, Gründung einer Handelskompanie für die Philippinen) einen Namen gemacht. Er war 1782 Direktor der maßgebenden Zentralbank, der San-Carlos-Bank, geworden und er wird unter FERDINAND VII. und JOSEPH BONAPARTE spanischer Finanzminister werden. Damals betrieb er das Kanalbauprojekt. Dieser Wahlspanier war übrigens Vater der später in der französischen Directoirezeit so prominenten Madame THÉRÉSIA TALLIEN (geb. 1773), die eine Geliebte von BARRAS werden und als „Notre Dame de Thermidor" in die Geschichte eingehen wird. Mit CABARRUS nimmt Saint-Simon nun in Madrid Kontakt auf. Und er unterbreitet dem Finanzgewaltigen und durch ihn der spanischen Regierung folgendes, schon echt Saint-Simonistische Projekt: CABARRUS soll namens der Bank von San-Carlos der spanischen Regierung die für den Kanalbau notwendigen Fonds zur Verfügung stellen, wenn diese der Bank im Austausch dafür die künftigen Benutzungsgebühren des Kanals abträte. Saint-Simon will zur Unterstützung des Projekts eine Fremdenlegion von 6000 Mann aufstellen, von denen jeweils zweitausend in Garnison stehen, während viertausend mit den Kanalarbeiten beschäftigt werden sollen. Auf weitere Einzelheiten des anspruchsvollen, aber nicht utopischen Projekts brauchen wir hier nicht einzugehen. Die Verwendung von Soldaten für nicht-militärische Arbeiten war damals, wie gesagt, nicht unüblich und in Frankreich häufig. Die spanische Regierung hätte nach den Planungen lediglich die Bekleidungs- und Hospitalkosten für die Söldnertruppe zu tragen gehabt. „Mit extrem bescheidenen Kosten", kommentierte Saint-Simon später, „hätte der König von Spanien sich den schönsten und nützlichsten Kanal in Europa bauen können. Er hätte seine Armee um 6000 Mann vermehrt, und er hätte seiner Nation eine Bevölkerungsklasse einverleibt, die notwendigerweise arbeitsam und ‚industriell' geworden wäre."[19] So sah er jedenfalls die Dinge im Rückblick und in seiner späteren Terminologie, die uns noch beschäftigen muß.

---

[17] Comte DE SÉGUR (LOUIS-PHILIPPE), Mémoires ou Souvenirs et Anecdotes, 3. Aufl., Paris 1827, Bd. 2, S. 70.
[18] Histoire de ma vie, S. 65.
[19] Ebenda, S. 66, nach der Edition Rodrigues zitiert (1re livraison, XVIII).

Auch aus diesem Projekt Saint-Simons wurde nichts, angeblich weil die Französische Revolution mit ihren Auswirkungen einen Strich durch die ganze Rechnung machte. Auch war der reformfreudige spanische König KARL III. im Jahre 1788 gestorben. Sicher hat Saint-Simon im Projektstadium davon in Madrid ganz gut leben können, die Bank dürfte ihm zumindest seinen Aufwand ersetzt haben. Man hatte sogar schon mit Konstruktionsarbeiten begonnen, obwohl es Widerstand bei der Landbevölkerung gab. Unter KARL III. war in Spanien ja das ganze Wirtschaftsleben in Bewegung geraten. Man hatte z. B. deutsche Arbeiter angeworben, genossenschaftliche Gründungen gefördert, die Regierung selbst richtete landwirtschaftliche Musterbetriebe und Fabrikationsstätten für verschiedene Güter ein. Und: „Die Wiedergeburt der industriellen und handwerklichen Tätigkeit ging Hand in Hand mit einer systematischen beruflichen und technischen Ausbildung der Arbeiterschaft."[20] Diese neue Sozial- und Wirtschaftspolitik, die Saint-Simon in Spanien kennenlernte, hat ihn offenbar tief beeindruckt, und es erstaunt, daß seine Biographen die spanischen Jahre diesbezüglich völlig ignoriert haben. Denn von dieser Zeit an darf man ihn mit Fug und Recht auch als Wirtschafts- und Sozialreformer betrachten. Auch ist es möglich, seine ausgesprochene, ja manische Aversion gegen die Jesuiten mit dieser Zeit in Verbindung zu bringen, hatte doch KARL III. der Existenz des Ordens in Spanien ein vorläufiges Ende bereitet und die Jesuiten blieben verhaßt.

Ist das Kanalbauprojekt mehrfach belegt[21], so ist ein weiteres Unternehmen Saint-Simons in Spanien wohl nur durch die Simonistische Tradition überliefert, wenn es auch in dem damaligen geistigen Klima Spaniens plausibel und der Politik des Königs entsprechend erscheint: Es handelt sich hierbei um die Projektierung, vielleicht sogar schon erste Einrichtung von regelmäßigen Postkutschendiensten in Andalusien. Solche planmäßigen Verkehrsverbindungen gab es damals bereits in Frankreich und im Deutschen Reich, aber noch nicht in Spanien. Die „Biographie Universelle", deren Saint-Simon-Artikel LEROY für seinen entsprechenden Hinweis zitiert, hat behauptet, daß unser junger Unternehmer dabei „große Summen gewann".[22] Auch die „Nouvelle Biographie Générale" schrieb: „Sein Unternehmen hatte Erfolg."[23] Belegen läßt sich dies nicht, doch wird er sich später nochmals mit einem ähnlichen Unternehmen versuchen.

In Spanien begegnete Saint-Simon auch schon einem Manne, der für sein späteres Leben eine sehr große Bedeutung gewinnen wird, der ihm erst Freund, dann aber zum Feind werden wird, welcher ihn bis zum psychischen Zusammenbruch treiben sollte: dem Grafen SIGISMUND EHRENREICH V. REDERN (1755–1835). Dieser fungierte damals als sächsischer Gesandter in Madrid, stammte aber nicht, wie man manchmal liest, aus einer sächsischen, sondern aus einer preußischen Familie. Er wird Preußen auch später als Botschafter am Hofe von St. James in London vertreten. Beide Männer sind sich in vieler Hinsicht ähnlich: Der etwas ältere REDERN ist ebenfalls nicht nur aufgeklärter Aristokrat aus einer gesellschaftlich führenden Familie (sein Vater war preußischer Hofmarschall und Kurator der preußischen Akademie d. Wissenschaften), sondern

---

[20] FRITZ WAHL, Kleine Geschichte Spaniens, Frankfurt 1957, S. 95.
[21] Interessenten finden Unterlagen darüber im „Archivo Historico Nacional" aus den Jahren 1785–88, darunter Rechenschaftsberichte der Bank San-Carlos für ihre Aktionäre.
[22] MAXIME LEROY, l.c., S. 104.
[23] Nouvelle Biographie Générale (Bd. 43), Paris 1864, S. 118. Der Artikel stammt von J. MOREL.

er ist auch Unternehmer, Abenteurer, Spekulant, ein ausgesprochen vorwärts und nicht rückwärts gewandter Geist. REDERNS Mutter war Französin. Saint-Simon, der verschwenderische Aristokrat, kein sparender und rechnender Bürger, gerät zeitlebens immer wieder in große Geldverlegenheiten, so auch in Madrid, nachdem das Kanalbauprojekt gescheitert ist. Er leiht sich von REDERN die damals recht hohe Summe von 25 000 Francs, um für seine geplante Rückkehr nach Frankreich und einen dortigen Neuanfang das nötige Kapital zu haben. Von REDERN werden wir in Kürze und noch mehrfach ausführlich zu berichten haben.

Hier ist vielleicht der Ort, um auf einen Zug des gesellschaftlichen Lebens hinzuweisen, der für die damalige Zeit noch ungleich stärker zutraf, als es auch heute noch der Fall ist: Es handelt sich um die Interdependenz gesellschaftlicher Eliten nicht nur im nationalen, sondern auch im internationalen Maßstab. Für den Militärsektor war dies uns schon deutlich geworden, man übte nicht nur seine Privilegien aus, man förderte auch seine Standesgenossen, was Konkurrenz zwischen Familienclans und Koterien selbstverständlich nicht ausschließt. Der Begriff „Verwandtschaft" wird in Oberschichten, wir sagten es schon, weit gefaßt. Aber man begegnet sich auch international immer wieder in den entsprechenden Milieus, in den vergangenen Jahrhunderten nicht zuletzt bei Hofe. Die Städte waren auch noch klein, Madrid hatte Ende des 18.Jh.s erst 150 000 Einwohner. Der schon genannte Graf DE SÉGUR, amerikanischer Kriegskamerad und später zeitweise enger Bekannter Saint-Simons, der bereits als junger Mann und ebenfalls nur Titularoberst Botschafter in St. Petersburg wird, macht auf der Durchreise in Berlin selbstverständlich dem König von Preußen seinen Besuch und wird zu einer langen Audienz empfangen.[24] So blieb Saint-Simon auch in Amerika im vertrauten Kreise seiner Standesgenossen, so wird er in Hollands Regierungsmilieu bereits CABARRUS getroffen haben, da dieser früher dort Botschafter war. So trifft er in Madrid selbstverständlich auch REDERN. Hatte Henri sich vielleicht auch etwas davon versprochen, daß das Haus SAINT-SIMON in der Linie des Herzogs bis vor kurzem (1774) zu den „Granden von Spanien" gehört hatte? War die Würde vielleicht sogar wieder zu beleben, durch einen neuen Granden, der zugleich moderner Technokrat und Sozialpolitiker war? So unwahrscheinlich wären solche Überlegungen für ihn nicht, er wird später ähnliche Pläne seiner Familie gegenüber entwickeln. Die Gloire seines Geschlechts hat für Henri de Saint-Simon jedenfalls nicht nur in seiner Jugend, sondern sein ganzes Leben hindurch eine besondere Rolle gespielt, und diesen Ruhm selbst zu vermehren und zu einem neuen Gipfel zu führen, war eine der stärksten Triebfedern seines unermüdlichen Wirkens.

Aus dem Spanien des neuen Königs KARL IV., den GOYA später im Jahre 1800 nebst seiner Familie mit entlarvendem Realismus porträtieren wird, begibt Saint-Simon sich freilich fort. Spanien versinkt nach Jahren eines „aufgeklärten Despotismus" und kühner Reformversuche in allgemeine Verlotterung, der König ist dabei Spielball seiner Frau, die eine zynische „chronique scandaleuse" vorführen wird. Was erwartet Saint-Simon in Frankreich, wohin er Ende 1789 zurückkehrt, und welche Rolle wird er in den großen und wilden Revolutionsjahren spielen?

---

[24] Comte DE SÉGUR, Mémoires etc., Bd.2, S.116–138, eine lebendige und lesenswerte Schilderung seines Besuches in Potsdam bei FRIEDRICH II., diesem „monarque célèbre, tout à la fois guerrier, littérateur, conquérant, législateur, philosophe" (S.116).

8. Kapitel
Revolution, Spekulation und Kerker

Die eingangs skizzierten sozialen und ökonomischen Mißstände des französischen Gesellschaftssystems im Ancien Régime waren die Mutterlauge, aber nicht die Veranlassung der großen Revolution, die sich vollzog. Ihr Ausbruch wurde vielmehr erst durch das Finanzelend unausweichlich, das schon ein Erbe der Zeit LUDWIGS XIV. und seiner Eroberungskriege war. Leichtsinnige Finanzwirtschaft und neue Kriege, darunter der Feldzug in Amerika, hatten die Schuldenlasten weiter wachsen lassen. Schließlich verbrauchte der Zinsendienst die Hälfte der eingehenden Steuern, was ja auch heute wieder eine aktuelle Problematik immer dann ist, wenn Regierungen in erster Linie danach trachten, äußerlich über die Runden zu kommen.

1788 wußte man keinen anderen Rat mehr, als die „Reichsstände" einzuberufen, die nach altem Herkommen das Recht hatten, neue Steuern zu bewilligen. Diese Ständeversammlung aber hatte seit 175 Jahren nicht mehr getagt. Im Schoße dieser Versammlungen der alten, aber ihrer Mentalität nach veränderten Institution wird nun die ganze Problematik aufbrechen. Und es wird dabei die Frage nach der Bedeutung und rechtlichen Repräsentanz der verschiedenen Stände in den Vordergrund treten.

Als Henri de Saint-Simon Ende des Jahres 1789 aus Spanien zunächst auf den Familienbesitz in Falvy zurückkehrt, beherrschte bereits ein starker antifeudalistischer Geist das französische Königreich. Am 14. Juli war die Bastille gestürmt und dann zerstört worden. Wir sagten auch bereits, daß dann Vertreter des Adels am 4. August des Jahres mit Emphase auf die alten Feudalrechte verzichtet hatten. Saint-Simon setzt sich mit anderen Standesgenossen an die Spitze dieser Bewegung in seiner Heimatprovinz.

Es ist deshalb zwar nicht ausgesprochen falsch, aber doch irreführend, wenn er später, im Rückblick auf die Revolutionszeit schreibt: „Ich wollte mich da nicht hineinmischen, denn auf der einen Seite war ich der Überzeugung, daß das Ancien Régime nicht mehr verlängert werden konnte, und auf der anderen Seite war ich ein Gegner der Destruktion. Es war aber damals unmöglich, sich einer politischen Karriere zu widmen, ohne sich entweder der Hofpartei anzuschließen, welche die nationale Repräsentanz beseitigen wollte, oder der revolutionären Partei, welche die königliche Macht vernichten wollte."[1]

Aus erhaltenen Akten geht nun aber hervor, wie Saint-Simon sich doch „hineingemischt" hat: Er stellte sich – zumindest äußerlich – voll und mit Engagement auf die Seite der Revolution. Wenn er sich später, wo ihn der überschäumende Terror in den Kerker gebracht hatte und er mit dem Tode zu rechnen hatte, in einer Verteidigungsschrift als Revolutionär der ersten Stunde darstellt, so könnte man dies verständnisvoll als Notlüge betrachten. In solchen Situationen dichtet man vieles zusammen, um seine Haut zu retten, z. B. wenn er schrieb: „Weil ich mich als einen der ersten, konsequentesten und ausgesprochensten Anhänger der Revolution gezeigt habe, würde ich eines der ersten Op-

---

[1] Anthropos I/1., S. 66. Diese Stelle wird dort nach der älteren Ausgabe von O. RODRIGUES (1re livraison, S. XVIII) als Fußnote angeführt.

fer einer Gegenrevolution sein."² Die Quellen zeigen aber ferner, daß er in der Tat auch schon als freier Mann große revolutionäre Gesten nicht gescheut hat, wobei schwer auszumachen ist, wann er dabei überzeugter Revolutionär oder Konjunkturritter gewesen ist.

Seit November 1789 finden wir Saint-Simon in Falvy, einem der Familiensitze in der Picardie, nach der neuen Verwaltungseinteilung dem Distrikt Péronne des Departements de la Somme zugeschlagen. Wenn er erklären wird, daß er auf seine Adelsprivilegien verzichte, so war dies durchaus im Rahmen der demokratischen Kollektivdemonstration des Adels vom August 1789 und dadurch vorprogrammiert, also nur noch ein persönlicher Nachvollzug. Aber Saint-Simon akzentuiert und komplettiert diesen Verzicht entweder im Überschwang seiner Gefühle oder in berechnender Weise noch durch eine besondere demonstrative Aktion, die erste von mehreren: Rund drei Monate nach seiner Rückkehr, am 7. Februar 1790, erklärt er auf einer Bürgerversammlung des bis dahin dem Adelsregiment der Saint-Simons unterstehenden Gemeindebezirks Falvy: „Ich verzichte hiermit für immer auf den Titel Graf, den ich gegenüber demjenigen eines „Bürgers" („Citoyen") als inferior betrachte. Um diesen Verzicht zu bestätigen, bitte ich darum, ihn in die Protokolle der Versammlung aufzunehmen."²ᵃ Er lehnt aber auch das ihm auf dieser Versammlung angetragene Amt des Bürgermeisters ab, da er mit gutem Grund vermutet, daß der Antrag auf seiner früheren gesellschaftlichen Prominenz beruhte.

Freilich wird dieser emphatische Verzicht Saint-Simons auf seinen Adelstitel ihn später keineswegs daran hindern, sich selbst immer dann wieder Graf zu nennen, wenn ihm dies opportun erscheint, und so finden wir den Titel dann auch im Verfassernamen einiger Schriften wieder, die er nach der Restauration erscheinen läßt. In der Revolutionszeit hatte sich aber ein ungeheurer, teilweise zwar verständlicher, aber doch kindisch anmutender Fanatismus gegen alle Spuren des alten Regimes, nicht zuletzt auch in den Familiennamen gerichtet, dem er damals Rechnung trug. Über diese Manie der Revolutionsjahre gibt es folgende Anekdote, die ein Verhör vor einem der Revolutionstribunale schildert:

„Wie ist Dein Name?"

„Marquis de Saint-Cyr".

„Es gibt keinen Marquis mehr!"

„de Saint-Cyr".

„Es gibt kein ‚de' mehr!"

„Saint-Cyr".

„Es gibt keine Heiligen mehr!"

„Cyr".

„Es gibt keinen Sire mehr!"

Und es sollte gar nicht lange dauern, da gab es wirklich keinen Marquis de Saint-Cyr mehr ...

Ganz diesem Schema entsprechend werden auch wir verfolgen können, wie sich unser Comte de Saint-Simon seinen Familiennamen selber nach und nach

---

[2] Zitiert nach FRANK R. MANUEL, l.c., S. 29.
[2a] l.c., S. 22.

bis zum einfachen „Simon" verkürzt. Und wir werden noch sehen, daß auch dieser schlichte Name ihm schließlich nicht mehr zusagt, so daß er einen neuen annehmen wird.

Anfang Mai finden wir Saint-Simon damit beschäftigt, eine Denkschrift zu redigieren, welche die Wähler des vorübergehend bestehenden Kantons Marchélepot, zu dem Falvy gehörte, am 12. Mai an die „Verfassungsgebende Versammlung" in Paris senden werden. In dieser Adresse wird – was im folgenden Monat dann auch geschieht – die Abschaffung sämtlicher Adelstitel gefordert, dieser „unheiligen Unterschiede der Geburt"; und es wird erklärt, „daß alle Bürger gleichermaßen zu allen Würden, Chargen und öffentlichen Ämtern zuzulassen sind, gemäß ihren Fähigkeiten und ohne andere Unterschiede zu beachten als diejenigen ihrer ‚Vertu' und ihrer Talente." Das werden von nun an die Saint-Simonistischen Leitmotive bleiben, die der Erklärung der Menschenrechte vom 26. August 1789 entsprechen, in welcher es schon hieß: „Die sozialen Unterschiede können nur auf dem Gemeinnutz begründet werden."

Zu Beginn des Monats November, in welchem Saint-Simon aus Spanien zurückkehrte, war aber auch ein Ereignis eingetreten, das für ihn von großer Bedeutung werden sollte. Hatte man im Oktober den König in Versailles gedemütigt, indem ihn eine Marschkolonne von Pöbel aus Paris, darunter mehrere tausend Frauen, auch als solche verkleidete Männer, aus seinem Schloß nebst Familie nach Paris zurückbrachte, so war das nächste Opfer die Kirche. Die große Finanznot hatte den Gedanken aufkommen lassen, die Wirtschaftsmisere durch Einziehung der Güter des Klerus zu beheben. Es war schließlich sogar ein Bischof, der später berühmte TALLEYRAND, Bischof von Autun, der in der Nationalversammlung selbst den Antrag stellte, die Kirchengüter einzuziehen. Denn sie gehörten der Nation, die ja auch für die Kirchen und Geistlichen sorgen könne. Die Versammlung stimmte am 2. November 1789 mit 568 gegen 364 Stimmen auf MIRABEAUS Vorschlag hin dem noch relativ milde formulierten Beschluß zu: „Die Güter des Klerus stehen zur Verfügung der Nation."[3] Schon kurz darauf, am 17. Dezember, beschloß die Versammlung, welcher der Finanzminister NECKER die Finanznot des Staates drastisch dargestellt hatte, den Verkauf von Kirchengütern und Domänen im Werte von 400 Millionen, für welche vom Staat ausgegebene sog. „Assignaten", ein durch die Güter angeblich gedecktes Papiergeld, ausgegeben wurden.[4]

Hier sah nun Saint-Simon, dem von Spanien her große Finanztransaktionen nicht mehr fremd waren, ein verlockendes künftiges Betätigungsfeld. Und er beschließt, der enterbte aristokratische Anerbe, der auch das Eigentum seiner Mutter, das ihm zum Teil einmal zufließen könnte, zunehmend von Konfiskation bedroht sieht, sich durch eigene Tätigkeit und Tüchtigkeit ein Vermögen zu erwerben. Er wird spekulieren. Er kauft, weitgehend durch Mittelsmänner, wodurch er im Hintergrund bleiben kann, soviel von dem nationalisierten Grundbesitz auf, wie er kann. Dafür brauchte man damals nur 12–13% des Kaufpreises anzuzahlen, wobei der Rest dann in Raten zuzüglich eines erschwinglichen Zinses zu leisten war. Die Revolutionsregierung brauchte ja sofort Geld, und dafür war sie

---

[3] „Les biens du clergé sont à la disposition de la nation".
[4] Über diese Assignaten gibt es gründliche Literatur. Wir nennen hier nur: J. MORINI-COMBY, La monnaie et les finances, Bd. 1: Les Assignats: Révolution et inflation, Paris 1925, sowie: S. E. HARRIS, The Assignats, Cambridge (Mass.) 1930.

auf Zwischenhändler angewiesen, die das konfiszierte Land kauften und nach und nach in die Hände kleinerer Besitzer bringen konnten. Revolutions- und Sozialisierungsfurcht hat die irrige Vorstellung entstehen und verbreiten helfen, als habe die große Französische Revolution das Privateigentum generell und grundsätzlich angegriffen. Davon konnte keine Rede sein. Schon die fundamentale Erklärung der Menschenrechte, der „Droits de l'homme" vom 26.8.1789, war hier ganz eindeutig. Es wurde darin nicht nur bereits unter Artikel II das Eigentum als ein „Naturrecht" bezeichnet, das unveräußerlich sei, sondern in dieser berühmtesten Menschenrechtserklärung heißt es auch nochmals ausdrücklich unter Artikel XVII, dem abschließenden des Gesamttextes: „Da das Eigentum ein unverletzbares und heiliges Recht darstellt, kann niemand desselben beraubt werden, es sei denn, daß ein öffentliches Interesse, welches gesetzmäßig festgestellt wird, dies offensichtlich verlangt und nur unter der Bedingung einer gerechten und vorherigen Entschädigung." Wir sahen aber bereits, daß man, wie es fast überall der Fall zu sein pflegt, bestimmten Gruppen gegenüber solche hehren Prinzipien nicht anwendet. Dies scheint gerade für gesellschaftliche Neuanfänge zuzutreffen, wodurch sie sich bald um ihren Kredit bringen können.

Im Jahre 1790, dem Jahr, welches die Durchführung der riesigen Transaktionen einleitet, hat Saint-Simon seinen Standort im heimatlichen Bezirk Péronne, der Hauptstadt des neuen Arrondissements de la Somme. Doch reist er viel im Lande herum und nach Paris, um die Lage zu rekognoszieren und wichtige Beziehungen anzuknüpfen. Dabei tritt er wieder in Kontakt mit dem ihm schon von Madrid her bekannten Grafen REDERN. Dieser hatte sich aus London, wo er preußischer Gesandter war, vorübergehend beurlauben lassen, um sich in Paris der Sicherung seiner in Frankreich befindlichen Vermögenswerte zu widmen. Hatte Saint-Simon bei der Suche nach Kapital für seine in großem Maßstab geplanten Spekulationen bisher noch nicht genügend Erfolg gehabt, so trifft er nun in REDERN auf die finanzkräftige Person, welche er benötigt. REDERN, seine Barmittel verwendend und unsichere Staatspapiere verkaufend, streckt ihm große Mittel vor, die Saint-Simon rasch verwendet und sehr lukrativ einsetzt, über welche er aber ungenügend Buch führt. Dies wird später noch zu schweren Auseinandersetzungen führen. Zunächst aber blüht das Geschäft: Ein Startkapital genügt, um große Ländereien aus dem enteigneten Kirchenbesitz zu kaufen, wozu 1792 noch der enteignete Grundbesitz der Emigranten kommen wird. Der Wiederverkauf nur eines kleinen Teils davon genügte, um die Anzahlung zu bezahlen. Dabei gewinnt man den Eindruck, daß Saint-Simon eine Art Doppelleben führte: Während er an seinen provinziellen Standorten (außer in Péronne wirkt er auch in Cambrai) als schlichter, revolutionsbegeisterter Republikaner auftritt, führt er in Paris, wo er einen zweiten Wohnsitz unterhält, das Leben eines prosperierenden Geschäftsmannes, der sein Leben genießt und die nötigen Verbindungen knüpft und ausnutzt. Dabei nehmen die Spekulationen, die er vor allem im Nordosten Frankreichs durchführt, einen sehr großen Umfang an, Spekulationen, welchen MAXIME LEROY eine monographische Untersuchung gewidmet hat.[5] Grundsätzlich waren Spekulationsgeschäfte im 18. Jahrhundert jedoch nicht unüblich oder anrüchig, die Fürstenhöfe beteiligten sich ebenso daran wie VOLTAIRE.

---

[5] MAXIME LEROY, Les spéculations foncières de Saint-Simon et ses querelles d'affaires avec son associé, le Comte de Redern, in „Revue d'histoire économique et sociale", XIII (1925), S. 133–163.

Zwischen dem Sommer 1790 und demjenigen des Jahres 1793, zu dessen Beginn der französische König hingerichtet wurde, betätigte sich Saint-Simon überaus erfolgreich als Spekulant mit den Gütern des ehemaligen Kircheneigentums. Aber zunehmend wurde er verdächtig: Einmal ist er dies schon als ehemaliger Aristokrat und Graf, als Träger eines der bekanntesten Namen Frankreichs, woran nicht viel ändert, daß er ihn, wie wir gesehen haben, zunehmend verkürzt. In seiner Familie gibt es manche Gegner des neuen Regimes und Emigranten. Wir können in jener Zeit das Wirken der „Sippenrache" konstatieren, auch, wie früher schon gesagt, eines Blutsmythos, der sich grundsätzlich gegen alle Aristokraten wendet, mögen sie sich auch persönlich klar zur Revolution bekannt haben. Zwei oder drei Brüder von Saint-Simon, die dem Johanniter-Malteserorden als aktiv diensttuende Ritter beigetreten waren, stehen in Garnison auf Malta und gelten als Flüchtlinge. Sein Onkel väterlicherseits, der Bischof von Agde, hatte wohl den Eid auf die Republik geleistet, doch hatte er vor Revolutionären, die seinen Bischofssitz stürmten, aus seiner Diözese fliehen müssen, und hielt sich seitdem in Paris verborgen. Man wird den alten Herrn, obwohl er sich politisch zurückhielt, 1794 noch guillotinieren. Die älteste und Lieblingsschwester Henris, ADELAIDE BLANCHE-MARIE, hatte sich ebenfalls verdächtig gemacht. Sie war Hofdame der Herzogin von ORLÉANS gewesen, man hatte bei ihr verdächtige Broschüren und Zeitungen gefunden und sie kurz verhaftet. Und war nicht sein Vetter, der Marquis CLAUDE ANNE, unter dem er in Amerika gedient hatte, und der in Frankreich noch Generalmajor geworden war, nach Spanien emigriert, laut gegen den Verlauf der Revolution protestierend? Der Marquis war sogar damit beschäftigt, im Rheintal, jenseits der Grenzen, Truppen für die gegenrevolutionären Koalitionsarmeen zu rekrutieren.

Zu diesen familiären Belastungen, die frühere Privilegierungen dialektisch abgelöst hatten, kam nun gewiß mancher Ärger, den seine Spekulationsgeschäfte verursacht hatten. Bei all seiner Vorsicht, die er durch Verwendung von Stroh- und Mittelsmännern, durch künstlich verwirrende An- und Verkäufe walten ließ, konnte doch auf die Dauer nicht verborgen bleiben, daß er große Gewinne machte. Er stand mit verdächtigen Kreisen in Verbindung: Mit fremden Diplomaten, mit ausländischen Bankiers, z. B. dem Schweizer JEAN FRÉDÉRIC PERRÉGAUX (1744–1808), mit Schiebern mancherlei Art. Auch hier praktizierte die Revolution, die ihrem Höhepunkt zustrebte, Kollektivhaftung. Saint-Simon, auf den bereits früh, Ende 1790, der erste Verdacht gefallen sein soll[6], wird 1793 erneut suspekt. Im Juni beschäftigt sich der „Wohlfahrtsausschuß" mit ihm, doch wird er von seinen Freunden in Péronne, wo er ein Haus besitzt und seinen Hauptwohnsitz hat, gestützt.[7] Er genießt dort noch Vertrauen und hat sich als alter Frontkämpfer und Oberst auch der Nationalgarde zur Verfügung gestellt. Als man ihn aber am 14. Juli 1793, dem Tag großer Jubiläumsfeiern für den Bastillesturm, als Kommandanten der Nationalgarde von Péronne einsetzen will, eine Funktion, die auch für den Ernstfall gedacht war, da neue kriegerische Auseinandersetzungen in den Grenzgebieten drohten, da versagt er sich. Er ist unpäßlich, kann freilich kein ärztliches Attest beibringen und wird mit einer kleinen Geldstrafe belegt.[8] Wollte er nicht für die revolutionäre Republik kämpfen, wollte er, Pazifist geworden, überhaupt nicht mehr mit der Waffe kämpfen, oder

---

[6] Archives Nationales, D XXIX bis /15.
[7] Archives de District Péronne, in Amiens, fol. 79 (nach Angaben von DONDO).
[8] Fol. 82, ebenda.

zog er seine lukrativen Spekulationen vor? Am 5. September beginnt dann – wenn man den Begriff eng auslegt – die wirklich systematische Organisation des Terrors. Eine besondere Einsatztruppe von einigen Tausend Mann nebst wanderndem Tribunal und Schaffot wird eingerichtet, um alle Verschwörer gegen die Revolution in Frankreich auszutilgen. Da erkennt offenbar Saint-Simon, daß es für ihn besonderer Schritte bedarf, um seine bedingungslose Treue zur Revolution zu beweisen.

In den Sitzungsprotokollen des „Conseil Général" der Gemeinde Péronne findet man im September 1793 folgenden Vorgang registriert:

„Der Bürger Claude Henri Saint-Simon, Ex-Adeliger, wohnhaft in dieser Stadt, erscheint vor dem Rat und erklärt, daß er durch eine republikanische Taufe den Flecken seiner sündigen Herkunft abzuwaschen wünsche. Er bittet darum, einen Namen auszutilgen, der ihn an eine Ungleichheit erinnert, welche die Vernunft lange vor unserer Verfassung verurteilte. Er bittet den Rat, ihm einen neuen Namen zu geben. Der Rat gibt seinem Ersuchen statt, und er kündigt an, daß er den Namen Claude Henri Bonhomme wählt."[9]

Dieser Vorgang hat manchen seiner Verehrer begeistert, zumal der Name „BONHOMME" sehr hintergründig ist. Denn er bezeichnet nicht nur einen einfachen, guten Kerl oder im Militärjargon den „Landser". Er beinhaltet darüber hinaus eine deutliche Anspielung auf den großen französischen Bauernaufstand von 1358, die „Jacquerie", nach „JACQUES BONHOMME" genannt, einem Spottnamen für französische Bauern im Feudalsystem.[10] So stellte sich Saint-Simon symbolisch in eine alte und berühmte revolutionäre Tradition. Hat man darin zu Recht republikanisches Stilgefühl gesehen und gelobt, so wirkt andererseits diese schroffe Distanzierung von seinem und damit auch anderen aristokratischen Namen – denen er damit eine Art von „Erbsünde" beilegt – unnötig beimacherisch. Sie berührt nicht zuletzt deshalb unangenehm, weil er mit seiner Erklärung in jenen Tagen ehemalige Standesgenossen zusätzlich belastete und in Gefahr brachte. Freilich war die Namensänderung als solche kein Einzelfall: Seit 1789 mehrten sich die Fälle, wo vor Bürgermeisterämtern oder Volksversammlungen Familien- und Vornamen geändert werden, was sicher aus höchst verschiedenen und meist wohl gemischten Motiven geschah. So nahm der Herzog von ORLÉANS, der berüchtigte und nach Macht gierende Vetter des Königs, den Namen „PHILIPPE ÉGALITÉ" an, oder aus einem FRANÇOIS-EMILE BABEUF wurde nach einem etwas mißverstandenen antiken Vorbild ein „GAJUS GRACCHUS" BABEUF. Ähnliches wird sich noch in der französischen Resistance im 2. Weltkrieg vollziehen und dann ehrenvoll bis heute beibehalten werden. Saint-Simon freilich läßt spontan oder weisungsgemäß den neuen Namen wieder fallen, sobald die Schreckensherrschaft vorüber ist. Er hat übrigens anläßlich seiner Namensänderung noch eine weitere patriotische Geste gemacht: Er nimmt sich, wie wir derselben Quelle entnehmen, alter Leute an, wobei er einen alten Mann „adop-

---

[9] Sitzungsprotokoll vom 20.9.93.
[10] Der Bauernaufstand der „Jacquerie" wurde durch die Nöte des Krieges gegen England und eine gleichzeitige Erhebung in Paris unter dem Bürgermeister ETIENNE MARCEL ausgelöst. Die Bewegung ergriff die Ile-de-France, den Süden der Picardie und Teile der Champagne. Zahlreiche Schlösser wurden gestürmt und zerstört und viele Grausamkeiten verübt. Die Bauern erlagen jedoch der Macht des Adels, der an den „Jacques", wie die aufrührerischen Bauern genannt wurden, fürchterliche Rache nahm. Vgl. hierzu: SIMÉON LUCE, Histoire de la Jacquérie, 2. éd., Paris 1894.

tiert". Nicht alles darf man freilich listigen Berechnungen zuschreiben. Saint-Simon ist und bleibt ein Mann des Überschwanges, der Exaltation, und er fühlte sich damals wirklich als „Sans-culotte".[11] Einige Tage darauf, am 26. September 1793, erscheint er erneut auf dem Gemeindebüro zu Péronne zu einem weiteren markanten Akt der Solidarität mit dem revolutionären Régime. Hierbei gibt er zahlreiche Urkunden über seine militärischen Ränge und Dekorationen ab, sowie seinen Orden von Cincinnatus, goldene Bruchstücke eines Kreuzes von Saint-Louis und eines Malteserkreuzes. Die Behörde beschließt, die Papiere zu verbrennen, was sofort geschieht, und die Orden in Verwahrung zu nehmen.[12]

Doch alle echte oder nur demonstrative Begeisterung für die Revolution nützt ihm nichts. Die Schreckensherrschaft will ihre Opfer haben, und wie sollte ein Aristokrat aus berühmtem Geschlecht, der dunkle Geschäfte macht, und sich als Spekulant fortwährend bereichert, der Aufmerksamkeit der „Wohlfahrtsausschüsse" und zahlreicher sonstiger Revolutionskomitees entgehen können? Schon Anfang des nächsten Monats, am 8. Oktober, wird er in Péronne, wo er doch so viele Freunde hatte, aus der „Société Populaire" ausgeschlossen, man hält Haussuchung bei ihm und bei einigen seiner Geschäftspartner, z. B. dem Notar DANIEL COUTTE. Wir wissen nicht, was man dabei fand und wieweit man überhaupt die Unterlagen von Péronne ausgewertet hat. Fest steht jedenfalls, daß ein Verhaftungsbefehl für Saint-Simon vom „Wohlfahrtsausschuß" ausgestellt wurde, woraufhin er am 19. November 1793 (dem 29. Brumaire des 11. Jahres der Republik) verhaftet und im Gefängnis Sainte Pélagie eingekerkert wurde. ALBERT MATHIEZ hat das entsprechende Protokoll veröffentlicht[13], das am selben Tag verfaßt wurde. Daraus erhellt, daß man den „Bürger Saint-Simon, jetzt Bonhomme" in einem Pariser Hotel, dann in seiner Wohnung, Rue de la Loy 55 (die spätere Rue de Richelieu) zunächst vergeblich suchte, dort seine Räume versiegelte und eine Wache aufstellte. Nach weiterer vergeblicher Sucherei kehrt das Arretierungskommando zum Büro des „Comité de surveillance révolutionnaire", zum „Revolutionären Überwachungskomitee", zurück, das die Sache durchführt. Da erscheint der Bürger BONHOMME von alleine und sagt: „Ich habe erfahren, daß Sie nach mir suchen. Ich komme zum Komitee, um zu erfahren, was man von mir wünscht. Hier bin ich." Dieser Akt nötigt uns – selbst wenn man ihn für töricht halten mag – doch Respekt ab. Es gibt auch hier eine Anekdote, daß er das Verhaftungskommando auf der Treppe seines Hauses getroffen und – unerkannt – zu seiner Wohnung gewiesen habe, worauf er sich zu Pferde davonmachte. Die Nachricht von der Verhaftung seines Hauswirts habe ihn zurückgebracht. Alles das ist möglich, feige war Saint-Simon niemals. Auf dem Büro liest man ihm den Verhaftungsbefehl vor und geht mit ihm zu seiner Wohnung, wo man seine Papiere durchsucht. Man findet zahlreiche Unterlagen über

---

[11] Einen „Sans-culotte" nannte das konservative Lager zu Beginn der Französischen Revolution die Anhänger progressiver Politik, die im Gegensatz zu den in besseren Schichten bis dahin üblichen „Culotten" (Kniehosen) die im Volk verbreiteten langen Hosen trugen. Die Spottbezeichnung wurde dann, wie das vielfach geschieht, zum Ehrennamen und synonym mit „Patriot". Man hat Saint-Simon treffend als „grandseigneur sans-culotte" bezeichnet, als erster der Historiker JULES MICHELET.

[12] MAXIME LEROY, l.c., S. 117–119, bringt eine genaue Liste der 9 Diplome und den Text des Protokolls.

[13] ALBERT MATHIEZ, L'Arrestation de Saint-Simon, Annales Historiques de la Révolution Française, 1925, S. 571–575.

seine Transaktionen geschäftlicher Art und noch anderes, was beschlagnahmt wird. Dann wird Saint-Simon ins Gefängnis Ste. Pélagie abgeführt.

In der Zeit seiner Gefangenschaft verfaßt er die schon genannte Verteidigungsschrift[14], in welcher er zunächst darauf hinweist, daß es sich bei seiner Verhaftung wohl um eine Verwechslung handele (was uns unwahrscheinlich erscheint), in der er sich auch erneut als Anhänger der Revolution und Feind der ihn auch ihrerseits ablehnenden alten Aristokratie bezeichnet, was im großen und ganzen richtig ist. Ein Gegner der alten Oberschichten war er damals und später sicher, ein Feind des Königs freilich nie. Später wird er sich offiziell zur Monarchie bekennen – vorausgesetzt, sie befreit sich von den um sie herum schmarotzenden Schichten. Und für das Verständnis seiner Haltung damals ist ein offenbar aus dem Gefängnis geschmuggelter Brief von ihm an den Bankier PERRÉGAUX wichtig, worin er am 4. Dezember 1793 die Monarchie als die einzig wünschenswerte Staatsform für die Pariser erklärt.[15] Über seine Zeit im Gefängnis wissen wir sonst wenig, wenn es auch zahlreiche sonstige Berichte über die Verhältnisse in Ste. Pélagie gibt, wo etwa 350 Gefangene in feuchten und ungesunden Räumen untergebracht waren. Saint-Simon bleibt dort rund 5½ Monate, am 14. Floréal (3. Mai) 1794 wird er ins Gefängnis des Palais de Luxembourg überführt. Diese Überführung hatte eine üble Bedeutung: Das „Luxembourg" galt als die „Vorhalle zum Tode", und wir befinden uns auf dem Höhepunkt der Schreckensherrschaft. Was nützen da alle Bescheinigungen über seine Loyalität, die er beibringt, aus Péronne, aus Cambrai, was nützen da seine bedeutenden internationalen Beziehungen, etwa zum genannten Schweizer Bankier, mit dem er sich in seinen Geschäften liiert hatte? Aber vielleicht nützen sie doch! Denn es verwundert uns weniger, daß Saint-Simon verhaftet wurde, als daß er überlebte.

Im Kerker lebten die Gefangenen in einer eigenartigen Subkultur, teilweise unter unmenschlichen Verhältnissen, dem Hungertode nahe, unter unsagbaren hygienischen Verhältnissen vor allem und ohne ärztliche Betreuung. Sie hatten stets den Tod vor Augen, der schon so viele Zeitgenossen verschiedener Couleur, zuletzt auch die Prominenz der Girondisten dahingerafft hatte. Doch ist auch zu notieren: Man war einmal in der Lage, die gesellschaftlichen Formen untereinander zu wahren, teilweise sogar die anachronistische Formenwelt des alten Régime ausgesprochen weiter zu pflegen, wobei sie neue Funktionen gewann und sich eine stoische Tradition erstaunlich lebendig zeigte. Sie konnte sich mit religiöser Überzeugung verbinden, bedurfte ihrer jedoch nicht. Sie konnte sich offenbar aber auch verbinden mit erotischer Libertinage, die durch die Unordnung in den Gefängnissen begünstigt, manchen Gefangenen vor ihrem Tode noch zu Freuden verhalf. Und schließlich: dem dürftigen Existenzminimum war abzuhelfen durch Geld, sofern es gelang, dieses von außerhalb zu erhalten. Daran dürfte es Saint-Simon nicht gemangelt haben.

Die psychische Belastung war jedoch, das bedarf keiner Erläuterung, ungeheuer. In diesem Zusammenhang ist es auch schwer, eine Halluzination richtig zu werten, die Saint-Simon in den Verliesen des „Luxembourg" gehabt hat, und die er nicht nur mit eigener Feder überlieferte, sondern sogar hat drucken lassen: „Während der grausamsten Revolutionsepoche und in einer Nacht während meiner Gefangenschaft im Luxembourg-Gefängnis ist mir Karl der Große

---

[14] l.c., S. 573.
[15] DONDO, l.c., S. 62. Es ist freilich strittig, ob das Datum des Briefes stimmt.

erschienen und hat mir gesagt: ‚Seit die Welt besteht, hat keine Familie die Ehre genossen, einen Helden und einen Philosophen ersten Ranges hervorzubringen. Diese Ehre ist meinem Hause vorbehalten worden. Mein Sohn, Deine Erfolge als Philosoph werden denen gleichen, die ich als Militär und Politiker errungen habe.'" Die Geschichte findet sich in einem Postscriptum zu dem Widmungsbrief Saint-Simons an seinen Lieblingsneffen VICTOR[16], den er 1810 dem Entwurf zu seiner „Neuen Enzyklopädie" vorausschicken wird.[17] War die Halluzination im Kerker ein erstes Zeichen beginnender Geistesverwirrung, die sich steigern sollte? War sie die Folge unerträglicher Haftbedingungen und ständiger Sorge vor der Hinrichtung? Wir halten die Sache, selbst wenn das Ganze nur ein Traum war, nicht für erfunden. Dann beweist sie aber nicht nur, daß seine Familie sich seinen Verleugnungen zum Trotz in seinem Unterbewußtsein meldete, sondern, was wichtiger ist, daß in dem Kopf des ehemaligen Soldaten, Revolutionärs und Großspekulanten neue Gedanken und Interessen zu keimen begonnen hatten.

Am 28.8.1794 (11. Fructidor) öffneten sich für Saint-Simon die Gefängnistore des „Luxembourg", nachdem seine Freunde in Péronne erneut interveniert hatten. Denn vier Wochen vorher, am 9. Thermidor (27. Juli) 1794 war ROBESPIERRE gestürzt und am Tage darauf mit 21 seiner Anhänger hingerichtet worden, denen kurz danach noch weitere folgten. Der Terror ging zu Ende.

9. Kapitel
Unternehmungen während des Direktoriums

Wer erwartet hätte, einen zum Philosophen gereiften Saint-Simon aus dem Gefängnis kommen zu sehen, müßte enttäuscht werden. Die Entwicklung zum Schriftsteller brauchte noch Zeit, er selbst wird seine „carrière scientifique" später ab 1798 datieren.[1] Die Epoche bot auch einem aktiven Mann, der nach über neunmonatiger Gefangenschaft (nicht elfmonatiger, wie man manchmal liest)[2] seine Freiheit wiedergewann, allzu viele Möglichkeiten und Verführungen.

Saint-Simon nimmt sofort nach seiner Entlassung seine Geschäfte als Wirtschafts- und Finanzmann wieder auf, auch im Interesse REDERNS, der Frankreich vorübergehend gemieden hatte. Während der Gefangenschaft hatten Saint-Simon und seine Compagnons aber einerseits ihren Immobilienbesitz behalten, andererseits waren die Assignaten in einem rapiden inflationären Verfall begriffen[3], und man konnte mit diesem Papiergeld, das sich immer billiger erwerben

---

[16] Dieser Lieblingsneffe VICTOR (1782–1865) war Sohn seiner älteren Schwester ADELAIDE BLANCHE-MARIE, die einen Vicomte de SAINT-SIMON-MONBLÉRU geheiratet hatte. Später Divisionsgeneral, Pair von Frankreich, Botschafter in Kopenhagen und Senator, erwarb er noch einmal die Herzogswürde und wurde auch Grande von Spanien.
[17] Anthropos I/1, S. 101.

[1] Anthropos I/1, S. 72: „C'est en 1798 que je suis entré dans la carrière scientifique".
[2] Z. B. bei HUBBARD und DONDO.
[3] Ende 1794 wurden sie nur mehr zu 22% des Nennwertes angenommen und am 19.2.96 außer Kurs gesetzt bzw. zu $1/30$ ihres Nennwertes gegen ein neues Papiergeld umgetauscht.

ließ, die Schulden beim Staat zu *pari* abzahlen. So florierten die Immobilienspekulationen. Saint-Simon kauft weitere Ländereien, nicht nur Agrarland im Norden Frankreichs, sondern auch Grundstücke im Pariser Raum und anderswo. Er entwickelt dabei eine beträchtliche Energie und wird Besitzer des weitläufigen „Hotel des Fermes", des „Hotel du Roulage", zahlreicher Grundstücke in Neuilly, in Passy und am „Bois de Boulogne". Seine Residenz hatte er in zwei benachbarten Palais der Rue Chabanais aufgeschlagen, wo er eine Flucht von Zimmern bewohnte, einige seiner Geschwister und gerne auch Gäste aufnahm. Rund 20 Dienstboten standen zu seiner Verfügung, darunter ein bekannter „Maître d'hôtel", talentierte Köche und Butler. Als eine der prominenten Figuren aus der Geschäfts- und Finanzwelt des damaligen Paris, in jener eigentümlichen Zwischenphase zwischen heißer Revolution und dem Machtantritt NAPOLEONS, führte er ein großes und gastliches Haus. Er gab sein Geld nicht nur nach aristokratischer Manier für vielerlei, auch despektierliche Genüsse aus, sondern er verschwendete es offenbar mit vollen Händen. Die damals mit Intelligenz und Tatkraft schnell gewonnenen Riesensummen (man sprach damals davon, Riesenvermögen seien „nées comme des champignons") konnten aber ebenso rasch wieder verlorengehen. Saint-Simon war kein gelernter Kaufmann oder Bankier und er gab Geld außer für seinen großen persönlichen und geschäftlichen Aufwand zusätzlich noch für mancherlei windige und phantasiereiche Projekte aus.

Eine böse Anekdote, die freilich noch die Zeit vor seiner Verhaftung betrifft, ist bezeichnend. Danach soll er, gemeinsam mit dem immer geldgierigen TALLEYRAND erwogen haben, die Kathedrale Notre Dame zu kaufen, um ihre wertvollen Bleidächer ausschlachten zu können. Der große Zyniker, der er zu jener Zeit ausgesprochen war („seine Unterhaltung zeichnete sich oft durch hemmungslosen Zynismus aus"[3a]) ist aber auch gut vorstellbar, wie er in ausgelassener Runde die Geschichte genüßlich zusammenphantasiert, um seine Zuhörer zu schockieren. Auch mögen seine klerikalen Feinde oder ökonomischen Konkurrenten die Fabel bewußt ausgestreut haben, um ihm zu schaden. Beweise dafür fanden wir nicht. Man darf aber auch nicht vergessen, daß der Umgang mit alten Kunstdenkmälern, auch solchen sakralen Charakters, damals und bis in die Gegenwart hinein, selbst von konservativer Seite nicht immer pfleglich war und ist. Andere Projekte Saint-Simons haben dokumentarische Spuren hinterlassen und waren mindestens ins Versuchsstadium getreten. So versuchte er sich bald nach seiner Entlassung als Spielkartenfabrikant. Waren nicht die Symbole auf den Karten veraltet und Zeugnisse einer überwundenen Epoche? Schaffen wir also zeitgemäßeren Werten Ausdruck: „Keine Könige, Königinnen, Knappen mehr. Talent ersetze den König, Freiheit die Königin und Gleichheit den Buben. Nur das Recht steht über ihnen", heißt es in seinem Prospekt[4], der auch Einzelheiten über die künstlerische Ausgestaltung enthält, die „der Französischen Republik gemäß" sein sollte. Ähnliches hat man später, im 1. Weltkrieg, auch in Deutschland versucht, wobei man z. B. Hindenburg ins Bild brachte, typischer „nationaler Kitsch", so wie es damals Kitsch der Revolution war. Beides verwehte, das Volk war die Propaganda schon leid. Aber wir halten immerhin fest, daß sich hier sein sozialphilosophischer Geist vielleicht zum ersten Mal, noch

---

[3a] DE FOURCY, ein Bekannter Saint-Simons aus jenen Tagen, in einem Manuskript, welches GEORGES WEILL in den Archiven D'EICHTAHL studiert hat (GEORGES WEILL, Saint-Simon et son Œuvre, Paris 1894, S. 12).

[4] Dondo, l.c., S. 72.

ganz spielerisch, versuchte, und daß er dem „Recht", dargestellt durch ein Liktorenbündel, die höchste Stelle, die Stelle des „As", einräumte.

Saint-Simon versuchte sich damals als Unternehmer in verschiedenen Sparten: Er war Fabrikant von weißer Leinwand in der Nähe von Péronne. Er besaß Weindepots und Kommissionsläden. Manche dieser Tätigkeiten werden mit entsprechenden Grundstückskäufen in Verbindung gestanden haben. Dies gilt nun besonders für ein Unternehmen, für welches er schon in Spanien Interesse gezeigt hatte, und das er nun erneut in Angriff nahm: einen privaten Postdienst.

Wir sagten bereits, daß Saint-Simon unter anderem das „Hotel des Fermes" in der Rue du Bouloi erworben hatte. Dieses weitläufige Gebäude, in dessen Nachbarschaft er noch anderen Besitz hatte, war das Pariser Hauptquartier der Steuerpächter gewesen. Der Verf. hat es 1981 angesehen, mit seinem riesigen Einfahrtstor, dem großen Hof, den alten Rampen an verschiedenen Seiten, so recht geeignet für eine zentrale Postmeisterei, für ein kommerzielles Zentrum. Saint-Simon gründete selbst oder durch Mittelsmänner ein Postkutschenunternehmen, das seinen Namen trug: Das „Etablissement Saint-Simon".[4a] Wirtschaftlicher Aufbau war nach den Revolutionswirren die Parole, und dafür benötigte man gute Verkehrs- und Transportverbindungen. Warum sollte er nicht schaffen, was der Familie THURN und TAXIS im Deutschen Reich gelungen war? Man plante gleich in großem Stil: Anzeigen erschienen, mit denen Arbeitslose, die man sich durch ein Handgeld verpflichtete, zur Mitarbeit an dem Unternehmen gesucht wurden. Am Eingangstor des Zentralgebäudes erschien sein Name ebenso wie auf den ersten Kutschen, die eine Verbindung nach Bordeaux herstellten. Doch er erregte Ärgernis. Das Postwesen konnte schon damals als ein Monopol der staatlichen Stellen betrachtet werden, leistungsfähigere Konkurrenz war wie heute unerwünscht. In der „Gazette Nationale de France" vom 3. September 1797 findet sich daher ein, sicher von staatlicher Seite inspirierter Artikel, worin es heißt: „Die Postkutschendienste, die ein wichtiger und lukrativer Zweig der Regierungsaktivitäten waren, werden von einem privaten Konzern gestört, der den Namen Saint-Simon trägt. Der frühere Graf von Saint-Simon, welcher der Hauptbesitzer zu sein scheint, hatte wenig Besitz vor der Revolution. Heute ist sein Reichtum immens." Und der Artikel weist dann darauf hin, daß das Register der künftigen Mitarbeiter schon etwa 2000 Namen enthalte. Wozu hatte ein Privatmann 2000 Mann engagiert? Der Gedanke an die Vorbereitung einer Gegenrevolution lag nicht fern.

Dieselbe Zeitung berichtete dann am 16. Sept., daß Saint-Simon verhaftet worden sei. Seine Dienste seien den staatlichen überlegen gewesen. Doch „zu allen Zeiten und unter den verschiedenen Regierungstypen muß der Transport von Briefen und öffentlichen Papieren ausschließlich eine Sache der Regierung sein". Am 19. Sept. schrieb Saint-Simon der Zeitung einen geharnischten Brief: Er sei nicht verhaftet worden. Er habe niemals Zeitschriften transportiert. Er komme aus keinem Grund und aus keinem Motiv für eine Verhaftung in Frage. „Ich habe nur die Feinde der Revolution zu fürchten, mit welcher niemand in Frankreich so eng verbunden ist, wie ich selbst." Und er unterschreibt: „Saint-Simon, Chef des Etablissements Saint-Simon, rue du Bouloi." In seinen späteren Auseinandersetzungen mit dem Grafen REDERN wird er freilich abstreiten, selbst der Postkutschenunternehmer gewesen zu sein. Er habe nur daran gedacht, auf dem Gelände einen ständigen Markt einzurichten, Läden und Verkaufsstände zu

---

[4a] Also schon nicht mehr „BONHOMME".

eröffnen. Ein Postkutschenunternehmer habe ihm 30000 Franken Rente für die Benutzung eines Teils der Liegenschaften geboten, und er habe diesen Vorschlag akzeptiert, weil er für sein Projekt günstig war, das Gelände belebt und damit anziehender für Kaufleute gemacht hätte. Er hätte der Liegenschaft seinen Namen gegeben, und nur deshalb hätte der Postunternehmer ihn für sein Unternehmen und seine Kutschen benutzt. Wie dem auch gewesen sein mag: Saint-Simon zog sich aus dem kaum gestarteten, aber offenbar schon sehr florierenden Unternehmen zurück, das den Behörden ein Ärgernis war. Staatlichen Monopolen macht man nicht ungestraft Konkurrenz.

Wirtschaft und Politik lassen sich nicht wie zwei Bauklötze nebeneinanderstellen, sie reinlich zu scheiden, gelingt auch den modernen sozialwissenschaftlichen Theorien nicht, die mit dem „Systembegriff" arbeiten. In der Realität, zu der ja nicht zuletzt Personen und ihr Denken gehören, mischen sich beide Bereiche. Zu manchen Zeiten ist dies deutlicher, zu anderen verborgener. Das „Directoire" war jedenfalls eine Zeit, in der das Wirtschaftsbürgertum sich nun auch seine politische Macht sicherte, in der die Lenkung des politischen und ökonomischen Geschehens entweder bei den selben Personen zusammenlief oder doch bei Spitzen, die in engstem Kontakt und in deutlicher Interessengemeinschaft standen. So verwundert es nicht, daß wir auch Saint-Simon zum zweiten Mal, wie einst schon in Den Haag, mit einer diplomatischen Mission betraut finden.

Die späten neunziger Jahre des 18. Jahrhunderts stellen den Höhepunkt des Ansehens Saint-Simons bei Lebzeiten dar. Er hatte nicht nur große finanzielle und damit allgemeinökonomische Macht, er sah an seiner Tafel, die er zeitweise für die beste in Paris hielt, auch die führenden Politiker und traf sie zudem überall dort, wo solche Personen eben verkehrten. Große Bankiers, wie der schon mehrfach genannte PÉRREGAUX, spielten nun eine Hauptrolle im Pariser gesellschaftlichen Leben, ein sehr bezeichnender Zug jener Epoche. Es war eine Zeit der endlich wieder erlaubten Genüsse, eine Zeit laxer politischer Herrschaft durch unfähige, hochkorrupte Politiker, die den Staat und sich selber bei den Privatbankiers verschuldeten. Man wird sie bald, mit dem übrigen Establishment jener Zeit, „les pourris" („die Verfaulten") nennen.

BARRAS, ehemaliger Graf und Offizier wie Saint-Simon, einstmals prominenter Revolutionär und Präsident des Konvents, war zur maßgebenden Figur innerhalb des fünfköpfigen Direktoriums geworden. Dieser Freund schöner Frauen hatte nicht nur ein Verhältnis mit JOSEPHINE BEAUHARNAIS, die er später NAPOLEON als dessen künftige Ehefrau zuführen wird, sondern er war auch ein intimer Freund der bereits erwähnten, in der damaligen Gesellschaft führenden Madame THÉRÈSE TALLIEN („Notre Dame de Thermidor"), der Tochter des spanischen Finanzgewaltigen CABARRUS, dem wir schon früher im Umkreis Saint-Simons begegnet sind. TALLEYRAND, von dessen Konnexionen mit Saint-Simon unsere Anekdote erzählte, war durch den Einfluß von BARRAS im Sommer 1797 Außenminister geworden. Der neuen Führungsschicht, die sich rücksichtslos bereichert hatte, lag nun daran, die Verhältnisse zu stabilisieren, und außenpolitisch gehörte dazu eine Verständigung mit England. Die Versuche wurden in Lille nach TALLEYRANDS Ernennung zum Außenminister fortgesetzt. In dieser nordfranzösischen Metropole traf man sich zu internationalen Gesprächen. Im Auftrag der englischen Regierung von WILLIAM PITT D.J. und dessen Außenminister Lord GRENVILLE, verhandelte eine Delegation unter Leitung von Sir JAMES HARRIS, dem späteren 1. Earl of MALMESBURY. Dessen Sekretär war ein Mr. GEORGE ELLIS, der längere Zeit in Paris gelebt hatte und dabei Saint-Simon näher getreten war. Aus Spanien, zugleich französische Interessen vertretend, war CABARRUS gekommen.

Mitglied der französischen Delegation war nun auch Saint-Simon, der mit den Engländern immer gut ausgekommen war, und der sein Leben lang anglophile Neigungen behalten wird. Es erscheint müßig, darüber zu spekulieren, wer ihn ausgewählt habe, ob BARRAS, TALLEYRAND oder einflußreiche Bankierskreise. Er war so eng mit den in Paris maßgebenden Wirtschaftskreisen verknüpft, kannte die politischen Tagesprobleme so gut, war auch als Militär nicht ohne Ahnung, daß er für die damalige Geheimdiplomatie als besonders qualifiziert erscheinen mußte. Dabei ging es vor allem darum, Vereinbarungen über territoriale Besitzstände nach einem eventuellen Friedensschluß zu treffen. Sollten z. B. das von den Engländern eroberte Trinidad, das Kap der Guten Hoffnung oder holländische Plätze auf Ceylon bei England verbleiben? Vertraulich ließen BARRAS und TALLEYRAND England wissen, daß sie für größere Summen in ihre privaten Taschen zu freundlichem Entgegenkommen in verschiedener Hinsicht bereit wären.[5] Diese Liller Verhandlungen, die zu nichts führten, haben nicht Geschichte gemacht. Sie stehen ganz im Schatten des für Frankreich erfolgreichen Friedensschlußes von Campoformio, den NAPOLEON kurz darauf, am 17.10.1797 mit Österreich durchsetzte. Aber die Verhandlungen von Lille haben in Akten ihren Niederschlag gefunden, und H. A. LARRABEE hat sie in Hinblick auf Saint-Simon durchgesehen, wobei er fündig wurde:[6]

Anfang August hatte Saint-Simon seinem alten Bekannten ELLIS die Pariser Verhältnisse offen und ausführlich auseinandergesetzt: Er legte die Unfähigkeit des Direktoriums dar, die Notwendigkeit, Frieden zu schließen, aber er wies auch auf die Tatsache hin, daß durch die erfolgten Besitzveränderungen die Interessenlage der Mehrzahl der Franzosen keine Rückkehr zum „Ancien Régime" erlaubte. Eine ausführliche Darstellung der Äußerungen Saint-Simons findet sich in einem Bericht von Lord MALMESBURY vom 14. August, der in London großes Interesse fand und auch PITT zugeleitet wurde. Dieser antwortete: „Your last separate letter put the secret intelligence into an excellent form for communication; and Mr. Ellis's friend has the merit of furnishing one of the most INTERESTING, and certainly the most entertaining dialogue that ever made part of a negotiation."[7] Es finden sich in seinen Äußerungen in der Tat glänzende Charakteristika führender Franzosen, unter denen er übrigens CARNOT, den „organisateur de la victoire", für den einzigen hält, der in der Lage wäre, Ordnung zu schaffen und einen Feldzug zu planen. Irren tut er sich jedoch im Hinblick auf BONAPARTE, den er wohl nicht persönlich kannte und damals unterschätzte. Insgesamt ist jedoch festzuhalten, daß nicht nur die Franzosen, son-

---

[5] „Insgeheim ließ Barras ... Malmesbury erklären, daß England um bessere Bedingungen den Frieden bekommen solle, wenn es ihm 500000 Pfund verschaffe. MALMESBURY lehnte das Angebot ab", berichtete der Historiker v. WEISS, ein besonderer Freund solcher Details, und schreibt einige Zeilen weiter: „Barras und Talleyrand sandten ihm heimlich nach London das Versprechen, für eine gewisse Summe Geldes wollten sie den Frieden zustandebringen" (JOHANN BAPTIST v. WEISS, Weltgeschichte, Bd. 19, Graz und Leipzig 1896, S. 552). Saint-Simon war möglicherweise in diese Sache eingeweiht.
[6] Vgl.: H. A. LARRABEE, Un chapitre peu connu de la vie d'Henri de Saint-Simon, in: La Révolution Française IXXII, 1929, S. 193–216.
[7] F. M. MARKHAM zitiert diese Briefstelle aus den Akten des Foreign Office (Henri, Comte de Saint-Simon, 1760–1825, Selected writings, Oxford 1952, S. XIII).

dern auch die nüchternen Engländer Saint-Simon damals nicht für den Narren hielten, als der er später so oft erscheint und dargestellt wird, sondern für einen klugen Kopf: „He is a shrewd, sensible and strong-headed man", schreibt MALMESBURY, der wohl bedeutendste englische Diplomat seiner Zeit, an seinen Außenminister.[8]

Saint-Simon hatte sich aber zweifellos auf zu viele und zu verschiedene Unternehmungen eingelassen und die Übersicht verloren. Oder veränderte sich damals sein geistiger Gesundheitszustand? REDERN, der kurz darauf, im September 1797, nach Paris zurückgekehrt war, ist höchst beunruhigt über die Geschäftsführung seines Freundes. Schon vorher hatte er, bei einem kürzeren Besuch zwar großzügig aufgenommen, aber wenig informiert, einen größeren Teil seiner Gelder abgezogen, genauer gesagt: die Gelder seiner Schwester SOPHIE, die einen regierenden Grafen STOLBERG geheiratet hatte und mit ihrem Geld an den Spekulationen beteiligt war. Vielleicht schob REDERN die Schwester aber auch nur vor, um langsam seine Schäfchen ins Trockene zu bringen. Jedenfalls wünscht er reinen Tisch zu machen. Es wird zahlreiche, sich widersprechende und unklare Abmachungen zwischen den Geschäftspartnern über ihre Anteile geben. Die Lage ist auch deshalb verwickelt, weil Saint-Simon, aus welchen Gründen auch immer, gern mit Strohmännern gearbeitet hat, nicht nur beim Kauf der Liegenschaften, sondern auch hinsichtlich der Verwaltung seiner eigenen Anteile. Es würde eine eigene Untersuchung erfordern, und dann doch wenig Bedeutung haben, diese Fäden zu entwirren, die großen und kleinen Streitigkeiten zu sichten und abzuwägen, die sich aus der Auseinandersetzung ergaben, und die sich noch viele Jahre hinziehen werden. Die Auseinandersetzungen mit REDERN, auf die wir zurückkommen müssen, sind jedenfalls mit wachsender Bitterkeit erfüllt. Die alten Freunde – REDERN war kein bloßer Schieber – überhäufen sich darin zunehmend mit Anschuldigungen. Jeder verkleinert den Anteil des anderen am zunächst so erfolgreichen, nun aber liquidierungsreifen Werk.

Uns scheint die Lage so: REDERN war der erste und wohl hauptsächliche Geldgeber, auch wenn andere, wie der Bankier PERRÉGAUX, hinzukamen. Er war mit Recht daran interessiert, sein Geld nicht zu verlieren. Saint-Simon war demgegenüber der kühne phantasievolle Unternehmer, der Mann, der die Risiken finanziell und nicht zuletzt personell einging, der Mann der Tat. Ganz von selbst floß ihm das Geld trotz aller Konjunktur nicht zu. Sein Unglück war, daß er in genialischer Manier, ohne solide Geschäftsführung arbeitete, doch wie er hatten damals viele gewirtschaftet.[9] Persönlichen Luxus und sinnvolle Repräsentations-

---

[8] JAMES HARRIS, 1. Earl of MALMESBURY, Diaries and Correspondence (4 Bde., 1844), Bd. III, S. 445.
[9] „Es herrscht eine solche Angst, nicht früh genug zu verkaufen oder zu kaufen, daß selbst die bedeutendsten Käufe mit einer Leichtigkeit abgeschlossen werden, von der man Zeuge gewesen sein muß, um daran zu glauben. Es gibt ein bedeutendes großes Haus in Paris, das innerhalb von vierzehn Tagen viermal verkauft wurde, ohne daß einer der Käufer es jemals gesehen hat. Ich selbst habe eine Liegenschaft von drei Millionen für einen Freund von mir erhandelt, ohne mir jemals eine positive Auskunft über die Einkünfte der Pachten besorgen zu können, obgleich ich mich nacheinander an die beiden letzten Besitzer wandte und an die Notare, die die Kaufverträge aufgesetzt hatten. Man begnügt sich damit, im großen und ganzen zu wissen, ob es ein Erbgut ist, ein Klostergut oder ein Emigrantenbesitz (denn in der Schätzung dieser drei Eigentumsarten werden erstaunliche Unterschiede gemacht), den Preis bei der letzten Versteigerung zu

und Geschäftsausgaben hatte er niemals klar zu trennen vermocht. Über seine Schulden, die persönlichen und diejenigen seiner Unternehmungen, hatte er keinen Überblick. Im Oktober 1797 wird ihn REDERN von der Leitung der Geschäfte verdrängen und versuchen, selbst Ordnung zu schaffen. Wir haben nach der Lektüre der Ausführungen beider Seiten insgesamt nicht den Eindruck gewonnen, daß sich bei der unerfreulichen Auseinandersetzung über das zweifellos im Wert stark gesunkene Vermögen dieser Partnerschaft die Schuld allein auf die eine oder andere Seite schieben läßt. Keiner der Partner ist der große Schuldige, keiner dürfte die Absicht gehabt haben, den anderen bei der Abrechnung über die im gemeinsamen Interesse unternommenen Immobilien-Spekulationen übers Ohr zu hauen. Saint-Simon zog aber den kürzeren.

Die Auseinandersetzungen über die gemeinsamen Aktiva und Passiva ziehen sich hin, die Verhältnisse sind allzu verwickelt. Saint-Simon absentiert sich währenddessen öfter. Er fährt Anfang März 1798 nach Brüssel, wo er neue Projekte plant. Oder er fährt, um Abstand zu gewinnen, nach Montmorency, wo JEAN-JACQUES ROUSSEAU in den Jahren 1756–62 in der „Ermitage" gewohnt hatte, durch die großen Wälder gewandert war und seine fruchtbarste Schaffensperiode durchlebt hatte. War die Wahl dieser Gegend, wo Saint-Simon mit seinem Schäferhund herumstreifte und vielleicht länger bleiben wollte, deshalb erfolgt? Aber Saint-Simon war ein zu unruhiger Geist und zu sehr mit Paris verwachsen, um lange fern der Hauptstadt zu bleiben. Er wird später behaupten, seine „carrière scientifique" – oder das, was er so nennt – datiere seit 1798.[10] Denn in diesem Jahr wird deutlich, daß sich seine Interessen vom persönlichen wirtschaftlichen Erfolgsstreben zur Sozialreform verlagern. Auch hierbei gilt natürlich wieder, daß Grenzen zwischen Wirkungsdomänen nicht so leicht zu ziehen sind. Kann man sich viele Jahre hindurch mit der Verteilung von Latifundien und ihrer Aufteilung unter viele Kleinbesitzer beschäftigen, ohne sich Gedanken über die sozialen Auswirkungen zu machen? Stand es mit den Postkutschendiensten nicht ähnlich, durch welche auch die kleinen Leute größerer geographischer und damit sozialer Mobilität teilhaftig wurden? Mußte sich ein aufmerksamer Leser der Enzyklopädie nicht bei solchen praktischen Unternehmen fast zwangsläufig Gedanken über gesellschaftlichen Fortschritt machen? Was Saint-Simon meint, ist natürlich: die systematische Beschäftigung mit diesen Fragen.

Ein Datum wollen wir in diesem Zusammenhang festhalten: Am 9. Juli 1798 lud Saint-Simon REDERN, den Bankier PERRÉGAUX und andere Geschäftsfreunde zu einem Dinner ein und entwickelte seinen Gästen im Verlauf des Abends viele Stunden lang ein Riesenprojekt, für welches er 1 200 000 Fr. benötigte. Es handelte sich dabei nicht nur um ein Wirtschaftsprojekt, das – wiederum auf den Liegenschaften des „Hôtel des Fermes" basierend – nach und nach die Börse und ganz Paris dominieren würde, sondern um ein Unternehmen, das darüber hinaus in alle Welt wirken und sie schließlich mit einer „neuen moralischen Ordnung" erfüllen sollte. Das war zweifellos für die Mehrzahl seiner Zuhörer Beweis für einen sich verwirrenden Geist. Es kann von uns aber auch als Zeichen

---

kennen, die Zahl der Morgen usw. Das prächtigste Pariser Haus, die schönste Liegenschaft wird gekauft oder verkauft, wie man beim Pharao eine Karte nimmt." HENRI MEISTER, Souvenirs de mon dernier voyage à Paris (1795), Paris 1910. Zitiert nach: GEORGES PERNOUD und FLAISSIER (Hrsg.): Die Französische Revolution in Augenzeugenberichten, Düsseldorf 1966, S. 395.

[10] Anthropos I/1, S. 72.

dafür gewertet werden, daß der Sozialutopist ans Licht zunächst einer internen Öffentlichkeit trat. Und wir werden ihn diesen Weg von nun an weiter gehen sehen, mit vielen Winkelzügen, Irr- und Umwegen, aber in der großen Linie doch konsequent, zukunftsgläubig, fortschrittsorientiert und mit sozialem Gewissen.

Den Wunsch REDERNS, sich von Saint-Simon zu trennen, konnten solche Phantastereien freilich nur verstärken. Es ging noch nicht sofort, aber es ging. Am 4. Aug. 1799, ein gutes Jahr nach jener merkwürdigen Sitzung, die REDERN eine „séance de morale" nannte, einigte man sich nach vielem weiteren Hin und Her darauf, daß Saint-Simon für eine feste Summe, zahlbar in vier Raten, alle seine Rechte an REDERN abtrat und diesem die Geschäfte allein überließ. Es war eine sehr bescheidene Summe für den Lebensstandard des Grandseigneurs: 150 000 Franken, abzüglich 6000 Franken, die er einem seiner Mitarbeiter, DE BÉHAGUE, schuldete. Am nächsten Tag handelte er noch eine Pension von jährlich 1800 Franken für eine Madame THILLAYS aus[11], die am 29. Mai 1795 eine Tochter, CAROLINE-CHARLOTTE, geboren hatte, deren Vater er war. Am 6. August 1799 wurden die Papiere vor einem Notar unterzeichnet.

Man hat viel darüber gerätselt, warum sich Saint-Simon mit einer so relativ bescheidenen Abfindung zufrieden gegeben hat, und wir werden die Hintergründe wohl niemals ganz erhellen können. Sicher wird man die allgemeine politische Lage in die Betrachtung einbeziehen müssen. 1799 war das Jahr, in welchem der 2. Koalitionskrieg gegen Frankreich begann: England, Rußland, Österreich und noch einige schwächere Partner griffen an und errangen Anfangserfolge. Vielleicht hatte Saint-Simon von seinen englischen Freunden entsprechende Warnungen erhalten, denn die Initiative ging vor allem von PITT aus. Würden die Alliierten gegen Frankreich aber siegreich bleiben, dann drohte die Gefahr, daß die ganzen Geschäfte mit den Nationalgütern, die ja ihren früheren Eigentümern durch die Revolution gewaltsam fortgenommen worden waren, revidiert würden. Was wurde dann aus den Erwerbern? Eine weitere Überlegung kann angestellt werden, die von der simonistischen Tradition übergangen wird, indem sie sich einfach damit begnügt, zu behaupten, Saint-Simon sei von REDERN übertölpelt worden, was er später selbst behaupten wird. Nun fanden wir aber, und sogar bei einem Bewunderer Saint-Simons, der sich zu der summarischen Behauptung versteigt, daß REDERN „sicher ein Gauner war", nämlich bei JEAN DAUTRY, einen interessanten Hinweis:[12] Saint-Simon galt im Sommer 1799 wiederum als verdächtig, vielleicht wegen seiner Familie. Man behelligt nämlich zunächst eine seiner Schwestern und einen Neffen und läßt dann durch die Polizei neue Recherchen über ihn selbst anstellen.[13] Liegt da nicht der Gedanke nahe, daß er diesen Recherchen dadurch die Spitze abbrechen wollte, daß er sich so schnell wie möglich aus allen Spekulationsgeschäften zurückzog? DAUTRY meint sogar, er schiene sich solange verborgen gehalten zu haben, bis der be-

---

[11] Wer war diese Madame THILLAIS, die er so nachdrücklich absichern wollte, daß er eine entsprechende Klausel noch nach Vertragsschluß einfügen ließ? MANUEL verwies hierzu auf RAMON: La Révolution, 5. Serie, S. 50, wo eine Irländerin namens THILLAY apostrophiert wird, eine Hausangestellte, die im Jahre 1793 im Hause Saint-Simons in Péronne verhaftet worden sei. ALBERT SALOMON irrte sich jedenfalls sehr, wenn er schrieb: „Zwischen dem Bohemienleben von Saint-Simon und Comte besteht ein großer Unterschied – der erste konnte ohne Frauen auskommen" (l. c., S. 25).
[12] JEAN DAUTRY, Saint-Simon, Textes Choisis, Paris 1951, S. 18.
[13] Archives Nationales, F 7/6218 (September–Oktober 1799).

rühmte Staatsstreich BONAPARTES vom 18. und 19. Brumaire des Jahres VIII (9. und 10. November 1799) der bürgerlichen Gesellschaft ein neues Gleichgewicht verschaffte.[14] In der Tat waren in jenem Sommer, wo Saint-Simon sich von REDERN unter für ihn so wenig günstigen Bedingungen trennt, innenpolitisch radikale linke Elemente vorübergehend wieder stärker hervorgetreten, die besonders an der neureichen Klasse Anstoß nahmen. Und auf radikal rechter Seite zeigten sich straßenräuberische „Briganten des Königs", die auch Jagd auf Erwerber von Nationalgütern machten.

10. Kapitel
Studien, Mäzenatentum und eine sonderbare Ehe

Jahrhundertwenden haben immer einen besonderen Akzent, auch wenn sich Epochen nicht nach diesen kalendarischen Daten richten. Bei Henri de Saint-Simon geht aber mit dem 18. Jahrhundert auch zugleich sein Spekulantenleben zu Ende, welches ihn zu exorbitanten Erfolgen führte, ihn aber auch in große Risiken und Lebensgefahr brachte. Wieweit ihm selber damals klar war, daß seine Lebensphase des kuhnen Unternehmers, ja Vabanque Spielers hinter ihm lag, wissen wir nicht. Wenn er später sein Leben als eine Kette von Experimenten stilisierte, so liegt darin im tieferen Sinne sicher richtiges. Man könnte mit einer Hegelianischen Formulierung von einer „List der Vernunft" sprechen, die ihn letztlich als spekulierenden Geschäftsmann scheitern ließ und damit ein bedeutendes sozialwissschaftliches Œuvre möglich machte.

Mit der Abfindungssumme ließ sich verschiedenes machen: Zunächst hätte Saint-Simon die Möglichkeit gehabt, weiter damit zu spekulieren oder neue Unternehmungen zu starten. Oder er konnte die zwar für seine Verhältnisse nicht gerade bedeutende, aber immerhin doch für damals erhebliche Summe Kapitals möglichst solide anlegen und von der Rente als Kleinbürger bescheiden leben. Oder aber: Er konnte das Geld verbrauchen, und noch eine Zeitlang gut davon weiterleben. Saint-Simon tat das letztere. Einmal ist dies eine bekannte aristokratische Lebenshaltung. Es mochte ferner die nicht unbekannte Einstellung vieler Leute mitgespielt haben, die schnell und relativ leicht Geld verdient haben und nun glauben, daß ihre Fähigkeiten ihnen dasselbe auch in Zukunft wieder ermöglichen würden. Künstler und Artisten sind vielfach von dieser Art, aber es ließen sich auch bekannte Wirtschaftsnamen hier anführen.

Hinzu kam aber sicher die schon von uns betonte wirkliche Veränderung seiner Interessenschwerpunkte. Saint-Simon hatte an seiner Tafel schon seit einiger Zeit gerne Wissenschaftler gesehen, berühmte Namen darunter, und er fand Freude daran, sich auf diese Weise weiterzubilden und seine Gedanken in Gesprächen und Diskussionen zu klären. Es gab das Vorbild einiger Fürsten oder des Barons HOLLBACH, des bekannten Enzyklopädisten, der gern ähnliche Gesprächsrunden bei sich versammelt hatte. Es war aber auch die Manier anderer großer Herren. Anstatt mühselig umfangreiche Bücher zu studieren, konnte man sich die Quintessenzen auch von führenden Köpfen vermitteln lassen. Wer auf sich hielt, mußte natürlich Bescheid wissen. Das Ansehen der Wissenschaften

---

[14] DAUTRY, l.c., S. 24.

war allgemein sehr gewachsen, und man wird später sogar sagen: „Niemals war eine Zeit reicher an Gelehrten als die Zeit von 1785–1840."[1] Jedenfalls war ihr Prestige hoch und das Interesse an wissenschaftlichen Studien in der besseren Gesellschaft sehr gewachsen. Es wurde sogar in der Pariser Damenwelt zeitweise Mode, naturwissenschaftliche Vorlesungen zu hören. Während England in jener Zeit zurückzutreten scheint, arbeiteten mehrere bedeutende Franzosen daran, das NEWTONsche System, das im Mittelpunkt des Interesses stand, zu weiterer Vollendung zu bringen. Und man versuchte nicht nur alle Sparten der Naturwissenschaft in die Hauptlehrsätze NEWTONscher Lehre zu integrieren, sondern fragte sich auch, ob sich Entsprechendes nicht auf anderen Gebieten erreichen ließe. Solche Fragen interessierten Saint-Simon brennend. Er suchte der Erkenntnis eine neue Bahn zu öffnen: die „physiko-politische". Hier suchte er von nun an seinen Ruhm: „je courais après la gloire."[2]

Zunächst war er in den Bannkreis der „École Polytechnique" geraten, die für den Saint-Simonismus von da an eine wichtige Rolle spielen wird.[3] Diese vom Nationalkonvent gegründete Hohe Schule, die vor allem für die Ausbildung von Militär- und Zivilingenieuren gedacht war, befand sich damals in beachtlicher geistiger Entwicklung und hatte Lehrkräfte von hohem Rang an sich gezogen. „Ich hatte mich mit mehreren Professoren dieser Schule freundschaftlich verbunden", wird Saint-Simon später berichten.[4] Zunächst finden wir ihn damit beschäftigt, sich über den Wissensstand in Physik zu orientieren. Dann genügt dies seinem unruhigen Geist nicht mehr: „Ich entfernte mich 1801 von der Ecole Polytechnique und etablierte mich bei der medizinischen Hochschule [was sowohl geistig wie räumlich zu verstehen ist, d. V.]. Ich trat in Kontakt mit den Physiologen."[5] Dabei zeigt er sich in mehreren Fällen als Mäzen und fördert junge Wissenschaftler nicht nur durch seine großzügige Gastfreundschaft, sondern auch durch direkte finanzielle Beihilfen aus seiner Tasche. So unterstützte er den mittellosen jungen Mathematiker und Physiker SIMÉON-DENIS POISSON, der später ein bekannter französischer Wissenschaftler werden sollte. Sehr farbig ist der Bericht eines Zeitgenossen, welcher Saint-Simon als Mäzen erlebt hat, nämlich des später bekannten Chirurgen GUILLEAUME DUPUYTREN: Zu dem armen Studenten, der in einer Dachstube hauste, kam eines Tages ein ihm unbekannter, sehr gut gekleideter Herr, der ihn freundlich begrüßte und sagte, er wäre Saint-Simon, ein Nachbar. Er habe von ihm Rühmliches gehört und erwarte von ihm wichtige Beiträge zum Fortschritt der Wissenschaft. Er führe ein offenes Haus, sei befreundet mit vielen Wissenschaftlern und lade auch ihn ein, in seinen Kreis zu kommen. Man diniere bei ihm um 5 Uhr, es wäre immer ein Gedeck vorhanden und ein Ideenaustausch dringend nötig. DUPUYTREN reagierte bei diesem ersten Besuch sehr zurückhaltend, schützte Überarbeitung vor und begleitete seinen Besucher hinaus. Bei der Rückkehr in sein Zimmer fand er auf dem Tisch eine Börse mit tausend Franken, die er seinem Besucher, diesem nachlaufend,

---

[1] CHARLES MORAZÉ, Das Gesicht des 19. Jahrhunderts. Die Entstehung der modernen Welt, Düsseldorf-Köln 1959, S. 97.
[2] Anthropos I, S. 72.
[3] Vgl. hierzu: G. PINET: L'École Polytechnique et les Saints-Simoniens, Revue de Paris, III (1894), S. 73–96.
[4] Anthropos I, S. 68.
[5] Ebenda, S. 69.

nur mühsam wieder aufdrängte.[6] Auch für diese Erzählung gilt, daß sie anekdotisch stilisiert sein mag, daß sie aber die Gastfreundschaft und Hilfsbereitschaft Saint-Simons sicher treffend zum Ausdruck bringt. Sie kann durch andere Beispiele ergänzt werden, etwa durch die Tatsache, daß Saint-Simon die Druckkosten für Publikationen eines anderen Arztes, Dr. JEAN BURDIN, übernahm, von dessen Bemühungen um eine einheitliche Wissenschaft vom Menschen er beeindruckt war. Auch richtete er auf seine Kosten Kurse ein, in denen Studenten der École Polytechnique und der École de Médicine ihr Wissen repetieren und vertiefen konnten.

Wer ein größeres Haus führt, hat in der Regel das Bedürfnis nach einer Herrin, die diesem Hauswesen vorsteht. Bei Saint-Simon füllten zunächst wechselnde Partnerinnen diese Rolle schlecht und recht aus. Über seine Beziehungen zu Frauen hatten wir bisher kaum etwas gesagt und eine Liaison, in deren Folge seine Tochter CAROLINE-CHARLOTTE geboren wurde, nur beiläufig erwähnt. Diese Beiläufigkeit erscheint aber angemessen. In den ersten vierzig Jahren seines Lebens suchte Saint-Simon wohl nur flüchtige Abenteuer, ganz nach Art der Mehrzahl seiner ehemaligen Standesgenossen, was, wie wir sahen, verantwortliches Verhalten nicht ausschloß. Er suchte bei Frauen bloß Befriedigung seiner Erotik oder leichte Unterhaltung.[7] Was sich der junge Offizier in französischen Garnisonen und auf den mittelamerikanischen Inseln angewöhnt haben dürfte, das setzte er unter dem Directoire, darin sind sich alle Zeitgenossen einig, mit noch stärkeren Akzenten fort, führte auch hier seine „vie expérimentale".

Doch fehlte ihm noch das „Experiment" einer Ehe, aber er gestaltete es in der Anlage sonderbar und programmierte damit den Mißerfolg. Nennen wir jedoch zunächst die Ehepartnerin, deren Leben ebenso romanhafte Züge trägt, wie sein eigenes: ALEXANDRINE-SOPHIE GOURY DE CHAMPGRAND (1773–1860). Sie war Tochter eines früheren Dragoner-Offiziers von dubiosem Adel, der als kleiner Jagdschriftsteller und unter dem Directoire ähnlich wie Saint-Simon, nur auf geringerem Niveau, als Spekulant und An- und Verkäufer verschiedener Güter, z. B. von Gemälden, tätig geworden war. Ihre Mutter war die Opernsängerin MADELEINE-VIRGINIE VIAN. Das Herkunftsmilieu ist das, in welchem Saint-Simon sich wohlfühlte, es sind die Kreise des „Palais Royal" in Paris mit ihrer damals sehr farbigen Mischung von alter Welt, Luxus, Schiebung, Bohème, Spielclubs, Amüsierbetrieben, Libertinage; ein Milieu, für welches man in Deutschland wohl nur im Berlin unserer zwanziger Jahre Parallelen finden könnte. Wie Saint-Simon seine Frau kennenlernte, wissen wir nicht. Gerüchte wollten später wissen,

---

[6] Diese Erzählung findet sich in PIERRE LEROUX, La Grève de Samarez, 2 Bde., Paris 1863, I., S. 261–263.

[7] „Ich kann mich nicht erinnern, daß er irgendeine Meinung über die Rolle der Frau in seiner Sozialordnung äußerte ...", berichtet DE FOURCY in seinem Manuskript und fährt dann fort: „Er zeigte nichts weniger als Gleichgültigkeit gegenüber dieser Hälfte des Menschengeschlechts und zeigte seine Gefühle für sie in recht wenig platonischen Formen. Nichtsdestotrotz hinderte ihn sein sehr lebhaftes Gefühl für körperliche Schönheit nicht daran, die Qualitäten des Herzens zu würdigen: Die schönste Frau, sagte er, besitzt keine Anziehungskraft für mich, wenn ihr Gesicht keinen Ausdruck von Güte zeigt." Zitiert in GEORGES WEILL, Un précurseur du socialisme, Saint-Simon et son œuvre, Paris 1894, S. 12. In die Schmähschrift von DE LÉPINE („Le Dieu malgré lui ou le club sous un clocher", Brignolles 1832) passen natürlich Berichte von orgiastischen Veranstaltungen, von denen HENRI GOUHIER (l.c., Bd. II., S. 99, Fn. a 4) ein Pröbchen serviert.

der Vater habe seine Tochter Saint-Simon bei seinem Tode anvertraut, oder der schon genannte junge Mathematiker POISSON habe die Beziehung vermittelt. Es tut nichts zur Sache. Die Frau hatte bereits eine Ehe hinter sich, wobei man diesen Begriff freilich mit einem Fragezeichen versehen muß. Der Vater war unter der Schreckensherrschaft verhaftet worden. In den Nationalarchiven ist ein Brief seiner Tochter erhalten, der ihn exkulpieren sollte.[8] Darin zeichnete sie ihren Vater als einen Bürger ohne „le malheur d'être noble", der sogar prominent und in vorderster Linie an der Eroberung der Bastille mitgewirkt habe. Dies ist nicht ausgeschlossen, da er ein Bekannter des Herzogs von Orléans war, der erwiesenermaßen mit seinem Geld Unruhe stiftete, um dadurch auf den Thron seines Vetters zu gelangen. Der Vater kommt schließlich frei.

Aber die Tochter ALEXANDRINE-SOPHIE kommt entweder zunächst noch selbst in den Kerker oder sie geht doch dort ein und aus. Dort, wo sich angesichts der Guillotine und in Anbetracht der zwangsweisen Mischung der Geschlechter ein lebhaftes Liebesleben entwickelte, wird sie die Freundin eines eingekerkerten Prinzen JULES DE ROHAN. Oder war sie es schon vorher? War sie von dem Prinzen schwanger geworden, hatte sie vielleicht sogar ein Kind empfangen, das früh (1797?) starb? Die Affäre bleibt dunkel, GABRIEL VAUTHIER hat sie zu erhellen versucht.[9] Die Schriftstellerin und Malerin VIRGINIE ANCELOT hat in ihrem Buch „Un Salon de Paris"[10] das Leben von ALEXANDRINE-SOPHIE ausführlicher dargestellt und auch die Kerker-Periode berührt. Prinz ROHAN wurde 1794 guillotiniert, aber vorher hatte ein Priester, ein Mitgefangener, die Ehe beider angeblich eingesegnet, vom Standpunkt der Kirche die einzig gültige Form; aber nicht vor den damaligen Gesetzen und nicht vor dem berühmten Geschlecht der Fürsten ROHAN: „Ich näherte mich der Familie Rohan", erzählte die Hinterbliebene später Madame ANCELOT, „niemand wollte eine Ehe anerkennen, über welche ich kein Rechtszeugnis vorlegen konnte. Indessen nahm man mich freundlich auf, bedauerte mich, aber das war auch alles."[11]

Kommen wir zurück zu Saint-Simon, der ALEXANDRINE-SOPHIE am 7. August 1801 zu Paris heiratete. Was immer seine Gründe für die Eheschließung waren, sie scheint nicht nur eine „mariage de convenance" gewesen zu sein, sondern darüber hinaus eine Versuchsehe, eine Ehe auf Zeit, wohl als „mariage blanc" ohne gemeinsames Bett. Für die Gräfin scheint es in erster Linie eine Versorgungsehe mit einem ihr nicht unsympathischen, anregenden und intelligenten Mann gewesen zu sein, der ihr, deren Vater 1799 in Armut verstorben war, eine gesellschaftliche Stellung verschaffte. Saint-Simon seinerseits gewann für sein Haus eine junge, hübsche und gescheite, besonders in künstlerischen Fragen bewanderte und produktive Frau (sie komponierte und dichtete). Madame ANCELOT berichtet, die Ehepartner hätten sich auf eine Probezeit von drei Jahren geeinigt, nach deren Ende beide frei sein sollten, wobei der Frau für den Fall der Trennung eine Entschädigung in Aussicht gestellt war. In ihrem Buch meint sie

---

[8] Archives Nationales, F. 7, 4638.
[9] GABRIEL VAUTHIER, Le premier marriage de Mme de Bawr, in Nouvelle Revue, IV, 3. Serie (1908), S. 355–369.
[10] Madame (MARGUERITE LOUISE VIRGINIA) ANCELOT, Un Salon de Paris 1824–1864, Paris 1866, S. 46–53. Madame ANCELOT hat in ihrem Buch verschiedene Gruppenbilder reproduziert, die in ihrem Hause entstanden waren, und dabei die dargestellten Personen und ihre Schicksale beschrieben. Mit der ehemaligen Gräfin Saint-Simon war sie enger befreundet.
[11] l.c., S. 48.

weiter, Saint-Simon habe sein Versprechen, auf ein Beilager zu verzichten, redlich eingehalten bis auf ein einziges Mal, wo er versuchte, in das Zimmer seiner Frau einzudringen. Doch wer will solche Dinge genau wissen? Jedenfalls standen beide glänzend dem Haushalt vor: Er, der um wissenschaftliche Erkenntnisse zunehmend ringende Mann von guter und eleganter Erscheinung, wie ihn ein noch erhaltenes Porträt zeigt, das kurz zuvor entstanden sein muß.[12] Und sie, die charmante, humorvolle und künstlerisch begabte Hausherrin, die dem Hause festere Konturen gab, als es die wechselnden Mätressen gekonnt hatten. Unter NAPOLEON zog ja auch wieder mehr Ordnung in Paris ein, die leichtfertigen Tage und laxen Sitten des Direktoriums waren vorüber. Das gemeinsame neue Domizil, Rue Vivienne, wieder nahe dem „Palais Royal" gelegen, einem Viertel, welches man die engere Lebenswelt Saint-Simons nennen könnte, war nicht mehr so üppig wie sein Palais in der Rue Chabanais. Aber es war dort großzügig genug. Die Gräfin zog vor allem Künstler der verschiedensten Art ins Haus, denen Saint-Simon zunehmend seine sozialen Theorien entwickelte. Seine Frau ertrug dies offenbar eher mit Geduld, als daß sie daran geistig stärkeren Anteil nahm, was der eingebildete Saint-Simon wohl als Zeichen mangelnder Qualität auffaßte. Er soll dann auch, was nicht unmöglich erscheint, geäußert haben, daß „der erste Mann der Welt" auch eine entsprechende Frau brauche[13], ein deutliches Zeichen wachsenden Größenwahns, falls es stimmt.

Als das Geld nach einem Jahr zur Neige ging, wurde die Ehe auf Wunsch Saint-Simons gelöst, eine einfache Sache in jenen Tagen, wo dazu eine Willenserklärung vor dem Bürgermeisteramt genügte, falls beide Parteien einig waren. Saint-Simon soll dann vor dem Amt die Tugenden und Vorzüge seiner Frau in den höchsten Tönen gelobt und viele Tränen vergossen haben, so daß den Beamten Zweifel kamen, ob er die Scheidung auch wirklich wolle. Am 24. Juni 1802, nach knapp einjähriger Dauer, wurde die Ehe getrennt. Die geschiedene Gräfin verzichtete auf jede finanzielle Unterstützung, auf ihre eigene Leistungskraft vertrauend und die finanzielle Lage ihres Mannes erkennend. Sie soll geäußert haben, nach einem finanziellen Zusammenbruch hätte sie sich nicht mehr von ihm trennen können.

Beide Partner dieser sonderbaren Ehe haben hinterher füreinander freundliche und niemals böse Worte gefunden. Die geschiedene Gattin mokierte sich später nur sanft über die Ideen ihres früheren Mannes „mit einer undefinierbaren Mischung von Sarkasmus und Sympathie".[14] Sie soll ihm, der bald darauf in große Not geriet, pekuniäre Hilfe angeboten haben, die er aber stolz ablehnte. Ihre Talente ermöglichten ihr ein eigenständiges Leben. Nach einer kurzen weiteren Ehe, angeblich einer Liebesheirat, mit einem russischen Offizier, Baron DE

---

[12] Es handelt sich bei diesem Porträt um ein von Madame ADÉLAIDE LABILLE-GUIARD gemaltes Pastellbild, welches Saint-Simon im eleganten, aber schon legeren Kostüm des ausgehenden Jahrhunderts zeigt. Es befindet sich in der Sammlung ANDRÉ LE MALLIER, im Château le Charnay bei Nevers, Nièvre, einem Archivbestand der Familie Saint-Simon, auf welchen wir schon hinwiesen. Das Porträt entspricht der Beschreibung, die MICHELET von seinem Gewährsmann DE FOURCY, einem Freund Saint-Simons aus jenen Tagen, überliefert hat: „Ein hübscher Mensch, recht fröhlich, mit einem offenen und jovialen Gesicht, wunderbaren Augen und einer feinen, langen Donquichotesken Nase." Der letzte Zug wird sich im Alter physiognomisch noch stärker hervorheben.
[13] Diese Bemerkung wird von vielen Saint-Simonistischen Biographen wiedergegeben.
[14] ANCELOT, l.c., S. 52.

BAWR, der 1810 einem Verkehrsunfall auf dem Pont Neuf zum Opfer fiel, widmete sie sich mit Talent und Fleiß der Schriftstellerei und trat mit Theaterstükken, Operetten-Librettos und Romanen des Unterhaltungsgenres hervor. Auch Geschichten für Kinder hat sie geschrieben. Sogar in der französischen Literaturgeschichte eroberte sie sich ein Plätzchen. Als sie 1860, im hohen Alter von 87 Jahren starb, erschienen freundliche Nachrufe.[15] Die teilweise in größerer Auflage erschienenen 9 Romane der Madame DE BAWR, einen Namen, den sie auch als Schriftstellerin führte, kann man noch öfter in französischen Antiquariaten finden. Sie veröffentlichte als 80jährige, 1853, auch Memoiren unter dem Titel „Mes Souvenirs". Aber sie schweigt sich darin leider über ihre ersten beiden Ehen völlig aus. Wollte sie ihren früheren Mann nicht ins Lächerliche ziehen? Ihre Biographie hat ein Jahr nach ihrem Tode ELISE GAGNE veröffentlicht.[16] Die zeitweilige Gräfin Saint-Simon erscheint insgesamt als eine begabte, tüchtige und auch tapfere Frau, die es verstand, sich ihren Lebensunterhalt mit der Feder zu verdienen und ihren eigenen Weg zu gehen. Auf liebenswürdige Weise hat sie auch Rechte der Frau vertreten.

Henri de Saint-Simon hat seiner Frau offenbar ein freundliches Andenken bewahrt. Der Dichter LEON HALÉVY (1802–1883), der Saint-Simon als junger Mann noch selbst erlebt hat[17], berichtete später, daß dieser von seiner Frau „die angenehmste Erinnerung bewahrt habe. Er sprach selten von dieser Dame, aber immer mit dem Ausdruck von Hochachtung und Respekt".[18]

Saint-Simon hat auch über die Ehe philosophiert und – nicht besonders originell – Ehen unterschieden, in welchen der Mann oder die Frau dominieren, während bei einer dritten Spezies beide Gatten den gleichen Einfluß ausüben. Davon konnte bei einer Verbindung mit einem Mann wie ihm zwar keine Rede sein, aber es hatten sich doch zwei Menschen von eigenständigem geistigem Rang verbunden. Vor allem war es aber wohl, wie er später betonen wird, ein Experiment, „teilnehmende Beobachtung" mögen es heute die modernen Sozialwissenschaftler nennen. Konnte seine Ehe bei den angeblichen Konditionen diese Aufgabe erfüllen oder muß man sie einem seiner Postulate zuordnen, „Sozialbeziehungen herzustellen – für sich selbst wie für andere –, die es bisher noch nicht gegeben hat"?[19]

Die Ehe wurde geschieden, als die Mittel Saint-Simons zur Neige gingen. Der Gedanke ist erlaubt, daß er seine Frau, für die er offenbar große Sympathie empfand, nicht in die Misere seines finanziellen Zusammenbruches ziehen

---

[15] Der ausführliche und wohl auch sachlichste Nachruf wurde von JULES JANIN am 14. Januar 1861 im „Journal des Débats" veröffentlicht, einer Zeitung, an welcher Madame DE BAWR selbst mitgearbeitet hatte. Sie wird darin als eine liebenswürdige und lebhafte alte Dame geschildert, die ihre Zuhörer mit Geschichten über die berühmten Personen zu fesseln verstand, denen sie im Laufe ihres langen Lebens begegnet war.
[16] ELISE GAGNE, Madame de Bawr, Paris 1861.
[17] RUDOLF KAYSER behauptet, daß LÉON HALÉVY noch im Hause von Graf und Gräfin Saint-Simon verkehrt habe. Da LÉON HALÉVY erst 1802 geboren wurde, dem Jahre der Auflösung der Ehe, ist dies unmöglich (RUDOLF KAYSER, Claude-Henri Graf Saint-Simon, Fürst der Armen, München 1966, S. 73).
[18] LÉON HALÉVY, Souvenirs de Saint-Simon, in: „Revue d'histoire économique et sociale", XIII (1925), S. 168.
[19] Anthropos I, S. 82.

wollte. Seine Frau hatte zwar nicht die gesuchte Geborgenheit gefunden, war aber nun von einem Exzentriker erlöst, der Züge von Größenwahn aufwies. Bitterkeit blieb auf keiner Seite zurück, es war ja auch mehr die Auflösung eines Hausstandes als einer Lebensgemeinschaft.

11. Kapitel
Unter dem Empire

Mit der Scheidung im Sommer 1802 schlossen sich auch die Tore des gastfreien Mäzenatenhaushalts in Paris. Saint-Simon war wieder ungebunden. In der Tradition der Saint-Simonisten, deren diesbezüglich bezeichnende Hintergründe und Ideologien wir später erhellen werden, sieht es so aus, als habe Saint-Simon sich nur von seiner Frau getrennt, um in der Lage zu sein, Madame GERMAINE DE STAËL-HOLSTEIN geb. NECKER (1766–1817) zu heiraten. Denn er habe sie allein für die ihm gemäße und ebenbürtige Ehegattin gehalten. Absolut nichts aber belegt diese Fabel, und die Schriften der Saint-Simonisten vermischen oft Wahrheit und Dichtung.

Ein Vierteljahr vor der Scheidung Saint-Simons, nämlich am 25. März 1802, war zu Amiens zwischen England und Frankreich ein Frieden geschlossen worden. Diese Einigung erhöht Saint-Simons Bewegungsfreiheit: „Der Friede von Amiens erlaubte mir, nach England zu reisen", schreibt er später in einem autobiographischen Fragment[1], wobei für uns offen bleiben muß, ob er diese Reise schon kurz vorher oder erst unmittelbar nach seiner Scheidung unternahm. Hatte er in England vielleicht Geschäfte zu erledigen und nach neuen finanziellen Quellen gesucht? Er selbst motiviert diese Reise ausschließlich mit seinen wissenschaftlichen Interessen. „Der Zweck meiner Reise war, mich darüber zu informieren, ob die Engländer neue allgemeine Ideen entwickelt hätten. Ich kam mit der Überzeugung zurück, daß sie in ihrer Werkstatt keine entscheidende neue Konzeption hätten. Kurze Zeit danach fuhr ich nach Genf und bereiste einen Teil von Deutschland."[2]

In Genf scheint sich Saint-Simon längere Zeit aufgehalten zu haben. Wir wissen freilich nichts darüber, ob er Madame DE STAËL besuchen konnte und schon gar nicht, ob er ihr den ominösen Heiratsantrag gemacht hat, der von den Saint-Simonisten später sehr farbig ausgemalt wurde. GERMAINE DE STAËL war jedenfalls damals gerade Witwe geworden[3], was vielleicht Anlaß zu den späteren Spekulationen gegeben hat. Man konnte sie durchaus die prominenteste Frau ihrer Zeit nennen. Die berühmte Tochter des berühmten Finanzministers NECKER war nicht nur als gesellschaftliche Erscheinung in ganz Europa bekannt, sondern sie hatte bereits damals mehrere größere literarische Werke veröffentlicht, unter denen wir hervorheben ihre „Lettres sur les ouvrages et le caractère de J. J. Rousseau", 1788, sowie ihre Schriften „De l'influence des passions sur le bonheur des individus et des nations", 1796, und „De la Littérature considerée dans ses rap-

---

[1] Anthropos I, S. 69.
[2] ibidem, S. 69/70.
[3] GERMAINE NECKER hatte 1789 den schwedischen Gesandten Baron v. STAËL-HOLSTEIN geheiratet, der im Mai 1802 starb.

ports avec les institutions sociales", 1796. Alles dies, und vor allem das letztgenannte Werk waren Arbeiten, die Saint-Simon sehr interessieren mußten, und wir dürfen voraussetzen, daß er diese Schriften gelesen hatte und im übrigen die Autorin persönlich kannte. Über den angeblichen Heiratsantrag gibt es wieder zahlreiche Anekdoten: So soll Saint-Simon ihr gesagt haben, sie wäre die außergewöhnlichste Frau und er selbst der außergewöhnlichste Mann der Welt, und sie würden daher das außergewöhnlichste Kind zur Welt bringen können. Und die Fabel wurde natürlich derart weitergesponnen, daß ein solches Kind tatsächlich geboren wurde, aber höchst durchschnittlich war. Das ist alles Unsinn. Ebenso, daß er die Hochzeitsnacht in einem Luftballon habe verbringen wollen. Man könnte sich das alles auch einfacher erklären: Saint Simon, der sie aus der Pariser Gesellschaft kannte, meldet sich von Genf aus bei Mme DE STAËL an, die in dem nahegelegenen Schloß Coppet am Genfer See residierte. Er wird daraufhin eingeladen. Und in heiterer Runde witzeln beide, die ja auch die Gesprächskultur des alten Regimes vertreten, über solche Möglichkeiten, was dann weitererzählt und von den Simonisten später für bare Münze genommen wird. Wie gesagt: nichts davon ist belegt.

Aber andere Spuren hat man gefunden. In Genf wurde 1802 anonym ein kleines Büchlein veröffentlicht, das den assoziativ an den Ruhm J. J. ROUSSEAUS gemahnenden Titel **"Lettres d'un habitant de Genève à l'humanité"**[4] trägt. Es ist ein hübsches Bändchen, und wenn man durchaus will, kann man einer kleinen Rokokovignette auf dem Titelblatt, die zwei turtelnde Täubchen zeigt, einen tieferen Sinn unterlegen. Aber dererlei Buchschmuck war damals auch bei seriöser Literatur nicht selten.

Wir können nun, wo wir durch weitere dreiundzwanzig Jahre hindurch Publikationen von Saint-Simon fast jedes Jahr nennen könnten, im Rahmen dieses biographischen Teils nur kurze Hinweise geben, um seine geistigen Interessen und seine Entwicklung zu markieren. Der in erster Linie am Werk Interessierte sei für alle seine Publikationen gleich auf unseren Teil II verwiesen, der diese eingehender behandelt und Zusammenfassungen versuchen wird. Hier, in den "Genfer Briefen" klingen aber schon, gewissermaßen in einem Grundakkord, viele seiner Hauptthemen an: Seine Adressaten sind nicht nur die Gebildeten, sondern er richtet sich grundsätzlich an das gesamte lesende Publikum. Er ist ganz auf die Zukunft hin orientiert und will Aktion bewirken. Er ruft zur Unterstützung des geistigen Fortschritts auf. Er weist geistig oder in anderer Beziehung schöpferischen, produktiven Menschen eine führende Rolle zu. Seine Orientierung ist dabei sowohl demokratisch wie elitär. Am Grabe von NEWTON soll sich die Avantgarde versammeln und von hier aus die Initialzündung für eine neue Sozialordnung erfolgen.

Diese erste größere Publikation Saint-Simons, die er, wie andere Frühschriften, später übergeht, ist durch sein Begleitschreiben an NAPOLEON zu identifizieren, das man 1863 entdeckt hat.[5] Es ist datiert vom 17. Nivôse des Jahres XI der

---

[4] Vgl. hierzu: PAUL E. MARTIN, Saint-Simon et sa Lettre d'un habitant de Genève à l'humanite, in: Revue d'histoire Suisse, Bd. V (1925), S. 427–497.
[5] Der Saint-Simonist LAMBERT erwarb 1863 auf einer öffentlichen Versteigerung ein Exemplar der "Genfer Briefe", welchem der handschriftliche Brief Saint-Simons an Napoleon vom 7.1.1803 angeheftet war (vgl. Anthropos I, S. 8). Das Faksimile des Briefes ist publiziert in der Ausgabe der "Lettres" von A. PEREIRE, Paris 1925, S. LIX.

Revolution (7.1.1803), gerichtet an den „citoyen premier consul" und unterschrieben „St. Simon, rue Derrière-le-Rhône à Genève", eine Straße, die existierte. Mit diesem Brief übersandte er dem Ersten Konsul sein Werk und bemerkte dazu nicht ganz überzeugend: „Ich habe die meiste Zeit meines Lebens damit verbracht, es zu planen." Er gibt darin ferner seiner Meinung Ausdruck, daß NAPOLEON „der einzige Zeitgenosse" wäre, der das Werk beurteilen könne. Genf gehörte damals zum französischen Territorium, und Saint-Simon stellt sich am Ende des Briefes „direkt unter den Schutz" NAPOLEONS. Wie paßt das mit seiner Verehrung für Madame DE STAËL zusammen, die doch von NAPOLEON verbannt worden war, und welcher er noch im gleichen Jahr seine Entrüstung darüber ausgedrückt haben soll?[6] Mit solchen Dingen nimmt es Saint-Simon aber niemals sehr genau, man darf ihn nicht mit bürgerlichen Moralbegriffen messen. Er ist zwar kein Heuchler, aber von fast pathologisch wechselnder Emotionalität. Es versteht sich übrigens fast von selbst, daß NAPOLEON, dem der Autor unbekannt ist, keine Notiz von der Sendung nimmt. Der Titel des Werks richtet sich übrigens in einer zweiten Auflage (Paris 1803) bescheidener nicht mehr „an die Menschheit", sondern nur noch „an seine Zeitgenossen".

Von Genf aus, oder jedenfalls bald nach der Genfer Zeit, begibt sich Saint-Simon, wohl 1803, auf eine längere Deutschlandreise. War diese Reise vielleicht eine Folge des regen Interesses der Madame DE STAËL für unser Land? Wir wissen nichts darüber. Saint-Simon sagt uns nicht, wen er in Deutschland besucht hat oder besuchen wollte, und auch andere Quellen haben bisher nichts über diese Reise ergeben. In Paris war er bereits in Kontakt mit einem Deutschen, mit KONRAD ENGELBERT OELSNER[7] gekommen, einem nicht unbekannten, seltsamen Publizisten, der als Vertreter der Freien Reichsstadt Frankfurt und verschiedener kleiner Fürsten in Paris tätig war und die Revolutions- und Directoirezeit beobachtete. Ihm verdankt Saint-Simon mancherlei geistige Anregungen. Er selbst deutet auch die Reise nach Deutschland als geistiges Suchen: „Ich brachte von dieser Reise die Erkenntnis mit nach Hause", wird er resümieren, „daß die allgemeine Wissenschaft [die ‚science générale', um die es ihm geht, d. V.] in diesem Lande noch in den Kinderschuhen steckte. Denn sie ist dort noch auf mystische [gemeint sind metaphysische, d. V.] Prinzipien begründet. Aber ich habe Hoffnung für die Fortschritte der allgemeinen Wissenschaft geschöpft, als ich sah, daß die ganze deutsche Nation sich mit Leidenschaft in dieser wissenschaftlichen Richtung bewegte."[8]

Während seiner Auslandsreisen schrumpften die Mittel Saint-Simons weiter. Großen Eindruck scheint er bei seinen Besuchen nicht gemacht zu haben. Was waren arme französische Grafen im Ausland? Es gab genug davon. Er muß also nach Paris zurück, wo man ihn kennt und als gastfreien, großzügigen Mäzen sicher noch in Erinnerung haben wird. Dort wird man sich wohl revanchieren und

---

[6] HIPPOLYTE AUGER, Mémoires inédits, hrsg. von P. COTTIN, Paris 1891, S. 396–398.
[7] KONRAD ENGELBERT, *alias* KARL ERNST OELSNER (1764–1828) war zeitweise Mitglied des Jakobinerclubs und gut mit dem Abée SIEYÈS bekannt, dessen Werke er auch ins Deutsche übersetzte. Seine Arbeit über den Einfluß arabischer Wissenschaften auf Europa wurde preisgekrönt. Saint-Simon bezieht sich vor allem in seinem „Mémoire sur la science de l'homme" auf OELSNER. Vgl. zu diesem merkwürdigen Mann den Beitrag über ihn in der „Allg. Deutschen Biographie", Bln. 1970 (von WIPPERMANN). Er wird auch von seinen Freunden H. ZSCHOKKE und VARNHAGEN V. ENSE erwähnt.
[8] „Histoire de ma vie", première partie (1808), anthropos I, S. 70.

ihm weiterhelfen, wenn er nun selbst für seine wissenschaftlichen Pläne Hilfen erbittet. Daß die beiden Auflagen seiner „Genfer Briefe" kein Erfolg waren, darf man daraus schließen, daß sie weder besprochen noch zitiert wurden, aber das entmutigte ihn nicht. Er glaubt an sein Genie und seine geistige Sendung.

Die Hoffnungen, die Saint-Simon an seine Rückkehr nach Paris knüpfte, erfüllen sich nicht. Während NAPOLEON sich im Dezember 1804 zum Kaiser krönen läßt, steckt unser ruheloser Adept der Wissenschaften, ein Studiosus reiferen Alters („Ich bin nicht mehr jung, ich habe mein ganzes Leben sehr aktiv beobachtet und nachgedacht", begann er seine „Genfer Briefe"[9]) schon in wachsender finanzieller Misere. Wir wissen eigentlich nichts von jenen Jahren zwischen 1803 und 1806 in Paris, vor allem nichts darüber, wann seine Notlage wirklich kritisch wurde. Man kann sich die Situation gut vorstellen: Verhaßt bei seinen alten Standesgenossen und dem Klerus, suspekt geworden bei puritanischen Revolutionären als libertinärer Aristokrat und Spekulant, unbrauchbar für NAPOLEON und seine Führungsstäbe, die tüchtige Soldaten, Verwaltungsbeamte, Ingenieure, selbst einige gehorsame alte Aristokraten zur Staffage, aber keine „Ideologen" brauchen können. Die Wissenschaft verschließt sich ihm, er paßt in keine Rubrik, hat auch keine Disziplin gründlich gelernt. Irgendwie schlägt er sich so durch. REDERN behauptet später, ihm ab 1805 monatlich 100 Franken Unterstützung anonym gesandt zu haben. Auch von seinem ehemaligen Mitarbeiter DE BÉHAGUE scheint er eine Zeitlang Zahlungen erhalten zu haben, bis er diesen fast zu erpressen versucht.[10] BALZAC notiert einmal irgendwo, Saint-Simon habe als Druckereigehilfe gearbeitet. Sogar als Bettler in den Tuilerien soll er beobachtet worden sein, was ein gewisses Aufsehen erregt haben muß. Und Freunde? Man kennt das ja ..., aber eine seiner Maximen lautete auch: „Man muß stolz sein bis zur Arroganz."[11] Die tiefste Misere durchstehen und als Clochard Erniedrigungen mit stoischer Haltung ertragen, das paßt durchaus zu einem Philosophen und auch zur „vie expérimentale". Bei der Ausschöpfung solcher Grenzsituationen glauben wir ihm durchaus sein Lebensprinzip, unter welches er später (was weniger überzeugt) seine ganze Laufbahn stellen möchte. Und wir wissen auch, daß solche Erniedrigungen numinose Bezüge haben können. Aber irgendwann geht es nicht mehr weiter.

Er wendet sich an einen früheren Bekannten aus besseren Tagen, der bei ihm selbst mehrfach Gastfreundschaft genossen hatte, den Grafen LOUIS-PHILIPPE DE SÉGUR. Er bittet diesen, der gerade Großzeremonienmeister des Kaiserreiches geworden war, um eine Stellung: „Als meine Mittel aufgebraucht waren, habe ich mich um eine Stellung beworben. Ich habe mich an den Grafen de Ségur gewandt. Er hat meinem Wunsch entsprochen und mir mitgeteilt – nach Ablauf von sechs Monaten –, daß er für mich eine Beschäftigung beim „mont-de-piété" [das Pariser Pfandhaus, d. V.] gefunden habe. Die Tätigkeit war die eines Kopisten. Sie brachte mir tausend Franken jährlich ein, für neun Stunden täglicher Arbeit".[12] Der Sarkasmus ist unüberhörbar, und die Saint-Simonisten haben SÉ-

---

[9] Anthropos I, S. 11.
[10] HENRI GOUHIER beschreibt diese unerfreuliche Sache, die aber auf Angaben REDERNS zurückgeht und nicht verbürgt ist. l.c., Band II., S. 236.
[11] In einem späteren Brief an seinen Lieblingsneffen VICTOR, den wir schon kennen. Er setzt den Brief als Widmung seinem Prospekt für die von ihm geplante „Nouvelle Encyclopédie" (1810) voraus. Vgl. anthropos I, S. 99.
[12] Anthropos, I, S. 73.

GUR noch schärfer kritisiert. War er wirklich so zu tadeln? Versetzen wir uns in seine Lage: Was kann man für einen alten Bekannten tun, der unter den Augen der Öffentlichkeit zunächst ein Riesenvermögen auf zweifelhafte Weise erworben und dann schnell und aufwendig verbraucht hat? Einen Mann, der sehr exzentrisch und als Bohémien heruntergekommen ist, sich aber einbildet und dies auch verlautbart, ein einmaliges Genie zu sein. Mußte er denjenigen, der ihn für höhere Stellungen empfahl, nicht unvermeidlich kompromittieren? Nur auf bescheidenen Posten erscheint er ungefährlich. Auch solche zu vermitteln, braucht meist Zeit, Verwaltungsbürokratien arbeiten träge, sofern ihnen nicht wirkliche Machthaber Beine machen. SÉGUR wirkt in dieser Sache zwar lieblos, aber er ist gut verstehbar. Sonst tat von einflußreichen Freunden überhaupt niemand etwas. Man hat in den Akten des „mont-de-piété" den Vorgang gefunden, der sich auf die Tätigkeit Saint-Simons bezieht. Es handelte sich um mittleren Verwaltungsdienst, er war „commis-reconnaissancier" und hatte das Recht auf die Anrede „Monsieur", wie ausdrücklich festgelegt war. Mit seiner schönen Schrift führte er also Akten. Nachts saß er an seinen privaten Arbeiten. Ein halbes Jahr hielt er durch. Eine Büste, die man später im Pariser Pfandhaus aufgestellt hat, erinnert noch heute an diese Tätigkeit. Während dieser von ihm als Fronarbeit empfundenen Tätigkeit, die in Anbetracht seiner zusätzlichen nächtlichen wissenschaftlichen Arbeiten seine Gesundheit erschütterte, wendet er sich auch erneut an den Grafen REDERN. Er bittet um eine „Wiederaufrollung des Teilungsverfahrens nach den Spekulationsgeschäften". „Redern hat mir mit zwei impertinenten Briefen geantwortet und meiner Bitte nicht entsprochen."[13]

Es wird nicht der reiche Kompagnon von früher, sondern ein einfacher Mann sein, der Saint-Simon aus seiner unbefriedigenden Lage befreit. Er trifft DIARD, einen seiner früheren Diener aus den Jahren 1790–97, den üppigen Jahren also des Directoires und dieser hat ihm angeblich gesagt: „Die Stellung, die Sie haben, Monsieur, ist Ihres Namens und Ihrer Fähigkeiten nicht würdig. Kommen Sie bitte zu mir, Sie können über alles verfügen, was ich besitze. Arbeiten Sie nach Ihrem Belieben, und Sie werden erreichen, daß man Ihnen Gerechtigkeit widerfahren läßt."[14] Saint-Simon nahm das großzügige Angebot an und wurde daraufhin mehrere Jahre von DIARD unterhalten. „Er hat mit Eifer alle meine Bedürfnisse befriedigt und zu den beträchtlichen Kosten des Werkes beigetragen, das ich drucken ließ."[15] Das wird von nun an weiter sein Problem sein: Mittel, die ihm für seinen Lebensunterhalt gegeben werden, verwendet er für seine Publikationen, „der Mensch lebt nicht vom Brot allein". Das Werk, welches Saint-Simon damals drucken ließ, war leider kein geschlossenes Werk. Es waren nur unvollkommene Werkstücke, zu mehr wird er sein ganzes Leben allein nicht imstande sein, was verhinderte, daß er sorgfältig gelesen und ernstgenommen wurde. Noch heute kann man kaum eines seiner Werke vollendet nennen und direkt ohne Einschränkung empfehlen. Fast alles sind bruchstückhafte, mit Konfusionen behaftete, ungebändigte Entwürfe. Es sind Emanationen eines klugen Kopfes, der voller recht neuer Ideen steckte, aber immer Mühe hatte, sie richtig auszudrücken. Während NAPOLEON seine Herrschaft über ganz Kontinentaleuropa auszubreiten sucht und den Höhepunkt seiner Macht erreicht, während seine prominenten Militärs zu höchsten Ehren und teilweise zu fürstlichen Wür-

---

[13] „Ma vie", deuxième partie, anthropos I, S. 74, Fn. 1.
[14] ibidem.
[15] ibidem.

den gelangen, hat Saint-Simon, wie er 1810 seinem Neffen VICTOR stolz schrieb, „den Degen aus der Hand gelegt, um die Feder zu ergreifen, weil ich gespürt habe, daß mich in der wissenschaftlichen Richtung die Natur zu großem trieb".[16]

Was immer diese Wissenschaft war, der er sich verpflichtet fühlte, Tatsache ist nun doch, daß die meisten Generäle jener Zeit vergessen sind, darunter auch einige Saint-Simons, während sein Name fortlebt. Seinen damaligen Schriften war freilich kein Erfolg beschieden: weder einer zweibändigen, aber nur in 100 Exemplaren erschienenen **„Einleitung in die Wissenschaftlichen Arbeiten des XIX. Jahrhunderts"** (1807/1808), die den Entwurf einer allgemeinen Geschichte des menschlichen Geistes enthält, noch flankierenden, pamphletistisch öffentlichen **„Briefen an das Bureau de Longitudes"** (das angesehene Schiffahrtsamt), worin er in pathologisch selbstüberzogener Weise berühmte Gelehrte seiner Zeit angreift. Erfolglos blieben auch verschiedene ausführliche Ankündigungen einer **„Nouvelle Encyclopédie"**, welche die berühmte des 18. Jahrhunderts ersetzen sollte. Es nützt ihm auch nichts, daß er NAPOLEON mit neuen Huldigungen bedenkt, einen Kaiser, der es wert sei, ein in den großen Sankt Bernhard gemeißeltes Standbild zu erhalten. Vermutlich war er zeitweise von diesem Herrscher wirklich fasziniert, vielleicht ging es ihm auch nur darum, seine Werke durchzusetzen, wofür ihm fast jedes Mittel recht ist; das läßt sich schwer ergründen. Im übrigen dürfen wir daran erinnern, daß selbst große Deutsche wie HEGEL oder GOETHE zeitweise von NAPOLEON tief beeindruckt waren.

1810 stirbt DIARD, der ehemalige Bedienstete und Gönner Saint-Simons. Dieser gerät wieder in Not, er wollte und konnte nie sparen. Mit Leidenschaft drängt er nun wieder darauf, von REDERN Geld zu bekommen, zu einem unglücklichen Zeitpunkt freilich, denn dieser war infolge allzu kühner Projekte, z. B. mit Eisenwerken, selber in finanzielle Schwierigkeiten geraten. Er streicht sogar eine kleine, vorübergehend gewährte Unterhaltsrente für Saint-Simon. Dieser beschließt, ihn persönlich auf seinen Besitzungen aufzusuchen – REDERN hatte 1811 die französische Staatsbürgerschaft erworben und ein Schloß in der Normandie gekauft –, um durch erneute Verhandlungen zu seinem ihm angeblich vorenthaltenen Geld zu kommen. REDERN läßt ihn nicht vor. Und nun greift Saint-Simon zur Feder und traktiert seinen früheren Kompagnon in mehreren Pamphleten, die eine unerfreuliche, aber nicht überflüssige Lektüre bilden. Denn er vermischt darin auch philosophische und sentimentale Betrachtungen, die die früheren menschlichen und geistigen Gemeinsamkeiten der beiden Freunde beschwören, mit seinem Hauptanliegen, seiner Forderung nach Geld und mit groben Schmähungen. Die Details interessieren hier nicht, man muß, wie früher gesagt, hier beiden Seiten Rechnung tragen und auch die ebenfalls nicht immer vornehmen Antworten REDERNS einbeziehen. Ist REDERN kleinlich und erzürnt, so ist Saint-Simon töricht und verdirbt sich alles durch seine Maßlosigkeit. Er erhält nichts, hat sich mit seinem ehemaligen Freund völlig verfeindet und bricht nach der hektischen Polemik gesundheitlich völlig zusammen.

Dieser gesundheitliche Zusammenbruch Saint-Simons und eine anschließende lange und schwere Krankheit wurden von der Saint-Simonistischen Schule und vielen Autoren, die in dieser Tradition standen, entweder ganz übergangen oder doch nur sehr beiläufig erwähnt. Es handelte sich jedoch um etwas Ernstes. Zu-

---

[16] Anthropos I, S. 97, in dem schon angeführten Widmungsbrief.

nächst muß Saint-Simon das Departement de l'Orne verlassen, in dem REDERN residiert, und wo er vor allem von der Stadt Alençon aus mit nur geringem Erfolg versucht hatte, dessen Ruf zu ruinieren, um ihn zu Zahlungen zu zwingen. Körperlich und seelisch gebrochen irrt er eine Zeitlang im Norden Frankreichs umher. Dann flüchtet er sich in seine alte Wohngemeinde Péronne und findet 1812 in ganz desolatem Zustand Aufnahme bei einem seiner früheren Agenten, dem Anwalt COUTTE. In einem Brief vom 8. Februar des folgenden Jahres an seine schon genannte und ihm besonders verbundene Schwester ADELAIDE berichtet er über seine Krankheit: „Das Fieber[17], welches ich hatte, war so stark, daß man kein heftigeres haben konnte, ohne ihm zu erliegen. Ich habe ohne Unterbrechung einen ganzen Monat hindurch wirres Zeug geredet. Als das Fieber aufhörte, fühlte ich mich moralisch derart entkräftet, daß ich keine zwei Gedanken aneinanderreihen konnte. Mein Kopf hätte sich unvermeidlich für immer verwirrt, wäre ich nicht von einem fähigen und klugen Arzt behandelt worden."[18] Es handelte sich dabei um den Arzt CAPON in Péronne. Und Saint-Simon hebt dann in dem Brief an seine Schwester besonders eine hilfreiche Argumentation des Anwalts COUTTE hervor, den er ihr als einen äußerst suggestivkräftigen Mann schildert. COUTTE argumentierte damals folgendermaßen: „Ein großer moralischer Umschwung kann sich bei einem Individuum nicht vollziehen, ohne daß dieses eine schwere physische Krise durchmacht. Die Krankheit, welche Sie gerade überstanden haben, wird Ihre Rettung sein, falls Sie aus diesem Zustand Nutzen zu ziehen wissen. Das wird dann für Sie einen neuen Start bedeuten..."[19]

COUTTE informiert auch die Familie Saint-Simon und bittet sie, sich um Henri zu kümmern. Der jüngste Bruder HUBERT, ein Marineoffizier, besorgt ein Zimmer am „Palais Royal", also in der alten Wohngegend SAINT-SIMONS. Dies war an sich vernünftig: Psychisch Kranke gewinnen nicht selten in früherer Umgebung, wo sie sich wohlfühlten, ihr Gleichgewicht wieder. Aber die Ärzte, wie der hinzugezogene Freund Dr. BURDIN oder der damals sehr prominente Psychiater, Dr. PHILIPPE PINEL, der als ein Pionier menschlicherer Behandlung von Geisteskranken in die Geschichte der Medizin eingegangen ist, befürwortet strikte Ruhe, und das Quartier des „Palais Royal" war das Gegenteil davon. Schon in Péronne hatte Dr. CAPON gemeint, Saint-Simon solle sich ein Jahr hindurch völlig von der Gesellschaft isolieren, um nicht wie seine Mutter zu enden, die offenbar als 75jährige geisteskranke Frau noch lebt.[20] So verschafft man ihm einen

---

[17] „La fièvre" muß hier nicht unbedingt hohe Körpertemperatur bedeuten, sondern kann auch als geistige Überhitzung verstanden werden, als sehr heftige Gemütserregung und Unruhe. Diese Wortbedeutung ist im Französischen häufiger als im Deutschen, wo man aber auch davon spricht, daß jemand „wie im Fieber" sei oder „fieberhaft" etwas tue. Die genaue Bedeutung der Stelle ist wohl nicht mehr zu klären.

[18] Der Brief befindet sich in der Bibliothèque Nationale (MSS N.A.F. 24605), Auszüge daraus in: anthropos I, S. 135–136.

[19] Ebenda, S. 136.

[20] Wenn HENRI GOUHIER meint, die Mutter sei damals schon verstorben gewesen (l.c., Bd. II, S. 262), so dürfte er sich irren. Ein kurz darauf erfolgendes Arrangement unter den Geschwistern, Henri eine Rente im Vorgriff auf sein Erbe zu geben, deutet vielmehr daraufhin, daß sie – unter Kuratel – noch lebte. Entsprechendes ergibt sich aus einem 1813 von Saint-Simon entworfenen Plan eines Familienfideikommisses, auf den wir gleich kommen.

Platz in dem bekannten Pariser Sanatorium BELHOME[21], in der Rue de Charonne, wo er zur Ruhe kommt. Wir können aber nicht sagen, wie lange er im Jahre 1813 dort blieb.

Die Familie Saint-Simon ist sich jedenfalls klar darüber, daß sie für den kranken Henri sorgen muß, ein Familienmitglied, von dem sie zunächst Vorteile hatte, dann aber nicht enden wollende Scherereien erfahren mußte. Man einigt sich dahingehend, ihm im voraus von seinem zu erwartenden Erbteil seiner Mutter eine Unterhaltsrente in Höhe von 2000 Franken jährlich zu zahlen, immerhin das Doppelte seines früheren Gehalts als Schreiber. Diese Rente trägt zu seiner Beruhigung bei, wenn er auch die Summe noch immer knapp findet, da sie ihm keine Publikationen auf eigene Kosten ermöglicht.

Welcher Art seine Krankheit war, müßte einmal von medizinischer Seite geprüft werden. Es kommt ja mehreres in Frage: Zweifellos war er nicht nur ein großer Exzentriker, sondern er erscheint uns als ein typisch manisch-depressiver Kranker: In seinen überwiegend manischen Phasen war er übersprudelnd erregt und heiter, voll sprunghafter Einfälle und Pläne, aber ideenflüchtig. Dies entspricht dem klassischen, oft beschriebenen Krankheitsbild des sog. „manisch-depressiven Irreseins". Er hatte auch die dazugehörigen melancholischen Phasen, seine Depressionen führten später zu einem Selbstmordversuch, eine Gefahr, die der Medizin bei derartigen Kranken bekannt ist. Auch das erstmalige Auftreten der Krankheit im Alter von über 40 Jahren kann als typisch gelten. Saint-Simon scheint seine Grenzsituation selbst bereits vor seinem Zusammenbruch erkannt zu haben, denn schon in dem bereits mehrfach zitierten Brief an seinen Neffen VICTOR aus dem Jahre 1810 hatte er geschrieben: „Wahnsinn, mein lieber Victor, ist nichts anderes als äußerste Exaltation[22], und diese ist für das Vollbringen großer Dinge unerläßlich. Nur diejenigen, welche einer Klinik für Geisteskranke entkamen, können in dem Tempel des Ruhms gelangen."[23] Abgesehen von seiner zweifellos vorhandenen manisch-depressiven Veranlagung und Krankheit sowie zeitweiligem Verfolgungswahn ist aber eine weitere Überlegung erlaubt: Hatte Saint-Simon sich vielleicht während seiner Dienstzeit in den Tropen oder bei seinem Leben als Libertin weitere Krankheiten zugezogen? Handelte es sich vielleicht bei ihm zusätzlich um eine atypisch verlaufene Lues[24], wie bei dem ihn

---

[21] Das Gebäude des Sanatoriums steht noch heute (Rue de Charonne 157–161). Diese „Maison de retraite et de santé" von BELHOMME spielte während der Schreckensherrschaft eine wichtige Rolle, da man dort angeblich Kranke (gegen sehr hohe Gebühr) vor Verfolgungen in Sicherheit bringen konnte. So war die Herzogin v. ORLÉANS, die Witwe von PHILIPPE „ÉGALITÉ", zeitweise dort aufgenommen. Manche, die nicht mehr zahlen konnten, wurden aber schließlich doch noch guillotiniert. Der Leiter BELHOMME war ein früherer Handwerker, der leicht mit seinem Sohn, dem Irrenarzt Dr. BELHOMME, verwechselt wird (vgl. JACQUES HILLAIRET, Connaissance du vieux Paris, Teil I, S. 350, Paris 1956).

[22] „Exaltation" in der doppelten Bedeutung von pathologischem Aufgeregtsein und Begeisterung.

[23] Zitiert nach Dondo, l.c., S. 112.

[24] Der Dichter LÉON HALÉVY, der noch für Saint-Simon gearbeitet hatte und ihn in einem Gedicht würdigte, erwähnt darin seinen „Stock, traurige Stütze seines unregelmäßigen Ganges" („ce baton, triste appui de sa marche inégale"). Das Gedicht ist abgedruckt bei F. MUCKLE, l.c., S. 115. Schon bei seinem Prozeß nach der Ermordung des Herzogs von BERRY war er 1820 beim Besuch im Gerichtsgebäude auf der Treppe so schwer gestürzt, daß er in seine Wohnung zurückgebracht werden mußte, wo ihn dann der Untersuchungsrichter besuchte.

in seinem Größenwahnsinn freilich noch übertreffenden NIETZSCHE, der dann an seiner Krankheit zugrunde ging? In dieser Beziehung war man früher ja überaus verschwiegen. Was bedeutete seine Vision im Kerker, das „Blutspucken", welches er während seiner Arbeit auf dem Leih- und Pfandhaus gehabt haben will?[25] Was bedeutete das lange fiebrige Delirium in Péronne und seine Schlaflosigkeit, über die er danach oft und sehr klagte? Wir können diese Fragen hier nur erstmalig aufwerfen. Welcher Art auch immer sein schwerer und völliger Zusammenbruch während des Winters 1812/13 gewesen sein mag – der auch der Winter der Vernichtung von NAPOLEONS Armeen in Rußland war –, der Genesende zeigt wieder Tatendrang. Er zeigt sich, die Suggestion von COUTTE und den Ärzten mag dabei mitgespielt haben, wieder leistungsfähig. Zunächst beschäftigt ihn ein Familienprojekt. In seiner äußersten Misere hatte ihm – was die Saint-Simonisten gerne übergehen – seine Familie doch, aus welchen Motiven auch immer, beigestanden und Solidarität bewiesen. Und er ist, wie sein Onkel, der Herzog, und wohl alle seine Familienmitglieder, weiterhin stolz auf sein berühmtes Geschlecht.

Unter den Handschriften in der Pariser Nationalbibliothek befindet sich ein bisher zumindest in Deutschland ganz unbekannt gebliebenes Konzept für Ausführungen, die er auf einem Familientag machen will, der am 11. Juni 1813 stattfinden soll.[26] Darin heißt es: „In Vermandois bleiben die Saint-Simons gegenüber ihrer Konkurrenz immer begünstigt, ob sie die Hand einer reichen Erbin begehren, oder ob es sich darum handelt, Stimmen zur Wahl für eine gesetzgebende Körperschaft zu gewinnen ..." Und er skizziert anschließend einen großartigen, nicht ganz sinnlosen Plan für ein größeres Familienfideikommiß. Dieses soll zurückgekaufte alte Stammgüter des ehemaligen Herzogtums umfassen, wofür man die Mittel zunächst durch Verkauf der Güter der unter Vormundschaft stehenden Mutter und sonstiger Immobilien der Familienmitglieder gewinnen könnte. Er selbst will seine Ansprüche gegen REDERN einbringen. Später müßte man Sumpfgebiete an der Somme kultivieren, wobei er sich wieder als der planerische Unternehmer und zukunftsorientierte moderne Kopf zeigt. Wie zwiespältig ist doch dieser Mann, der sich in dieser Handschrift als alter Feudalist zeigt, „in meines Vaters Haus sind viele Wohnungen"! Für sich selbst hat Saint-Simon keine Vermögenswünsche, „da die Erfahrung mir gezeigt hat, daß ein einfaches, karges und ruhiges Leben mich glücklicher macht als eine Existenz, die von Geschäften überladen, von Lebenswünschen bedrängt und von dem Getriebe der Gesellschaft beunruhigt wird. Ich begehre kein Geld mehr für meine Arbeiten, da ich zu meinem Nachteil erfahren habe, daß Mitarbeiter die Produktion meiner Ideen mehr schädigen als fördern. Aber ich wünsche genügend Kapitalien zu sammeln, um dem Namen Saint-Simon wieder Glanz zu verleihen."[27]

Ob der Familientag stattfand, wissen wir nicht. Wichtiger als dieser, nur zur Erhellung seiner zwiespältigen Persönlichkeit aufschlußreiche und – da seinen sonstigen Thesen ganz konträre – fast sensationell und unglaublich anmutende Plan aus seiner Feder, ist nun aber: Noch in demselben Jahr 1813, nach dreijähriger Publikationspause, vollendete Saint-Simon in Paris ein wirklich beachtliches Werk und brachte es, da ihm zum Druck das Geld fehlte, in Abschriften an die Öffentlichkeit: seine **„Mémoire sur la Science de l'Homme"**. Ein Memo-

---

[25] „Je crachais le sang", anthropos I, S. 74.
[26] Bibliothèque Nationale, MSS N.A.F. 24605, Blatt 25.
[27] Ebenda.

randum also „über die Wissenschaft vom Menschen", und zugleich ein leidenschaftlicher Friedensappell. FRIEDRICH MUCKLE wird es noch 1908 enthusiastisch als „das genialste philosophische Erzeugnis des französischen Geistes im verflossenen Jahrhundert" rühmen.[28] Und im Dezember desselben Jahres folgt sogar noch eine weitere Arbeit, seine **„Travail sur la gravitation universelle",** wobei er die Gravitation als Universalschlüssel auch für die Sozialwissenschaften betrachtet. Und der Arbeit gibt er – um die Aufmerksamkeit des Kaisers, dem er die Arbeit widmet, zu erregen – einen sehr eigentümlichen Untertitel und Vorspann: „Methode, um die Engländer zu bewegen, die Freiheit der Meere anzuerkennen"; woran NAPOLEON sehr gelegen sein mußte.

Dem Kaiser, der das Werk sicher nicht las, soll man es als Erzeugnis eines wirren, aber harmlosen Autors bezeichnet haben. Wirkt die Kombination zunächst wie Konjunkturritterei, so ist es der Inhalt doch keineswegs. Er gibt nämlich darin dem Kaiser einige kritische und vernünftige Ratschläge zur Mäßigung: „Eure Majestät müssen auf das Protektorat des Rheinbundes verzichten, Italien evakuieren, Holland seine Freiheit wiedergeben und aufhören, sich in die Angelegenheiten Spaniens zu mischen; kurz gesagt, Sie müssen sich auf die natürlichen Grenzen beschränken. Wenn Eure Majestät einverstanden sind, auf die Eroberungsprojekte zu verzichten, so werden die Engländer gezwungen sein, die Freiheit der Meere wiederherzustellen."[29] Teils richtige und mutige, teils naive Worte an einen Imperator, der nicht mehr zu retten war. Saint-Simon trägt auch seine Forderung vor, die Sozialwissenschaften mit positiven Methoden anzugehen, und er entwickelt geschichtsphilosophische Theorien. Und er verbreitet sich darin, was noch ungewöhnlich ist, auch über die Zukunft der Menschheit, er schneidet das gewichtige Thema einer **„Geschichte der Zukunft"** an. Es wird dann Jahrzehnte später bei LUDWIG FEUERBACH, MOSES HESS und KARL MARX eine gewichtige Rolle spielen. Und er arbeitet darin auch lange vor AUGUSTE COMTE die evolutionären drei Stadien heraus, das theologische, negative und positive Stadium der Geistesentwicklung und Gesellschaft, ein großes Thema des gerade erst begonnenen Jahrhunderts.

Diese handschriftlichen Kopien versendet Saint-Simon an Männer und Institutionen, von denen er sich Hilfe für seine Arbeiten erhoffte. Er begleitet sie teilweise mit einer Art von Bettelbriefen, was verwundert, da er doch von seiner Familie eine Rente bezieht. Aber er verbraucht sie offenbar für seine Publikationen. In einem dieser Briefe, die in verschiedenen Versionen erhalten sind, aber dasselbe Anliegen variieren, heißt es: „Seien Sie mein Retter, ich sterbe vor Hunger. Meine Lage beraubt mich der Mittel, meine Ideen in passender Weise vorzutragen. Doch ist der Wert meiner Entdeckung unabhängig von der Art ihrer Präsentation, zu welcher mich die Umstände gezwungen haben, um sie schnellstmöglich zu fixieren. Ausschließlich mit dem Gemeinwohl beschäftigt, habe ich meine persönlichen Angelegenheiten derart vernachlässigt, daß meine Lage ganz konkret folgendermaßen ausschaut: Seit vierzehn Tagen habe ich nur Brot gegessen und Wasser getrunken, ich arbeite ohne Feuer im Ofen, und ich habe sogar meine Kleider verkauft, um die Kopien meiner Arbeiten bezahlen zu können."[30]

---

[28] MUCKLE, l.c., S. 56.
[29] Anthropos V, S. 215–216.
[30] Zitiert nach MAXIME LEROY, l.c., S. 249.

Die Bitten Saint-Simons um Unterstützung, die er an staatliche Stellen richtete, verhallen zwar nicht völlig ungehört. Verschiedene prominente Persönlichkeiten setzen sich auch schriftlich für ihn ein. Aber die Anträge verlieren sich im Gestrüpp der Kompetenzen und Bürokratien. So ist es durchaus wahrscheinlich, daß er zeitweise unterhalb des Existenzminimums dahinvegetierte, da er seine knappen Revenuen immer wieder zur Verbreitung seiner wissenschaftlichen Arbeiten benutzte. Da er aber gerne und oft übertrieb, wird man seine Notschreie oft nicht ernstgenommen haben. Und geriet er nicht deshalb in Not, weil er immer sofort alles Geld ausgab, es früher direkt verschwendet hatte? Es bleibt die bewunderungswürdige Tatsache, daß er seine persönlichen Mittel für seine wissenschaftlichen Ziele selbst dann noch einsetzte, als sie zum eigenen Lebensunterhalt nicht mehr ausreichten.

12. Kapitel
Nach der Restauration

Ende des Jahres 1813, in welchem die Franzosen bereits fast ganz aus Spanien verdrängt worden waren, überschreiten die Alliierten den Rhein. Und am 31. März 1814 erfolgt ihr Einzug in Paris, wo der Senat auf Initiative TALLEYRANDS, der, wie so häufig, ein Doppelspiel gewann, NAPOLEON und seine Familie des Thrones für verlustig erklärt. Der Kaiser erhält die Insel Elba als Fürstentum, wobei ihm 2 Millionen Franken Einkünfte aus Frankreich zugebilligt werden. Der Bruder des hingerichteten letzten Königs, der Graf de PROVENCE, wird, wie man spottet, „im Gepäckwagen der Alliierten zurückgeführt" und auf Grund des „Legitimitätsprinzips"[1] als neuer Souverän LUDWIG XVIII. etabliert. Er erteilt seinem Land eine der englischen nachgebildete Verfassung („Charte octroyée"). Am 30. Mai 1814 wird der erste Frieden zu Paris geschlossen. Überall bemüht man sich, die Verhältnisse wiederherzustellen, wie sie vor der Französischen Revolution gewesen waren, in einer rückwärts gerichteten Utopie.

Saint-Simon, der in keinerlei Weise ein Nutznießer der napoleonischen Herrschaft gewesen war – wiewohl er auch das versucht hatte – begrüßt grundsätzlich die Rückkehr der Bourbonen und die neue Verfassung. Er nennt sich vorübergehend auch wieder, wie später noch sporadisch, „Comte" und betont seine Verwandtschaft mit dem damals berühmt werdenden Herzog.[2] Aber es wäre weit ge-

---

[1] Das monarchische „Legitimitätsprinzip" sollte in der Restaurationszeit den Grundsatz formulieren, daß den durch Gewalt in den Besitz der höchsten Staatsmacht gelangten Herrschern die Anerkennung zumindest solange zu verweigern ist, wie der vertriebene Herrscher oder die zu seiner Nachfolge berufenen Personen noch am Leben sind.
[2] Saint-Simon hatte schon in einer Bittschrift an den Kaiser NAPOLEON auf seine berühmte Verwandtschaft angespielt. In einem offenen Brief an den neuen Bourbonenkönig legt er diese Verwandtschaft noch ausführlicher dar und bezeichnet sich als das Haupt der Familie („je suis maintenant l'aîné des Sandricourt"). Er beteuert darin weiter seine Ergebenheit gegenüber der wieder etablierten Bourbonendynastie: „Die philosophischen und politischen Studien, denen ich mein Leben geweiht habe, haben jetzt nur ein einziges Ziel: Das Szepter in den Händen der Bourbonen zu bestätigen und die Monarchie zu konsolidieren, die Ew. Majestät wiederhergestellt haben." (Le Censeur, t. III., S. 355).

fehlt, aus diesen ihm für die Durchsetzung seiner Ideen nützlich erscheinenden Äußerlichkeiten zu schließen, daß er seine Kräfte nun in reaktionärer Weise betätigte. Natürlich will er als Publizist prominent dabei sein, wenn man – was in zahlreichen Büchern und Pamphleten geschieht – über eine neue Ordnung für Frankreich und Europa disputiert und entsprechende Vorschläge unterbreitet. Hatte er in seinem Familienmemorandum geschrieben, daß er am besten alleine arbeite, so war dies Illusion. Das Gegenteil ist der Fall: Saint-Simon braucht, um einigermaßen lesbare Schriften vorlegen zu können, Mitarbeiter. Er hat diesbezüglich Gespür und Glück: Im Winter 1813/14 war er in Beziehung zu einem jungen, später berühmten Historiker getreten, zu AUGUSTIN THIERRY. Dieser damals neunzehnjährige Absolvent der „École Normale Supérieure"[3] hatte als Geschichtslehrer in Compiègne zu unterrichten begonnen. Das Vordringen der alliierten Truppen veranlaßte ihn, seinen Posten aufzugeben und sich nach Paris zu begeben. Es ist ein Brief erhalten, den THIERRY noch aus Compiègne am 13.1.1813 an Saint-Simon geschrieben hat. Daraus geht hervor, daß dieser ihm eine Sekretärsstelle bei sich angeboten hatte: „Ich bin tief beeindruckt von Ihrer Güte, mich zu Ihrem Sekretär zu machen und die ersten Versuche meiner Feder Ihren schönen Ideen widmen zu können"[4], schreibt er auf ein entsprechendes Angebot Saint-Simons, der ihm auch seinen „Mémoire sur la science de l'homme" zugeschickt hatte. THIERRY wird dann mit einem Gehalt von 200 Francs monatlich engagiert. Woher hat Saint-Simon das Geld? Von seiner Familie erhält er nur 2000 Franken jährlich, also weniger. Die finanzielle Lage Saint-Simons bleibt oft ein Rätsel. Hatte er nicht kurz zuvor noch geschrieben, er sei am Verhungern? Sei dem, wie es sei. Mit THIERRY beginnt jedenfalls eine nicht mehr abreißende Reihe von Mitarbeitern an seinen Publikationen, die dem Meister näher oder ferner stehen, und teilweise, wie der junge Historiker, mit dem Ehrentitel „Adoptivsöhne" ausgezeichnet werden.

Die schnell gereifte Frucht dieser ersten Autorengemeinschaft ist das gelungene Werk **„De la Réorganisation de la Société européenne"** von „M. le Comte de Saint-Simon et par A. Thierry, son élève", erschienen zu Paris im Oktober 1814. Der komplette Titel lautet: „Über die Reorganisation der europäischen Gesellschaft oder über die Notwendigkeit und die Mittel, die Völker Europas unter Beibehaltung ihrer Unabhängigkeit in einer einzigen politischen Körperschaft zu vereinen." Das Ganze ist ein damals natürlich utopisches Exposé für eine dauerhafte Friedensorganisation und die Einigung Europas, und man hat daher Saint-Simon mit gutem Grund als einen frühen Vorkämpfer der europäischen Einigung bezeichnet.[5] Saint-Simon widmet das Buch dem Zaren ALEXANDER I. und sendet es, wofür es nicht zuletzt gedacht war, an den „Wiener Kongreß", der im September zusammentritt. Das Buch, gut geschrieben, was man wohl auf das Konto von THIERRY buchen darf, findet viele Leser, vor allem im liberalen Lager. Es befürwortet als Anfang eine enge Union mit England. Bei der Zensur,

---

[3] Diese durch den Konvent als Internat errichtete Eliteschule für künftige Lehrer höherer Lehranstalten und den Nachwuchs für Hochschulprofessoren macht die Aufnahme von einem Wettbewerb abhängig. Die „normaliens" stellen bis heute eine deutlich hervorgehobene geistige Elite Frankreichs dar, haben infolge ihrer Ausbildung eine gemeinsame Bildungsstruktur und zeigen Solidaritätsgeist.

[4] Nach einem längeren Briefauszug, der in der Anthropos-Ausgabe abgedruckt ist (Bd. I., S. 150).

[5] Auf die Bedeutung Saint-Simons als Vorkämpfer einer europäischen Einigung ist verschiedentlich hingewiesen worden, vgl. z. B.: HENRI BRUGMANS, Prophètes et fondateurs

die sich bald wieder herausbildet, erregt es freilich Anstoß. Eine zweite Edition, die auf den Erfolg hindeutet, muß sich Auflagen der Obrigkeit gefallen lassen. Aber der Durchbruch dazu, von der „öffentlichen Meinung" beachtet zu werden, ist den Autoren gelungen. Da sie „fortschrittlich", antiklerikal und antifeudal eingestellt sind, öffnet ihnen auch eine führende liberale Zeitschrift, „Le Censeur", ihre Spalten. In der Januar- und Februarnummer 1815 finden wir Beiträge von Saint-Simon, die für eine Parteiensoziologie von Interesse sind. Im Januarartikel[6] ruft er zur Bildung einer Oppositionspartei des liberalen Bürgertums auf, damit auch zu einem Zweiparteiensystem nach englischem Vorbild. Er favorisiert darin allerdings die Parteien-Organisation nach dem Führerprinzip.[7] Sein Februarartikel[8] stellt demgegenüber auf die Klassen- und Interessenlage einer solchen Partei ab und regt eine parteipolitische Sammlung der Käufer von Nationalbesitz an, deren Lage noch ungeklärt ist. Höchstwahrscheinlich fließen ihm von dieser Seite auch Gelder zu. Er plant jedenfalls eine Schrift zur Verteidigung der Interessen von Erwerbern von Nationalgütern, wofür er einen Prospekt vorlegt. Solche Prospekte entsprechen dem Stil der Zeit, aber auch seiner besonderen Neigung. Denn in solchen Ankündigungen kann er hastig und einfallsreich skizzieren, ohne die härtere Arbeit der Durchführung leisten zu müssen.

Im Monat darauf, am 1. März bereits, ist NAPOLEON wieder in Frankreich gelandet. Wie verhält sich Saint-Simon? Schon am 15. März erscheint die kleine Broschüre: „**Profession de foi** du Comte de Saint-Simon au sujet de l'invasion du territoire français par Napoléon Bonaparte"[9], sein „Glaubensbekenntnis" also zur Invasion Frankreichs durch NAPOLEON. Es ist eine Fanfare: „Ein Mann erscheint an unseren Grenzen, der zehn Jahre hindurch Frankreich durch alle Exzesse des Militärdespotismus verwüstet hat. Dieser Mann war durch unser aller Willen vom Thron entfernt worden. Nun wagt er es noch immer, den Anspruch zu erheben, über uns zu herrschen."[10] Das politische Glaubensbekenntnis ist dann im wesentlichen ein Aufruf, sich als freie Bürger um den Bourbonenthron zu scharen und die Verfassungsrechte zu verteidigen. „Die Armee wird einer so vornehmen Aufgabe nicht untreu werden", heißt es im vorletzten Satz.[11]

Die Armee aber lief, wie man weiß, mit fliegenden Fahnen zu ihrem Kaiser über. Die Herrschaft der „Hundert Tage" begann, zwischen dem Einzug NAPOLEONS in Paris am 20. März und der zweiten Einnahme von Paris durch die Alliierten am 7. Juli. NAPOLEON bemühte sich jetzt aber deutlich um ein liberaleres Regime. Und es paßt in dieses Konzept, wenn man den nun bekannter gewordenen progressiven Publizisten am 15. April zum Hilfsbibliothekar an einer be-

---

de l'Europe, Bruges 1974.
[6] Le Censeur, t.III.
[7] „Eine Partei ist organisiert, wenn alle, die sie bilden, vereinigt durch gemeinsame Prinzipien, einen Führer („chef") anerkennen, der alle ihre Bewegungen konzertiert und alle ihre Operationen dirigiert. So daß also auf einmal Einheit in der Aktion und den Anschauungen besteht und daher die Kraft der Partei größtmöglich wird." (Zitiert nach DAUTRY, l.c., S. 27.)
[8] Le Censeur, Bd. IV.
[9] Anthropos VI, S. 347–352. Die teilweise napoleonisch gesonnenen Saint-Simonisten hatten diese Schrift in ihrer großen Ausgabe der Werke Saint-Simons und Enfantins weggelassen.
[10] Ebenda, S. 350.
[11] Ebenda, S. 352.

rühmten staatlichen Bibliothek ernennt, der „Bibliothèque de l'Arsenal".[12] Es war dies eine Sinekure, die er der Vermittlung LAZARE CARNOTS verdankte, eines Bekannten aus der Zeit des Direktoriums. Der „große" CARNOT, der „organisateur de la victoire" der Revolutionstruppen, war von NAPOLEON während der „Hundert Tage" zum Innenminister ernannt worden. Ob er, der als Republikaner selber dem Kaiser kritisch gegenüberstand, den Aufruf Saint-Simons gegen NAPOLEON gekannt hat? NAPOLEON selbst konnte sich nicht um alles kümmern, ihm entgingen, wie man weiß, viele Vorgänge. CARNOT seinerseits schätzte Saint-Simon und hat sich einmal so über ihn geäußert: „Das ist ein ungewöhnlicher Mann. Er hält sich irrigerweise für einen Gelehrten, aber niemand hat so neue und kühne Ideen wie er."[13]

Saint-Simon zeigt sich erkenntlich, vielleicht hatte er sich auch dem Innenminister gegenüber verpflichtet, publizistisch in dessen Sinne zu arbeiten. Neben Arbeiten an einem Plan zur Errichtung von Lehrstühlen für Politische Wissenschaften[14], den ersten, den wir kennen, stellte er mit THIERRY zusammen eine Schrift fertig, die dem Frieden dienen soll: **„Opinion sur les mesures à prendre contre la coalition de 1815"**[15] (Gutachten über die gegen die Koalition von 1815 zu treffenden Maßnahmen). Es erscheint am 18. Mai, in einem Monat, wo NAPOLEON der liberalen Partei einige Zugeständnisse macht, wo sich aber auch schon in Belgien preußische Armeen unter BLÜCHER und englisch-deutsche unter WELLINGTON gegen ihn formierten. Statt zum Kampf aufzurufen, befürwortet Saint-Simon wiederum eine Allianz mit England, nachdem er verschiedene andere Möglichkeiten durchgespielt hat. Dabei stellt er auf den Volkswillen ab, und es findet sich in der Schrift der wichtige Satz: „Unsere Revolution ist keineswegs beendet"[16], was sich an dieser Stelle aber nur auf Frankreich bezieht.

Nach der Einnahme von Paris durch die Alliierten verliert Saint-Simon seinen von mittellosen Literaten begehrten Posten wieder, auf den sein Vorgänger zurückkehrt. Die Förderung, welche ihm der Innenminister NAPOLEONS angedeihen ließ, überschattet seine früheren und neuen Bekenntnisse zur Bourbonendynastie, und in der Tat: Wie sollte man diesen schillernden Grafen einschätzen? Trotz des Mißgeschicks mit der Bibliothekarsstelle sind die Zeitläufte Saint-Simon nicht ungünstig. Zwar hat der „Wiener Kongreß" natürlich keinerlei Notiz von seiner Schrift über die Reorganisation Europas genommen, zumal die Sieger nur um möglichst große Anteile an der Beute feilschten und – bei verminderter Partnerzahl – das „Ancien Régime" im wesentlichen wiederherzustellen trachteten.

---

[12] Die Bibliothek des Arsenal, in dem man früher für die Stadt und dann den König Waffen hergestellt und gelagert hatte, geht auf den bibliophilen Artilleriechef und Kriegsminister D'ARGENSON zurück, der sie 1757 gegründet hatte. Mit vermehrten Beständen wurde sie 1797 eine der Nationalbibliotheken Frankreichs. Der Hilfsbibliothekar de Saint-Simon ist dort unvergessen und dank der Saint-Simonisten befindet sich dort eine bedeutende ihn und die Schule betreffende Schriftensammlung.
[13] Von seinem Sohn, HIPPOLYTE-LAZARE CARNOT, überlieferte Äußerung, zitiert in einem Vortrag vor der „Académie des sciences morales et politiques", 1887 (vgl. JEAN WALCH, Bibliographie du Saint-Simonisme, Paris 1967, Nr. 269).
[14] Vgl. Revue d'histoire économique et sociale, Bd. XIII, 1925, S. 129–132 („Lettres sur l'organisation du droit public").
[15] Anthropos VI, S. 353–379.
[16] „Notre révolution n'est point terminée" (ebenda, S. 373).

Aber es hat sich doch mancherlei geändert. Die ökonomischen und sozialen Wandlungen, die sich vollzogen hatten, waren irreversibel. Die Fortschritte von Wissenschaft und Technik beschleunigen sich. Und sie regen verschiedene Autoren zu ganz konträren Überlegungen an. Man hatte überdeutlich gesehen, daß vieles „machbar" ist, daß auch eine Gesellschaft sich verändert und bewußt verändert werden kann. Die Revolution ist unvergessen und behält viele Anhänger. Die neue königliche Verfassung ist genötigt, wichtige Errungenschaften der Revolution und NAPOLEONS zu bewahren, etwa: vermehrte Gleichheit aller Bürger zumindest vor dem Gesetz, grundsätzliche Zulassung aller Bürger zu allen Berufen, Freiheit der Religionsausübung. Im Hinblick auf den in der Revolution enteigneten Grundbesitz, die „biens nationaux", hatte LUDWIG XVIII., persönlich kein törichter Mann, erkannt, daß er die Eigentumsübertragungen für unwiderruflich erklären mußte, wollte er sich nicht die große Schar der Neuerwerber, darunter eine breite Schicht von Bauern, zu Feinden machen. Die ehemaligen Besitzer erhalten aber Entschädigung. Die neue Abgeordnetenkammer ist zwar, schon auf Grund der Wahlgesetze („Zensuswahlrecht")[17], ausgesprochen plutokratisch, besitzt aber gerade deshalb keine feudalistische Mehrheit. Anfang 1816 trugen zwar noch 176 von 381 Abgeordneten adelige Namen (teilweise angemaßte) und 73 davon waren frühere Emigranten („Sie haben nichts gelernt und nichts vergessen")[18], aber die Mehrheit der Deputierten bekannte sich doch zu verschiedenen Richtungen innerhalb eines Systems, dessen Schwerpunkt die liberale Bourgeoisie war und immer stärker werden sollte.

Saint-Simon betätigt sich weiter eifrig als Publizist, mit von der Großbourgeoisie subventionierter Feder zwar, aber in den wesentlichen Fragen eigenständig und nicht korrumpierbar. Er versucht, sich in ökonomische Fragen einzuarbeiten, versucht, auf die zeitgenössische Gesellschaft und durchaus auch auf das Tagesgeschehen im Sinne seiner Grundkonzeptionen einzuwirken, die sich nun deutlicher herauskristallisieren. Man darf sagen, daß Saint-Simon in diesen ersten Jahren der Restauration auf dem Höhepunkt seines Einflusses als Publizist bei Lebzeiten ist. Die Gesellschaft liberaler Unternehmer und Bankiers ist ja sein Element, schon unter dem Direktorium hatte er sich in diesen Kreisen bewegt, und alte Beziehungen werden neu geknüpft. Er ist als Unternehmer kein Konkurrent mehr und als Publizist – dank der Mithilfe fähiger Assistenten – brauchbar und wirksam. Seine allzu abstrusen Ideen, etwa von der Gravitation, hat er aufgegeben, oder man versteht, sie ihm – jedenfalls was die Druckerzeugnisse angeht – auszureden. Der Begriff „L'Industrie", den die jetzt von Saint-Simon in unregelmäßiger Folge herausgegebenen Publikationen als Titel tragen, ist nicht in unserem modernen, sondern in einem weitgefaßten Sinne zu verstehen. Denn es geht dabei sowohl um die fabrikatorische als auch um die kommerzielle Industrie, darüber hinaus auch um Arbeiten der wissenschaftlichen und künstlerischen Domänen, kurz gesagt: um *produktive* Tätigkeit überhaut und insgesamt. Verschiedene Arbeitssparten werden in der Zeitschrift, die später in vier Bänden zusammengefaßt wird, von Fachleuten des liberalen Lagers nicht nur vorgestellt, sondern man versucht auch, diese Produktionsbereiche miteinander in Bezie-

---

[17] „Suffrage censitaire": Wähler durften nur diejenigen Franzosen sein, die mindestens 300 Franken Steuern pro Jahr zahlten. Das passive Wahlrecht war an die Bedingung geknüpft, wenigstens 1000 Franken Steuern jährlich gezahlt zu haben.

[18] „Ils n'ont rien appris ni rien oublié". Dieser Satz, den DE PANEST gegenüber MALLET DU PAN im Jahre 1796 im Hinblick auf die zurückkehrenden Emigranten prägte, ist seitdem gern auf törichte Heimkehrer angewandt worden.

hung zu setzen. Der umständliche, aber aufschlußreiche Untertitel von „L'Industrie" lautet: „Politische, moralische und philosophische Diskussionen im Interesse aller Menschen, die sich nützlichen und unabhängigen Arbeiten widmen".

Es geht also um die „arbeitenden" Menschen, um „Arbeit", ein Topos, der von nun an immer mehr an Bedeutung gewinnen wird. Handarbeit und Geistesarbeit werden grundsätzlich gleichermaßen einbezogen. Reichtum wird dabei in keiner Weise diffamiert, sondern es kommt lediglich darauf an, ob derjenige, welcher ihn besitzt, damit produktiv, also „industriell" tätig ist. Großgrundbesitzer, die ihren Besitz produktiv bewirtschaften, sind in der industriellen Klasse ebenso willkommen wie die Leiter von Industriebetrieben oder Bankiers, sofern sie nicht bloß von ihren Renten leben, sondern aktiv tätig sind. Es ist demnach die überwältigende Mehrheit der Nation. Für die Herausgabe einer Publikation, wie sie „L'Industrie" darstellt, sind natürlich laufend größere Mittel nötig. Genau sind wir über ihre Höhe und ihre Herkunft nicht orientiert. Aber ein gewichtiger Teil wird durch über 100 „Förderabonnements" zur Verfügung gestellt, die von verschiedenen ökonomisch potenten Persönlichkeiten in ihrem Kampf gegen die wiedererstarkende Reaktion der vormals privilegierten Stände gezeichnet werden.[19] Das Bankhaus LAFFITTE[20], das aus der Bank des schon früher erwähnten J. F. PERRÉGAUX hervorgegangen war, spielte bei der Zeitschrift „L'Industrie" die Schlüsselrolle. Es sammelte und verwaltete die Subskriptionsbeiträge und deckte offenbar die Fehlbeträge. Man hat die zunächst gesammelte Summe auf etwa 25 000 Franken geschätzt[21], einen für die damalige Zeit erheblichen Betrag. Laufend konnte man 10 000 Franken monatlich verbrauchen.[22] Davon konnte Saint-Simon leicht publizistische Hilfskräfte besserer Qualität engagieren und honorieren. Auch persönlich lebte er wieder in angemessenem Stil als einer der führenden Pariser Publizisten jener Epoche. Für die Arbeiten der Redaktionsgemeinschaft mietete er eine geräumige Etage auf der Rive Gauche, im intellektuellen Zentrum, in der Rue de l'Ancienne Comédie No. 18, nahe dem Literatencafé „Procope", wo sich einstmals Enzyklopädisten, u. a. VOLTAIRE und Revolutionäre getroffen hatten, und wo sich nun Dichter der Romantik einfanden. Es war eine Saint-Simon sehr gemäße Nachbarschaft. Er diskutierte zeit-

---

[19] Unter den prominentesten Subskribenten befanden sich außer dem Bankhaus PERRÉGAUX und dem General LAFAYETTE der Herzog DE LA ROCHEFOUCAULT, die Bankiers PEREIRE, der Herzog LÉONCE-VICTOR DE BROGLIE, seit 1816 Schwiegersohn der Mme. DE STAËL, die berühmten Naturwissenschaftler GEORGES CUVIER und D. F. ARAGO von der Akademie der Wissenschaften, der führende Volkswirtschaftler J. B. SAY, der Bankier CASIMIR PÉRIER, der prominente liberale Politiker GUILLAUME TERNAUX, sowie der wohl berühmteste Schauspieler seiner Zeit FRANÇOIS-JOSEPH TALMA, der in Erfurt vor NAPOLEON und einem „Parkett von Königen" gespielt hatte.

[20] JACQUES LAFFITTE war als Commis zu dem schweizerischen Bankier JEAN-FRÉDÉRIC PERRÉGAUX gekommen, der in Paris ein bedeutendes Bankgeschäft führte und mit Saint-Simon geschäftlich eng verbunden gewesen war. LAFFITTE wurde dann Direktor dieser Bank, Teilhaber und Nachfolger von PERRÉGAUX, der 1808 starb. Als „Regent" und dann „Gouverneur" der „Banque de France" leistete LAFFITTE sowohl NAPOLEON wie LUDWIG XVIII. finanzielle Hilfen. 1816 ließ er sich ins Parlament wählen, wo er auf den Bänken der liberalen Opposition saß, deren Politik Saint-Simon als Publizist unterstützte.

[21] DONDO, l.c., S. 143, ohne weitere Belege.

[22] MAXIME LEROY, l.c., S. 266. Die Stelle bezieht sich sicher auf den Bericht eines unbekannten Sekretärs, daß er monatlich diese Summe beim Bankhaus LAFFITTE abholen mußte (vgl. die folgende Anmerkung).

weise regelmäßig abends zwischen acht und zehn Uhr in diesem berühmten Café.

Der Hauptmitarbeiter war, wie gesagt, der junge Historiker AUGUSTIN THIERRY, den der von Saint-Simon mehrfach vergebene Ehrentitel „fils adoptif" schmückte. Ein weiterer, leider anonym gebliebener Sekretär Saint-Simons hat uns einen Bericht aus jener Zeit überliefert, dem wir wichtige Einzelheiten über die Lebens- und Arbeitsweise Saint-Simons verdanken:[23]

„Jeden Donnerstag versammelte er [seine Mitarbeiter, d. V.] um seinen Tisch, zusammen mit einigen Freunden. Bei diesem Treffen von Schriftstellern und Künstlern wurden die Gegenstände diskutiert, die in der nächsten Ausgabe [von „L'Industrie", d. V.] behandelt werden sollten. Herr de Saint-Simon hörte bei den Diskussionen mehr zu als daß er selber sprach, achtete aber darauf, daß er die jeweiligen Themata im Griff behielt. Anschließend zog er das Fazit aus der Diskussion mit beachtlicher Treffsicherheit und Präzision ... Während unsere Mitarbeiter an den monatlichen Bänden arbeiteten, blieb Herr de Saint-Simon nicht untätig. Gewöhnlich verbrachte er den ganzen Vormittag mit Arbeit, verlängerte aber die Sitzungen selten über die Mittagsstunde hinaus. Den Rest des Tages widmete er sich Besorgungen, Besuchen und Vergnügungen. Freilich begann die Arbeit ziemlich früh, und nicht selten schon kurz nach Mitternacht. Sobald Friede und Ruhe der Nacht Herrn de Saint-Simon einen Gedanken fassen ließen, den er nicht verlieren wollte, läutete die Klingel, um mich aus dem Schlaf zu reißen, um ein Diktat aufzunehmen ... Seine Ideen waren so vage, so konfus, daß es ihm unmöglich war, sie klar auszudrücken ... Infolgedessen mußten wir fast immer die Arbeit wiederholen, nachdem ich ihm sein Diktat vorgelesen hatte ... er zerriß es oder warf es ins Feuer."[24]

Bald nach dem Erscheinen des ersten Bandes von „L'Industrie", im März 1817, ging die Zusammenarbeit mit AUGUSTIN THIERRY zu Ende, wobei sowohl sachliche wie persönliche Gründe mitspielten. THIERRY wünschte in jeder Hinsicht mehr Freiheit. Und an die Stelle des ausscheidenden Historikers trat ein junger Philosoph, dessen Ruhm dann denjenigen seines damaligen Chefs weit überstrahlen sollte: AUGUSTE COMTE (1798–1853), der spätere Begründer des Positivismus.

Wer war der junge COMTE, der jetzt als zweiter prominenter Mitarbeiter Saint-Simons erscheint, und der ebenso wie viele junge Leute der starken Persönlichkeit und dem Charme des alternden „Grandseigneur sansculotte" aus dem verflossenen Jahrhundert erliegt, der so moderne Ideen hat?

AUGUSTE COMTE, geboren in Montpellier 1798 als Sohn eines mittleren Beamten der dortigen Steuerkasse und einer streng katholischen Mutter, hatte von 1814–16 die schon genannte „École Polytechnique" besucht, an der er sich ausgezeichnet hatte. Im Frühjahr 1816 war aber diese Schule, die von sehr fortschrittlichem und republikanischem Geist erfüllt war, von der Regierung vorläufig geschlossen worden. Ohne rechte Beschäftigung, nach dreiwöchiger unbefriedigender Arbeit bei dem Bankier CASIMIR PERIER, ist COMTE glücklich, im August 1817 die mit sogar 300 Franken monatlich gut dotierte Sekretärsstelle bei Saint-Simon antreten zu können. Der alte Meister verbaler Kommunikation und Dis-

---

[23] ALFRED PÉREIRE, Autour de Saint-Simon, Paris 1912, Kapitel „Un secrétaire inconnu de Saint-Simon".
[24] Zitiert nach DONDO, l.c., S. 144–155.

kussion hatte den jungen Denker tief beeindruckt. Noch acht Monate später, am 17.4.1818 schreibt COMTE an seinen Schulfreund P. VALAT: „Durch diese Arbeits- und Freundschaftsbeziehung mit einem Mann, der auf dem Gebiet einer Philosophie der Politik den größten Weitblick hat, habe ich tausend Dinge erfahren, die ich vergeblich in Büchern gesucht hätte. Mein Geist hat während der letzten sechs Monate unserer Beziehung größere Fortschritte gemacht als es in drei Jahren möglich gewesen wäre, wenn ich allein gearbeitet hätte ..."[25] Und er rühmt in einem anderen Brief die Persönlichkeit Saint-Simons in den höchsten Tönen: „Er ist der achtenswerteste und liebenswerteste Mensch, den ich jemals in meinem Leben gekannt habe."[26] Die Begeisterung in geistiger und menschlicher Beziehung für den Meister wird jedoch abflauen und sich schließlich mit einem schroffen Bruch dialektisch ins Gegenteil verkehren, aber die für beide Teile fruchtbare Zusammenarbeit wird immerhin fast sieben Jahre andauern.

„L'Industrie" erscheint in verschiedenen Lieferungen vom Dezember 1816 bis zum Mai 1818. Sie wird bald von anderen Serien abgelöst, von der kurzlebigen **„La Politique"** und einer Reihe von Broschüren, die den Titel eines weiteren zentralen Topos von Saint-Simon trägt: **„L'Organisateur"**. Diese Serie erscheint zwischen August 1819 und März 1820, und bereits die erste Lieferung enthält das wohl brillanteste Schriftstück aus der Feder unseres Autors, einen Aufsatz, den später sein Schüler OLINDE RODRIGUES mit dem klassisch gewordenen Titel „Parabel" (**„La Parabole"**) versehen wird. Es ist ein wichtiger Fixpunkt im Werk unseres hektisch produzierenden, immer wieder neue Anfänge setzenden, keinen Ansatz aber richtig durchhaltenden Autors. Die „Parabel" ist ein Meisterwerk der Satire mit dem Ziel, den für Saint-Simon immer zentraler gewordenen Gesichtspunkt der „Nützlichkeit für die Gesellschaft" plastisch zu machen.

Die ironische Meisterschaft des Literaturstücks liegt darin, daß zwei utopische Hypothesen einander gegenübergestellt werden:

Setzen wir den Fall, so führt Saint-Simon detailliert und farbig aus, Frankreich verliere plötzlich seine fünfzig besten Physiker, Chemiker, Mathematiker, Physiologen, Dichter, Maler, Musiker, Literaten, was er dann an weiteren geistig schöpferischen Sparten komplettiert: Es verliere etwa seine fünfzig besten Ingenieure, Techniker, Ärzte, Architekten und erleide entsprechende Einbußen in weiteren praktischen Sparten. Es verliere seine besten Bankiers, Kaufleute, Fabrikanten, Reeder, Transportunternehmer und die Spitzenkräfte der verschiedenen Handwerke. Alle diese Männer, die „produktivsten Franzosen", sind „die wirkliche Blüte der französischen Gesellschaft. Sie nützen von allen Franzosen ihrem Lande am besten und bringen ihm den größten Ruhm ein ... Die Nation würde zu dem Zeitpunkt, in welchem sie diese Männer verlöre, zu einem Körper ohne Seele ... Frankreich würde mindestens eine Generation brauchen, um dieses Unglück wieder wettzumachen".[27]

Nehmen wir aber einen anderen Fall, fährt Saint-Simon fort: Frankreich behielte alle diese genialen oder doch bedeutenden Menschen, habe aber das Unglück, an einem Tage den Bruder des Königs, die Herzöge von ANGOULÊME, von BERRY, von ORLÉANS und von BOURBON zu verlieren, samt den entsprechenden Herzoginnen. Es verliere dazu gleichzeitig „alle Großoffiziere der Krone, alle

---

[25] Lettres D'AUGUSTE COMTE à M. VALAT, 1815–1844, Paris 1870.
[26] Ebenda, Brief vom 15.5.1818.
[27] Diese und die folgende Zusammenfassung basieren auf anthropos II/2, S. 17–24.

Staatsminister (mit und ohne Portefeuille), alle Staatsräte, alle Berichterstatter über Bittschriften, alle seine Marschälle, Kardinäle, Erzbischöfe, Bischöfe, Großvikare und Domherren, alle Präfekten und Unterpräfekten, alle Ministerialbeamten, alle Richter und dazu noch die zehntausend reichsten Leute unter denen, die müßig leben.

Dieser Unglücksfall würde die Franzosen sicher betrüben, weil sie gut sind ... Aber der Verlust dieser 30 000 Personen, die man für die wichtigsten im Staate hält, würde ihnen nur gefühlsmäßig Schmerz bereiten, denn es entstände daraus keinerlei politischer Nachteil für den Staat." Es gebe ja eine große Anzahl von Franzosen, die fähig wären, die Funktionen der Verstorbenen ebensogut auszufüllen, wie die dahingeschiedenen Durchlauchten und Würdenträger. Wie viele Offiziere wären doch ebenso gute Marschälle, wie viele Beamte ebenso gute Staatsminister, wie viele Pfarrer ebenso gute Bischöfe!

Saint-Simon zieht das Fazit: „Diese Feststellungen lassen klar erkennen, daß die gegenwärtige Gesellschaft wahrlich eine ganz verkehrte Welt darstellt."[28]

Diese etwas makabre Schrift, die in der Tradition der großen, klassischen Utopien steht, wird Saint-Simon aus den Händen gerissen, und sie erlebt als Sonderdruck zwei weitere Auflagen. Sie steigert seinen Ruhm, zeigt aber auch seine Brisanz für das bestehende Regime. Wäre dies heute anders? Das Pamphlet bringt ihn schließlich sogar vor Gericht, womit es folgende Bewandtnis hat:

Unter den im Grunde funktionslosen Würdenträgern hatte Saint-Simon auch den Herzog von BERRY aufgeführt, einen Sohn des Bruders des Königs, der als Tronfolger amtierte, wodurch der Herzog selber möglicher Thronerbe war. Ein trauriges Schicksal wollte es, daß der Herzog drei Monate nach Erscheinen der „Parabel", am 13. Februar 1820, beim Verlassen der Oper von einem politischen Fanatiker erstochen wurde.[28a] Einflüsse linker Publizistik auf den Mörder, einen republikanischen Sattler, waren zu vermuten. Das Wort vom „Schreibtischtäter" war noch nicht geprägt, aber es charakterisiert die sich steigernden Vorwürfe gegen Saint-Simon, der sich mehrmals vor Gericht verantworten mußte. Vermutlich tat er es mit einem weinenden und einem lachenden Auge, bedeutete die Affäre doch Publizität für ihn und für sein Werk. Der ehemalige königliche Oberst und amerikanische Kriegsteilnehmer tritt im Ordensschmuck auf, entwickelt dabei seine fortschrittlichen Ideen und läßt seine Verteidigungsargumentation sogar drucken.[29] Nicht gegen die Krone ist er, das kann er leicht dokumentarisch belegen, sondern er kämpft nur gegen die Parasiten, die sich wieder zwischen das Volk und den König geschoben haben. Er dient dem König: Nur mit der Realisierung seiner Vorstellungen kann die Bourbonendynastie Bestand haben. Er wagte sogar zu sagen, daß der im Namen der Krone auftretende Ankläger nicht treuer der Bourbonendynastie ergeben sei als er selbst. Von seinem Verteidiger Maître LEGOUIX, gut vertreten, selber imponierend auftretend, erreichte Saint-Simon schließlich in dem Kardinalpunkt der Anklage, den angeblichen Beleidigungen der königlichen Familie, einen vollen Freispruch, ein „unschuldig" durch das Geschworenengericht. In Anklagepunkten geringerer Bedeutung verlief die Sache im Sande.

---

[28] Ebenda, S. 24.
[28a] Vgl. zu diesem Mord: HENRY SANSON, Tagebücher der Henker von Paris, Potsdam 1924, 2. Bd., Kap. „Das Attentat auf den Herzog von Berry", S. 752–767.
[29] „Lettres de Henri Saint-Simon à MM. les Jurés qui doivent prononcer sur l'accusation intentée contre lui" (42 Seiten, März 1820).

13. Kapitel
Letzte Jahre und Lebensende

Saint-Simon hat den Prozeß nicht nur mit Bravour überstanden, sondern dadurch auch sein Renommee als kühner Publizist vermehrt. Aber diese Affäre war wohl doch der Grund, daß viele seiner bourgeoisen Finanziers vorsichtig wurden und von ihm abrückten. Den „Organisateur" kann er nicht weiterführen. Doch es stehen wieder Wahlen vor der Tür, und Saint-Simon macht sich zum Wahlhelfer einer Partei, die sein bester industrieller Freund, der große Textilfabrikant GUILLAUME-LOUIS TERNAUX, Herr über 21 Fabriken und Zehntausende von Arbeitern, zu formieren sucht. Saint-Simon hilft ihm mit einer neuen Serie von Broschüren. Es sind Flugschriften, Briefe an den König, die Wähler, die Landbebauer, Unternehmer und sonstige Adressaten, die dann unter dem Titel **„Du Système industriel"**[1] in drei Bänden zusammengefaßt werden. Auch die neue Partei trägt den Namen „parti industriel". Saint-Simon fährt in Nordfrankreich herum, um für die neue Partei Propaganda zu machen, wobei er gegenüber dem etwas verschwommenen Liberalismus, dem er bisher verbunden war, das „Interesse", die zweckrationalen Anliegen bestimmter Bevölkerungskreise stärker betont. Landwirte, Fabrikanten, Kaufleute und Bankiers haben, so meint er, zusammen mit den von ihnen Abhängigen die gleichen Interessen, und sie sollten als Abgeordnete gewählt werden. Richtlinie muß dabei aber sein – und das wird auch zum Motto aller Bände der neuen Publikationsreihe –: „Gott hat gesagt: Liebet euch und helfet euch untereinander." Hier klingt schon das Thema an, das dann sein letztes sein wird, daß es darauf ankommt, die Massen in eine umfassende Solidarität einzubinden, wofür neben den Geboten der Menschenliebe auch Überlegungen staatsmännischer Klugheit sprechen. Die „große Mehrheit der Regierten" kommt in diesen Publikationen immer wieder vor.

Aber nicht nur der ältliche und kranke König hört nichts, auch die angesprochenen anderen Führer des industriellen Frankreichs reagieren kaum. Die dringenden Appelle unseres Publizisten, „die Revolution zu beenden" und „die Krise" dadurch zu beheben, daß man dem schaffenden Volke Ehre widerfahren läßt, daß man die Macht seinen tätigen Führern gibt, daß man die schmarotzenden und funktionslosen adeligen Würdenträger, Militärs, Juristen und Kleriker in ihre Schranken verweist, alles fruchtet nichts. Ebensowenig nützt der Hinweis auf das Schicksal der STUARTS (**„Des Bourbons et des Stuarts"** 1822). Es ist das alte Lied, Macht macht blind. So wird die unbelehrbare Monarchie 1830 und 1848 die Folgen zu tragen haben. Und Saint-Simon, dem, wie schon so oft, die Gelder ausgehen, muß sich vorübergehend damit begnügen, für TERNAUX, der mit seiner Partei nicht reüssiert, den Hauspropagandisten zu spielen. Er verteilt gratis in seiner Wohnung, Rue de Richelieu Nr. 34, 3. Etage, einen „Chant des industriels"[2], der von dem berühmten Komponisten der „Marseillaise", ROUGET DE LISLE gedichtet und komponiert worden ist, aber nicht einschlägt. Saint-Si-

---

[1] Anthropos III/1 bis 3.
[2] Auf dem Notenblatt findet sich die Bemerkung „Se distribue gratuitement chez M. Henri Saint-Simon, rue de Richelieu, No. 34" (ebenda, S. XIX).
[3] Er geht Bekannte vergeblich um Geld an, u.a. bittet er seinen früheren Protégé, den bekannten Chirurgen DUPUYTREN um die 1000 Franken, die er ihm früher offeriert habe.

mons Mittel werden nicht nur knapp, er steht wieder vor dem Nichts. Offenbar hat er die persönliche Unterhaltsrente erneut für seine Publikationen ausgegeben.³

Nachdem er seit Juni 1822 nichts mehr veröffentlichen konnte, auch COMTE ihm nichts Geeignetes lieferte, fühlt er sich im März 1823 am Ende. Er beschließt sich zu töten, einer Maxime entsprechend, die er selbst in einem undatierten Manuskript aus früherer Zeit festgehalten hatte: „Ein Mann von Genie, der geschlagen ist und nicht hoffen kann, in einem neuen Kampfe siegreich zu sein, sollte sich töten."⁴ Am 9. März, einem Sonntag, schreibt er seinem Freund TERNAUX einen Brief und teilt ihm seinen Entschluß mit: „Nach reiflicher Überlegung bin ich der Überzeugung, daß Sie mir mit Recht sagten, es brauche mehr Zeit, als ich dächte, um das öffentliche Interesse auf die Arbeiten zu lenken, die mich seit langem ausschließlich beschäftigen. Ich habe mich deshalb entschlossen, Ihnen Lebewohl zu sagen."⁵ Er versichert TERNAUX nochmals seiner Hochachtung und bittet ihn, sich der Frau anzunehmen, mit welcher er seit Jahren in enger Hausgemeinschaft zusammenlebt. Es handelte sich um seine Haushälterin, Schreibhilfe und wohl auch sein Verhältnis⁶ JULIE JULIAND-BARON, eine tüchtige, ihrem Hausherrn treu ergebene Frau aus dem Volke, von der nur Positives überliefert ist. „Es ist mein großer Kummer", so schreibt er an TERNAUX, „die Frau zu hinterlassen, die mit mir in einer scheußlichen Lage gewesen ist. Diese Frau hat mir die größten Beweise ihrer Aufopferung und Uneigennützigkeit gegeben."⁷ Der Selbstmordkandidat bittet dann TERNAUX, dieser Frau seinen Schutz zu gewähren und schreibt noch über sie: „Es handelt sich keineswegs um eine Bediente, sondern um eine Arbeiterin von großer Intelligenz, die in der Lage ist, Vertrauensposten auszufüllen."⁸

Der erste Biograph Saint-Simons, NICOLAS-GUSTAVE HUBBARD, hat den Hergang des nun folgenden Selbstmordversuchs, der vertuscht, aber von der Polizei registriert wurde⁹, in einer schriftlichen Schilderung 1857 festgehalten. Sie ist also erst Jahrzehnte später, und zwar nach Angaben, wie MAXIME LEROY meinte, direkt nach Diktat von OLINDE RODRIGUES, gefertigt worden. Dieser junge Mathematiker und Direktor einer Hypothekenkasse, der Saint-Simon zwei Monate nach dem Selbstmordversuch bei dem Pariser Bankier A. ARDOIN kennenlernen wird, sollte sein letzter vertrauter Mitarbeiter werden. HUBBARD berichtet also

---

Dieser läßt ihn auf kränkende Weise abblitzen. Bei einem anderen Bekannten, dem Naturforscher BLAINVILLE, stürzt er sich wie ein Verhungernder auf Brot und Käse.
⁴ Das undatierte Manuskript („Lettre aux Européens") hat ALFRED PEREIRE zusammen mit den „Genfer Briefen" 1925 herausgegeben, da er es etwa auf dieselbe Zeit datierte.
⁵ Zitiert nach MAXIME LEROY, l.c., S. 314.
⁶ Ob Saint-Simon mit Frau JULIAND wirklich ein Liebesverhältnis hatte, kann heute niemand sagen. Sie hatte ihr eigenes Zimmer, und LÉON HALÉVY, der den Haushalt noch kannte, spricht von „gouvernante", also von Haushälterin. Er beschreibt sie folgendermaßen: Eine Frau von 38 Jahren, frisch und rund, mit offenem und fröhlichem Ausdruck, einem anmutigen, etwas durchschnittlichen Gesicht. Jedenfalls bestand eine enge und harmonische Haus- und Arbeitsgemeinschaft seit Anfang der 20er Jahre. Madame JULIAND erledigte nicht nur alle Arbeiten im Haushalt, sondern sie schrieb auch nach Diktat, kopierte und heftete Manuskripte und Flugschriften.
⁷ LEROY, a.a.O., S. 315.
⁸ Ebenda.
⁹ Der Polizeikommissar des Viertels, DEROSTE, erstattete unter dem 13.3.1823 der Pariser Polizeipräfektur darüber Bericht.

das Folgende in jedem Falle aus zweiter, genauer gesagt, aus dritter Hand: „Nachdem er unter irgendeinem Vorwand seine Freundin entfernt hatte, lud er gelassen eine Pistole mit 7 Kugeln und legte sie auf den Tisch, an dem er gewöhnlich arbeitete. Während er seine Taschenuhr dazulegte – weil er bis zu seinem Ende geistig tätig bleiben wollte – fuhr er fort, sich Gedanken über die soziale Ordnung zu machen, bis zu dem Augenblick, wo der Zeiger die von ihm bestimmte Stunde erreichte. Dann drückte er ab. Der Schuß ging los, das Stirnbein wurde gestreift, und ein Auge ging verloren; aber die Ladung mit 7 Kugeln drang nicht ins Gehirn.[10] Über den weiteren Fortgang des Vorgangs gibt es verschiedene Versionen. Er sucht selbst noch nach einem Arzt, einem Flurnachbarn. Da man eine der Kugeln zunächst nicht fand, glaubte man ihn verloren und teilte ihm dies mit. Mitarbeiter und Freunde, darunter COMTE, versammelten sich. Er sagt ihnen, daß er bis zu seinem Ende weiterarbeiten wolle. Nach einer schlimmen Nacht, in der er bittet, ihm die Halsschlagader zu öffnen, ist er gerettet und nach rund vierzehn Tagen einigermaßen wieder hergestellt.

Er hat noch über zwei Jahre zu leben und wird wieder unterstützt. Er arbeitet weiter, seine finanziellen Sorgen nimmt man ihm ab. Es erscheint eine neue Publikationsreihe, vier Hefte eines **„Catéchisme des industriels"** (Dezember 1823 bis Juni 1824). Das dritte Heft stammt ausschließlich von AUGUSTE COMTE, dessen Liebe und Verehrung für seinen Lehrer und Chef sich aber zunehmend abgekühlt hatte, der offenbar nur noch aus finanziellen Gründen äußerlich treu blieb und sich emanzipierte. Er tut dies nicht freundschaftlich wie einstmals THIERRY, sondern man steuert einem ausgesprochenen Bruch zu, der 1824 eklatant erfolgt. Wir werden die unangenehme Affäre, ihre Gründe, Details und Folgen noch gesondert behandeln. Hier nur so viel, daß es natürlich völlig normal ist, wenn eigenständige wissenschaftliche Köpfe von Rang, für deren Heranziehung und Förderung Saint-Simon zeitlebens ein sehr gutes Gespür zeigte, es nach langer Lehrzeit überdrüssig werden, chaperonniert, gegängelt und vielleicht in mancherlei Hinsicht ausgebeutet zu werden. Nichts ist natürlicher, und dies findet sich bei Assistentenverhältnissen mancherlei Art. Zu bedauern bleibt aber, daß sich diese Trennung in unschönen Formen vollzog, mit Vorwürfen hin und her, mit kleinlichen Streitereien über Urheberrechte, bei Gemeinschaftsproduktionen immer ein heikles Kapitel. Beide Seiten tragen Blessuren davon. COMTE äußert sich dabei in Briefen mit maßlosen Vorwürfen und Verunglimpfungen über seinen früher so vergötterten Lehrer, der seinerseits nur noch ein Jahr zu leben hat. Der sog. „Begründer des Positivismus" wird auch später kein gutes Haar an seinem Meister lassen, dem er geistig viel zu verdanken hat, und er wird ihn in seinen Werken ganz totschweigen.

Bei der Trennung mag außer ideologischen Gründen mitgespielt haben, daß sich COMTE VON OLINDE RODRIGUES zunehmend verdrängt fühlte. Dieser nimmt dem alten kränkelnden Herrn viele Sorgen ab, mit denen die Hausgenossin nicht fertig wird. Aus einer portugiesischen Judenfamilie stammend, die in Bankgeschäften nach Paris gekommen war, bringt er einen Kreis neuer und für Saint-Simon interessierter und interessanter junger Leute in dessen Haus in der Rue de Richelieu, oberhalb der Passage Hulot, ein Haus, worin angeblich MOLIÈRE ge-

---

[10] LEROY, l.c., S. 315–316.
[11] Diese Angabe der simonistischen Tradition, die sich auch noch bei LEROY findet, ist falsch. Molière wohnte und starb Nr. 40, wo man dann im 18. Jahrh. ein neues Haus baute.

storben war.¹¹ Es sind sein Bruder EUGÈNE, seine beiden Vettern EMILE und ISAAC PEREIRE, ebenfalls junge portugiesische Juden und Bankiers, GUSTAVE D'EICHTHAL, auch ein Vetter oder Schwager, es ist ein Kreis von jungen Bankiers, Intellektuellen und Künstlern. Sie beschaffen, zusätzlich zu TERNAUX und LAFFITTE, den beiden großen Mäzenen, Mittel für die Veröffentlichungen, die dem alten Publizisten alles bedeuten. Die bescheidene Wohnung, wo öfter auch ein weitgereister Kapitän und einige Ärzte mit ausgefallenen Spezialinteressen auftauchen, wie der Phrenologe FRANZ JOSEPH GALL oder der Dr. BAILLY, wird wieder ein kleines geistiges Zentrum, ähnlich wie es die anspruchsvollere Redaktionsgemeinschaft in der Rue de l'Ancienne Comédie gewesen war. Saint-Simon geht mit seinem schönen Königspudel Presto im Garten des geliebten Palais Royal spazieren und speist mit Freunden im dort gelegenen „Café de la Régence" zu Abend.

Insgesamt erscheint seine letzte Lebenszeit nach der saint-simonistischen Tradition wie von milder Abendsonne verklärt. Er unterhält auch herzliche, väterliche Beziehungen zu seiner Tochter aus der turbulenten Zeit des Direktoriums, CAROLINE THILLAIS, die ins Kleinbürgertum geheiratet hatte: zunächst einen Pariser Kaufmann, dann, 1822, einen Gendarmen, der in der Provinz, in Beaumont, 25 km nördlich von Paris stationiert ist. Sie hatte zwei Töchter und einen Sohn, vielleicht gibt es also heute noch direkte Nachkommen unseres Sozialphilosophen. Der Großvater fühlt sich seinen Enkeln familiär verbunden und bekennt sich zu ihnen. Einige liebevolle Briefe des Vaters an CAROLINE sind erhalten oder doch im Inhalt überliefert. So schreibt er seiner Tochter am 15. November 1823: „Der Himmel hat mir die süßeste Belohnung in Gestalt meiner Caroline gewährt."¹² Seine zeitweilige Hoffnung, sie materiell unterstützen zu können, hat er freilich wieder begraben müssen.¹³

Es bleibt noch über das Ende zu berichten. Dank der neuen Freunde fiel es in eine Zeit geistigen Schaffens und neuer Hoffnungen. Zwar hatte der Tod König LUDWIGS XVIII. am 16. Sept. 1824 und die Thronbesteigung KARLS X. den Ultrakonservativen Auftrieb gegeben. Aber Saint-Simon und sein Kreis hatten im Winter 1824/25 an einem Werk gearbeitet und es im wesentlichen fertiggestellt, das den deutlich wiedererwachten religiösen Bedürfnissen der Epoche entsprach (DE MAISTRE, DE BONALD, CHATEAUBRIAND). Es sollte aber auch einer neuen, tief verankerten Solidarität und Hilfsbereitschaft, besonders gegenüber der „zahlreichsten und ärmsten Klasse" (dem entstehenden Proletariat also), zum Durchbruch verhelfen: den **„Nouveau Christianisme",** das „Neue Christentum". Auch dazu verweisen wir auf unseren nächsten Teil. Daneben bereitete man, nachdem auch der „Catechismus der Industriellen" wieder unvollendet fallen gelassen worden war, eine Sammelschrift vor, die verschiedene Essays aus Philosophie, Wirtschaft, Literatur, dem Rechtsleben, der Physiologie und den Künsten umfassen sollte: die **„Opinions Littéraires, philosophiques et industrielles".** Während diese trotz des Erscheinungsdatums 1825 vermutlich schon Ende 24 erschienen

---

[12] Zitiert nach DONDO, l.c., S. 170.
[13] Die Einleitung zu den „Œuvres" gibt den Wortlaut zweier Briefe wieder, die der letztmalig nach kommerziellem Gewinn strebende Saint-Simon an seine Tochter aus Rouen schrieb, wo er sich in Geschäften aufhielt. Im Brief vom 9. März 1822 heißt es: „Wir werden Erfolg haben, meine liebe Caroline. Wie glücklich werde ich sein, Deine Sorgen für Dich und unsere lieben Kinder zu vertreiben." Aber der unverbesserliche Optimist hatte sich wieder geirrt.

sind, darf man zweifeln, ob Saint-Simon selbst noch die Endfassung des „Neuen Christentums" gesehen hat. Dieses letzte Werk aus dem Jahre 1825 trägt das berühmte Motto: „Celui qui aime les autres a accompli la loi ... Tout est compris en abrégé dans cette parole: Tu aimeras ton prochain comme toi-même." („Wer die anderen liebt, hat das Gesetz erfüllt ... Alles ist im Grunde in diesem Wort enthalten: Du sollst deinen Nächsten lieben wie dich selbst.")

Ende März erkrankt Saint-Simon akut, leider geht aus den Quellen wieder nicht eindeutig hervor woran. Er hat heftigen Husten und Schüttelfrost und hat wieder ein langandauerndes Fieber. Er liest noch mit Anerkennung und einiger Kritik ein neues historisches Werk[14], das ihm der Autor, sein früherer Schüler, der jetzt berühmt werdende Historiker AUGUSTIN THIERRY freundschaftlich zugesandt hatte. Freilich schwächt man den Kranken dadurch zusätzlich, daß man ihm nach der Mode der Zeit zahlreiche Blutegel ansetzt und ihm dadurch planmäßig größere Blutverluste zufügt. Man quartiert ihn von seiner Wohnung im dritten Stock in den ersten Stock um, wo er es bequemer hat. Und dann geschieht etwas Merkwürdiges, das bisher noch niemand entsprechend akzentuiert hat.

Ende April ziehen die neuen Freunde – man muß fast sagen, sie ‚flüchten' – mit dem Sterbenden aus seiner alten vertrauten Wohnung in der Rue de Richelieu, aus seinem geliebten Quartier am „Palais Royal" fort. Die treue Hausgenossin bleibt mit dem Hund zurück. Man transportiert den Moribundus in eine andere Gegend, die Rue du Faubourg Montmartre Nr. 9.[15] Ist es die Wohnung eines der Mitglieder seines neuen Kreises? Warum reißt man den alten, sterbenden Mann aus seinem gewohnten und geliebten Milieu am „Palais Royal", wo er von der Gefährtin seiner letzten Jahre so vorbildlich betreut wurde?[16] Frau JULIAND-BARON blieb nicht nur zurück, sie erfährt auch nichts – ebensowenig wie seine Tochter – von der weiteren Verschlimmerung seines Zustandes.[17] Die Sache ist etwas dunkel, aber man könnte sie sich so deuten: Die Schüler rechnen mit dem baldigen Tod des Meisters und wollen ihn in seinen letzten Tagen ganz für sich alleine haben. Sie werden zu „Jüngern", es sind die Geburtswehen der Sekte.

Am 18. Mai, drei Wochen nach dem Umzug in das neue Viertel, verschlimmert sich sein Zustand drastisch. Die Ärzte – es sind mehrere aus dem Bekanntenkreis gerufen worden: BAILLY, GALL, BROUSSAIS, BURDIN – konstatieren Lungenentzündung, was nach dem damaligen Stand der Medizin das Ende des fast 65jährigen bedeuten mußte. Dieses Ende wird von den Saint-Simonisten in Einzelheiten beschrieben, die exemplarisch verklärt und deutlich zur Legende ge-

---

[14] Es handelt sich um AUGUSTIN THIERRYS „Histoire de la conquête de l'Angleterre par les Normands", 3 Bde., 1825.
[15] In einem damals neueren Viertel nördlich der späteren „Grands Boulevards". Das Haus trägt leider keine Erinnerungstafel.
[16] LÉON HALÉVY bemerkte: „Von allen Junggesellen, die ich gekannt habe, ist Saint-Simon der einzige, dessen Schicksal ich nicht bedauert habe, weil diese ausgezeichnete und ergebene Frau ihn so sehr für das Unglück entschädigt hat, im Alter von 60 Jahren allein und ohne Familie zu sein." (Souvenirs de Saint-Simon, a.a.O.)
[17] Am 20. Mai, also am Tage nach dem Tode Saint-Simons, schreibt Frau JULIAND an die Tochter Saint-Simons einen Brief, worin sie ihr als erste seinen Tod mitteilt und erklärt: „Wie alle anderen, die an ihm interessiert waren, wurde ich, ebenso wie er selbst, in Unkenntnis über die Schwere seiner Krankheit gehalten" (zitiert nach DONDO, l.c., S. 191).

staltet sind. Sie sind aber typisch für das Leben und Wirken des Sterbenden und entsprechen Anekdoten über frühere Lebensphasen. Zu den Ärzten spricht er: „Ich bin glücklich, Ihnen ein neues Beobachtungsobjekt vorzuführen: Sie sehen einen Mann vor sich, der eine schreckliche, von niemand zu meisternde Krise durchzustehen hat. Er ist jedoch so von seiner Lebensarbeit erfüllt, daß er sich mit Ihnen nicht über seine Krankheit unterhalten kann."[18] Zu RODRIGUES sagt er: „Erinnern Sie sich daran, daß man passioniert sein muß, um Großes zu vollbringen."[19] Und er spricht zu seinen Schülern: „Seit 12 Tagen beschäftige ich mich mit der Frage, wie Sie zur besten Kräftekonzentration für Ihr Unternehmen kommen können ... die Birne ist reif, Sie müssen sie jetzt pflücken. Der letzte Teil unserer Arbeit wird vielleicht schlecht verstanden werden. Bei den Angriffen auf das religiöse System des Mittelalters entdeckte man nur, daß es nicht mehr mit den Fortschritten der positiven Wissenschaften übereinstimmte. Man glaubte aber zu Unrecht, daß das religiöse System dazu tendiere, sich aufzuheben. Es muß sich nur mit den Fortschritten der Wissenschaften in Einklang bringen."[20] Und er schloß diese Sätze *in extremis* mit der orakelhaften Bemerkung, daß man 48 Stunden nach der zweiten Publikation eine Partei sein werde.

Die Saint-Simonisten haben auch seine angeblich allerletzten Worte am 19. Mai überliefert: Wir führen unsere Aufgabe durch („nous tenons notre affaire")! Um 10 Uhr abends starb er nach dreistündigem Koma. So erlosch nach den Überlieferungen der Schule und Sekte, auf die wir hierbei leider ausschließlich angewiesen sind, das Leben des Grafen Claude-Henri de Saint-Simon. Weder seine Tochter, noch sonstige Familienmitglieder oder wenigstens Frau JULIAND-BARON waren vom Sterben unterrichtet. Angeblich hatte er sich bis zuletzt nur seinen Arbeiten widmen wollen. Während der letzten Emanationen seines Geistes scheint er zu einem heiligen Schrein geworden, den die messianischen Jünger an sicherem Orte zu verwahren und abzuschirmen trachteten.

Als Saint-Simon bei seinem gesundheitlichen Zusammenbruch im Jahre 1812 aus Alençon flüchtete, hinterließ er eine Sammlung seiner Manuskripte als Pfand. In einem dieser Manuskripte steht der stolze Satz: „Ein Mann, der seine Vergangenheit bereut, hat sein Leben verfehlt. Herr de Saint-Simon bereut seine Vergangenheit nicht. Im Gegenteil."[21] Denn es sei, so schrieb er ein anderes Mal[22], für neue philosophische Erkenntnisse nötig: „1. Auf der Höhe des Lebens eine möglichst originale und aktive Existenz zu führen. 2. Von allen wissenschaftlichen Theorien, besonders von den astronomischen und physiologischen, Kenntnis zu nehmen. 3. Alle Klassen der Gesellschaft zu durchlaufen, sich persönlich in möglichst unterschiedliche gesellschaftliche Positionen zu begeben, und sogar Sozialbeziehungen für andere wie für sich selbst herzustellen, die es bisher nicht gegeben hat.[23] 4. Sein Alter dafür zu nutzen, um die eigenen Beobachtungen über die Ergebnisse zu resümieren, die aus diesen Erfahrungen für andere wie für einen selber entstanden sind; schließlich: diese Beobachtungen so zu verbinden, daß daraus eine neue philosophische Theorie wird." Und über

---

[18] Zitiert nach LEROY, l.c., S. 325–326.
[19] Ebenda, S. 326.
[20] Ebenda, S. 327–328.
[21] Zitiert nach DAUTRY, l.c., S. 64.
[22] Anthropos I, S. 81–82 („Sa vie écrite par lui-même", 1809).
[23] Der Sinn dieser schon zitierten Stelle, über die auch andere gerätselt haben, muß dunkel bleiben.

sein ganzes Leben können wir, von dem einen Tag der Resignation absehend, sein Wort setzen: „Ich habe noch Kraft. Ich lebe noch immer in der Zukunft."[24]

Die Persönlichkeit Saint-Simons scheint uns noch breiter angelegt, als man sie schon gemeinhin auffaßt. Es kostete ihn nur ein Lächeln, verschiedene Kostüme anzulegen. Mag er früher manchmal ein dunkler Geschäftemacher oder später öfters ein von der Großbourgeoisie finanzierter Publizist gewesen sein: Seit 1800 war er ein zwar ungenügend geschulter, aber ernsthaft um wissenschaftliche Erkenntnis ringender Denker. Er war sowohl Feudalherr ohne Land als auch ein Geist, in dem die Anliegen der Enzyklopädie und viele Erwartungen der Revolution fortlebten. Die Charakterisierung als „grandseigneur sans-culotte" gilt bis an sein Lebensende. Hinzuzufügen bleibt, daß er ein großer Intellektueller war, mit den typischen Stärken und Schwächen eines solchen.

---

[24] „J'ai encore de la vigueur, je vis encore dans l'avenir" (Anthropos I, S. 87). Der Satz bildet das Ende eines zuerst von RODRIGUES veröffentlichten autobiographischen Fragments („Œuvres de Saint-Simon", Paris 1832), das im Original nicht aufzufinden war.

Teil III
Einführung in das Werk

Das Werk von Saint-Simon erschließt sich dem Leser nur schwer. Schlägt man es irgendwo auf, so ist das, was man findet, zwar leicht zu lesen und mit aphoristisch hervorragenden Passagen gespickt. Jedoch: Er bleibt nicht bei der Stange, schweift immer wieder ab, verliert sich in skurrilen Überlegungen. Es gibt Stellen, die einen daran zweifeln lassen, ob er noch bei klarem Verstand ist. Er kommt zwar immer wieder auf seine Hauptthesen zurück – das halten wir gleich fest –, aber mit wechselnden Schwerpunkten und in bunter, teilweise phantastischer Kostümierung. Sein Werk als Ganzes erschließt sich schwer, weil es ein sehr krauses, konfus machendes Werk ist: ein Konvolut mehrfach angefangener, aber nie beendeter Schriftenreihen, Prospekte, Dialoge, Memoranden, Flugschriften, Appelle und offener Briefe. Er hat auch – freilich fast immer mit fremder Hilfe – einige Bücher zustandegebracht. Aber ein bedauerliches Fazit müssen wir mit RENÉ KÖNIG ziehen: „Der Mangel eines ernstzunehmenden Werks".[1]

Wenn hier gleichwohl versucht wird (wie bereits von anderen, darunter so prominenten Soziologen wie EMILE DURKHEIM[2] und GEORGES GURVITCH)[3], sein Werk in eine gewisse Ordnung zu bringen, so sollen damit Schneisen in das Dickicht geschlagen werden. Denn wenn man seine epochale Bedeutung als sozialwissenschaftlicher Denker und nicht zuletzt als eines der Gründer der Soziologie betont, so muß man dies zu belegen versuchen. Sicher kann man die Einteilung auch anders vornehmen, freilich, so scheint mir, nicht sehr viel anders. Die Bedeutung seines Denkens und Schreibens für die jeweilige Gegenwart und der jeweilige Standort des Beurteilers bewirken nur unterschiedliche Akzente und eine unterschiedliche Bewertung dieser Akzente.

Schon in der Einleitung haben wir gesagt, daß sich bei diesem umstrittenen Autor Leben und Werk nicht trennen lassen. So wird selbst in diesen Teil gelegentlich noch Biographisches einfließen müssen, denn wir folgen mit dieser Einführung in sein Denken auch der Entwicklung seines eigenen Geistes.

---

[1] KÖNIG, l.c., S. 15.
[2] EMILE DURKHEIM, Saint-Simon, fondateur du positivisme et de la sociologie, aus einem Vorlesungsmanuskript posthum hrsg. v. MARCEL MAUSS (Revue Philosophique, Bd. XCIX, 1925, S. 321–341).
[3] GEORGES GURVITCH, Les fondateurs français de la sociologie contemporaine: I. Saint-Simon, Paris 1955 (Centre de documentation universitaire) und Einführung zu „La Physiologie Sociale", Paris 1965.

14. Kapitel
Die „Genfer Briefe" und das Streben nach wissenschaftlichem Positivismus und Universalismus

Saint-Simon ist erst im Alter von über 40 Jahren als Autor hervorgetreten, zunächst anonym. Auch gegenüber seinem engsten Schülerkreis hat er als erstes seiner Werke die zwei Bände seiner „Introduction aux travaux scientifiques du XIXe siècle" bezeichnet und dabei einige Schriften verschwiegen, die davor lagen: Sehen wir von Ungedrucktem ab, sind es seine Briefe an die „Société du Lycée"[1], die 1802 in Paris erschienen, und seine schon genannten „Lettres d'un habitant de Genève", die er im selben Jahr in Genf herausbrachte, und von denen er eine erweiterte Fassung im folgenden Jahr in Paris erscheinen ließ.

Der große Stil, in dem Saint-Simon gelebt hatte, zeigt sich auch in dem Anspruch der meisten seiner Schriften und besonders in seiner ersten Publikationsphase. Sehen wir uns die „Genfer Briefe" an, deren 1. Auflage wirklich in Genf erschien – wie PAUL E. MARTIN schon 1925 nachgewiesen hat[2] – und die also nicht nur eine Mystifikation, eine Anknüpfung an den Ruhm ROUSSEAUS bedeuteten. Sie richten sich – anspruchsvoller geht es ja nicht – „à l'humanité", was erst in der 2. Aufl. in „à ses contemporains" abgemildert wird. Was hat er der Menschheit mitzuteilen, als gereifter Mann („ich bin nicht mehr jung, ich habe beobachtet und überlegt")?[3] Man könnte sagen, daß wir in dieser ersten größeren Publikation fast alle seine Grundgedanken schon *in nuce* finden. Diese Briefe sind ein „Programm", wie der Saint-Simonist CHARLES LEMMONIER schon 1859 in der Einleitung zu seiner dreibändigen Brüsseler Ausgabe richtig hervorgehoben hat, ein flammender Aufruf an die Menschheit.

Diese „Genfer Briefe" sind insofern typisch für sein ganzes publizistisches Wirken, als sich in ihnen treffende soziologische Analysen mit utopischen Überlegungen und dichterischen Ausführungen mischen, wie sie die großen klassischen Utopien eines THOMAS MORUS[4], eines TOMMASO CAMPANELLA[5] oder eines FRANCIS BACON[6] kennzeichnen. Es geht ihm um die große philanthropische Aufgabe, die moralische und soziale Krise des Zeitalters zu beenden, die Wissenschaften zum Nutzen der Menschheit zu fördern und konstruktiv anzuwenden, und die Gesellschaft in einer umfassenden Solidarität zusammenzuschließen. „Alle Menschen werden arbeiten; sie werden sich alle als Arbeiter betrachten,

---

[1] Das „Lycée républicain" war eine Institution zur Erwachsenenbildung, die Kurse in Wissenschaften und Literatur gab, und es war eine Zeitlang Mode in der Pariser Gesellschaft, dort Vorlesungen zu hören. Auch Saint-Simon tat dies und versuchte sich dabei durch mündliche und schriftliche Diskussionsbeiträge ohne Erfolg zu profilieren. Sein Antrag, dort Vorlesungen zu halten, wurde vom Lycée abgelehnt. Die Institution nahm 1802 den Namen „Athénée" an.

[2] PAUL E. MARTIN, Saint-Simon et sa Lettre d'un habitant de Genève à l'humanité (1802–1803), in: Revue d'histoire suisse, V. Band (1925), S. 477–497.

[3] Anthropos I, S. 11.

[4] THOMAS MORUS (latinisiert aus MORE), 1478–1535 (enthauptet), De optimo rei publicae statu deque nova insula Utopia, 1516.

[5] TOMMASO CAMPANELLA, 1568–1639, Civitas solis, Frankfurt 1623.

[6] FRANCIS BACON, 1561–1626, Nova Atlantis, London 1627 (posthumes Fragment).

die einer Werkstätte gehören."⁷ Und: „Jeder ist verpflichtet, seine persönlichen Kräfte so einzusetzen, daß die Menschheit einen Nutzen daraus hat."⁸

Wie soll das alles nun bewerkstelligt werden? Den wichtigsten Teil der „Genfer Briefe" bildet zweifellos seine **Klassenanalyse**, die FRIEDRICH ENGELS später bewundern und in seinem „Anti-Dühring" als „eine höchst geniale Entdeckung" verherrlichen wird.⁹ Was ENGELS dabei so beeindruckt hat, ist die scharfe Herausarbeitung der Überlegung, daß es zwischen Besitzenden und Besitzlosen eine fundamentale Konfliktlage gibt, was in dieser Deutlichkeit vor Saint-Simon – wie jedenfalls ENGELS annimmt – noch nicht gesehen worden ist. Man müßte das überprüfen. Was auch immer eine solche Recherche ergeben wird, so bleibt doch eines gleich hinzuzufügen: Saint-Simon läßt es nicht bei einer solchen Dichotomie bewenden, sondern er führt eine weitere Kategorie ein, der er sich auch selber zugehörig fühlt: Die Intelligenz. Hier ist er Vorläufer KARL MANNHEIMS.

Das Ganze ist in einen großartigen Aufruf eingebettet, den er an die Öffentlichkeit richtet, die er eben zu diesem Zweck in die verschiedenen Klassen einteilt. Es ist ein Aufruf um Spenden, die in einen internationalen Fonds fließen sollen, mit dem er zum Aufbau einer neuen gesellschaftlichen Ordnung beitragen will. Das geistige und organisatorische Zentrum soll „am Grabe Newtons" sein, am Grabe des Gelehrten also, dessen Werk nach dem Urteil damaliger Gebildeter, zumindest der zeitgenössischen Naturwissenschaftler und Techniker, gewissermaßen die Krönung aller Wissenschaften darstellte.¹⁰

Zunächst wendet sich Saint-Simon an die **erste** Klasse, die geistige Elite, die „unter dem Banner der Fortschritte des menschlichen Geistes schreitet".¹¹ Dazu rechnet er die Wissenschaftler und Künstler, die „Intellektuellen" also, aber auch alle Menschen, die liberalem Gedankengut echt verpflichtet sind. Sie haben die größte „énergie cérébrale", am meisten Fähigkeiten, neue Ideen aufzunehmen und Gegner der menschlichen Trägheit zu sein. Sie müßten also auch seinen Vorschlägen am freudigsten und schnellsten zustimmen.

Die „**zweite** Klasse" hat auf ihre Fahnen geschrieben: Keine Neuerungen! Alle Besitzenden, die nicht zur ersten Klasse zu rechnen sind, gehören zu diesem konservativen Lager. Diesen Besitzenden hält er eine mahnende und warnende Rede, in der er ausführt: Im Vergleich mit den Besitzlosen seid Ihr nur sehr wenige. Warum gehorchen sie euch eigentlich? Es ist die Überlegenheit des Geistes allein, die euch die Möglichkeit gibt, eure Kräfte zu verbinden und einen Vorteil zu genießen „in dem Kampf, welcher der Natur der Sache nach notwendig immer zwischen ihnen und euch besteht".¹²

Hier wurde also von Saint-Simon der so folgenschwere Gedanke des Klassenkampfes zwischen Besitzenden und Besitzlosen deutlich ausgesprochen. Aber er

---

⁷ Anthropos I, S. 55.
⁸ Ebenda, S. 57.
⁹ FRIEDRICH ENGELS, Herrn Eugen Dührings Umwälzung der Wissenschaft, zitiert nach der 8. A., Stuttgart 1914, S. 277.
¹⁰ Der Glanz des Namens NEWTON reichte damals so weit, daß der Abée EMANUEL-JOSEPH SIEYÈS, späteres Mitglied des Direktoriums und Senats, Madame DE STAËL einmal als „Newton der Literatur" bezeichnete.
¹¹ Anthropos I, S. 26.
¹² Ebenda, S. 28.

zieht daraus keineswegs die Folgerung, diesen Kampf zu aktivieren. Sondern er führt aus, daß es im Interesse der Besitzenden liege, die besitzlose Intelligenz zu ihrer Verstärkung aufzunehmen und zu unterstützen. Das klingt im Hinblick auf die damalige Lage fast zynisch. Und er warnt, ja droht: „Sollten die Besitzenden die führenden Köpfe der Intelligenz nicht in die Führungspositionen lassen, die ihnen zustehen, so werde sich eine Entwicklung wiederholen, wie sie das 18. Jahrhundert so markant gebracht habe: Die Entwicklung zur Revolution." Die erste Volksbewegung wurde im stillen von den Wissenschaftlern und Künstlern angefacht. Sobald die Aufstandsbewegung durch ihren Erfolg den Charakter der Legitimität angenommen hatte, erklärten sie sich zu ihren Führern.[13] Die Intelligenz wiegelte das unwissende Volk auf und brachte es dazu, alles umzustoßen, was ihnen im Wege war. „Mit einem Wort: sie gewannen die Schlacht, und Sie haben sie verloren".[14] Es tut nichts zur Sache, daß dabei auch einige Wissenschaftler und Künstler, „von der Hand ihrer eigenen Soldaten massakriert" wurden. „Vermeiden Sie daher den Kampf", ruft er den Besitzenden zu, „erwerben Sie sich das Verdienst, bereitwillig das zu tun, was sonst früher oder später die Wissenschaftler, Künstler und Liberalen, mit den Besitzlosen verbunden, gewaltsam durchsetzen werden."[15] Dann könnten, so schließt er, die Besitzenden den Gang des menschlichen Geistes regulieren.

Und nun wendet er sich an die **dritte** Klasse, die Besitzlosen. Er ist gegen Gewalt und um Harmonie bemüht: „Gewiß, die Reichen lassen Euch Handarbeiter für sich arbeiten. Laßt sie also mit ihren Köpfen für Euch arbeiten! Klärt sie über die Lage auf. Und bezahlt sie dann, wenn sie die Aufgaben der Zeit verstehen, mit einer wertvollen Währung, die auch die Ärmsten geben können: mit Achtung!

Wozu dient diese Klassenanalyse und ihr kooperativer Grundton? Es geht ihm in erster Linie um die Intellektuellen und ihren Führungsanspruch. Um diesen zu rechtfertigen, prägt er einen wichtigen, für die spätere Geschichte des Positivismus grundlegenden Satz: „Ein Wissenschaftler, meine Freunde, ist ein Mann, der voraussieht; nur in dem Maße, wie die Wissenschaft die Mittel bereitstellt, um vorauszusagen, ist sie nützlich und nur insofern sind die Wissenschaftler allen anderen Menschen höherwertig."[16] Und am Beispiel verschiedener Wissenschaften wird vom Autor dann dargelegt, wie sich die Wissenschaften von der Vorherrschaft der Philosophen, Moralisten und Metaphysiker emanzipiert haben, wie sie durch Beobachtung und Verifikation zu immer besseren Erkenntnissen gelangten.

Setzen sich die aufgeklärten Geister an die Spitze des Fortschritts, so gebührt ihnen die Führerrolle. Saint-Simon ist kein Anhänger der Egalität und daher sagt er den Besitzlosen: „Ihr sagt, wir sind zehnmal, zwanzigmal, hundertmal zahlreicher als die Besitzenden, und doch üben die Proprietäre größere Herrschaft über uns aus als wir über sie. Ich verstehe, Freunde, daß Ihr ärgerlich seid. Aber bemerkt doch, daß die Proprietäre, wenn auch zahlenmäßig in der Minderzahl, mehr „lumières" besitzen, und daß, zum allgemeinen Wohl, die Herrschaft nach Maßgabe dieser „lumières" aufgeteilt werden muß![17] Was bedeutet dieser

---

[13] Ebenda, S. 29.
[14] Ebenda, S. 30.
[15] Ebenda, S. 31–32.
[16] Ebenda, S. 36.
[17] Ebenda, S. 37.

bei Saint-Simon, wie in der Aufklärung, immer wieder auftauchende Ausdruck „lumières"? Er bezeichnet, worauf RENÉ KÖNIG mit Recht gegenüber häufigen Mißverständnissen aufmerksam gemacht hat, nicht nur das bloße „Wissen", die Fortschritte der Erkenntnis, sondern darüber hinaus als typischer Ausdruck des 18. Jahrhunderts „Aufklärung im Sinn des Illuminatismus[18] oder der Erleuchtung".[19] Wie das Denken der Wissenschaftler auf die Zukunft gerichtet sein soll, so bezieht sich die Aufklärung zunehmend auf die Tat. Insofern ist auch eine wichtige Komponente des marxistischen Denkens bereits im 18. Jahrhundert vorgeprägt worden.

Aber wir wollten auch sagen, worauf die „Genfer Briefe" praktisch zielten. Sie werben für eine große Subskription, für eine große Geldsammlung, die es Gelehrten und Künstlern ermöglichen soll, von Tageslasten freigestellt zum Wohle der Menschheit zu arbeiten, darüber nachzudenken, wie man den Aufbau einer Gesellschaft der Zukunft fördern könnte. An die Stelle der fürstlichen Mäzene der Vergangenheit soll nun die Masse des Volkes treten. Jeder Subskribent soll jeweils drei Mathematiker, Physiker, Chemiker, Physiologen, Literaten, Maler und Musiker wählen, um diesen die genannte unabhängige Arbeit zum Wohle der Menschheit zu ermöglichen. Und es versteht sich am Rande, daß Saint-Simon damit rechnet, selber unter den Erwählten zu sein.

Hätte nicht der später entdeckte Brief Saint-Simons an NAPOLEON[20] seine Autorenschaft einwandfrei bezeugt, so könnte man sie aus folgenden Tatsachen entnehmen: Er verliert sich in einem zweiten Teil des Werks nicht nur in utopistische Gedankengänge, sondern in ausgesprochene Phantasterei. War ihm früher im Kerker sein angeblicher Ahnherr KARL D. GROSSE erschienen, so erscheint ihm nun sogar Gott und teilt ihm noch dazu technische Einzelheiten über das Projekt mit. Man kann sie übergehen bis auf eine: „Frauen werden zur Subskription zugelassen. Sie können auch nominiert werden".[21]

Wir haben die „Genfer Briefe" relativ ausführlich referiert, weil in ihnen die meisten Grundakkorde des Werkes von Saint-Simon schon angeschlagen werden. Sie kulminieren in seiner damaligen Forderung: „Die geistige Macht in die Hände der Gelehrten; die weltliche Macht in die Hände der Proprietäre"[22] – sofern diese aufgeklärt und dem Fortschritt verpflichtet sind. Es ist das ewige Platonische Problem in einer zeitgemäßen Fassung.

Wir können uns bei den nächsten Schriften Saint-Simons kürzer fassen und summarisch verfahren. Es handelt sich dabei um die Werke der Jahre 1807–1813, beginnend mit der „Einführung in die wissenschaftlichen Arbeiten des XIX. Jahrhunderts" und endend mit der „Denkschrift über die Wissenschaft

---

[18] Lehre des „Illuminatenordens", eines 1776 gegründeten geheimen Ordens, der „selbstdenkende Menschen" aus aller Welt und aus allen Ständen und Religionen vereinigen wollte, um die menschliche Gesellschaft zu einem „Meisterstück der Vernunft" zu formen. Es gab damals mehrere ähnliche Vereinigungen. In Deutschland noch vor der großen Französischen Revolution aufgelöst, kulminierte der Orden in gewisser Weise in deren Ansprüchen, so daß man sie manchmal fälschlich als Verschwörung der Illuminaten bezeichnet hat.
[19] RENÉ KÖNIG, l.c., S. 27.
[20] Der Simonist CHARLES LAMBERT-BEY erstand 1863 auf einer öffentlichen Versteigerung ein Exemplar der sehr raren „Genfer Briefe", dem das Schreiben an NAPOLEON beilag.
[21] Anthropos I, S. 50.
[22] Ebenda, S. 47.

vom Menschen". Wir haben diese Gruppe von Schriften, zu denen Prospekte für eine „Neue Enzyklopädie" gehören, schlagwortartig unter die Rubriken „Positivismus" und „Universalismus" subsumiert. Sie fallen in die wissenschaftstheoretische Phase unseres Autors, in welcher er mit programmatischen Schriften dem Aufbau eines neuen intellektuellen Systems zum Durchbruch verhelfen möchte. Im Grunde ist es die Weiterführung des alten Anliegens seines großen Landsmannes RENÉ DESCARTES (1596–1650), methodisch auf den Erkenntniswegen voranzuschreiten, und Saint-Simon bewunderte den ersten großen Systematiker der Neuzeit nun mehr als den früher von ihm vergötterten NEWTON. Sein Bemühen, DESCARTES zu folgen, ist so deutlich, daß MAXIME LEROY ihn einmal geradezu als „notre Descartes social" bezeichnet hat.[23] Jedenfalls galt es, das Cartesianische Denken wieder weiterzuführen, nachdem es im 18. Jahrhundert in den Hintergrund getreten war. Das Stichwort zu diesen Arbeiten unter dem Empire gab NAPOLEON. Der Kaiser legte Wert darauf, sich als ausgesprochener Freund und Bewunderer der Wissenschaften zu profilieren. Und so hatte er schon am 13. Ventôse des Revolutionsjahres XI (= 4.3.1803) die Konsuln veranlaßt, dem „Institut de France" (einer 1795 vom Konvent verordneten Zusammenfassung der alten aufgelösten Akademien) den Auftrag zu erteilen, einen allgemeinen Überblick über den Stand der Wissenschaften zu geben, über ihre Fortschritte seit 1789 zu berichten, sowie über Mittel und Wege, wie man weitere entscheidende Fortschritte erzielen könne. Im Winter 1807/08 war dieser Bericht endlich fertig geworden. Saint-Simon schreibt dazu: „Die Antwort des Instituts auf diese ausgezeichnete Frage war in mehrere historische Berichte aufgeteilt, die zwar sehr gut gemacht waren, aber durch keinerlei generellen Gesichtspunkt in Zusammenhang standen. Die Antwort läßt nicht erkennen, wie man die Wissenschaften dazu bringen könnte, einen Napoleonischen Schritt vorwärts zu tun."[24]

In diese Bresche will nun Saint-Simon treten, dem Kaiser helfen, welchen er als „chef scientifique de l'humanité" ebenso wie als deren „chef politique" verherrlicht. Welches sind die Vorschläge, die er 1807 dem Kaiser und anschließend überhaupt zu machen hat?

Zunächst fordert er, **die Einheit der Wissenschaften** wiederherzustellen, und zwar im Sinne der Naturwissenschaften: „Es gibt nicht zwei Ordnungen der Dinge, es gibt nur eine: es ist die physische."[25] Der Satz richtet sich deutlich gegen die Metaphysik. Auch der Mensch ist Teil der allgemeinen Ordnung und kann nur als Objekt in ihr erfaßt werden, nach denselben Gesetzen, welche im ganzen Universum gelten. Man darf keine Metaphysik in das Studium der Wissenschaften von Menschen mengen. Das Prinzip der neuen „Enzyklopädie des XIX. Jahrhunderts" ist also einmal der „Positivismus", nämlich, „daß die Wissenschaften, in ihrem Gesamt wie in ihren einzelnen Teilen, auf Beobachtung gegründet werden müssen".[26] Und er nimmt dafür in Kauf, daß bei diesem Verfahren hohe Güter der Menschheit auf der Strecke bleiben: „Die Theorie der Menschenrechte", so wird er noch 1820 ganz positivistisch schreiben, „ist nichts anderes als die Anwendung hoher Metaphysik auf hohe Jurisprudenz."[27] Das

---

[23] Nach GURVITCH, Einleitung zu „La Physiologie sociale" (Auswahl aus Saint-Simon), S. 9.
[24] Anthropos VI, S. 17 (Vorwort zur „Introduction" von 1808).
[25] Ebenda, S. 131.
[26] Ebenda, S. 283.
[27] Anthropos III, S. 83 („Du système industriel").

war also das eine: Eine einheitliche, umfassende positive Wissenschaft, in die freilich schon vieles von dem eingehen konnte, was die Enzyklopädisten mit ihrer materialistischen Grundhaltung erarbeitet hatten. Diese standen freilich – im Unterschied zu zeitgenössischen deutschen Philosophen (LEIBNIZ, CHRISTIAN WOLFF) – dem Systemgedanken meist ablehnend gegenüber. Die Forderung, die Metaphysik zu vertreiben, ist leicht erhoben, aber schwer befolgt. Metaphysische Bedürfnisse scheinen zur Menschennatur zu gehören, sie tauchen nach der Zerstörung religiöser Glaubensüberzeugungen erneut auf. Dabei erhebt sich die Frage, ob das Streben nach einem monistischen Prinzip zur Metaphysik zu rechnen ist. Saint-Simon verneint das natürlich, hat er doch ein universales Erklärungsprinzip gefunden: Es ist die „**Gravitation**"! Sie macht den Kern des ihm vorschwebenden Systems zur Neuorientierung der Wissenschaften aus, welches er auch „physicisme" nennt, und in welchem auch alle „sciences morales" aufgehen sollen. NEWTON, der Entdecker des „allgemeinen Gravitationsgesetzes", sei vor den Konsequenzen des eigenen Denkens noch zurückgeschreckt. „Er hat überhaupt nicht gesehen, daß alle Phänomene Resultate der Gravitation sind: die sog. moralischen Phänomene ebenso wie diejenigen, welche man physikalisch nennt."[28] Und 1813 wird er diesen Gedanken in seiner Arbeit über „die universelle Gravitation" noch ausführlicher entwickeln. Er, der große Saint-Simon, ist also der Entdecker – neben anderen Entdeckungen, die er gemacht zu haben glaubt – des allgemeinen Weltgesetzes. Vergessen wir aber über diesem Spott nicht, daß noch in unserem Jahrhundert ein so führender Soziologe wie LEOPOLD V. WIESE die Ansicht vertrat, „alle" sozialen Prozesse ließen sich auf zwei „Grundprozesse" zurückführen, nämlich „die des Zueinander und des Auseinander".[29]

Saint-Simon macht der alten Enzyklopädie auch den Vorwurf, zwar vieles mit Recht zerstört zu haben, aber nicht konstruktiv, nicht positiv gewesen zu sein. Es gelte aber für die Zukunft Neues zu schaffen. Man weiß, daß das 19. Jahrhundert nicht nur das Jahrhundert der stürmischen Entwicklung unserer modernen Gesellschaft sein wird, sondern auch ein solches, in dem sich das **Entwicklungsdenken** in vielen Domänen versucht. Hierbei nimmt Saint-Simon einen wichtigen Platz mit seiner Geschichtssystematik ein, einer Geschichtsphilosophie besser gesagt, die deutlich von ANNE-ROBERT-JACQUES TURGOT[30] (1727–1781) und von seinem picardischen Landsmann ANTOINE DE CONDORCET[31] (1743–1794) beeinflußt war, wobei er letzteren persönlich kannte. Seine Konzeption, in die auch Ansichten, ja vermutlich ganze Passagen seiner Freunde K. E. OELSNER[32] und Dr. BURDIN[33] eingeflossen sind, ist dem später von AUGUSTE COMTE entwickelten Drei-Stadien-Schema so ähnlich, daß die Priorität Saint-Simons eindeutig ist und der Gerechtigkeit halber betont werden muß. RENÉ KÖNIG hat diese Ge-

---

[28] Anthropos VI, S. 257.
[29] L. V. WIESE, System der Allgemeinen Soziologie, 2. A., München und Leipzig 1933, S. 151.
[30] ANNE-ROBERT-JACQUES TURGOT, Physiokrat und 1774–76 Finanzminister LUDWIGS XVI., hier: „Tableau philosophique des progrès successifs de l'esprit humain", 1750.
[31] Seine „Esquisse d'un Tableau Historique des Progrès de l'esprit Humain" schrieb CONDORCET kurz vor seinem Tode, vermutlich infolge Selbstmords durch Gift, im verborgenen nieder. Ab 1804 erschien eine große Ausgabe seiner Schriften.
[32] K. E. OELSNER (1764–1828), Freund von SIEYÈS und Beobachter der Revolution, nannten wir bereits. Vgl. Kap. 11, Anm. 7.
[33] Dr. JEAN BURDIN (gest. 1835), Militärarzt und von Saint-Simon gefördert.

schichtsphilosophie Saint-Simons, seine „marche de l'esprit humain", bereits konzis zusammengefaßt, so daß wir ihm direkt das Wort lassen:
„I. Theologisches Stadium
   a) Fetischismus
   b) Polytheismus
   c) Monotheismus
II. Negatives Stadium
III. Positives Stadium

Diese beiden letzten Stadien sind in der Tat recht vage gezeichnet, außerdem gehen zwei Konzeptionen ungeschieden durcheinander. Einmal vertritt er eine Art von zyklischem Entwicklungsbegriff, bei dem sich jeweils neue Kreise auf höherer Ebene wiederholen, wie Emile Durkheim hervorgehoben hat.[34] Daneben hat er noch die Vorstellung alternierender Epochen wissenschaftlicher und politischer Revolutionen."[35] Und es geht Saint-Simon als Soziologen um die Führungsrollen bestimmter Gruppen: Die Herrschaftsrollen der Priester und Krieger werden von denjenigen der Juristen und Metaphysiker abgelöst, bis im positiven Stadium die Industriellen und Wissenschaftler die Führung übernehmen.

Hintergrund des ganzen Schemas ist natürlich der Fortschrittsglaube, auf den wir im nächsten Kapitel zurückzukommen haben, denn das „Positive Stadium" ist zugleich das höchste, aus dem alles Heil zwangsläufig strömen wird.

Mit dieser groben Zusammenfassung der Empire-Schriften konnten wir nur einige Haupttendenzen festhalten. Das Ganze ist ein zunächst abschreckendes Sammelsurium immer erneuter Ansätze, in sich nicht stimmig, womit der Autor sich schon den Spott seiner Zeitgenossen zugezogen hat. Für seine „Introduction" hat er sich im Bemühen, die Einheit der Wissenschaften recht plastisch zu machen, auch einen „arbre encyclopédique" zeichnen lassen[36], eine Eiche, die aus einem dicken Stamm der „science générale" die verschiedenen Äste der Einzelwissenschaften herauswachsen läßt. Von seiner Genialität als Universalist ist er so überzeugt, daß er zu schreiben wagt: „Ich glaube eine enzyclopädische Konzeption gefunden zu haben, die besser ist als diejenige von Bacon, eine Konzeption vom Weltsystem, die besser ist als diejenige von Newton und eine bessere Methode als diejenige von Locke."[37] Ist er den großen Engländern nur überlegen, so sieht er damals in den prominenten französischen Wissenschaftlern seiner Zeit, die ihn abblitzen lassen, direkt seine Gegner, was sich bis zum Verfolgungswahn steigert. Besonders den großen Physiker, Mathematiker und Astronomen LAPLACE betrachtet er als seinen persönlichen Feind und Verfolger, überschüttet ihn mit Hohn und wünscht ihm eine Kappe mit Eselsohren.

---

[34] E. DURKHEIM, Le socialisme. Sa definition et ses débuts, La doctrine Saint-Simonienne, Paris 1928, S. 308, S. 312 (von RENÉ KÖNIG übernommene Fußnote).

[35] RENÉ KÖNIG, l.c., S. 30.

[36] Anthropos VI, nach S. 106.

[37] Lettres au Bureau des Longitudes, anthropos VI, S. 222. Saint-Simon richtete sieben öffentliche Briefe an diese angesehene Institution, die sich zwar in erster Linie mit Forschungen für die Schiffahrt befaßte, in der aber berühmte Gelehrte der Zeit mitarbeiteten. Da die Aufnahme dieser Briefe sehr distanziert war, beendet Saint-Simon die Korrespondenz verärgert und arrogant: „Es wäre mir ein leichtes, mich für die kühle Aufnahme zu rächen, die Sie meinen Ideen bereitet haben: aber ich erweise Ihnen Gnade. Ein Mann, welcher ein großes Ziel hat, ist über kleine Leidenschaften erhaben" (VI, S. 277).

HENRI GOUHIER hat über das Werk von Saint-Simon ein letztlich negatives Urteil gefällt, das der Verf., auf das Gesamtwerk bezogen, nicht teilt. Aber im Hinblick auf die in diesem Kapitel behandelten Schriften trifft es weitgehend zu: „Dieser formlose Haufen von Broschüren, von Prospekten und Entwürfen hat freilich eine Einheit; aber sie hält einer Überprüfung durch die Vernunft nicht stand."[38] Zu der von Saint-Simon angeregten „neuen Enzyklopädie" kam es nicht. Der Saint-Simonist PIERRE LEROUX wird erst eine Generation später in bescheidenem Rahmen etwas Ähnliches publizieren.[39]

15. Kapitel
Fortschrittsglaube und Sehnsucht nach Frieden in einem vereinigten Europa

Die Grundauffassung Saint-Simons ist – und sie bleibt ihm bis an sein Lebensende trotz einiger Einschränkungen erhalten –, daß die Menschheit in einem **unaufhaltbaren Fortschritt** begriffen ist. Auch hier hat die Metaphysik ihn wieder unversehens gepackt, die in immer neuen Gewandungen den Menschen verführt. Hatte schon BACON, dieser große Feind aller Vorurteile[1], an die Naturbeherrschung durch wissenschaftlichen Fortschritt geglaubt[2], so entwickelt sich ein allgemeiner und undifferenzierter Fortschrittsglaube infolge der zahlreichen neuen naturwissenschaftlichen Erkenntnisse und technischen Innovationen im 19. Jahrhundert zu üppigster Blüte. Was gelegentlich schon früher ausgesprochen worden war, wird nun zur allgemeinen und festen Weltanschauung der reüssierten oder aufsteigenden Bourgeoisie und doch wenigstens zur Hoffnung des Proletariats – auch eine Art „Opium des Volkes". Für Anspruchsvollere wird HEGEL, der zehn Jahre jüngere Zeitgenosse Saint-Simons, die Stichworte liefern: im umfassenden Konzept der Verwirklichung Gottes oder der Vernunft in der Geschichte und kulminierend im Staat. Diesem Glauben werden zwar einzelne Denker schon wieder in der zweiten Hälfte des vorigen Jahrhunderts zusetzen, zunächst Dichter (FLAUBERT, BAUDELAIRE)[3] oder Dichterphilosophen (DOSTOJEWSKI, NIETZSCHE) und GEORGES SOREL wird die Illusion des Fortschritts 1908 ausdrücklich anprangern.[4] Doch sie wird erst durch den 1. Weltkrieg und seine Folgen in ihrer Breite erschüttert werden. Bis dahin hat es jedoch noch Zeit. Und Saint-Simon wird diesem damals herrlich aufblühenden Fortschrittsglauben mit

---

[38] GOUHIER, l.c., Bd. II, S. 273.

[39] PIERRE LEROUX (mit J. REYNAULD), Encyclopédie nouvelle, 8 Bde., 1838–41.

[1] FRANCIS BACON geht in seinem „Novum organon" (1620) den Ursachen verschiedener Arten von Vorurteilen („Idola") nach. Eine frühe „Ideologiekritik"!

[2] BACON fordert, „eine bessere und vollkommenere Handhabe und Anwendung des menschlichen Geistes und Verstandes einzuführen" und erklärt, daß er „Nutzen für die Größe der Menschheit suche" (Das Neue Organon, Berlin 1962, S. 13 und 17). Aber er bittet auch darum, „daß Menschenwerk den göttlichen Dingen keinen Abbruch tue" (a.a.O., S. 15).

[3] KARL LÖWITH hat dies für unseren spezifischen Zusammenhang treffend in seiner „Weltgeschichte als Heilsgeschehen" hervorgehoben. Vgl. die 7. Aufl. der Taschenbuchausgabe, Stuttgart 1979, S. 91–93.

[4] GEORGES SOREL (1847–1922), Les illusions du progrès, Paris 1908.

seiner wohl berühmtesten Formulierung Ausdruck geben, über die wir heute nur noch traurig lächeln können: „Das goldene Zeitalter des Menschengeschlechts liegt keineswegs hinter uns, es liegt vor uns."[5]

In diesem Zusammenhang ist die Auseinandersetzung Saint-Simons mit CONDORCET wichtig. Diese Auseinandersetzung findet sich – von einer früheren, diesbezüglich unergiebigen Ausführung abgesehen[6] – in seinen 1811 geschriebenen Briefen an den Grafen REDERN[7], die wir schon kennen, in jener eigentümlichen und wirren Mischung von Geschäftskorrespondenz, Anklagen und philosophischen Betrachtungen.

Voll steht Saint-Simon hinter CONDORCET bei der Aufgabe, wobei dieser sich als erster vorgenommen hatte, eine Geschichte von der Vergangenheit und Zukunft der allgemeinen Intelligenz zu konzipieren.[8] Aber dann urteilt Saint-Simon vernichtend: „Sein Projekt war erhaben, die Ausführung nichts wert."[9] Und er läßt daraufhin Revue passieren, was er an CONDORCET zu tadeln findet.[10] Es ist dreierlei, wobei das Manuskript aber mitten im Satz abbricht, so daß er vielleicht weitere Fehler monieren wollte.

1) CONDORCET setze einen falschen Anfang, indem er dem Menschen von Anfang an ein konventionelles Zeichensystem unterstelle, ihn gleich mit Sprache ausstatte. Die Herausbildung der Sprache sei aber ein unendlich langer Prozeß und die schwierigste aller Leistungen der Intelligenz überhaupt gewesen.

2) CONDORCET habe die Religion als Hindernis auf dem Wege zum Glück der Menschheit betrachtet, eine total falsche Auffassung. Denn mit Hilfe religiöser Institutionen hätten geniale Menschen die Menschheit überhaupt erst zivilisieren können. „Die religiösen Institutionen ... haben manche Unannehmlichkeiten gebracht, aber das verhindert nicht, daß sie eher nützlich als schädlich gewesen sind."[11] Die Religionen hätten im übrigen, wie andere Institutionen, ihre Kindheit, ihre Reifezeit und ihr Verfallsstadium, und erst in letzterem seien sie schädlich, wie im Jugendalter noch ungenügend.

3) CONDORCET habe „die menschliche Intelligenz für unendlich perfektionierbar gehalten"; auch dies sei eine falsche Konzeption, denn die geistigen Fähigkeiten akkumulierten sich nicht einfach, sondern neue Qualifikationen träten an die Stelle früherer, die verlorengingen. Und er führt Beispiele von Kunstwerken der Antike an, die heute niemand mehr herstellen könne, oder von der Kampfeskraft früherer Völker, die verlorengegangen sei. Dagegen seien die physikalischen und mathematischen Wissenschaften heute weit überlegen, und Physiologie und Psychologie hätten den Aberglauben und die Scharlatane verdrängt.

Und dann kommt ein Gedanke, der sich später im Jahrhundert bei anderen Evolutionisten wiederfindet, die sich für seine Entdecker hielten: „Die Entwick-

---

[5] Anthropos I, S. 247/48 (Schlußabsatz des Werkes „De la réorganisation de la société Européenne"), komplett zitiert am Ende dieses Kapitels.
[6] Introduction (anthropos VI, S. 64).
[7] Anthropos I, S. 105–137.
[8] Ebenda, S. 113.
[9] Ebenda. An anderer Stelle urteilt er: „Diese Arbeit, wenn auch mangelhaft in allen ihren Teilen, ist gleichwohl eines der schönsten Werke des Menschengeistes" (Introduction, anthropos VI, S. 65).
[10] Ebenda, S. 114–118.
[11] Ebenda, S. 115.

lung der allgemeinen Intelligenz war denselben Gesetzen unterworfen, wie diejenige der individuellen Intelligenz. Es war dasselbe Phänomen, das sich im kleinen Maßstab im Individuum, wie im größeren Maßstab in der Gattung zeigte."[12]

Dieser Fortschrittsglaube Saint-Simons war also nicht so undifferenziert wie man oft annimmt. Aber er war doch noch simpel und pauschal. Sehr richtig kritisiert auch GEORGES GURVITCH: Saint-Simon „entgeht nicht der Versuchung, einer allgemeinen Theorie der Soziologie eine allgemeine Theorie der Gesellschaft unterzuschieben ..., nicht zufällig identifizierte er die soziale Physiologie mit der Philosophie".[13] Und GURVITCH hat durchaus recht, wenn er seine Kritik an Saint-Simon, den er übrigens als einen Begründer der Soziologie durchaus ernst nimmt und schätzt: „Er ist so gründlich von dem Glauben an den unilinearen Fortschritt der Menschheit und der Gesellschaft durchdrungen, daß er der Auffassung ist, die Freiheit des Menschen könne die sozialen Determinismen nur zum Triumph der vollständigen Harmonie in der Gesellschaft führen."[14]

Dieser Fortschrittsglaube ist eng verbunden mit der Sehnsucht Saint-Simons nach **Frieden,** der wir uns jetzt als einem Hauptopos seines Wirkens und Werkes zuwenden müssen. Hatte er in seiner Jugend als Berufsoffizier am amerikanischen Unabhängigkeitskrieg teilgenommen, die französischen Territorien in Mittelamerika gegen Angriffe verteidigt oder in Frankreich für den Ernstfall exerziert, so hat er dann gewiß die Revolutionskriege und die napoleonischen Eroberungen mit militärischem Sachverstand verfolgt. Er hat aber, dies ist ihm durchaus zu glauben, seit Beendigung seiner Militärzeit zunehmend Distanz zu der Auffassung gewonnen, man könne mit militärischen Mitteln die Probleme der Welt lösen. Gerade sein immer stärker werdender Kontakt zu einfacheren Schichten der Bevölkerung, in deren Schoße er sich wohl fühlte, hat ihn die Friedenssehnsucht breiter Volksmassen erkennen lassen. Man darf ja nicht, wie dies vielfach heute geschieht, kriegerische Parolen von Machthabern mit dem wirklichen Willen des Volkes gleichsetzen (auch der „totale Krieg", den nationalsozialistische Machthaber im 2. Weltkrieg proklamierten, entsprach nicht der Volksstimmung). Die Forderung nach Frieden hat Saint-Simon jedenfalls sowohl als sozialphilosophischer wie als politischer Publizist so deutlich erhoben, daß man ihn einen der ersten „Pazifisten" nennen darf.

In seiner Arbeit über die „Gravitation Universelle" (skurrilerweise gleichzeitig ein Rezept um die Engländer zu bewegen, „die Freiheit der Meere wieder anzuerkennen") schrieb Saint-Simon an NAPOLEON 1813: „Wenn Sie ... die ungeheure Menge Siegeslorbeer noch vermehren wollen, die Sie bereits erworben haben, so werden Sie Frankreich vernichten und sich am Ende in direkter und absoluter Opposition zu den Intentionen Ihrer Untertanen befinden."[15] Der Kaiser verfolgte, wie jeder weiß, seinen eingebildeten Ruhmesweg weiter, wurde besiegt, versuchte aber noch einmal sein Glück durch die Rückkehr von Elba nach Frankreich. Da schrieb Saint-Simon in seiner „Profession de Foi", seinem „Glaubensbekenntnis" vom 15. März 1815, sein bereits zitiertes Verdikt über den Mann „aller Exzesse des Militärdespotismus".[16]

---

[12] Ebenda, S. 118.
[13] Einleitung zur „Physiologie Sociale", S. 23.
[14] l.c., S. 30.
[15] Anthropos V/2, S. 216.
[16] Anthropos, VI, S. 350.

Solche Äußerungen zur Tagespolitik, die man noch durch weitere entsprechend ergänzen könnte, ruhen aber auf einem tiefer angelegten Fundament. Bereits THOMAS PETERMANN hat jüngst treffend festgestellt: „Die Wissenschaft als eine Wissenschaft des Friedens zu verstehen, sie aus der Verfilzung in die Machenschaften der Politik und aus ihrer Integration in die Maschinerie des Krieges herauszulösen und die Summe aller wissenschaftlichen Anstrengungen auf ein humanes Ziel zu lenken, das ist die Forderung, die seine Bemühungen wesentlich charakterisiert."[17]

In seinem „Mémoire" findet sich ein dramatischer Appell an die Wissenschaftler seiner Zeit: „Das Menschengeschlecht hat eine der schwersten Krisen zu bestehen, die es seit seinem Beginn durchmachen mußte. Was tun Sie, um diese Krise zu beenden? Welche Mittel haben Sie, um die Ordnung der menschlichen Gesellschaft wiederherzustellen? Ganz Europa stranguliert sich. Was tun Sie, um diese Metzelei zu stoppen? Nichts! Was sage ich da? Es sind ja gerade Sie, welche die Instrumente der Vernichtung perfektionieren. Gerade Sie dirigieren auch ihre Anwendung. In allen Armeen stehen Sie an der Spitze der Artillerie. Sie leiten die Attacken. Was tun Sie, ich frage nochmals, um den Frieden wiederherzustellen? Nichts!"[18]

Mochten diese Worte auch zu Beginn des vorigen Jahrhunderts noch utopischer klingen als heute, so bleibt ihnen im Atomzeitalter nichts hinzuzufügen. Das Thema ist als fundamental erkannt, und die „Friedenssicherung" ist in unserem Jahrhundert ebenso wie die „Volkssouveränität" zum Lippenbekenntnis aller Regierungen und Gewalthaber geworden, wenn man auch über die Wege dazu verschiedener Meinung sein kann. Es ist jedenfalls kein Zufall, wenn später aus dem Kreis der Saint-Simonisten auch wichtige Beiträge zum Pazifismus geliefert werden. Recht hatte Saint-Simon mit seiner Aussage: „Die Wissenschaft vom Menschen ist die einzige, welche zur Aufdeckung von Möglichkeiten führen kann, die Interessen der Völker zu versöhnen."[19] Aber selbst heute beachten manche Friedensforscher nicht immer sein folgendes Postulat: „Die Methode der empirischen Wissenschaften („sciences d'observation") muß auf die Politik angewendet werden. Vernunftsurteile und Erfahrungen sind die Elemente dieser Methode."[20] Durch Vernachlässigung der Empirie zugunsten ihrer Wunschvorstellungen geraten so die Friedensforscher manchmal in die Rolle von Hofnarren – es waren und sind oft kluge Köpfe darunter –, die von den Machthabern nur dazu mißbraucht werden, sich ein gewisses Alibi zu verschaffen.

So sehr Saint-Simon später sein Amerika-Erlebnis als Beginn seiner fortschrittlichen Orientierung hochstilisiert, so sehr bleibt er doch Europäer. Und wir sahen schon, daß er anläßlich der Verhandlungen des Wiener Kongresses mit Hilfe von THIERRY ein wichtiges Werk fertigstellte, das sich mit der Reorganisation der europäischen Gesellschaft befaßte, und das ihn als einen genuinen Vorkämpfer der europäischen Einigungsbewegung ausweist. Nun ist sich auch Saint-Simon seiner Vorläufer oft bewußt, und er liebt es geradezu, an sie verehrungsvoll oder kritisch anzuknüpfen. Wir sahen dies an seiner Bewunderung für

---

[17] Thomas Petermann, l.c., S. 79.
[18] Anthropos V/2, S. 39/40.
[19] Anthropos V/2, S. 40.
[20] Anthropos I/1, S. 195.

NEWTON oder DESCARTES, wir sind auf seine ausführliche Auseinandersetzung mit den Fortschrittskonzeptionen von CONDORCET eingegangen. Ähnlich verfährt er nun auch bezüglich seiner Vorschläge für eine europäische Einigung, wobei er sich auf französische Autoren beschränkt. Hier hatten wohl bereits König HEINRICH IV. und sein Minister, der Herzog von SULLY, europäische Konzepte zur Friedenssicherung in Europa ventiliert[21], aber vor allem ist für Saint-Simon diesbezüglich der Abbé CHARLES-IRÉNÉE CASTEL DE SAINT-PIERRE (1658–1743) wichtig, der in seinem „Projet de paix perpétuelle en Europe"[22] einen ewigen Friedensbund zwischen den christlichen Staaten gefordert hatte. Diesen nimmt Saint-Simon nun unter die Lupe und überprüft ihn daraufhin, was an ihm brauchbar und was allzu utopisch erscheint.

Auch in dieser Schrift „Über die Neuordnung der europäischen Gesellschaft" wird deutlich, daß Saint-Simon das Mittelalter nicht wie die meisten Philosophen des 18. Jahrhunderts sehr negativ, sondern durchaus auch positiv sieht. In einem einführenden Kapitel, das er an die Parlamente Englands und Frankreichs richtet, heißt es verklärend – ähnlich wie im Schrifttum seines konservativen Zeitgenossen DE BONALD[23] – gleich im einleitenden Absatz: „Vor dem Ende des XV. Jahrhunderts bildeten alle Nationen Europas einen einzigen politischen Organismus, der friedfertig im Innern, aber wehrhaft gegen die Feinde seiner Verfassung und seiner Unabhängigkeit war."[24] Natürlich will Saint-Simon zu jenem Zustand, in welchem die römisch-katholische Religion „das passive Band der europäischen Gesellschaft" war und der Klerus „darin das aktive Band", nicht zurück. Doch er ist für ihn das große Modell, an dem eine neue Ordnung gemessen werden muß. Gewiß kann keine „Einrichtung, die auf einer Lehre gegründet ist ... länger als diese dauern".[25] Aber die auf das Mittelalter folgende „Unordnung", wo die Mächte kein anderes Ziel kannten, als ihre Streitkräfte gegeneinander zu verstärken, wobei England versuchte, mit Hilfe eines „Gleichgewichts der Kräfte" seine Macht auszubauen, hatte keine gesunde Basis und war Ursache nicht enden wollender Kriege. „Es gibt", so meint er, „keine Ruhe und kein Glück für Europa, bis nicht ein politisches Band England mit dem Kontinent verbindet, von dem es jetzt getrennt ist."[26] Und er empfiehlt daher als Nukleus eines fortschrittlichen politischen Systems in Europa eine enge Verbindung zunächst Frankreichs mit England: „Wenn Frankreich und England sich aus Interessen zusammenschließen, wie es politische Prinzipien aufgrund der Ähnlich-

---

[21] MAXIMILIAN DE BÉTHUNE, Duc DE SULLY (1559–1641) hat Denkschriften über die „Œconomies royales" verfaßt, worin er ein angebliches „Grand Dessein" von HEINRICH IV. darlegt, dessen Authentizität freilich mit Skepsis zu betrachten ist.
[22] 3 Bde., Utrecht 1713 bis 1716. Deutsch von Fr. v. OPPELN-BRONIKOWSKI, Klassiker der Politik, Bd. 4, 1922.
[23] LOUIS DE BONALD (1754–1840), Staatsminister (1822) und katholisch royalistischer Schriftsteller. Als Begründer des „Traditionalismus" leitete er die Philosophie aus der Offenbarung ab und sah als politischer Romantiker im Staat die Vertretung Gottes auf Erden. „Theorie der politischen und religiösen Macht in der bürgerlichen Gesellschaft" (1796) mit scharfen Angriffen auf die französ. Revolution. „Œuvres complètes" (12 Bde.), Paris 1817–19.
[24] Wir zitieren aus der Arbeit „Über die Neuordnung der europäischen Gesellschaft" im Folgenden – wo nicht anders vermerkt – nach der Übersetzung bei THILO RAMM (Hrsg.), Der Frühsozialismus, Quellentexte, 2. A., Stuttgart (Kröner) o.J., hier: S. 28.
[25] Ebenda, S. 28/29.
[26] Ebenda, S. 30.

keit ihrer Regierungen sind, dann werden sie selbst ruhig und glücklich sein, und Europa wird auf Frieden hoffen können."[27] Er sieht also, daß ein dauerhafter Zusammenschluß nur auf Grund gleicher Regierungsprinzipien möglich ist, wobei ihn die Übernahme englischer Verfassungselemente durch die französische Restauration mit Hoffnung erfüllte.

Zurück aber zum Abbé DE SAINT-PIERRE. „Sicherlich ist ... die Idee, alle europäischen Völker durch eine politische Institution miteinander zu verbinden, keine Träumerei, denn sechs Jahrhunderte lang hat eine ähnliche Ordnung bestanden."[28] Aber der Abbé habe einen undurchführbaren Vorschlag damit gemacht, daß er eine allgemeine Konföderation aller Souveräne Europas vorschlug. „Was können die Souveräne bei ihren Verhandlungen untereinander ... anders in ihrem Sinne haben als ihre Sonderansichten; und welches Interesse können sie verfolgen außer ihrem Eigeninteresse?"[29] Genau dieses Verfechten partikularer Interessen befürchtet er zu Recht vom Wiener Kongreß, ja er geht einmal sogar so weit, Kongresse „nutzlos" zu nennen. Dagegen spielt er, der große Kritiker des Papsttums und der Kirche seiner Zeit, ausdrücklich auf die wirksame „päpstliche Organisation" früherer Zeiten an und fordert: „Jedwede politische Organisation, die dazu eingerichtet ist, um mehrere Völker zusammenzufassen und dabei jedem die nationale Unabhängigkeit zu erhalten, muß systematisch homogen sein, d. h., alle Institutionen in dieser Organisation müssen die Ableitungen aus einer einheitlichen Konzeption sein; daher muß folgerichtig die Regierung auf allen ihren Stufen eine ähnliche Form haben."[30] Und: „Die allgemeine Regierung muß von den Nationalregierungen völlig unabhängig sein."[31] Und weiter dazu: „Diejenigen, die eine allgemeine Regierung bilden ... müssen in sich stark sein, mit einer Gewalt, die in ihnen liegt, und keiner fremden Kraft etwas verdankt. Diese Gewalt ist die öffentliche Meinung."[32] Wer wird hier nicht an die Miseren des technokratischen Europas denken und an die Vergeblichkeit des Bemühens, die öffentliche Meinung nach dem Kriege für ein eng vereintes Europa so stark zu machen, daß die Politiker sich ihr hätten beugen müssen? Es versteht sich auch schon vom Ansatz her, daß alle Nationen Europas von nationalen Parlamenten regiert werden müssen, aber „diese alle müssen zur Bildung eines allgemeinen Parlaments zusammenwirken, das über die gemeinsamen Interessen der europäischen Gesellschaft entscheidet".[33]

Der erste Schritt sollte, wie ausgeführt, der Zusammenschluß Englands und Frankreichs, auch mit Hilfe eines gemeinsamen Parlaments sein. Wie denkt Saint-Simon aber über Deutschland, dem er in seinem Werk ebenfalls zwei Kapitel widmet? Deutschland ist für seine Konzeption der dritte wichtige Faktor für das neue vereinigte Europa: „Sobald der Zeitpunkt gekommen sein wird, an dem die englisch-französische Gesellschaft durch den Anschluß Deutschlands verstärkt ... sein wird, wird sich die Neuordnung des restlichen Europas rascher, reibungsloser und leichter vollziehen."[34] Zur Begründung dafür heißt es: „Denn

---

[27] S. 32.
[28] S. 37.
[29] S. 38.
[30] S. 40.
[31] Ebenda.
[32] Ebenda.
[33] S. 50 (Überschrift zum II. Buch).
[34] S. 79/80.

die Deutschen, die dann in die gemeinsame Regierung berufen werden, besitzen in ihren Überzeugungen jene Lauterkeit der Moral und jenen Adel der Gefühle, die sie auszeichnet, und werden vermöge ihres Beispiels die Engländer und Franzosen zu sich heraufziehen, die ihre geschäftliche Tätigkeit individualistischer und eigensüchtiger werden ließ."[35] Schon vorher hatte er, ähnlich idealisierend wie Madame DE STAËL in ihrem berühmten Deutschland-Buch, ausgeführt: „Die reinste Moral, die nie täuschende Wahrhaftigkeit und eine über allen Beweis erhabene Rechtschaffenheit finden sich bei der deutschen Nation."[36] Selbst „die Willkürherrschaft ist dort mild und väterlich".[37] Trotzdem: „Eine große Unruhe läßt sich gegenwärtig in Deutschland spüren; die Freiheitsideen keimen in allen Köpfen, alles deutet darauf hin, daß sich eine Revolution vorbereitet."[38] Doch gerade diesbezüglich könnte die europäische Neuordnung heilsam wirken: „Die erste Aufgabe des englisch-französischen Parlaments muß es aber sein, die Neuordnung Deutschlands zu beschleunigen, indem es seine Revolution abkürzt und sie weniger schrecklich werden läßt."[39]

Saint-Simon betont abschließend, er habe mit seiner Schrift beweisen wollen, „daß allein die Verwirklichung eines politischen Systems, das dem jetzigen Erkenntnisstand entspricht"[40], eine friedliche und stabile Ordnung in Europa begründen könne. Denn, wie er einleitend ausgeführt hatte: „Die soziale Ordnung ist umgestürzt worden, weil sie nicht mehr mit dem Bildungsstand übereinstimmte."[41] Und er beendet sein Werk dann mit der berühmt gewordenen schon teilweise zitierten Passage: „Das goldene Zeitalter des Menschengeschlechts liegt keineswegs hinter uns, es liegt vor uns, es liegt in der Vervollkommnung der Gesellschaftsordnung; unsere Väter haben es nicht gesehen, unsere Kinder werden eines Tages dorthin gelangen. An uns liegt es, ihnen den Weg dorthin zu bahnen."[42]

16. Kapitel
„Alles durch die Industrie, alles für die Industrie"[1]

Seit Saint-Simon diese Begriffe prägte, spricht man davon, daß wir uns im „Industriezeitalter" befinden, oder daß wir in einer „Industriegesellschaft" leben. Nicht zuletzt ARNOLD TOYNBEE hat zwischen den beiden Weltkriegen den Begriff der „Industriellen Revolution" populär gemacht für einen Umbruch, welcher sich zwischen 1750 und 1850 vollzog und unsere moderne Welt schuf. Eine geistige Avantgarde (z. B. ALAIN TOURAINE[2]) meint uns schon in einem „postindu-

---

[35] S. 80.
[36] S. 77.
[37] Ebenda.
[38] S. 78.
[39] S. 79.
[40] S. 80.
[41] S. 26.
[42] Anthropos I, S. 247/48.

[1] „Tout par l'Industrie; tout pour elle" lautete das Motto zu Bd. I von „L'Industrie" im Mai 1817.
[2] ALAIN TOURAINE, La société post-industrielle, Paris 1969.

striellen" Zeitalter, in einer „nachindustriellen" Gesellschaft zu sehen, wobei natürlich alles darauf ankommt, daß die Kriterien der Abgrenzung einschneidende Zäsuren setzen. Wir halten eher dafür, daß sich das Industriezeitalter, seiner eigenen Dynamik folgend, in verschiedenen Physiognomien ausprägt.

Wie dem auch sei, das Wirken Saint-Simons fällt in den Anfang eines Entwicklungsprozesses, den man mit Recht den industriellen nennt, wobei England den Vorreiter spielt, während Belgien, Frankreich und Deutschland folgen. Wann werden die Zeitgenossen einen solchen Prozeß gewahr? Retrospektiv erscheint alles einfach; aber die meisten der auf dem „Wiener Kongreß" versammelten Staatsmänner, auch nicht wenige der sozialphilosophischen Schriftsteller jener Epoche, hatten nichts von diesen Zeichen der Zeit bemerkt.

Man hat Saint-Simon den „Propheten des industriellen Zeitalters" genannt und mit Recht. Zwei seiner Schriftensammlungen führen die Begriffe „Système industriel" oder „L'Industrie" als Titel, und er hat schließlich eine weitere Zusammenfassung „Catéchisme des industriels" überschrieben. Worum handelt es sich bei diesem von ihm popularisierten Begriff, der, etymologisch von lat. „industria" = Fleiß, beharrliche Tätigkeit, Betriebsamkeit abgeleitet und in englischen und französischen Derivationen noch heute entsprechend verwendet, bei uns[3] restriktiver auf gewerbliches Schaffen gemünzt wird, ja dieses dann auf Fabrikbetriebe einengt?

Saint-Simon hat uns selbst seine Antwort auf die Frage gegeben, was denn nun ein „Industrieller" sei. Er geht vom damals überkommenen, noch geringer spezifizierten Begriff aus und sagt zu Beginn seines „Catéchisme des Industriels": „Ein Industrieller ist ein Mann, der arbeitet, um zu produzieren oder um verschiedenen Mitgliedern der Gesellschaft ein oder mehrere Mittel zu ihrer Bedürfnisbefriedigung zur Verfügung zu stellen".[4] Und er führt dann beispielhaft einige Berufe an, die sich in die drei großen Klassen der Landwirte, Fabrikanten und Händler gliedern lassen. Aber dies genügt natürlich nicht. Aus anderen Stellen seines Werkes erhellt, daß er den Begriff der „Industrie" weiter konzipiert, und zwar im weitesten Sinne, „der alle Arten nützlicher Arbeiten umfaßt, die Theorie wie ihre Anwendung, die Arbeiten des Geistes wie der Hand".[5] Und Saint-Simon rechnet auch die Künste durchaus hinzu. Der Begriff in seinem weiteren Sinne wird also von ihm auf alle Arten produktiver Arbeiten angewandt, die der Gesellschaft einen wirklichen Nutzen bringen. Das ergibt sich auch aus seiner berühmten „Parabel", in welcher er die leider noch immer prominenten Drohnen der Gesellschaft allen denjenigen gegenüberstellt, die auf den verschiedensten Gebieten etwas schaffen. Und es ist auch *expressis verbis* in folgender Passage seines Werkes über „L'Industrie" zu finden: „Das corps industriel setzt sich ... aus zwei großen Familien zusammen: Aus derjenigen der Wissenschaftler oder der Industriellen der Theorie und derjenigen der direkten Produzenten oder anwendenden Wissenschaftler. Wenn in unseren bisherigen Ausführungen nur von den industriellen Praktikern die Rede gewesen ist, so können wir ganz

---

[3] Als Kunstwort der Staatswissenschaft erscheint Industrie zuerst 1754 im Deutschen, wobei der französische Ursprung bewußt bleibt (vgl. FRIEDRICH KLUGE, Etymologisches Wörterbuch der deutschen Sprache, 19. Aufl., Berlin 1963). Der pejorative „Industrieritter" = betrügerischer Glücksritter und Hochstapler ist noch der älteren Bedeutung verhaftet.
[4] Anthropos IV, S. 3.
[5] Anthropos I/2, S. 165.

analoge Überlegungen auch in bezug auf die Theoretiker der Industrialisierung anstellen."⁶ Es geht ihm also, um eine Formulierung des 20. Jahrhunderts zu gebrauchen, um alle „Arbeiter der Stirn und der Faust". Es geht ihm um die Wissenschaftler, die Praktiker und Techniker aller Etagen und die Künstler. Wobei letzteren sowohl die Aufgabe zufällt, im einzelnen an der Gestaltung der materiellen Werke mitzuwirken, als auch dem neuen Zeitalter einen würdigen und gebührenden künstlerischen Ausdruck zu geben. Und um ein letztes Mal dem umfassenden Begriff der Industrie Nachdruck zu geben, führen wir den Titel des Werkes über Industrie an, wie er ihn in mehreren Ankündigungen der Jahre 1816/17 folgendermaßen formuliert hat: „L'Industrie Littéraire et Scientifique liguée avec l'Industrie Commerciale et Manufacturière"; wobei er sich von diesem Bündnis der verschiedenen Industrieformen den entscheidenden Durchbruch gegenüber den noch perservierenden Formen älterer Gesellschaftsordnungen erhoffte.

Das ist überhaupt sein fundamentales Anliegen: der ganzen Gesellschaft eine neue Orientierung zu geben, die er in der Restauration so schmerzlich vermißt. Eine Neuorientierung, welche die unabdingbare Voraussetzung der **aufbauenden** Tätigkeit des 19. Jahrhunderts sein muß, nachdem das 18. Jahrhundert vor allem das Werk der **Zerstörung** überholter Formen und Ideen vollbrachte, indem es die nötige Aufklärung gab. Dies entspricht auch seiner umfassenderen geschichtsphilosophischen Konzeption, die einen Wechsel „kritischer" und „organischer" Epochen diagnostizierte, wobei man zu seiner Zeit am Beginn einer neuen „organischen" Periode stehe. Hier müssen alle Kräfte auf ein Ziel konzentriert werden und zwar bewußt: „Meiner Ansicht nach ist das einzige Ziel, auf welches sich alle Gedanken und alle Anstrengungen richten müssen, **die günstigste Organisation für die Industrie**; für eine Industrie im weitesten Sinne des Wortes, die alle Arten nützlicher Arbeiten umfaßt".⁷

Nun wisse man aber, wie sehr die alten Doktrinen, auf denen frühere Gesellschaften sicher ruhten, an Kraft und Einfluß verloren haben. Es sei daher unerläßlich, eine neue allgemeine Gesellschaftstheorie zu schaffen, die dem gegenwärtigen Stand der Zivilisation und des geistigen Fortschritts angemessen ist. Sowohl eine neue Sozialorganisation wie eine neue geistige Gemeinschaft sei erforderlich. Eine solche Doktrin ist „der Schlüssel zur Schatzkammer", sie ist „das Band, welches alle Teile zusammenhalten wird". Das können die noch so wichtigen philosophischen Gedanken der Aufklärung niemals leisten, denn – wie öfter von ihm ausgeführt – „eine Gesellschaft lebt niemals von negativen, sondern nur von positiven Ideen. Sie befindet sich heute in einem Zustand extremer moralischer Unordnung, der Egoismus hat erschreckend zugenommen, alles tendiert zur Isolierung."⁸

An vielen Stellen seines Werkes bezeichnet Saint-Simon diesen gefährlichen Zustand auch als „Krise". Und er bezieht sich dabei nicht nur auf Frankreich, sondern er kommt bei seinen entsprechenden Überlegungen auch wieder auf seine Konzeptionen für Europa zurück: „Eine allgemeine Doktrin muß, in der Tat, die Ordnung zwischen allen Nationen aufrecht halten, die genügend fortgeschritten sind, sie anzunehmen, ebenso wie es zwischen den Angehörigen einer

---

⁶ Anthropos II/1, S. 60.
⁷ Anthropos I/2, S. 165.
⁸ Alle Zitate ebenda, III/2, S. 51.

einzelnen Nation der Fall ist."⁹ Und wie das alte doktrinäre System als Basis für das Feudalsystem gedient hat, so muß es ein neues für das industrielle System sein. Diese allgemeine Theorie der Gesellschaft muß von den Wissenschaftlern erarbeitet werden. Und zwar von den positiven Wissenschaften, denn die Juristen und Metaphysiker können hierbei genausowenig helfen wie etwa die Theologen. Und nun kommt die Utopie: „Die große Revolution, der sich die Menschheit nähert, ist völlig neu in ihrer Geschichte... Bis heute hat sich das primitive System erhalten, welches auf Gewalt und List begründet war... Die bedeutendsten Revolutionen haben mit ihren mehr oder weniger bedeutenden Neuerungen den eigentlichen Charakter des Systems nicht verändert. Heute zum ersten Mal, als Endresultat aller vorbereitenden Modifikationen, geht die Menschheit zu einem absolut entgegengesetzten System über, welches materiell auf dem positiven Gemeinnutzen basiert, geistig auf den positiven Beweisführungen."¹⁰

Trotz seines Utopismus konnte Saint-Simon nicht so naiv sein zu glauben, ein solches System des allgemeinen Nutzens, des Allgemeinwohls (wo „alle Menschen arbeiten werden")¹¹, würde gewissermaßen von selbst, durch ein freies Spiel der Kräfte zustandekommen, wenn er auch diesbezüglich in den ersten Jahren nach der Restauration optimistischer war und dem Wirtschaftsliberalismus näher stand als gegen Ende seines Lebens. Niemals war er auch ein Anhänger des Egalitarismus, immer war ihm klar, daß einige leiten und herrschen, andere folgen und gehorchen müssen: „Die Straße der Zivilisation ist eng. Alle können nicht an der Spitze laufen. Sie folgen sich in Reihen. Es gibt immer erste und letzte."¹² Dabei soll aber die Leistung entscheiden, es soll also eine „Meritokratie" entstehen. Diesbezüglich ist Saint-Simon zweifellos ein Elitetheoretiker und FRANK E. MANUEL hebt zusammenfassend und durchaus zurecht einmal Saint-Simons „emphasis upon human uniqueness, diversity, dissimilarity, culminating in a theory of inequality" hervor.¹³ Dabei erkennt Saint-Simon völlig richtig, daß sich auf die Dauer nur diejenigen Eliten halten können, die „gesellschaftlich nützlich" sind, und das wiederum hängt davon ab, um welche Gesellschaftssysteme es sich handelt und welche spezifischen Aufgaben und Werte darin anerkannt sind. Gerade seine eigene Herkunftskaste, der Schwertadel, zeigt ihm dies sehr deutlich. Sie hat ihren Aufstieg, aber auch ihren Untergang eben dem Wandel der Gesellschaft, ihrer Notwendigkeiten, Aufgaben und damit Werte zu verdanken.

Diese funktionalistische Überlegung führt zu der wichtigen Frage, wer denn nun in dem neuen industriellen System, das er mit Inbrunst und Optimismus begrüßt, die Herrschaft ausüben soll. Die monarchische Spitze, den König aus der Dynastie der Bourbonen, den er stützen möchte, können wir hier ruhig ausklammern. Er ist für ihn nicht mehr als ein repräsentatives Schaustück: „Der herrliche Diamant, der die Pyramide krönt".¹⁴ Entscheidend ist aber, wer in dem in-

---

⁹ Ebenda, S. 53.
¹⁰ Anthropos III/2, S. 60/61.
¹¹ So schon in den „Genfer Briefen", anthropos I/1, S. 55, dort in Kapitalbuchstaben. Wir sahen freilich schon, daß Saint-Simon den Arbeitsbegriff sehr weit faßt: Jeder soll „produktiv" tätig sein.
¹² Anthropos I/2, S. 31.
¹³ MANUEL, l.c., S. 295.
¹⁴ Anthropos V/1, S. 132.

striellen System, in der industriellen Gesellschaft wirklich zur Herrschaft berufen sein soll. Hierzu läßt sich Folgendes sagen:

Herrschen sollen natürlich auch in seiner industriellen Gesellschaft „die Besten", wobei es sich um ein uraltes Postulat mit „Leerstelle" hinsichtlich der Bezugsqualitäten handelt. Bei diesem Postulat geht es gewiß oft um reines Machtstreben von Einzelnen oder Gruppen: „Ôte-toi de là, que je m'y mette!" Aber es geht eben auch um divergierende Lagebeurteilungen und Wertauffassungen. Der Zugang zur Herrschaft und ihrer Ausübung soll für Saint-Simon jedenfalls nicht durch abstrakte Seinsqualitäten, sondern durch meßbare Leistungen bestimmt sein (wenn er auch gelegentlich von diesem Rigorismus abweicht). Dabei wird dieses Grundpostulat hinsichtlich der Herrschaftsausübung in zwei Hauptformen nacheinander entfaltet und variiert.

Seine ältere Vorstellung, vermutlich auch an antiken Vorbildern gewachsen, die ja im 18. Jahrhundert und unter der revolutionären Führungselite stark wirkten, hatte er schon in den „Genfer Briefen" entwickelt. Hier, und auch in seinen Schriften bis zum Ende der napoleonischen Herrschaft, spielen die **Wissenschaftler** die erste Geige. Sogar international soll diese geistige Avantgarde, zu der er sich immer selber rechnet, die entscheidende Rolle spielen. Sie allein sei in der Lage, die Problematik der Zeit, ihre wahren Aufgaben und Ziele zu erkennen und Strategien zu ihrer Erreichung vorzuschlagen. Denn: „Un savant est un homme qui prévoit".[15] Freilich: Dieser Gruppe, aus welcher die „hommes de génie" kommen, fällt auch schon in seinen frühen Schriften fast immer nur die geistige Führung zu, während die direkte Herrschaftsausübung („pouvoir temporel") Regierungsstellen obliegt, die auch für die materielle Unabhängigkeit der geistigen Führungseliten zu sorgen haben. Man wird bei der Lektüre dieser Schriften an Platonische Gedankengänge oder an THOMAS MORUS' „Utopia" und FRANCIS BACONS „Nova Atlantis" erinnert[16], und man kann ferner notieren, daß auch der Saint-Simon wohlbekannte Enzyklopädist CONDORCET entsprechende Überlegungen angestellt hat.[17] „Mens agitat molem", Geist regiert die Welt, ist ja ein Erlebnis, welches in Zeiten des Umbruchs engagierte Intellektuelle häufig haben und in seiner Tragweite und Dauer dann leicht überschätzen.

Saint-Simons späteres Herrschaftsmodell findet man in seinen Restaurationsschriften. Es ist nach wie vor ein hierarchisches, ein elitäres, dessen Stufen durch Leistung zu erringen sind, jedoch mit anderer Herrschaftsspitze. Der König wird als repräsentative Spitze bleiben (insofern ist Saint-Simon, wenn man will, sogar Royalist), aber auch der Monarch müßte sich durch Leistung und weise Führung legitimieren, indem er nämlich die tüchtigsten und fähigsten Zeitgenossen in die Regierung beruft. Welche sind dies jetzt? Es sind die führenden Köpfe der neuen gesellschaftlichen **Elite von Industrie, Handel und Technik,** welche auch

---

[15] „Genfer Briefe", anthropos I/1, S. 36.
[16] Bei der „Utopia" von THOMAS MORUS (1516) denken wir etwa an einen der drei regierenden Würdenträger, nämlich denjenigen der Weisheit (Sin), dem soviele Beamte unterstehen, wie es Wissenschaftler gibt, und das gesamte Erziehungswesen. BACONS Fragment „Nova Atlantis" (1627) behandelt das geistig herrschende „Haus Salomon", dessen Funktion folgendermaßen beschrieben ist: „Die Erkenntnis der Ursachen und Bewegungen sowie der verborgenen Kräfte in der Natur und die Erweiterung der menschlichen Herrschaft bis an die Grenzen des überhaupt Möglichen" (zitiert nach KLAUS J. HEINISCH (Hrsg.), Der utopische Staat, Hamburg 1960, S. 205).
[17] Wir verweisen hier auf das Fragment „Sur l'Atlantide" von CONDORCET.

weniger als die Wissenschaftler von der Regierung materiell abhängig sind. Nicht zuletzt zählt dazu – gewissermaßen als Nukleus des Herrschaftssystems –: „l'industrie banquière". In die Hände dieser führenden Industriellen, zu denen er von Fall zu Fall auch die Landwirte zählt, ist also die oberste Verwaltungsmacht zu legen: „Die Industriellen sollen die erste Klasse der Gesellschaft bilden, ihre Chefs müssen den größten Einfluß auf die Leitung der öffentlichen Angelegenheiten ausüben".[18] Die „wichtigsten unter ihnen übernehmen ohne Entgelt die Verwaltung der öffentlichen Mittel. Sie schaffen das Recht, sie fixieren den Rang, welchen die übrigen Klassen untereinander einnehmen."[19]

Wir haben bei der Lebensbeschreibung Saint-Simons gesehen, daß er nach der Restauration viele Jahre hindurch von größeren Industriellen und Bankiers unterstützt wurde. Wer will, kann hier Zusammenhänge zu der postulierten Herrschaftsgewalt dieser Kreise sehen. Wichtiger scheint uns jedoch, daß eine als Produktionswerkstatt aufgefaßte Industriegesellschaft[20], deren Zweck die Ausweitung und Verbesserung der Produktion ist, eine Wirtschaftsgesellschaft also, die dies in erster Linie sein will, folgerichtig auch die kompetentesten Wirtschaftsführer an ihre Spitze setzen müßte. Es ist nur ehrlich, wenn man ihnen auch die Aufgabe überträgt, die für sie günstigen Gesellschaftsstrukturen zu bestimmen und das Ganze zu leiten. Was soll eine Verdoppelung der Führung durch inkompetente Politiker, die reden anstatt zu handeln und doch nur Spielbälle bestimmter Interessen sind?

Soweit Saint-Simons Herrschaftslehren. Sie geben keine Faktenwissenschaft, aber sie sind an Fakten orientiert. Sie sind eine Utopie, aber keine sachfremde Spekulation. Treffend gab THOMAS PETERMANN seinem Buch über Saint-Simons Lehren nach einem öfter wiederkehrenden Topos den Titel „Die Gesellschaft als Werkstatt".[21] Und diese gigantische Werkstatt muß natürlich kompetente Leiter haben, damit die Arbeit florieren kann. Es sollen die Industriekapitäne sein.

17. Kapitel
Ein berühmtes Lehrer-Schüler-Verhältnis: Saint-Simon und Auguste Comte[1]

Auch in der Geschichte der Wissenschaften spielen Paarbeziehungen eine wichtige, aber bisher generell noch nicht untersuchte Rolle. Zur Soziologie der Zweiergruppe hat LEOPOLD V. WIESE bereits zwischen den beiden Weltkriegen

---

[18] Anthropos III/3, S. 90/91.
[19] Anthropos IV/1, S. 42.
[20] „Une nation n'est autre chose qu'une grande société d'industrie" (anthropos I/2, S. 68 f.) oder „La France est devenue une grande manufacture" (anthropos III/3, S. 91). Der Gedanke findet sich schon in den „Genfer Briefen": „ALLE MENSCHEN WERDEN ARBEITEN; sie werden sich alle wie Arbeiter betrachten, die einer Werkstatt zugeteilt sind" (anthropos I/1, S. 55).
[21] Thomas PETERMANN, Claude-Henri de Saint-Simon: Die Gesellschaft als Werkstatt, Berlin 1979.

[1] Die beste Quelle für dieses Thema, wie überhaupt für ernsthaftere Saint-Simon-Studien unentbehrlich, ist das große und gründliche dreibändige Werk von HENRI GOUHIER, La jeunesse d'Auguste Comte et la formation du positivisme, Paris 1933–1941.

Ansätze versucht, worauf man auch heute noch verweisen darf.[2] Neben dem positiven Aspekt hat WIESE dabei auch schon den wichtigen Ansatz des „Antipaares" eingebracht, „dessen Verbundenheit auf Antipathie, z. B. auf Rivalität, Konkurrenz, Opposition, ja Konflikt... beruht."[3] Jedenfalls ist das Paar im sozialen Bereich „das persönlichste unter allen Gebilden; in ihm wirkt Individuelles auf Individuelles."[4] Was den wissenschaftlichen Sektor angeht, so genügt es für die Gegenwart, auf mehrere Verleihungen des Nobelpreises hinzuweisen, durch den zwei miteinander arbeitende Natur- und Wirtschaftswissenschaftler ausgezeichnet wurden. Für die Vergangenheit wird jeder sofort an das berühmte Paar KARL MARX und FRIEDRICH ENGELS denken. Hat diese enge Freundschaft und Arbeitsgemeinschaft zwischen den beiden fast gleichaltrigen Männern (MARX 1818–83, ENGELS 1820–95) fast vier Jahrzehnte gehalten, so dauerte die Zusammenarbeit von Saint-Simon und Comte, ein typisches Lehrer-Schüler-Verhältnis, bei einem Altersabstand von 38 Jahren, immerhin sieben Jahre.

Rekapitulieren wir zunächst ganz kurz die wichtigsten Daten dieser ebenfalls berühmten Paarbeziehung, auf welche wir in unserem biographischen Teil (in den Kapiteln 12 und 13) schon mehrfach hingewiesen haben:

August 1817:   Der 19jährige Comte tritt anstelle des ausscheidenden AUGUSTIN THIERRY als Sekretär und Redakteur in die Dienste Saint-Simons.

1817/18:   Redaktionsarbeit am 3. und 4. Band von „L'Industrie".

1819:   Zusammenarbeit an der unregelmäßig erscheinenden Zeitschrift **„La Politique".**

1820/22:   Zusammenarbeit an einer Reihe von Broschüren und Briefen unter dem Titel **„Du Système industriel".**

1823/24:   Arbeiten an den vier Heften des **„Catéchisme des industriels",** dessen 3. Heft (April 1824) unter dem Titel „Système de Politique Positive" von Comte allein geschrieben wurde, der erstmalig auch als Verfasser zeichnet.

April/Mai 24:   Bruch zwischen Saint-Simon und Comte.

Zum Zwecke der Analyse der siebenjährigen engen Beziehungen zwischen Saint-Simon und Comte könnte man versucht sein, die Frage nach der Interessen- und Gefühlslage beider Männer von derjenigen nach ihrer geistigen Einstellung, Entwicklung und Produktion zu trennen. Freilich zeigt die Realität hier wie auch sonst in entsprechenden Fällen das, was jede ernsthaftere Wissenssoziologie immer ergibt: Wir finden ein intensives Verwobensein der betr. Sphären, so daß jeder Versuch solcher Aufschlüsselung allzu akademisch ausfallen müßte. Auch das häufige Bemühen, die eine oder andere Sphäre gewissermaßen als Basis des Wirkens anzusehen oder auszugeben, vergewaltigt die Wirklichkeit, wobei gewiß in konkreter Situation einmal die eine, ein anderes Mal die andere Komponente als die stärkere angesehen werden kann.

Im August 1817 begannen zwei Männer ihre Zusammenarbeit als Wissenschaftler und politische Publizisten, die in besonderer Weise füreinander geschaffen schienen. Der ältere und erfahrene, dabei höchst energiegeladene Mann fand als Lehrer den jungen Schüler; der Beschaffer von Geldmitteln gab

---

[2] LEOPOLD V. WIESE, System der allgemeinen Soziologie, 3. Kapitel, Abschnitt II: „Das Paar", S. 462–473.
[3] l.c., S. 463.
[4] Ebenda, S. 466.

dem jungen mittellosen Studenten die nötigen Subsistenzmittel, zeitweise in erfreulicher Höhe.[5] Gewiß imponierte auch der Aristokrat, der zugleich Revolutionär gewesen war, dem Kleinbürger. Geistig brauchen wir Saint-Simon nach unseren bisherigen Ausführungen nicht mehr vorzustellen. Comte seinerseits kann in jener Anfangszeit der Zusammenarbeit als typisches Produkt der „Ecole Polytechnique" bezeichnet werden, jener schon genannten Schule insbesondere für den Nachwuchs von Artillerie-, Marine- und Genieoffizieren bzw. Beamten.[6] Es waren junge Männer, die ganz in positivem und technischem Geist auf mathematischer und naturwissenschaftlicher Grundlage erzogen wurden und einen elitären Kult daraus machten. Saint-Simon stand, wie wir sahen, in engen Beziehungen zu dieser Schule, die aber 1816 als Gründung der Revolution und weiterhin von republikanischem Geist erfüllt, von der Reaktion vorübergehend suspendiert wurde. Comte war mit 14 anderen Schülern schon kurz vorher relegiert worden.

Neben diesem gemeinsamen positiven und grundsätzlich – trotz Saint-Simons Festhalten an seinem Monarchen – republikanischen Gedankengut fiel auch das „enzyklopädische" Anliegen des Lehrers bei dem jungen Adepten auf fruchtbaren Boden, der später reiche Frucht tragen sollte. Die Geschichte des Positivismus ist mit dem Kampf der antifeudalen und liberalen Opposition gegen die Reste des Feudalismus und Klerikalismus verbunden. Daß alle Wissenschaften den gleichen positiven Charakter anzunehmen hätten, daß dies die Voraussetzung zur Schaffung einer besseren Welt sei, daß diese bestimmt zum Wohle Aller kommen werde, sofern nur die jetzt Lebenden die Weichen richtig stellten, daß der Fortschritt der Menschheit auf allen Gebieten in Stadien vor sich ging und daß das nun erreichte höchste Stadium ausgebaut werden müsse: all dies nahm der Schüler begeistert auf. Er schrieb am 17. April 1818 an seinen Freund P. VALAT enthusiastisch, was wir schon zitierten, durch diese Verbindung habe er eine Unmenge von Dingen gelernt, die er vergeblich in Büchern gesucht hätte.[7] Und im selben Brief schrieb er bewundernd über seinen Lehrer: „Es ist der excellenteste Mann, welchen ich kenne." Die maßlose Begeisterung, die er fühlt, und die auch durch weitere Passagen des Briefs dokumentiert wird, läßt Comte mehr wie einen Neophyten denn als einen Schüler erscheinen. Er ist seinem Lehrer verfallen: „Ich habe ihm ewige Freundschaft gelobt und als Gegengabe liebt er mich, als ob ich sein Sohn wäre."[8]

Es ist in unserem Rahmen nicht sinnvoll, an den genannten vier Konglomeraten von Broschüren, Pamphleten und Exposés auseinanderzudividieren, was jeweils vom Herausgeber und Chefredakteur Saint-Simon und was von seinem Mitarbeiter Comte stammt, der zunächst als rein ausführender Sekretär und dann zunehmend als selbständiger Mitarbeiter und Autor wirkte. Wer sich näher

---

[5] Comte erhielt zunächst 300,– Fr. monatlich, in Raten alle zehn Tage.
[6] Im Programm für das Jahr 1814 der Schule heißt es, sie sei dazu bestimmt „former des élèves pour les Ecoles d'application des services publics de l'artillerie de terre, de l'artillerie de marine, du génie militaire, des ponts et chaussées, de la construction civile et nautique des vaisseaux et bâtiments civils de la marine, des mines, des ingénieurs géographes, et de poudres et salpêtres, et à répandre l'instruction des sciences mathématiques, physiques, chimiques et des arts graphiques". (Almanach royal pour les années 1814–1815, S. 500, zit. nach GOUHIER, l.c. I, S. 94.)
[7] Brief von A. VALAT vom 17.4.1818, in „Lettres d'Auguste Comte à M. Valat", 1815–1844, Paris 1870.
[8] Brief an denselben vom 15.5.1818, a.a.O.

für die Autorenfragen interessiert, der kann auf den 2. Band des genannten Werkes von GOUHIER verwiesen werden, der sich speziell mit der Zusammenarbeit der beiden Schriftsteller befaßte. GOUHIER meinte, diese Zusammenarbeit in drei Phasen einteilen zu können: Eine erste von August 1817 bis Ende 1819, wo sich Comte unter dem Bann Saint-Simons befindet und das Gefühl hat, unendlich viel von ihm zu lernen. Eine darauffolgende zweite Phase von 1820 bis zu Beginn des Jahres 1824, wo die Zuneigung andauert, wo Comte jedoch meinte, nichts mehr geistig von Saint-Simon profitieren zu können. Und dann die letzte Phase, im Frühjahr 1824, wo sich der menschliche Bruch entwickelt.[9] GOUHIER sieht dabei, etwas vereinfachend: „eine Opposition zwischen einem Denken in Fortbildung und einem Denken, das entgegen einem gewissen äußeren Anschein keinerlei Bedürfnis nach Transformation empfindet".[10] Sehr treffend charakterisiert GOUHIER davor die erste Phase der Zusammenarbeit: „Saint-Simon denkt, Comte schreibt... Saint-Simon lanciert die Ideen, Comte liest sie auf und regelt sie... Saint-Simon zeichnet einige grundsätzliche Linien in die Luft, Comte gibt seinem Entwurf die Festigkeit..."[11] Und ebenda weiter unten: „Saint-Simon spricht, Comte hört zu."

Die zweite Phase läßt sich mit der Autorengemeinschaft zwischen MARX und ENGELS vergleichen: Zwei Männer von geistigem Rang, wenn auch hier der erste mehr engagierter Publizist, der andere mehr Wissenschaftler, haben sich zusammengefunden mit gleichen Ideen und Anliegen, wobei auch der an zweiter Stelle stehende Eigengewicht hat und auf den ersten anregend zurückwirkt. Es kann getrost der weiteren Forschung und Textkritik überlassen bleiben, im einzelnen die Gewichte genauer zu verteilen. Einiges ist klar zuzuordnen, wesentlich Neues dürfte sich insgesamt nicht mehr ergeben Vor allem dürfte es kaum möglich sein, fundamentale intellektuelle Divergenzen zwischen Saint-Simon und Comte zu belegen, wie es beide nach dem Bruch meinten und wie es Überschätzer ideologischer Verursachungskomplexe im nachhinein glaubten feststellen zu können.[12] Allenfalls kann man von Divergenzen über einen Primat entweder der Wissenschaft oder der Industriegesellschaft sprechen, der Anliegen der Theorie oder der praktischen Durchsetzung, wobei Comte aber in gewisser Weise bloß Saint-Simon in seiner früheren Phase repräsentiert.[13]

Die dritte Phase der Beziehung bringt dann die packende dialektische Wendung Comtes: aus dem Bewunderer und anschließend zuverlässigen Zu- und Mitarbeiter wird der erboste Gegner. Noch zur Zeit von Saint-Simons Selbstmordversuch gibt sich Comte als Freund und Helfer. Das muß festgehalten werden, da der Mangel an Finanzmitteln für die gemeinsamen Publikationen zu die-

---

[9] GOUHIER, l.c., III, S. 199.
[10] Ebenda.
[11] GOUHIER, l.c., III, S. 173–174.
[12] GOUHIER traf ins Schwarze, wenn er über die Zusammenarbeit feststellte: „Ein Text von der Hand Comtes ist nicht notwendigerweise unbeeinflußt von Saint-Simon; ein unter dem Namen Saint-Simons gedruckter Text schließt keineswegs die Beteiligung Comtes aus. Zwischen beiden Männern gibt es einen gemeinsamen Fonds an Gefühlen, Ideen, Lesefrüchten und Ausdrücken, der allzu präzise Zuordnungen schwierig macht" (l.c., III, S. 265).
[13] Dieser Gedanke findet sich schon bei FRANK E. MANUEL: „In effect the voice of Comte was attacking Saint-Simon the pamphleteer for the industriels of the Restoration in the name of Saint-Simon the universal positive philosopher of the Empire" (l.c., S. 208).

sem dramatischen Geschehen beitrugen, wobei aber materielle Überlegungen Comte noch nicht von Saint-Simon trennten. Dies würde auch der Logik entbehren, da Saint-Simon selbst damals noch bessere Beziehungen zu Geldgebern besaß, als der junge Comte. Vielmehr halten wir dafür, daß sich Wandlungen im Gefühlsleben des jungen Philosophen gegenüber seinem früher so bewunderten und verehrten Meister vollzogen hatten, die er dann kognitiv und ideologisch überhöhte, was dann auch der alte Chef seinerseits tat. Der Stolz des reifer werdenden jungen Sozialphilosophen (denn das bleibt ja in Wirklichkeit der sog. Gründer der Soziologie) ertrug es nicht länger, nur Sprachrohr und Mitarbeiter eines Mannes zu sein, dem er sich als Wissenschaftler, vor allem als wissenschaftlicher Autor, überlegen glaubte. Es ist ja ein Prozeß, der in der Geschichte wissenschaftlicher Arbeit so häufig ist, daß man eine Gesetzmäßigkeit in ihm sehen kann. Es ist der typische Prozeß, der hier nur besonders kraß akzentuierten Abnabelung, von dem manche wissenschaftliche Assistenten unserer Zeit ihr entsprechendes Lied singen könnten, eine aktuelle Problematik auch unserer Hochschulstrukturen.

Die äußerlich erkennbaren Umstände des Konfliktes im Frühjahr 1824 sind leicht zu berichten. Für den von Saint-Simon herausgegebenen „Catéchisme des industriels", den wir schon kennen, war eine zweiteilige Arbeit von Comte vorgesehen, deren erste Hälfte die gemeinsame Doktrin systematisch vorstellen, deren weiterer Teil deren Illustration an Hand einer Zivilisationsgeschichte bringen sollte. Da Comte, wie so oft, mit seinen Arbeiten im Rückstand war,[14] beschloß man, den 1. Teil separat als Heft 3 des Katechismus im voraus zu drucken. Saint-Simons angebliches Ansinnen, diese größere Arbeit – „Système de politique positive"[15] – ohne Nennung Comtes als Autor zu publizieren, will dieser abgelehnt haben. Hatte er bisher immer hinter dem Herausgeber zurückgestanden, wobei das Verschweigen seines Autorennamens freilich auch mit Rücksicht auf sein konservatives Elternhaus in Montpellier erfolgt war, so wollte er nun etwaige Lorbeeren selber ernten.

Wenn auch Saint-Simon schließlich nachgab, so zeigten sich nunmehr deutlich Divergenzen: Die Einführung, die Saint-Simon dem Werk voranstellte, bildete eine Mischung von Lob und Kritik: „Diese Arbeit unseres Schülers ist gewiß sehr gut... aber sie erreicht nicht genau das Ziel, welches wir uns gesetzt hatten; er entwickelt nicht die allgemeinen Grundlinien unseres Systems, genauer, er zeigt nur einen Teil. Er legt das Schwergewicht auf allgemeine Begriffe, die wir als sekundär ansehen. Im System, das wir konzipiert haben, muß aber die industrielle Leistungsfähigkeit an erster Stelle stehen."[16] Das habe der Schüler, „der sich auf den Standpunkt von Aristoteles gestellt habe"[17], versäumt, er habe „nur die wissenschaftliche Seite unseres Systems behandelt".[18] Den Rest will der

---

[14] Schon zum Selbstmordversuch Saint-Simons könnte die verzögerte Fertigstellung einer Arbeit Comtes beigetragen haben: „Nachdem er in einem Gespräch mit Ternaux darüber Gewißheit erlangt hatte, daß er bis zur Fertigstellung desjenigen Werkes, welches er zur Redaktion Comte anvertraut hatte, keinerlei Unterstützung erwarten könnte, faßte er einen exzessiven Entschluß; denn er wußte selbst, daß diese Arbeit schon seit langem keine Fortschritte mehr machte." (HUBBARD, l.c., S. 92/93.)
[15] Die Arbeit Comtes ist in den Werken Saint-Simons enthalten: anthropos IV/2 (207 Seiten).
[16] Ebenda, S. 3/4.
[17] Ebenda, S. 4.
[18] Ebenda.

Herausgeber später selber nachholen. Aber die Einführung schließt dann doch mit dem überschwenglichen Satz und der ausdrücklichen Feststellung, daß die Arbeit „uns als die beste Schrift erscheint, die jemals über die allgemeine Politik veröffentlicht worden ist."[19]

Wenn Comte dann in dieser Publikation als Autor unter seinem eigenen Namen auftritt, so fügt er diesem nicht nur den Ehrentitel „Ancien Elève de l'Ecole Polytechnique" hinzu, sondern auch die Bezeichnung „Elève de Henri Saint-Simon". Und auch er schickt dem Text seinerseits noch ein Vorwort voraus, in dem er zwar – teilweise noch fast servil – seine Solidarität mit Saint-Simon zum Ausdruck bringt, aber auch eine gewisse Distanzierung. Nachdem Comte ausgeführt hat, daß er jetzt nur den ersten Teil seiner Arbeit vorlege und hierin „den Geist behandele, der in der Politik – betrachtet als positive Wissenschaft – herrschen solle"[20], fährt er fort: „Ich habe ganz die philosophische Konzeption Saint-Simons übernommen, daß die aktuelle Reorganisation der Gesellschaft zwei geistige Arbeitsbereiche von gleicher Wichtigkeit benötigt: Denjenigen der Wissenschaften, wo die allgemeinen Lehrsätze erarbeitet werden, sowie denjenigen der Literatur und schönen Künste, wobei es um die Wiedererweckung der sozialen Gefühle geht."[21] Und Comte fährt einige Sätze weiter fort: „Nachdem ich seit langem die Grundgedanken (,les idées-mères') Saint-Simons durchdachte, habe ich mich ausschließlich der Aufgabe gewidmet, denjenigen Teil der Aperçus dieses Philosophen zu systematisieren, zu entwickeln und zu perfektionieren, welcher sich auf den wissenschaftlichen Bereich bezieht."[22] Und Comte betont nochmals seine Treue zum Meister: „Wenn meine Arbeiten einigen Beifall zu verdienen scheinen, so ist er auf den Gründer derjenigen Philosophenschule zurückzuführen, welcher anzugehören ich die Ehre habe."[23]

Kurz bevor diese Sätze geschrieben werden oder kurz darauf[24] entwickelten sich neue Streitigkeiten über das Werk Comtes. Natürlich lag diesem daran, sein „kapitales"[25] Werk nicht in der Masse des „Catéchisme" untergehen zu lassen, sondern es als selbständige Publikation gewürdigt zu sehen. Dies nicht zuletzt deshalb, weil es ein Ende und ein Anfang seiner Arbeiten zugleich war. Denn über seine bisherigen Arbeiten schreibt Comte am 21. Mai 1824 an seinen Freund VALAT: „Ich betrachte sie heute nur als Studien, die mir sehr nützlich waren, aber doch nur als ‚Präliminarien.'"[26] Diesem seinem Wunsch nach selbständiger Wirkung mußte eine Regelung zuwiderlaufen, die Saint-Simon als Herausgeber getroffen hatte, wobei unklar bleibt, wieweit Comte ihr zugestimmt hat: Der Band erschien in zweierlei Form: Einmal in einer Auflage von 1000 Exemplaren, die an Abonnenten gingen, als Teil des „Catéchisme" mit den zitierten

---

[19] Ebenda, S. 5.
[20] Ebenda, S. 7.
[21] Ebenda, S. 8.
[22] Ebenda, S. 9.
[23] Ebenda.
[24] Die Zeitangaben Comtes selber in seinen bitterbösen Briefen jener Zeit widersprechen sich. An VALAT schrieb er: „Der Bruch folgte auf den Beginn des Druckes", GUSTAVE D' EICHTHAL gegenüber kommentierte er sein Vorwort: „Das war kurz nach unserem Bruch". Auch diese Widersprüche deuten darauf hin, daß es sich um eine Reihe von Auseinandersetzungen handelte.
[25] In „Lettres à M. Valat".
[26] Ebenda.

Vorworten. Zum anderen als 100 Separata ohne die Einführung von Saint-Simon zur freien Verfügung Comtes. Abgesehen davon, daß dieser mit der geringeren Anzahl von Sonderdrucken unzufrieden war, entwickelten sich auch Streitigkeiten über die Honorierung. Der Bruch wird dadurch größer und Comte beklagt sich in mehreren Briefen aus jenen Tagen bitter über Saint-Simon und setzt ihn ebenso herab, wie er ihn früher vergöttert hatte. Er nennt den Meister „wortbrüchig", „neidisch", „eifersüchtig", „herrschsüchtig", „machiavellistisch" oder einfach: „senil". Er entfernt aus seinen Sonderdrucken das Vorwort, worin er den Meister trotz gewisser Reserven gepriesen hatte. Am 17. Juli 1824 schrieb er an seinen Freund EMILE TABARIÉ: „Und jetzt mögen Sie versichert sein, daß ich mich von nun an so verhalten werde, als ob dieser Mann nie existiert hätte."[27] Und in der Tat wird man in Comtes späteren Schriften den Namen Saint-Simon auch dort vergeblich suchen, wo es schon der einfachste wissenschaftliche Anstand geboten hätte, den früheren Autor zu zitieren. Diese Einstellung erscheint wie ein geistiger Mordversuch, Verschweigen kann bekanntlich eine tödlichere Waffe sein als Kritik. Im übrigen sind Spekulationen darüber erlaubt, ob sich in dieser von Comte schließlich sehr gewaltsam betriebenen „Abnabelung" von seinem Lehrer bereits Züge zeigen, die zwei Jahre darauf in einer Nervenkrise kulminieren. 1826 wird Comte nach einem Tobsuchtsanfall vorübergehend in eine Irrenanstalt eingewiesen, eine eigentümliche Parallele zum Meister.

18. Kapitel
Das „Neue Christentum": Für einen neuen Glauben und die Förderung des Proletariats

Acht Jahre nach dem Bruch, am 5. Januar 1832, betonte AUGUSTE COMTE in einem Brief an MICHEL CHEVALIER, den Herausgeber der Zeitschrift „Le Globe", daß eine theologische Wendung im Denken Saint-Simons mit verantwortlich für den Bruch zwischen diesem und ihm gewesen sei: „Unser Bruch kann sogar teilweise auf die Tatsache zurückgeführt werden, daß ich begann, eine theologische Tendenz bei ihm zu entdecken, die grundsätzlich unvereinbar mit der philosophischen Richtung war, die mein Denken charakterisiert."[1] Notieren wir hier bloß am Rande, daß COMTE selber später (1847) eine regelrechte „Kirche" zu gründen versuchte, und fragen wir uns, ob die auf einen neuen Glauben gerichteten Gedankengänge Saint-Simons wirklich so neu bei ihm waren. Es ist dies ein häufiges Vorurteil, welches sich seither befestigt hat; wobei man auch, wie gern in solchen Fällen später Religiosität, ein Schwächerwerden der geistigen Kräfte unseres Autors diagnostizieren zu können meinte. Eine genauere Prüfung der Schriften Saint-Simons zeigt jedoch, daß von einer auffallenden Wende in seinem Denken gar keine Rede sein kann, sondern daß sich lediglich ein Element seiner Lehre in der letzten Lebensphase akzentuiert hat.

Zunächst ist festzuhalten, daß bereits das Erstlingswerk Saint-Simons, die „Lettres d'un Habitant de Genève" mit einem Teil beendet werden, der in ein re-

---

[27] COMTE, „Lettres à divers", II. Band, Paris 1905.

[1] Lettres à divers, II.

ligiöses Gewand gekleidet ist: „C'est Dieu qui m'a parlé"², es sollen Gottes Worte gewesen sein, die Saint-Simon vernommen hat. Und die genaue Lektüre der „Genfer Briefe" ergibt, daß der zweite, kurze und letzte Brief noch ein Postskriptum enthält, welches mit dem richtungweisenden Satz beginnt: „Ich rechne damit, daß ich Ihnen [den Zeitgenossen, d. V.] noch einen Brief schreiben werde; darin werde ich die Religion als eine menschliche Erfindung betrachten, und zwar als die einzigartige politische Institution, die sich auf die allgemeine Organisation der Menschheit bezieht."³ Hier haben wir *in nuce* denjenigen Teil seines Œuvres, welchen er in seinem letzten Werk wieder aufgreifen und vollenden wird. COMTE konnte die „Genfer Briefe" damals noch nicht kennen, da Saint-Simon selber niemals mehr auf diese anonym erschienene Schrift Bezug nahm, welche erst acht Jahre nach seinem Tode O. RODRIGUES als sein erstes Werk nachweisen konnte. Spätere Autoren hätten die frühen Ansätze jedoch kennen sollen, zumal sie auch in seinen späteren Schriften nicht untergingen.

Wir müssen es uns hier versagen, das Gesamtwerk systematisch daraufhin durchzugehen, wo jeweils das religiöse Anliegen des „Neuen Christentums" schon früher skizziert wird, um das es in diesem Kapitel geht. Aber einige wichtige Passagen zur weiteren Untermauerung der These, daß es sich hierbei um ein altes und wichtiges Anliegen Saint-Simons handelt, sollen doch kurz angeführt werden. Da ist zunächst wichtig, daß er im Unterschied zu vielen seiner Zeitgenossen und zu den meisten geistig führenden Köpfen der französischen Aufklärung das frühe Christentum und Mittelalter nicht als eine negative Epoche verachtet. So kritisiert er schon 1811 CONDORCETS „im entscheidenden Punkt falsche Idee, die Religionen als Hindernis für das Glück der Menschheit vorgestellt zu haben"⁴, und später lautet ein Beispiel für mehrere gleichartige Stellen aus „L'Industrie" (1817): „Die christliche Lehre... verkündete, daß alle Menschen Brüder seien. Aber sie beschränkte sich nicht darauf, dies zu verkünden, sondern sie verordnete, daß sich im Namen des Herrn alle Menschen untereinander wie Brüder behandeln müßten... Die christliche Religion machte aus der Philanthropie eine Pflicht... Das Dogma von der Brüderlichkeit der Menschen wurde das Signal, dem alle leidenschaftlichen Naturen folgten. Alle ordneten sich der Religion ein, die diese Lehre verkündete. Man erlebte daraufhin große Opfer und schönste Hingebung."⁵ Oder nehmen wir eine Passage aus der kurz vorher erschienenen Schrift über die „Réorganisation de la Société Européenne" (1814): „Wir kultivieren eine hochmütige Verachtung für diejenigen Jahrhunderte, welche man das Mittelalter nennt. Wir sehen darin nur eine Zeit stupider Barbarei, grober Ignoranz, scheußlichen Aberglaubens; aber wir beachten nicht, daß das die einzige Zeit war, wo das politische System Europas auf seiner wirklichen Basis ruhte, auf einer allgemeinen Organisation."⁶ Und auch die Rolle des Klerus, dem für die letzte Phase des Ancien Régime und in der Restaurationszeit die tiefe Verachtung Saint-Simons gilt, sieht er für frühere Jahrhunderte positiv: „Es ist der katholische Klerus, der Europa zivilisiert hat... Der Klerus hat den untersten Klassen der Gesellschaft sehr bedeutende Dienste geleistet, insofern er den Reichen und Mächtigen die Verpflichtungen predigte, die ihnen von Gott und

---

² Anthropos I/1, S. 57.
³ Anthropos I/1, S. 58.
⁴ Anthropos I/1, S. 115 (Korrespondenz mit dem Grafen REDERN).
⁵ Anthropos I/2, S. 46–47.
⁶ Anthropos I/1, S. 173–74.

der Moral auferlegt worden sind."[7] Freilich: „Es ist der Klerus und nicht die Religion, was seit dem XV. Jahrhundert für die Gesellschaft schädlich geworden ist."[8] Denn, wie er schon 1808 schrieb: „Jedes Zeitalter hat seinen Charakter, jede Institution ihre Dauer. Die Religion altert ebenso wie alle anderen Institutionen. Man muß sie nach gewisser Zeit erneuern."[9] Und damit sind wir beim „Neuen Christentum". Ließ sich Saint-Simon bisher hinsichtlich seiner Religionsauffassung noch mit seinem Urteil kennzeichnen: „Ich glaube an die Notwendigkeit einer Religion für die Aufrechterhaltung der sozialen Ordnung"[10], was an den Satz von Voltaire erinnert „Wenn es Gott nicht gäbe, müßte man ihn erfinden"[11], so geht er nun über den Philosophen von Ferney und dessen bequemen Deismus deutlich hinaus.

Die frühen 20er Jahre, in denen Saint-Simon das „Neue Christentum" konzipierte, waren eine Zeit des wiedererwachenden religiösen Interesses. Denn: „Mit dem Unbehagen über die durch die Revolution entfesselten zerstörerischen und zentrifugalen Kräfte verband sich in ganz Europa der Ruf nach geistiger, religiöser und politischer Einheit" (HANS MAIER).[12] Die Zeit der antireligiösen Philosophen schien vorüber, die „Heilige Allianz" besaß die politische Macht. Saint-Simon schrieb schon 1820: „Die heutige Generation hat aus unseren Büchern und unserer Gesellschaft den Ton der Frivolität und des Spottes verschwinden lassen, mit dem sich die vorige hinsichtlich des religiösen Glaubens wichtig tat. Dies wird heute fast überall getadelt und gilt selbst in den Salons unserer Müßiggänger als schlechter Geschmack. Er wurde abgelöst von einem allgemeinen Gefühl des Respekts für religiöse Ideen, da man überzeugt ist, daß man diese heute braucht."[13] Schon Graf JOSEPH-MARIE DE MAISTRE (1753–1821), den man als den Begründer zumindest des französischen Ultramontanismus ansehen kann, hatte in seinen antirevolutionären Schriften letztlich theologische Gründe für die Ablehnung der Revolution entwickelt und geschrieben: „Jeder wirkliche Philosoph hat zwischen zwei Hypothesen zu wählen: Entweder muß eine neue Religion begründet werden, oder das Christentum in einer außergewöhnlichen Weise erneuert werden."[14] Er hatte später in seinem Werk „Du Pape" (1819) einen christlichen Völkerbund unter Leitung des Papstes postuliert. LOUIS DE BONALD (1754–1840) war von der alten „Zwei-Gewaltenlehre", von der geistigen und weltlichen Macht ausgegangen und hatte die harmonisierende „société constituée" gefordert, wobei der Staat zum Vertreter Gottes auf Erden werden sollte. Der von ihm anerkanntermaßen beeinflußte Saint-Simon zielte mit seiner „organischen" Gesellschaft auf Vergleichbares. Der Vicomte FRANÇOIS-RENÉ DE CHATEAUBRIAND (1768–1848), um noch einen dritten Zeitgenossen anzuführen, ist aber wohl der bekannteste Vorkämpfer einer romantischen religiösen Erneuerung geworden und hatte in seinem „Génie du Christianisme" (1802) die katho-

---

[7] Anthropos III/S.169.
[8] Anthropos III/S.170 (Fußnote).
[9] Anthropos VI, S.169 (Introduction...).
[10] Ebenda S.170.
[11] „Si Dieu n'existait pas, il faudrait l'inventer" (VOLTAIRE: „Epitre à l'auteur du livre des trois imposteurs").
[12] HANS MAIER, Revolution und Kirche, Studien zur Frühgeschichte der christlichen Demokratie (1789–1901), 2.A., Freiburg 1965, S.156.
[13] Du système industriel, anthropos III/1, S.96.
[14] JOSEPH DE MAISTRE, „Considérations sur la France, Paris 1796, S.84.

lische Religion als schön und erhaben gefeiert. Seine die wichtige Gefühlssphäre anerkennende und darauf einwirkende Tendenz kam nach der Restauration zu voller Wirkung. Man muß sich dieses geistige Klima zunächst klarmachen, will man das „Neue Christentum" verstehen. Worum handelt es sich nun bei diesem Buch konkret?

Das „Neue Christentum" ist ein Dialog (und zwar nur der erste von drei geplanten) nach Art eines – diesmal wirklich durchgehaltenen – Katechismus. Er wird geführt zwischen einem Reformer („Novateur") und einem Konservativen. Dabei handelt es sich um einen Dialog nach Art der Antike, wobei der eine, hier der Konservative, fast mühelos vom anderen überzeugt wird. Dies wird schon dadurch erleichtert, daß gleich zu Beginn der Reformer sein Credo im wichtigsten Punkt angibt:

Der Konservative: „Glauben Sie an Gott?"

Der Reformer: „Ja, ich glaube an Gott!"

Der Konservative: „Glauben Sie, daß die christliche Religion göttlichen Ursprungs ist?"

Der Reformer: „Ja, ich glaube es."[15]

Und gegen Ende des Dialogs bekräftigt der Reformer noch einmal die Kontinuität, in der er steht: „Glauben Sie mir, daß ich völlig vom Geist des Christentums durchdrungen bin, und daß meine Anstrengungen darauf zielen, diese erhabene Religion zu verjüngen, keinesfalls aber ihre ursprüngliche Reinheit verändern wollen?"[16] Und er schließt: „Ja, ich glaube, daß das Christentum eine göttliche Einrichtung ist und bin überzeugt, daß Gott seinen besonderen Schutz denjenigen angedeihen läßt, die sich bemühen, alle menschlichen Institutionen dem Grundprinzip dieser erhabenen Lehre unterzuordnen."[17]

Im Rahmen dieser festen Bekenntnisse wird nun allerdings schärfste Kritik an der Entwicklung des Christentums während der letzten Jahrhunderte geübt, nicht nur was den Katholizismus, sondern auch was den Protestantismus angeht. Ja, die Kritik wird Anklage: „Ich klage den Papst und seine Kirche wegen Häresie an"[18] (ähnlich mehrfach) oder: „Ich klage die Lutheraner an, Häretiker zu sein"[19] (ähnlich mehrfach). Dieses „J'accuse!" durchzieht das ganze Werk. Das Stilmittel Saint-Simons hat wahrscheinlich – worauf vielleicht noch niemand hingewiesen hat – das Vorbild für das berühmte „J'accuse" von EMILE ZOLA abgegeben (1898), womit dieser für den unrechtmäßig verurteilten Hauptmann DREYFUSS eingetreten war,[20] was der Affäre die entscheidende Wende gab. Wenden wir uns nun dem Inhalt der Anklage des Reformers und damit des Autors selber zu.

---

[15] Anthropos III/3, S. 107.
[16] Ebenda, S. 172.
[17] Ebenda, S. 188.
[18] Ebenda, S. 121.
[19] Ebenda, S. 142.
[20] Der Gedanke liegt eigentlich sehr nahe. EMILE ZOLA (1840–1902) war nicht nur ein Freund und verständnisvoller Schilderer des Proletariats und wollte seine Romane auch als soziologische Arbeiten gewertet wissen, sondern er kultivierte auch gegen Ende seines Lebens einen sozialen Fortschrittsglauben und näherte sich Vorstellungen FOURIERS an. Wie sollte ZOLA bei seiner Beschäftigung mit dem Frühsozialismus das bekannteste Werk Saint-Simons entgangen sein?

Das „Neue Christentum" beschuldigt den Papst, die Kardinäle und die Kirche der Häresie, weil sie

1) die Laien hinsichtlich ihrer Lebensführung falsch unterrichteten, wobei man nicht auf Nächstenliebe ziele und insbesondere das Los der Armen nicht verbessere (dieser Topos kehrt *passim* wieder, worauf wir noch eingehen).[21]

2) selbst nicht genügend Bildung besäßen, insbesondere diese auch nicht ihren Priestern vermittelten. Während bis zum Beginn des XVI. Jahrhunderts die Kleriker bildungsmäßig den Laien überlegen gewesen wären, seien sie seitdem diesbezüglich überflügelt worden.

3) Weil die Päpste (seit dem Mediceerpapst Leo X., 1513–21), mehr als andere weltliche Fürsten die sittlichen und leiblichen Interessen ihrer Untertanen gröblichst vernachlässigt hätten. Der Kirchenstaat sei in vieler und insbesondere in wirtschaftlicher Beziehung rückständig, es gebe dort z. B. weder Fabriken noch Manufakturen.

4) Der Papst und alle lebenden Kardinäle seien schließlich anzuklagen, weil sie zwei dem Geist des Christentums diametral entgegengesetzte Institutionen gebilligt und geschützt hätten, die Inquisition und den Jesuitenorden. „Der Geist der Inquisition ist Despotismus und Gier, ihre Waffen sind Gewalt und Grausamkeit. Der Geist des Jesuitenordens ist Egoismus, und durch List will er seinen Zweck erreichen: die allgemeine Beherrschung des Klerus und der Laien."[22]

Mit den Protestanten geht Saint-Simon zwar ein wenig milder, aber keineswegs nachsichtig um: „Gegenstand meiner Arbeit ist es nicht, zu untersuchen, ob die protestantische oder katholische Religion die weniger häretische ist".[23] Er konzentriert sich auf drei Anklagepunkte gegenüber den Protestanten:

1) Sie hätten „eine Moral, die weit unvollkommener ist als sie den Christen nach dem Stand unserer heutigen Zivilisation möglich ist".[24] Freilich war zur Zeit der Begründung des Christentums die Gesellschaft in zwei Klassen geteilt, in diejenige der Herren und die der Sklaven".[25] Zu Zeiten Luthers aber sei die Entwicklung schon weiter fortgeschritten gewesen. „Daher dürft Ihr Euch nicht mehr mit der Predigt begnügen, daß die Armen die Lieblingskinder Gottes seien, vielmehr müßt Ihr frei und energisch alle Macht und Mittel... anwenden, um unverzüglich das moralische und physische Dasein der zahlreichsten Klasse zu verbessern."[26] Entsprechend dem Vorwurf, den Saint-Simon an anderen Stellen seines Werkes gegenüber dem 18. Jahrhundert und der Revolution erhob, meint er nun auch zu Luther: „(Er) war ein sehr energischer Mann und sehr fähig, was die kritische Seite angeht"[27] ... „aber der Teil seines Werkes, der sich auf die Reorganisation des Christentums bezog, blieb weit hinter dem zurück, was er hätte sein können."[28]

---

[21] Anthropos III/3, z. B. SS. 121, 123, 126, 130, 144, 148, 152.
[22] Ebenda, S. 130.
[23] a. a. O., S. 163.
[24] a. a. O., S. 142.
[25] a. a. O., S. 144.
[26] a. a. O., S. 158.
[27] a. a. O., S. 157.
[28] a. a. O., S. 157/158.

2) Die Protestanten hätten „einen schlechten Kultus" eingeführt, denn: „Um das Interesse der Menschen auf irgendeinen Ideenkomplex zu lenken, um sie energisch in eine Richtung zu führen, gibt es zwei bedeutende Mittel: Man muß ihnen Furcht einjagen, indem man die schrecklichen Übel darstellt, die eintreten würden, wenn sie sich anders als vorgeschlagen verhielten. Das zweite Mittel ist, daß man ihnen die lockenden Reize der Wohltaten vorführt, die sie in der vorgeschlagenen Richtung erwarten."[29] Dazu verhelfen neben Beredsamkeit die schönen Künste und die Literatur. LUTHER habe aber den Kultus auf die einfache Predigt beschränkt und alles andere, auch die Musik, aus dem Gottesdienst verbannt, ein Vorwurf, der freilich allenfalls auf die Reformierten zutrifft.

3) Der Protestantismus hat aber auch ein schlechtes Dogma: „Luther hat das Christentum so betrachtet, als ob es bei seiner Entstehung vollkommen gewesen wäre und sich seit seiner Begründung stetig verschlechtert habe. Dieser Reformator hat sein ganzes Augenmerk auf die Fehler gerichtet, die der Klerus im Mittelalter begangen hat."[30] Er hat sich vor allem auf die Bibel gestützt und erklärt, daß er keine anderen Dogmen anerkenne als diejenigen der Heiligen Schrift. „Dieses [einseitige Bibel-, d. V.]studium hat", so meint er, „die positiven und einem aktuellen Interesse dienenden Ideen aus dem Blickfeld gerückt. Es hat die Neigung gefördert, nach zwecklosen Dingen zu suchen und eine große Vorliebe für die Metaphysik entwickelt. In der Tat herrschen im Norden Deutschlands, im Kernbereich des Protestantismus, verschwommene Gedankengänge und Gefühle in allen Schriften, selbst denen der bedeutendsten Philosophen."[31] Daraus folge auch, daß die Aufmerksamkeit auf politische Bestrebungen gelenkt würde, die dem öffentlichen Wohl zuwiderlaufen: „Man treibt die Regierten dahin, eine Gleichheit in der Gesellschaft zu etablieren, die durchaus nicht praktikabel ist."[32] Und das Werk kulminiert dann in dem schon mehrfach angeklungenen moralischen Prinzip: „**Alle Menschen müssen sich gegenseitig als Brüder betrachten... Die ganze Gesellschaft muß für die Verbesserung der moralischen und physischen Existenz der ärmsten Klasse arbeiten.** [Hervorhebung vom Verf.]. Und die Gesellschaft ist so zu organisieren, wie es zur Erreichung dieses großen Ziels am zweckmäßigsten ist."[33] Dieses Credo hat am Ende des Dialogs auch der Konservative übernommen als ein Mittel, „der religiösen Indifferenz der zahlreichsten Klasse ein Ende zu bereiten. Denn wie könnten die Armen einer Religion gegenüber gleichgültig bleiben, deren ausdrückliches Ziel es ist, ihre Lage in leiblicher und moralischer Hinsicht zu verbessern."[34] Und der Reformer fügt dieser Erwartung noch eine Versicherung hinsichtlich der Haltung der neuen Christen hinzu: „Auf keinen Fall wird man sie physische Gewalt gegen ihre Gegner anwenden sehen. Niemals werden sie die Rolle von Richtern oder Henkern ausüben."[35] Denn, so versichert unser Reformer treuherzig, man habe alle Vorkehrungen getroffen, „damit die Verkündigung der neuen Doktrin die arme Klasse nicht zu Gewaltakten gegen die Reichen und gegen die Regierungen animiere."[36] Dieses harmonische Modell endet mit einem der von Saint-Simon so

[29] a.a.O., S.160.
[30] a.a.O., S.167.
[31] a.a.O., S.169.
[32] a.a.O., S.170.
[33] a.a.O., S.173.
[34] a.a.O., S.176.
[35] a.a.O., S.179.
[36] Ebenda.

geliebten Appelle an die Mächtigen der Zeit, hier an die Fürsten der „Heiligen Allianz": „Ihr bezeichnet Euch als Christen, aber noch begründet Ihr Eure Macht auf die physische Gewalt... diese Macht wollt Ihr zur Grundlage der sozialen Organisation machen!... Hört die Stimme Gottes aus meinem Munde: Werdet gute Christen... erfüllt, vereinigt im Namen des Christentums alle Pflichten, die es den Mächtigen vorschreibt. Erinnert Euch daran, daß es Euch vorschreibt, alle Kräfte einzusetzen, um das soziale Glück der Armen möglichst rasch zu vermehren!"[37]

Auf eine theologische oder kirchengeschichtliche Kritik des Werkes muß in unserem Zusammenhang verzichtet werden. Nur soviel sei gesagt, daß die dichotomische Einteilung der Entwicklung in eine Zeit vor und nach Papst LEO X. unhaltbar ist. Man könnte einen tiefenpsychologischen Exkurs mit der Fragestellung versuchen, ob er mit seiner scharfen Kritik an dem verschwenderischen, kunst- und prunkliebenden Papst und Mäzen nicht zum Teil sein früheres Ich angreift, nämlich den Saint-Simon der Directoire-Zeit. Wie dem auch sei, festhalten muß man vor allem zweierlei: Den Aufruf zu neuer Religiosität und Moral und das Ziel: die schnelle Verbesserung der Lage der zahlreichsten und ärmsten Klasse, des zu seiner Zeit entstehenden Proletariats in den Mittelpunkt aller Bemühungen zu stellen. Dafür verspricht er als Gegenleistung den inneren und äußeren Frieden. Gewiß sah er soziale Gefahren heraufziehen. Und der Zeitgenosse der großen Revolution war frei davon, das Proletariat nach Art des „bon sauvage" zu verklären.

Natürlich hat man sich gefragt, ob uns mit dieser Zielsetzung nicht doch ein neuer Saint-Simon entgegentritt. Wir hatten aber schon gesehen, daß die Wurzeln der hier scharf herausgearbeiteten Thesen früher liegen. Eine bekannte Frage bleibt natürlich in solchen Fällen: Wann tritt durch Verdichtung von Tendenzen der Umschlag von der Quantität in die Qualität ein? Auch muß man an den „mikrosoziologischen" Bereich des Wissens denken und sich fragen, was Saint-Simon neben der allgemeinen Zeittendenz, die wir darstellten, konkret in diese Richtung getrieben hat.

Vielleicht sollte man hier nochmals erwähnen, daß der alternde Mann am Ende seines Lebens in enger menschlicher Gemeinschaft mit einer treuen Proletarierin lebte. Wichtiger scheint uns, daß bereits zur Zeit, als er noch mit COMTE zusammen arbeitete, kurz nach seinem Selbstmordversuch, neue Schüler zu ihm stießen, die ihn als Jünger verehrten und auf ihn zurückwirkten. OLINDE RODRIGUES ist hier zu nennen, die jungen EICHTHALS, alle aus der Geschäfts- und Bankenwelt stammend, aber vielleicht gerade deshalb aus kompensatorischen Gründen mit starkem sozialen Gefühl. Aus dem Judentum mögen sie Erlösungsbedürfnisse mitbekommen haben. Die „Religion des Fortschritts" wird geboren, welche die Jakobiner schon angekündigt hatten.

Zum Schluß noch eine textkritische Überlegung: Ist der Text im wesentlichen ein Werk Saint-Simons selber? Wir sahen schon, daß er ja selten allein arbeitete, und beginnende Krankheit könnte ihn gezwungen haben, sein letztes Werk zur Ausführung anderen anzuvertrauen. Wann ist, wir warfen die Frage schon auf, das „Neue Christentum" denn genau erschienen? Die simonistische Tradition spricht von einer Publikation Ende April, kurz vor seinem Tode. War es vielleicht erst kurz danach fertig? Das Werk erschien zunächst anonym. Zu denken

---

[37] a.a.O., S. 189–191.

gibt jedenfalls, daß es sich beim „Neuen Christentum" um das einzige Werk Saint-Simons handelt, das zunächst mit der Einleitung eines anderen, nämlich mit einem Text von OLINDE RODRIGUES, erschienen ist. Bisher war es umgekehrt, was auch sonstigem Brauch entspricht: Prominentere Autoren leiten die Werke unbekannterer ein. Hier liegt noch eine speziellere Aufgabe der Forschung.

19. Kapitel
Zusammenfassung

Bei unserem Durchgang durch das verwirrende Werk Saint-Simons, bei der Sichtung des von ihm hinterlassenen Konglomerats von gedruckten oder ungedruckten Broschüren, Flugblättern, offenen Briefen und Ankündigungen nie ausgeführter Mammutwerke, haben wir versucht, eine gewisse chronologische Ordnung mit systematischen Gesichtspunkten zu verbinden. Hierzu boten die wechselnden Schwerpunkte seiner Interessen eine Möglichkeit. Nunmehr können wir versuchen, das Wichtigste kurz zusammenzufassen. Dabei kann alles fortfallen, was entweder nur tagespolitische Bedeutung hatte oder was allzu abstrus erscheint. Dadurch wird dasjenige deutlicher, was für sein Gesamtwerk tragende Bedeutung besitzt und für unsere Gegenwart weiter aktuell ist. Eine Simplifizierung wird dabei unvermeidlich sein, und die Kritiker seines Werks haben, wie gesagt, verschiedenes als entscheidend hervorgehoben und dann wieder unterschiedlich bewertet. Folgende Schwerpunkte halten wir für die wesentlichen und am besten erkennbaren:
1) Die wissenschaftstheoretische Grundposition.
2) Die geschichtsphilosophische Rahmenvorstellung mit Elementen eines utopischen Fortschrittsglaubens.
3) Die Analyse und Aufgabe seiner Zeit: „Krise" und „Beendigung der Revolution".
4) Die Vision einer neuen Gesellschaft in Europa.
5) Überlegungen zur Elitebildung und zum Eigentum.
6) Förderung der zahlreichsten und ärmsten Klasse der „prolétaires".
7) Die Unentbehrlichkeit einer Gesamtideologie („Religion"?) für jede Gesellschaft.
8) Den Friedensgedanken.
Wenden wir uns diesen Schwerpunkten nun im einzelnen zu.

Zu 1): Die wissenschaftstheoretische Grundposition

Die Grundkonzeption Saint-Simons war zunächst eine „szientifische", er strebte nach wissenschaftlichem Positivismus und Universalismus. Dabei ist zunächst gleichgültig, wieweit er sich an sein eigenes Postulat gehalten hat, grundsätzlich alles auf positivistisch-wissenschaftlichem Wege zu erkennen und zu begründen. Grundsätzlich alles, das heißt bei ihm insbesondere, daß auch die gesellschaftlichen, ökonomischen und politischen Phänomene mit den Methoden der empirischen Wissenschaften angegangen werden müssen. Die entsprechenden Methoden, wie sie die Naturwissenschaften anwenden, das große und so erfolgreiche Vorbild, würden auch auf allen anderen Gebieten zum Erfolg führen. Er stellt sich damit in eine im 17. und 18. Jahrhundert kulminierende Tradition: in die Linie jener bedeutenden philosophischen Grundauffassung, die insbesondere von

FRANCIS BACON und RENÉ DESCARTES bereits zu JOHN LOCKE geführt hatte, wobei der Topos der geistigen und technischen Herrschaft des Menschen über die Natur den sozialen und ökonomischen Entwicklungen entsprechend zunehmend an Bedeutung gewonnen hatte. Der Standort Saint-Simons ist also eine Variation auf dem bekannten Boden der englisch-französischen Aufklärung. Ihr Gedanke, daß es eine Einheit der Natur gibt und damit auch in allen ihren Domänen Naturgesetzlichkeiten, wird von ihm voll übernommen.

Hervorzuheben bleibt, daß er unermüdlich die Forderung erhoben hat, endlich eine **„positive"** Wissenschaft auch vom Menschen und seinen Sozialverhältnissen zu erarbeiten, was bisher noch nicht der Fall war. Das wohl zuerst von ihm eingeführte Zauberwort „positiv" wird COMTE später zur Lehre des berühmten „Positivismus" ausbauen. Daß auch der Mensch als Teil der physischen Ordnung nur als ein Objekt in ihr erfaßt werden könne, das ist freilich eine These, die bis heute unendlichen Widerstand gefunden hat. Dieser hat heute auch die Naturwissenschaften berührt. Metaphysische Überlegungen, die beim Menschen ins Spiel kommen, kritisierte Saint-Simon aber auch dort, wo sie seinen eigenen politischen Bestrebungen entgegenkommen. So kritisierte er nicht nur das „göttliche Recht der Könige", sondern entsprechend seiner anti-metaphysischen Auffassung auch die Theorien der „Menschenrechte" („nichts anderes als die Anwendung hoher Metaphysik auf hohe Jurisprudenz")[1] oder die eben nicht aus der Beobachtung der Realitäten stammenden Vorstellungen einer „natürlichen" Gleichheit oder Freiheit. Es wird freilich noch festzustellen sein, daß auch Saint-Simon seine positivistische Haltung nicht durchhalten kann und daß offenbar keine Gesellschaft bis heute in der Lage war, faktisch auf entsprechende Anleihen zu verzichten.

Zu 2): Die geschichtsphilosophische Rahmenvorstellung mit Elementen eines utopischen Fortschrittsglaubens

Nicht nur bei seinen späteren praktischen Vorschlägen erliegt Saint-Simon öfter der Versuchung, das Terrain der positiven Wissenschaft zu verlassen. Vielmehr ist bereits sein gesamtes Denken eingebettet in eine Entwicklungs- und damit zugleich Fortschritts**philosophie**. Nach vor allem religiösen Ansätzen in Antike und Mittelalter war der **Entwicklungs**gedanke im 18. Jahrhundert zur Blüte gelangt, und er wird im 19. breit wirken. Dies hängt sowohl mit den Forschungserfolgen der biologischen Wissenschaften zusammen wie auch mit dem Interesse, das man, über den Kreis der Ethnologen und Forschungsreisenden hinaus, den „Primitiven" entgegenbrachte. Wenn auch der Begriff an sich bloß „Entwicklung" eines bisher „Eingewickelten" bedeutet, so verband sich damit doch die Vorstellung von diesem späteren Stadium als eines „höheren". Entwicklung wurde mit „Fortschritt" synonym, ein Begriff, der noch stärker die Verbesserung assoziiert. Dieser Fortschritt vollzieht sich nach Saint-Simon im Wechsel von „organischen" und „kritischen" Perioden sowie dadurch, daß wissenschaftliche und politische Revolutionen regelmäßig aufeinanderfolgen.[2]

---

[1] Anthropos III, 1, S. 83.
[2] Diese These hat WOLF LEPENIES vor einiger Zeit in passendem Zusammenhang gut herausgearbeitet: „Das Ende der Naturgeschichte. Wandel kultureller Selbstverständlichkeiten in den Wissenschaften des 18. und 19. Jahrhunderts", Frankfurt/Main 1978, S. 109 und S. 174. Es liegt auf der Hand, daß Saint-Simon, nach der Französischen Revolution arbeitend, sich selbst als Protagonist der darauffolgenden geistigen Revolution verstand.

Saint-Simon gilt, geht man überhaupt über COMTE zurück, als Begründer des „Dreistadiengesetzes"; was jedoch wiederum nicht stimmt, denn es findet sich schon bei TURGOT, verwandte Gedankengänge wurden auch von CONDORCET entwickelt. Hat Saint-Simon auch selbst niemals behauptet, dieses Dreistadienkonzept „erfunden" zu haben, so hat er es doch mehrfach vertreten. Und wenn er auch die Anzahl der Stadien variierte, so geht es doch immer um das dreigliedrige Grundschema: das theologische, das metaphysische und das positive Stadium. Es handelt sich um ein Fortschrittsschema des menschlichen Geistes, wie auch – damit im funktionellen Zusammenhang stehend – des Menschengeschlechts (konsequent findet sich keine klare „unabhängige Variable" in seinem Gesamtwerk). Was den Fortschritt der Geisteskräfte der Menschheit generell angeht („intelligence générale"), so sieht er sie entsprechend denjenigen des Einzelmenschen wachsen, womit er einer der Väter jener später berühmt werdenden Idee von der Parallelität der ontogenetischen mit der phylogenetischen Entwicklung wird (z. B. als „biogenetisches Grundgesetz" 1866 von ERNST HAECKEL behauptet).

Freilich ist deutlich festzuhalten, daß Saint-Simon kein simpler Vertreter eines undifferenzierten Fortschrittsglaubens war. So sieht er, daß der Fortschritt nicht gradlinig verläuft. So wirft er CONDORCET vor, Spitzenleistungen zu ignorieren, welche die Menschheit früher vollbrachte und zu denen sie nicht mehr fähig sei. Auch spricht er nicht von einer zu erreichenden Vollkommenheit des Menschen schlechthin, sondern nur vom Fortschritt des Geistes und damit zusammenhängend der Technik, Wirtschaft und Gesellschaft. Nur diese Entwicklungen sollen seine Arbeiten verdeutlichen. Dabei bleibt er allerdings der auf die Zukunft ausgerichtete Optimist: „Das höhere Gesetz des Fortschritts des Menschengeistes zieht alles mit sich fort und beherrscht es. Die Menschen sind dafür nur Instrumente."[3] So ist auch sein berühmter Aphorismus vom „goldenen Zeitalter", das in der Zukunft liege, eben doch ein integraler Bestandteil seines Werks.

Zu 3): Die Analyse und Aufgabe seiner Zeit: „Krise" und „Beendigung der Revolution"

Wenden wir Saint-Simons – nicht zufällig an HEGEL erinnernde – These, daß der einzelne nur Werkzeug im großen Entwicklungsprozeß sei, auf ihn selber an. Er ist, auch ohne HEGELS Geschichtsphilosophie zu bemühen, mit seinen Arbeiten Sprachrohr seiner Epoche. Und er erkannte diese Zeit, mit der großen Revolution als Kulminationspunkt, als eine Zeit der „Krise". Eine geschichtliche Krise ist eine Zeit gesellschaftlicher Krankheitszustände, epochaler Entscheidungen, fundamentaler Umwälzungen. Die Krisensymptome waren damals so deutlich wie sie für unsere heutige Gegenwart erkennbar sind: Zerfall des geistigen und moralischen Gefüges, keine bloßen Oberflächenstörungen. Die große Französische Revolution war kein „Betriebsunfall", keines der häufigeren, bloß den politischen Raum erschütternden Ereignisse, sondern Ausdruck und Beginn von etwas Neuem in der Geschichte.

Über diese Revolution, die er – nicht nur ökonomisch höchst aktiv, sondern sympathisierend – miterlebte, hat unser Autor sich ständig Gedanken gemacht. Seine Überlegungen laufen darauf hinaus, diese Revolution sei nicht beendet. NAPOLEON, der von sich behauptet hatte, ihr Liquidator zu sein, was ihm zur

---

[3] „L'Organisateur", II/2, S. 119.

Macht verhalf, war nur ein Zwischenspiel. Die Bourbonen sowie die Mächte der „Heiligen Allianz", also die Mächte des „Legitimismus", wollten sie im Grunde ungeschehen machen. Saint-Simon sieht hier weiter und schärfer: Man muß diese Revolution innerlich und äußerlich richtig verarbeiten und praktische Konsequenzen daraus ziehen. Wir haben uns die Frage gestellt, ob man „Revolution" und „Krise" in seinem Werk synonym verstehen könnte und einige entsprechende Stellen seines Werks in Gedanken entsprechend umformuliert. Es geht meist ohne Schwierigkeit.

Analyse der Zeit als Aufgabe, um sich daraufhin Gedanken über die Zukunft zu machen, das heißt: die Kräfte und ihre Materialisationen in einer bestimmten Epoche zu erkennen und sie einem bestimmten Geschichtsschema zuzuordnen. Hier wird seine Erkenntnis bedeutsam, daß Institutionen zwar ihren Anfang, ihr Reifestadium und ihr Verfallsstadium haben, was sich letztlich nach ihren Funktionen richtet, daß es aber durchaus eine Gleichzeitigkeit von Ungleichzeitigem gibt. Im Hinblick auf seine verschiedenen Stadienmodelle betrachtet: Diese sind nicht nur in die Vergangenheit historiographisch zurückzuverlegen, sondern sie sind mit ihren Materialisationen und Manifestationen in der Gegenwart wirksam. Die Theologen und Metaphysiker, die Anhänger feudal-militärischer Strukturen und die Legisten (Juristen) sind immer noch mächtige Zeitgenossen, er findet sie ja schon in seiner engsten Verwandtschaft. Aber es sind Gestrige, die nun auch abtreten sollten.

Zu 4): Die Vision einer neuen Gesellschaft in Europa

„Je vis dans l'avenir", ich lebe in der Zukunft, meinte Saint-Simon von sich selber. Wie wird nun diese Zukunft aussehen, die er so deutlich kommen sieht? Es ist die „industrielle Gesellschaft", der das Hauptinteresse des reifen Mannes galt.

Industrielle und Produzenten sind für ihn ebenso Wechselbegriffe wie Krise und Revolution es letztlich für ihn gewesen sein dürften. Es geht jetzt um die positive Ausrichtung der Gesellschaft auf produktive Arbeit, eine Neuorganisation mit klarem Ziel, wobei die Dichotomie von bloß verbrauchenden „Drohnen" und den „Bienen", den Werte schaffenden Produzenten, zu verschwinden hat. Bereits JOHN LOCKE hatte betont, wir seien auf der Welt, um nützliche Arbeit zu leisten, später auch Saint-Simons Zeitgenosse FICHTE. Die Gesellschaft wird damit zu einer großen Produktionswerkstatt (ein Bild, das schon TALLEYRAND gebrauchte)[4], und zu ihrem Florieren hat jeder an seinem Platz beizutragen. „Von jetzt ab ist produktive Arbeit nicht mehr Symptom des menschlichen Sündenstandes", stellte RENÉ KÖNIG fest[5] und wir fügen hinzu: Der Müßiggang wird zur Sünde. Dabei sind die einzelnen Arbeitsdomänen grundsätzlich gleichwertig, der agrarische und fabrikatorische Sektor sind es ebenso wie diejenigen der Wissenschaften und Künste. Aber man muß wohl zugeben, daß die Produktionssphäre im ökonomischen Sinne nicht nur von Marxisten als Basis des Ganzen für die Moderne angesehen wird. Saint-Simons Satz: „In der Industrie liegen, bei letzter Analyse, alle wahrhaften Kräfte der Gesellschaft"[6] darf fast im engeren Wort-

---

[4] TALLEYRAND gebrauchte das Bild in seinem Rapport zur „l'instruction publique" 1791.
[5] RENÉ KÖNIG, Emile Durkheim zur Diskussion, S. 27.
[6] Zitiert und übersetzt nach F. MUCKLE, Die Geschichte der sozialistischen Ideen im 19. Jahrhundert, II. Bd., 2. A., Leipzig und Berlin 1917, S. 47.

sinn, dem ökonomischen, verstanden werden. Diese große Produktionswerkstatt, als die er die neue Gesellschaft sieht (womit sich neuer Totalitarismus ankündigt, denn es zählt zunehmend das „operari", kaum mehr das menschliche „esse"), muß natürlich unter tüchtiger und sachkundiger Leitung stehen, da es gilt, das wissenschaftliche Zeitalter auch in der Praxis zu verwirklichen.

Eine solche vom Hohelied der Arbeit bestimmte Produktionswerkstatt muß nun eine möglichst umfassende sein. Dies läuft letztlich nicht nur auf zentrale Planwirtschaft hinaus. Sondern auch die nationalen Schranken, die für die Produktion hinderlich sind, sollen fallen, d. h., zumindest Europa muß zunächst seine Kräfte vereinen. Nach der Niederwerfung NAPOLEONS schien ihm der Zeitpunkt für eine Neuordnung der europäischen Gesamtgesellschaft gekommen, die den Wohlstand schneller vermehren würde. Diese zur Zeit des „Wiener Kongresses" utopische Forderung ist es heute nicht mehr. Europa wächst, trotz aller Hindernisse, in seinem westlichen Teil wirtschaftlich zusammen.

Zu 5): Überlegungen zur Elitebildung und zum Eigentum

Saint-Simon gehörte keineswegs zu den Ideologen der Gleichheit, die er als wirklichkeitsfremd verspottet: Die Egalität sei eine falsche Idee, wenn man sie verabsolutiere, was nur zu einer „égalité turque" führe.[7] Oder schärfer und konkreter: „Das Recht, sich ohne klare Feststellung der Kompetenz mit öffentlichen Dingen zu befassen – welches die Theorie jedem Bürger wie ein *Natur*recht zuspricht, ist der umfassendste und greifbarste Beweis der Unsicherheit, worin unsere politischen Ideen verharren."[8] Und wir zitierten schon: „Alle können nicht an der Spitze laufen, sie folgen sich in Reihen. Es gibt immer erste und letzte."[9] Nun muß er aber sagen, wer in seiner künftigen, besseren Gesellschaft die ersten sein sollen.

Sehen wir von der obersten Spitze ab, die Saint-Simon ruhig dem König überläßt, sofern er die Zeichen der Zeit versteht, und fragen wir, wer wirklich herrschen soll. Da kokettierte der jüngere Autor noch mit platonischen Ideen, indem er führende Gelehrte zur Leitung berufen glaubte. Wissenschaftler (und Künstler) sollen in das „corps de gouvernants" eintreten. Diesbezüglich realistischer geworden, forderte er später, auch die politische Führung hervorragenden Praktikern der Wirtschaft zu übertragen, führenden Industriellen und Bankiers. Die früher von ihm favorisierten Wissenschaftler würden durch die Tagespolitik doch nur korrumpiert. Doch besteht er auf dem Bündnis der ökonomischen mit den intellektuellen Eliten. Im übrigen betrachtet er alle Regierungen nüchtern: „Die Regierung ist ein notwendiges Übel. Sie ist jedoch insofern ein Gut, als sie das größte aller Übel verhindert: die Anarchie."[10] Ein schlechthin bestes Regierungssystem kennt er nicht. Es muß sich nach den Umständen richten, d. h., es muß der jeweiligen Gesellschaft entsprechen.

Selbstverständlich ist, daß die nicht mehr benötigten alten Führungseliten, Hofleute, Adel, Kleriker alter Art und Juristen (die er ungerecht beurteilt), als funktionslos und unproduktiv von der Führung und hohen Ehrenplätzen ausge-

---

[7] „égalité turque" gemäß den damaligen Verhältnissen im osmanischen Reich" (anthropos III/2, S.17).
[8] Anthropos III/1, S.16.
[9] Ebenda, I/2, S.31.
[10] Ebenda, I/1, S.145.

schlossen werden (vgl. „Parabel"). Denn es geht ihm um „Technokratie", verbunden mit „Meritokratie". Wie aber gelangen besonders produktive Menschen in die Höhe? Saint-Simon glaubt offenbar an eine Art „prästabilierte Harmonie". „Natürliche Eliten" würden sich nach der Maxime „Jeder nach seinen Fähigkeiten" schon durchsetzen. Sind die dafür benötigten Qualitäten aber solche der Produktivität allein? Hier ist er ein ausgesprochener Utopist.

Saint-Simon konnte der naheliegenden Frage nach dem Eigentum nicht ausweichen. Man kann öfter lesen, er habe sich dagegen ausgesprochen, was eine Verwechslung mit späteren Saint-Simonisten ist. Vielmehr: „Die Bewahrung des Eigentums ist die große Aufgabe der Politik"[11], wobei er das Rezept weiß: „Der einzige Damm, den die Eigentümer gegen die Proletarier errichten können, ist ein Moralsystem."[12] Er greift also weder das Privateigentum als solches noch dessen Vererblichkeit an, sondern er attackiert nur die rechtlichen Privilegien der Geburt. Doch fordert er dreierlei: Das Eigentum muß im Dienst der Produktion stehen. Es soll sich in seinen Rechtsformen dieser Aufgabe ebenso wie der Gesellschaftsentwicklung anpassen, wobei eine Wechselwirkung besteht: „Es gibt keine Änderung in der Gesellschaftsordnung ohne Veränderung im Eigentum." Und drittens: Neuer Wohlstand soll nur durch Leistung erworben werden, wobei ungleiche Leistung ungleiches Einkommen bewirkt. Seine neue Ordnung soll jedenfalls dafür sorgen, daß „alle, deren Arbeiten für die Gesellschaft nützlich sind, die Möglichkeit erhalten, Eigentümer zu werden".[13]

Zu 6): Förderung der zahlreichsten und ärmsten Klasse der „prolétaires"

Die Forderung Saint-Simons, es allen, die nützliche Arbeit leisten, zu ermöglichen, Eigentum zu erwerben, führt uns zum ersten der zwei Hauptanliegen seiner letzten Lebensjahre: zu seinem Engagement für das Wohl des wachsenden Proletariats. „After 1820... working-class humanitarianism became a dominant motif in his writings" (MANUEL).[14] Seine Sympathie für die Unterschichten war, wie wir sahen, älter. Er dokumentierte sie mehrfach schon in den Revolutionsjahren, auch symbolisch durch die demonstrative Annahme des Namens „Bonhomme". Schon in seinen „Genfer Briefen" richtete er eine lange Erklärung an die Klasse der Nichtbesitzenden. 1821 wird er einen offenen Brief „an die Herrn Arbeiter" verfassen, eine wohl erstmalige Anredeform. Aus derselben Zeit ist ein Manuskriptfragment über die „classe des prolétaires" erhalten, welches Saint-Simon folgendermaßen beginnt: „Die Menschen, welche diese [Klasse, d. V.] bilden, fühlen, daß sich ihr Los nicht so verbessert hat, wie es natürlicherweise aus den Fortschritten der positiven Ideen resultieren müßte."[15] Dieses Thema wird dann zu dem einen der beiden großen Leitmotive seines letzten Werks: „Verbesserung des Loses der ärmsten Klasse", „Vermehrung des Glücks der Armen", der „zahlreichsten Klasse" oder wie immer er dieses wiederholte Anliegen formulierte. „Die Armen, von der Fürsorge unterhalten, sind schlecht ernährt. So befinden sie sich in unglücklicher Lage in physischer Hinsicht."[16] Er erkennt

---

[11] Anthropos I/2, S. 221.
[12] Ebenda.
[13] Anthropos III/1, S. 178.
[14] Manuel, l.c., S. 254.
[15] Anthropos VI/, S. 455.
[16] „Neues Christentum", anthropos III/4, S. 129.

aber auch weitere Gefahren: „Sie sind noch unglücklicher in moralischer Hinsicht. Denn sie müssen im Müßiggang leben, der die Quelle aller Laster ist."[17]

Doch nicht nur als Fürsorgeobjekt der gesellschaftlichen Reformbestrebungen betrachtet Saint-Simon die große, unterprivilegierte Grundschicht. Gehört sie zu den Industriellen im weiteren Sinne, so soll sie auch politisch wirken: Es fällt ihr die wichtige Aufgabe zu, die politisch Herrschenden zu legitimieren, und zwar durch „Anerkennung" (wobei ihn freilich das damals vom Vermögen abhängige, also plutokratische Klassenwahlrecht kaum interessiert). Gegen Ende seines Lebens plädiert er dafür, auch einfache Arbeiter als „sociétaires" zu betrachten.[18] Dies befürwortet er auch deshalb, weil er den Bildungsstand selbst dieser Grundschicht für Westeuropa höher einschätzt als anderswo. Und so glaubt er, drohenden Klassenkämpfen früh die Spitze abbiegen zu können, Kämpfen, die er ebenso kategorisch ablehnt wie jede sonstige Gewalt.

Zu 7): Die Unentbehrlichkeit einer Gesamtideologie („Religion"?) für jede Gesellschaft

Die Saint-Simon vorschwebende soziale Befriedung erscheint ihm nur möglich, wenn alle, Führende und große Masse, geistige und Handarbeiter, große und kleine Besitzende, von einer gemeinsamen Ideologie durchdrungen sind. Er weiß: „Eine Gesellschaft kann sich ohne gemeinsame moralische Ideen nicht erhalten"[19], wobei es entscheidend auf das Positive ankommt: „Die Gesellschaft lebt nicht von negativen, sondern von positiven Ideen."[20] Äußerer Zwang ist auf die Dauer nutzlos: „Die Bajonette können nichts gegen die Meinungen ausrichten, das ist heute vollkommen klar."[21]

Worin besteht nun inhaltlich die Ideologie, die er seiner neuorganisierten Gesellschaft als umfassendes Band wünscht? Sie liegt einmal in der Anerkennung der von ihm propagierten Prinzipien, die wir schon zusammenfaßten: Die neue Gesellschaft muß von wissenschaftlichem Geist durchdrungen sein und die Ergebnisse der positiven Wissenschaften anerkennen und nutzen. Sie muß auf die Zukunft hin orientiert sein und an eine bessere Zukunft glauben. Sie muß willens sein, aus der ständigen Krise herauszukommen. Sie soll sich als große Produktionswerkstatt verstehen, in der jeder an seinem Platz beim Aufbau mitwirkt. Sie muß schließlich ihre Eliten anerkennen, sofern es wirklich Leistungseliten sind. Dazu gehört freilich, daß sich diese Führungsschichten um das Wohl der armen und unterprivilegierten Schichten sorgen und bemühen.

Diese Postulate bilden zunächst, das ist unübersehbar, eine innerweltliche Ideologie. Es sind, nüchtern betrachtet, im Grunde Nützlichkeitserwägungen. Als solche allein werden sie aber, wie er befürchtet, nicht genügen. Es fehlt ihnen die moralische Grundlage und Durchschlagskraft. Deshalb müssen sie zu einer quasi-religiösen Glaubenslehre verschmolzen werden. Deren Basis glaubt er im frühen Christentum wiedergefunden zu haben: Es ist der Geist der Brüderlichkeit. „Gott hat gesagt: **Die Menschen sollen sich gegenseitig als Brüder entgegenkommen.** Dieser erhabene Grundsatz umschließt alles, was an der christli-

---

[17] Ebenda.
[18] Anthropos V/I, S. 125.
[19] Anthropos III/2, S. 51.
[20] Ebenda.
[21] a.a.O., S. 163–64.

chen Religion göttlichen Ursprungs ist."[22] So setzt er auch die entsprechende Stelle aus dem Römerbrief als Motto seinem „Neuen Christentum" voraus: „Celui qui aime les autres a accompli la loi. Tout est compris en abrégé dans cette parole: tu aimeras ton prochain comme toi-même."

Die Gerechtigkeit folgt also, gemäß einer anderen Stelle aus dem Römerbrief, aus dem Glauben. Saint-Simon betont schon 1810, daß er an Gott glaube: „Ich denke, ich sage, ich bekenne, ich werde mein ganzes Leben bekennen, daß man an Gott glauben soll."[23] Den Glauben zu festigen, dazu ist die geistige Führung da, die er als eine Art von neuem Klerus auffaßt. Ihre Rolle muß auch äußerlich anerkannt und gesichert werden. Diese moralischen Führer sind in Übergangszeiten besonders wichtig: „Die Moralisten haben unbestreitbar das Recht, sich grundsätzlich auf gleichen Fuß mit den Naturwissenschaftlern zu stellen. Sie können sogar, unter den gegenwärtigen Umständen, eine wichtigere Rolle spielen als diese."[24] Denn leider mußte er feststellen: „Die Moral hat eine absolut entgegengesetzte Richtung eingeschlagen wie die physischen und mathematischen Wissenschaften"[25], was hier nur heißen kann: Sie hat sich nicht entwickelt, sondern verringert.

Zu 8): Der Friedensgedanke

Eine Zusammenfassung kann schließlich nicht darauf verzichten, den Friedensgedanken hervorzuheben. Der Beitrag Saint-Simons ist jedoch stofflich ziemlich mager. Die Wissenschaften will er in den Dienst des Friedens stellen, des inneren wie des äußeren. Dem inneren Frieden soll die organische Integration und Förderung des wachsenden Proletariats dienen sowie sein Appell an dieses, den qualifizierten Führungsschichten die Anerkennung nicht zu versagen. Dem äußeren Frieden will er mit seiner Arbeit für ein vereinigtes Europa dienen. Die im Christentum gefundene Moral der Nächstenliebe soll beides absichern.

Auch der Friedensgedanke ist ein altes Anliegen Saint-Simons. Schon in den „Genfer Briefen" kritisiert er die Eroberer und meint: „Keine Ehren mehr für die Alexanders; die Archimedesse sollen hochleben."[26] Dieser Gedanke zieht sich dann durch sein ganzes Werk. Stolz schrieb er seinem Neffen, er habe den Degen niedergelegt, um die Feder zu ergreifen. Am deutlichsten und mit bitteren Anklagen verbunden, hat Saint-Simon den Friedensgedanken 1813 in seinem „Mémoire sur la Science de l'Homme" vertreten. Im Jahre der Völkerschlacht bei Leipzig, nach der Katastrophe für NAPOLEON in Rußland 1812, war bei allen europäischen Völkern die Sehnsucht nach einem Friedensschluß besonders groß. Saint-Simon klagt auch die Wissenschaftler an, und wir zitierten schon ausführlich diese Stelle: „Was tun Sie, um diese Krise zu beenden?"[27] Aber auch

---

[22] „Nouveau Christianisme", anthropos III/4, S. 108.
[23] Anthropos I/1, S. 102. Dort auch: „Ich glaube an Gott, ich glaube, daß Gott das Universum geschaffen hat."
[24] „Catéchisme des industriels", anthropos V/1, S. 44.
[25] „Nouveau Christianisme", anthropos III/4, S. 187.
[26] „Genfer Briefe", anthropos I/1, S. 22. Er ist freilich nicht so kleinlich, FRIEDRICH II. von Preußen in diesem Zusammenhang das Epitheton „le grand" vorzuenthalten, obwohl dieser es weniger als Aufklärer denn als Militär gewann.
[27] „Mémoire", anthropos V/2, S. 39/40.

Zusammenfassung

hier bleibt er der wissenschaftsgläubige Optimist: „Die Wissenschaft vom Menschen ist die einzige, welche zur Aufdeckung der Möglichkeiten führen kann, die Interessen der Völker zu versöhnen."[28]

Es erübrigt sich, weitere Zitate zur Stütze der These zu bringen, daß Saint-Simon ein Ahnherr der Friedensbewegung genannt werden kann. Sie bringen sachlich nichts Neues. Nur eines sei noch angeführt, weil es wörtlich eine Äußerung aus unserer Zeit sein könnte: „Die Summe der Gelder, die der Kriegsminister verbraucht, ist ohne Gegenwert für die Nation verloren; wenn man sie einsetzte, um der besitzlosen Klasse Arbeit zu verschaffen, würde sie das Volkseinkommen vermehren."[29] So etwas hatte bis dahin noch niemand geschrieben. In der Geschichte des Saint-Simonismus werden wir dann nicht zufällig auch einem bekannten Pazifisten (CHARLES LEMONNIER) begegnen. Und auch die Wissenschaften haben sich inzwischen, wie stümperhaft und ideologisch auch immer, der Sache angenommen. Daß bei Saint-Simon der Friedensgedanke auch wieder mit der Einigung Europas zusammengehört, ist selbstverständlich.

Die Analyse des Gesamtwerks hat also ergeben, daß es von Anfang bis Ende von den gleichen, sich ergänzenden Grundgedanken erfüllt ist. Es wechseln nur die Schwerpunkte, der Autor variiert die Terminologie, und die praktischen Vorschläge richten sich – noch nicht genügend – nach der Situation. Die einzelnen Phasen seines Œuvres, die sich auch in unserem Zusammenhang zeigten, sollte man daher nicht allzusehr von einander isolieren. Geradezu verfälschend wirkt es, sie gegeneinander auszuspielen.[30] Diesbezüglich liegen die Dinge bei Saint-Simon ähnlich wie bei KARL MARX, bei dem man auch den „jungen" gegen den „alten" Autor nur mit Maßen ausspielen kann.

---

[28] l.c., S. 40.
[29] Fußnote zum Fragment des Manuskripts über „la classe des prolétaires", anthropos VI, S. 457.
[30] Ein Beispiel für mehrere: MANUEL hat Unrecht und nicht genügend recherchiert, wenn er schreibt, „After 1820 Saint-Simon's sentiments towards the French proletariat underwent a complete metamorphosis" (l.c., S. 254).

Teil IV
Die Saint-Simonisten

Wir hatten gesehen: Die Geschichte der Saint-Simonisten beginnt mit dem Tod ihres Meisters. Oder, wie schon HENRI GOUHIER richtig erkannt hatte: Nicht Saint-Simon, sondern die Saint-Simonisten haben den Saint-Simonismus geschaffen, und es ist auch nicht der berühmte Namensträger selbst gewesen, der die nach ihm benannte Schule und Sekte schuf. Ganz falsch ist es daher, wenn man heute noch vielfach lesen kann, er sei ein „chef de secte" gewesen. Diese bildete sich erst im magnetischen Feld seines Todes. Diese Gruppenbildung kann übrigens einige unserer zeitgenössischen Sozialphänomene verständlicher machen. Es hat sich, das belegt die Geschichte, schon mancher getäuscht, der sektiererische Milieus nicht ernst nehmen wollte. Nur die Geschichte der Saint-Simonisten macht es erklärlich, warum die Lehren des exzentrischen aber klugen Dilettanten ihren Weg bis in die trockensten Lehrbücher der volkswirtschaftlichen Dogmengeschichte gefunden haben, und weshalb moderne ökonomische Theoretiker von Rang (z. B. FRANÇOIS PERROUX) von ihm gebührend Notiz nehmen. Auch dies ist ein Grund, weshalb man diese Geschichte erhellen muß.

20. Kapitel
Die Beisetzung eines „Propheten" und praktische Probleme

Saint-Simon starb am 19. Mai 1825 um 10 Uhr abends nach mehrwöchigem Krankenlager. Die genaueren Ursachen bleiben unklar, eine Lungenentzündung sowie Schwächungen durch größere Blutentnahmen nach Mode der Zeit waren hinzugetreten. Der Ort, wohin man den Sterbenden zuletzt gebracht hatte, war vermutlich die Wohnung eines seiner neuen Freunde. Die Familie hatte man, angeblich auf seinen eigenen Wunsch hin, nicht benachrichtigt. Geistlicher Beistand stand nach Lage der Dinge außer Frage. Das Ende wurde, wie wir schon sahen, nach Art einer Legende verklärt und literarisch gestaltet.

Unmittelbar nach dem Tode öffnete der berühmte Phrenologe FRANZ-JOSEPH GALL den Schädel. Er soll eine beachtliche Hirnoberfläche konstatiert und aus den Gehirnwindungen phantasievoll Mangel an Vorsicht und Ausdauer diagnostiziert haben. Saint-Simons Hausgenossin, JULIE JULIAND-BARON teilte am 20. Mai 1825 seiner Tochter den Tod ihres Vaters mit:

„Meine liebe Caroline,
mit einem Herzen voll des tiefsten Schmerzes muß ich Dir heute den Verlust mitteilen, den wir gerade gestern erlitten haben. Donnerstag, 10 Uhr abends, ist unser allerbester Vater gestorben, ohne im geringsten von seinem Zustand zu wissen... Er hat alle mögliche Hilfe und Aufmerksamkeit erfahren. Wie alle anderen, die mit ihm verbunden waren, wurde auch ich, ebenso wie er selbst, über seinen schwerwiegenden Krankheitszustand im Unklaren gelassen... Heute morgen wurde eine Zeichnung von ihm angefertigt, die von verblüffender Ähnlichkeit ist. Man plant auch, eine Büste von ihm modellieren zu lassen... Wenn er noch zu Dir sprechen könnte, würde er Dir sagen, tapfer zu sein, was eine seiner Tugenden war. Du mußt Dich entsprechend seinen Ideen verhalten und Dich damit würdig zei-

gen, die Tochter eines großen Mannes zu sein. Seine Schüler und Freunde zeigen eine religiöse, ehrerbietige Haltung ihm gegenüber. Sein Leben wird beschrieben werden, und seine Handlungen werden nicht geschmälert werden dadurch, daß man sie ins volle Licht setzt. Adieu, liebe Freundin, oder besser: Auf Wiedersehen! Er wäre glücklich darüber, wenn wir zusammenlebten.

Deine ergebene Freundin
Julie Juliand"[1]

Soweit die treue Hausgenossin. Wenn man von dem schon erwähnten Pastellbild aus der Zeit des Direktoriums absieht, so dürften alle Portraits Saint-Simons auf die Zeichnung zurückgehen, die man von dem Toten angefertigt hat. Auch die Plastiken sind posthum.

Die Beisetzung fand nach der Überlieferung der Saint-Simonisten, auf die sich offenbar alle bisherigen Biographen stützen, am 22. Mai mittags auf dem Friedhof „Père Lachaise" statt. Nach den amtlichen Unterlagen dieses berühmten Pariser Friedhofs, die dem Verf. zweimal im Auszug gegeben wurden, war die Bestattung aber bereits mittags am Tage vorher, am 21. Mai also, schon nach 38 Stunden. Trauergäste von auswärts hätten also keine Zeit gehabt zu kommen. Sein Lieblingsneffe VICTOR war sowieso in Dänemark.[2] Seine Tochter lebte, in 2. Ehe mit einem Polizisten verheiratet, in Beaumont nördlich von Paris.

Die Grabstätte liegt etwas abseits, man findet sie nicht ganz leicht. Über die Trauerfeier, die natürlich ohne kirchliche Mitwirkung stattfand, gibt es den Bericht eines Reporters der liberalen Zeitung „Le Constitutionel" in der Nummer vom 22. Mai 1825, worin es heißt:

„Heute mittag begab sich ein ziemlich zahlreicher Trauerzug vom Faubourg Montmartre zum Friedhof Père-Lachaise. Der Vorsteher empfängt und fragt: Wer sind die Verwandten? Niemand antwortet. Wer sind die Freunde? Jeder meldet sich. Man suchte nach einem Begräbnisplatz, denn ein solcher war nicht vorbereitet worden. Bald erfuhren die Neugierigen, die dieses sonderbare Schauspiel angezogen hatte, daß es sich bei dem Verstorbenen um Herrn Henri de Saint-Simon handelte, einen der glühendsten Philanthropen unserer Epoche. Man kann sicher über die kühnen und oft neuen Ideen verschiedener Meinung sein, die er in seinen Schriften verbreitete, aber man kann dem verstorbenen Saint-Simon keineswegs das Verdienst bestreiten, eine große Anzahl von Fragen aufgeworfen zu haben, die im höchsten Maße die Interessen unserer Gesellschaft berühren."[3]

Und der Berichterstatter läßt noch einige Überlegungen über die Bescheidenheit dieses Trägers eines großen Namens folgen. Sehr auffallend an dem Bericht ist, daß ein Begräbnisplatz für den Verstorbenen nicht vorbereitet worden war. Wollte sich niemand rechtlich für den Verstorbenen verantwortlich zeigen? Herrschte Konfusion? JULIE JULIAND hatte man sowieso an den Rand gedrängt, die Familie Saint-Simon über die Krankheit und den Tod in Unkenntnis gelassen.

Zwei Reden wurden am Grabe gehalten, die eine von LÉON HALÉVY, einem Dichter, die andere von Dr. E. M. BAILLY, einem Arzt aus Blois.[4] Unter den Trauergästen befanden sich der fast erblindete AUGUSTIN THIERRY und – trotz allem – AUGUSTE COMTE, der in finanzieller Notlage war.

---

[1] Nach DONDO, l.c., S. 191–192 (ohne Quellenangabe).
[2] a.a.O., S. 230, Fußnote XIII, 7.
[3] Nach LEROY, l.c., S. 329–330.
[4] Die Rede von Dr. BAILLY ist im Wortlaut überliefert: Bibliothèque Nationale, Ln 27. 18323.

Es war JULIE JULIAND-BARON, die bescheidene Wohnungsgefährtin, welche die Kosten der Beisetzung bezahlte. Sie hatte manche Scherereien, da die Wohnung Saint-Simons gerichtlich versiegelt wurde. Werte waren kaum vorhanden, aber es waren plötzlich zwei Gläubiger mit dubiosen Forderungen noch aus den 1790er Jahren aufgetreten. Es befremdet sehr, daß sich offenbar niemand der bewährten und tüchtigen Haushälterin und Mitarbeiterin annahm. Störte die Zeugin des notwendigerweise auch banalen Alltags die Apotheose des Meisters? Sie fand zunächst keine Arbeit, obwohl es doch reiche und einflußreiche Leute genug im Freundeskreis des Verstorbenen gab. Sie wundert sich über die Schlichtheit des Grabsteins, hat Sorge um den Hund Presto, da Hundefänger unterwegs waren. Einige Wochen später verzog sie in die rue Saint-André des Arts, auf der Rive gauche. Von ihrem weiteren Schicksal wissen wir nichts. Die Tochter Saint-Simons, die Gendarmengattin CAROLINE, verstarb 1834. Die Schicksale seiner drei Enkelkinder (1 Sohn und zwei Töchter) sind unbekannt. Dafür wird uns die geistige Nachkommenschaft des engagierten Denkers und Publizisten jetzt weiter beschäftigen, wobei es auch hier Illegitimes zu registrieren gibt.

Man verlor nach der Beisetzung Saint-Simons keinen Augenblick Zeit, um das Werk, wie man es verstanden haben wollte, fortzuführen. Mit erstaunlicher Tatkraft und Eile sehen wir jetzt den Mann agieren, der sich schon bei der Betreuung Saint-Simons in seiner letzten Lebensphase besonders bewährt hatte und unter den Schülern schließlich den ersten Platz eingenommen hatte: OLINDE RODRIGUES. Dieser junge Bankbeamte, der bereits seit einiger Zeit die finanzielle Betreuung des alten Autors und seiner Schriften übernommen hatte, versammelt noch am Tage der Beisetzung einen Kreis von Schülern und Freunden. Es handelt sich dabei offenbar in erster Linie um die Interessenten an dem Zeitschrift-Projekt „Le Producteur". Ort der Zusammenkunft war eine Hypothekenbank, der er vorstand. Das weitere Vorgehen wird dort besprochen. Dagegen verabredete man offenbar nichts, um für würdige Nachrufe auf den verehrten Meister und seine Biographie zu sorgen, wie es dessen Hausgenossin angenommen hatte. „Le roi est mort, vive le roi": In unserem Fall sollte also eine neue Zeitschrift leben. Und die Tradition der Schule legt besonderen Wert auf angebliche Gespräche des sterbenden Saint-Simon gerade über dieses Projekt. Aber wann hatte dieser in den letzten beiden Jahrzehnten solche Pläne nicht geschmiedet? Seine Äußerung auf dem Sterbebett gegenüber RODRIGUES: „Erinnern Sie sich daran, daß man passioniert sein muß, um große Dinge zu vollbringen", schien jedenfalls auf fruchtbaren Boden gefallen zu sein.

21. Kapitel
Die Bildung einer Redaktionsgemeinschaft und Schule

A. Die Redaktionsgemeinschaft. Man versandte sofort eine „note préparatoire", einen Prospekt zur Gründung des Journals „**Le Producteur**" an alle diejenigen, welche schon den Verstorbenen bei seinen letzten Publikationen unterstützt hatten. Da man die Schwierigkeiten kannte, die Saint-Simon mit seinen Publikationsreihen gehabt hatte, bediente man sich einer neuen Finanzierungsform, die dem Bankfachmann OLINDE RODRIGUES vertraut war: der Aktiengesellschaft. Diese Finanzierungsform geht in Frankreich mindestens auf den Anfang des 18. Jahrhunderts zurück, sie wurde aber nun im beginnenden Industriekapitalismus Mode. Bereits am 1.Juni 1825, noch nicht einmal 14 Tage nach dem Hinscheiden Saint-Simons, wird also eine Aktiengesellschaft zur Herausgabe der Zeitschrift mit 50000 Franken Kapital gegründet.[1] Den größten Anteil (10 Aktien à 1000 Fr.) zeichnete der damals neben ROTHSCHILD prominenteste und politisch im Liberalismus stark engagierte Pariser Bankier JACQUES LAFFITTE. Der Bankier A. ARDOIN (mit dem Londoner Haus RICARDO verbunden) zeichnete 5, RODRIGUES selbst und sein Kassierer PROSPER ENFANTIN übernahmen je drei Aktien. Unter den weiteren Aktionären finden wir den großen Textilfabrikanten TERNAUX, den Juristen DUVERGIER, die deutschen Bankiers BETHMANN und MENDELSSOHN, den Dichter HALÉVY und Dr. BAILLY. Die ausgegebenen Wertpapiere waren von den beiden Geschäftsführern RODRIGUES und ENFANTIN signiert, die unter den Saint-Simonisten weiter eine entscheidende Rolle spielen werden. Die Zeitschrift „Le Producteur" kommt im Oktober 1825 heraus und trägt den Untertitel „Journal philosophique de l'industrie, des sciences et des beaux arts".

Diese Zeitschrift, nach dem Untertitel also an breitere Leserschaften gerichtet, erscheint zunächst wöchentlich, dann aus finanziellen Gründen monatlich. Herausgeber und Chefredakteur wird bald ENFANTIN. Als Motto hat man den zündenden, mit kleinen Variationen überlieferten Aphorismus von Saint-Simon gewählt, den er bereits den „Opinions littéraires, philosophiques et industrielles" vorangesetzt hatte, die kurz vor oder kurz nach seinem Tode herauskamen: „Das goldene Zeitalter, welches eine blinde Tradition bis heute in die Vergangenheit verlagerte, es liegt vor uns!" Aber dieses Motto erscheint, was befremdet, ohne den Namen des Autors, und auch sonst bekennt sich das Journal zunächst auffallend wenig zum Meister, sein Name scheint fast unterdrückt zu werden. Und erst relativ spät wird RODRIGUES den verstorbenen Vordenker in einer Aufsatzfolge würdigen. Wie erklärt sich diese Zurückhaltung? Sie ist um so verwunderlicher, als das neue Blatt doch grosso modo die Ideen Saint-Simons vertritt. Es sind ihre verschiedenen Facetten, die von den Mitarbeitern, welche zunächst nur eine mehr oder minder lockere Redaktionsgemeinschaft bilden, je nach Neigung herausgearbeitet werden.

Unter den Mitarbeitern finden wir neben RODRIGUES und ENFANTIN auch COMTE, der seine Mitarbeit später, als er auf Distanz zur Gruppe geht, mit Geldmangel motivieren wird. Wir stoßen auf Beiträge des später recht bekannt werdenden Sozialisten LOUIS BLANC (ca. 1811–1882), auf den Publizisten ADOLPHE BLANQUI (1798–1854), sowie auf den Arzt und Vorkämpfer der Produktionsgenossenschaften Ph. J. B. BUCHEZ (1796–1865). Diese Autoren vertraten die sich damals schnell ausbreitenden fortschrittsorientierten Ideen der Aufklärung und Technik. Insbesondere werden dabei – was bei dem Konsortium der Aktionäre nicht verwundert – die Konzeptionen einer schnellen Industrialisierung und damit eines entsprechenden Machtanspruchs vertreten. Dies alles wird in allgemeine humanitäre Doktrinen eingebettet, deren Herausarbeitung man zu einer der wichtigsten Aufgaben der Menschheit erklärt. Bestimmung des Menschengeschlechts sei es, so könnte man die Linie des Blattes zusammenfassen, zu seinem größtmöglichen Vorteil die materielle Natur auszunutzen und zu verändern. Eine neue „positive" Philosophie müsse dabei die Grundlage bieten, alles nichts Neues gegenüber den Schriften Saint-Simons. Wie bei diesem fällt auch den Künsten eine gleichberechtigte Rolle zu, sofern sie nur dem „allgemeinen Wohl" dienen, die Massen bewegen, positive und fruchtbare Gefühle wecken,

---

[1] Akte vom 1.Juni 1825 (Bibl. Arsenal, Fonds Enfantin, 7643).

insbesondere zur Arbeit animieren. Auch ein Herrschaftsanteil für die intellektuelle Elite wird gefordert. Denn in der industriellen Gesellschaft sei mehr als in jeder anderen eine geistige Macht („pouvoir spirituel") vonnöten, um die Animositäten zwischen Reich und Arm abzubauen, um das Einvernehmen zwischen Industriechefs und Arbeitern zu erhalten. Es geht dem Journal also, wie man in heutiger Terminologie sagen könnte, um „Konfliktbewältigung" oder um eine entsprechende Vorbeugung. Weitere Anliegen des Blattes sind die Überwindung hinderlicher Staatsgrenzen für industrielle Entwicklungen – Durchsetzung des „Freihandels" also – und die schnelle Verbesserung der Verkehrsmittel, insbesondere die Errichtung von Eisenbahnlinien (1825 fand die bereits 1814 von GEORGE STEPHENSON erfundene Lokomotive erstmalig in England Verwendung; 1826 konnte man mit der Genehmigung zum Bau einer Dampfeisenbahn auf der Strecke Liverpool–Manchester ihre künftige wirtschaftliche Bedeutung erahnen). Ein weiteres, sehr typisches Anliegen des Blattes war die Propaganda für die Zusammenfassung kleiner Kapitalien zu größeren Gesellschaften, ein typisches Bankanliegen also.

Man müßte noch im einzelnen untersuchen, wieweit in dem Journal Einzelinteressen und spezielle Projekte der Aktionäre eine Rolle spielten, ob man sich mit einer Beeinflussung des allgemeinen geistigen Klimas begnügte, oder ob man auch gezielte Schützenhilfe gab. Die positive Rolle der Banken wird jedenfalls sehr groß geschrieben in einem Blatt, dessen Mehrheitsbeteiligung und Geschäftsführung bei Bankiers lag. Auch die Redaktionsarbeit fand weiter in der Hypothekenbank von RODRIGUES statt.

Doch der „Producteur" ließ sich nicht zu größerem Erfolg führen, noch nicht einmal zu einem dauerhaften Unternehmen stabilisieren. Denn Verfassungsfragen, politisches Gerangel zwischen den noch einmal für kurze Zeit wiederaufgetauchten Mächten des „Ancien Régime" und den Vertretern des Liberalismus verschiedener Couleur beherrschten die Publizistik und beanspruchten – wie dies auch heute der Fall ist – mit vordergründigem politischen Geplänkel das Interesse der Zeitgenossen und Zeitungsleser. Auch damals interessierten die philosophisch-weltanschaulichen Grundfragen, um die sich der „Producteur" bemühte, die Öffentlichkeit sehr viel weniger. Es ist das alte Lied: „Sie hängen Ihre Plakate zu hoch für den Leser", bemerkte einmal der Hauptaktionär LAFFITTE kritisch zu ENFANTIN. So ging auch dieses erste Blatt der Saint-Simonisten nach einem Jahr ein, im Oktober 1826 erschien die letzte Nummer. Das Journal teilte also das Schicksal aller Saint-Simonistischen Periodika, das der Kurzlebigkeit. Die Geldgeber waren nicht bereit, weitere Summen nachzuschießen. Immerhin hatte man in Paris ein gewisses Aufsehen erregt. Wer an Analysen und Inhaltsangaben der in 5 Bänden gesammelten Zeitschrift interessiert ist, der sei auf ein Werk von HENRI FOURNEL verwiesen[1a], sowie auf ein reich illustriertes Prachtwerk von H. R. D'ALLEMAGNE[2], womit bereits zwei wichtige Fundgruben für die Geschichte der Saint-Simonisten genannt sind. Dort findet sich dann auch die Geschichte des zweiten Publikationsorgans der Gruppe, des **„Organisateur"**, der den Titel einer früheren Schriftenreihe Saint-Simons weitertrug und vom August 1829 bis August 31 erschien. Vom März 1831 an wird dieses zweite Journal den Untertitel „Gazette des Saint-Simoniens" tragen und damit dokumentieren, daß

[1a] HENRI FOURNEL, Bibliographie Saint-Simonienne, Paris 1833, vgl. S. 34–58.
[2] H. R. D'ALLEMAGNE, Les Saint-Simoniens, 1827–1837, Paris 1930, vgl. S. 30–56.

sich die Gruppe konsolidiert hat. Aber auch diese Wochenschrift wird nur einen kleinen Leserkreis erreichen und für sich betrachtet kein publizistischer Erfolg sein. Doch ist „Erfolg" in der Publizistik keine Größe, die sich in den Ziffern der Auflage, der Leser oder der Bilanzen erschöpft.

Die Arbeit an der ersten Zeitschrift hatte unter den Mitarbeitern und vor allem unter den Herausgebern BAZARD, BUCHEZ, ENFANTIN, LAURENT, RODRIGUES einen starken „esprit de corps" herausgebildet und eine echte soziale Gruppe geschaffen. Das ist bei engagierter Publikationsarbeit in der Regel der Fall, sofern man sich über die große Linie einig ist. Die Publizisten aßen mindestens einmal wöchentlich zusammen in einem Restaurant am „Palais Royal" und begaben sich anschließend zu weiteren Diskussionen und Redaktionsarbeiten in die Hypothekenbank von RODRIGUES, der auch dort wohnte. Daß das geistige und organisatorische Zentrum des Kreises eine Hypothekenbank war, ist, wie bereits gesagt, bezeichnend. Man kann darin eine gewisse Symbolik sehen, sie signalisiert industrielle Arbeit und Geschäfte, nicht zuletzt Kreditgeschäfte, an denen sich auch der kleine Mann beteiligen kann. Alles dies wird mit reichlich Blüten treibender Ideologie verarbeitet.

Die Untersuchungen von KARL MARX, MAX WEBER und KARL MANNHEIM, um nur diese drei Autoren zu nennen, haben reiches Material dafür geliefert, wie stark sich ideologisches Gedankengut mit handfesten materiellen Interessen verbindet, wobei sich die Gelehrten über die in letzter Instanz ausschlaggebenden Bereiche weiter Gedanken machen müssen. So ist man beim Studium des Saint-Simonismus manchesmal versucht, das Ganze für ein romantisch aufgeputztes Theater zu halten, hinter welchem die handfesten Interessen des Finanzkapitals stehen. Die jungen engagierten Intellektuellen, die sich um tiefste Fragen bemühen, werden in dieser Sicht zu indirekt gekauften Handlangern kalter finanzieller Interessen. Das klingt sehr plausibel, erschöpft den Tatbestand jedoch keineswegs. So kann schon die Romantik, die sich in Frankreich später als in Deutschland ausbreitete, für die Analyse des uns hier angehenden Kreises als eigenständiger geistiger Faktor erkannt werden. Man stand unter starken literarischen Einflüssen, etwa BENJAMIN CONSTANTS („Adolphe"), GOETHES („Werther"), noch stärker der Madame DE STAËL und JOSEPH DE MAISTRES. Doch während dieser das katholische System wiederherstellen wollte, suchte unsere Gruppe nach neuen Organisationsformen von mittelalterlicher Geschlossenheit, ein echtes Saint-Simonistisches Anliegen. „Association" ist die im „Producteur" immer wieder auftauchende Parole.

Der Kreis der angeblichen Nachfolger und Schüler Saint-Simons die zunächst nach ihrem ersten Journal „Producteurs", dann „Saint-Simonists" oder „Saint-Simoniens" genannt wurden, konnte, wie andere ihrer Art, nur auf einem bestimmten soziokulturellen Nährboden wachsen. Dies hat die bisher beste Untersuchung über die Gruppe, nämlich diejenige von SEBASTIAN CHARLÉTY[3], ebenso vernachlässigt wie die im selben Jahr 1896 erschienene Arbeit von GEORGES WEILL.[4] In der Entwicklung des Kapitalismus, mit den großen damit zusammenhängenden Unsicherheiten zwischen Manchester-Liberalismus und Versuchen eines staatlichen Dirigismus, mit zunehmendem Individualismus und Parolen

---

[3] SÉBASTIEN CHARLÉTY, Histoire du Saint-Simonisme, Paris 1896 (2.A. 1931, 3. A. Genf 1964).

[4] GEORGES WEILL, L'Ecole saint-simonienne: son histoire, son influence jusqu'à nos jours, Paris 1896.

nach Art des später aufkommenden Appells zum „Enrichissez-vous", vermißte man zunehmend das wohltuende Gehäuse gesellschaftlicher Solidarität. Die Herausbildung der ökonomisch bedingten Klassengesellschaft mit ihrem neuzeitlichen Proletariat zerstörte zunehmend die Reste der zwar behindernden, aber doch auch schützenden gesellschaftlichen Gehäuse ständischer und kirchlicher Prägung. Orientierungslosigkeit und Verwirrung, ja bereits Angst vermehrten sich. Unter der geflickten legitimistischen Decke, die eben nur dieses war, aber keine tragende ständisch-religiöse Basis mehr, wuchsen in Europa in den 20er Jahren des vorigen Jahrhunderts an vielen Orten, auch im geheimen, Bünde und Orden, Logen, Zirkel, Schulen und Sekten. Kleine Solidaritätsgruppen suchten Ersatz für die verlorene größere Gemeinschaft, die Saint-Simonisten sind nur eine unter ihnen. Sie sollten für einige Zeit in Paris zur spektakulärsten und langfristig zu der wirkungsvollsten dieser Gruppen werden.

B. Die Bildung einer Schule. Diese geistige Wirkung beruht nun wesentlich auf der Lehrtätigkeit der Gruppe als „Schule". Sie bildet das Schwergewicht der zweiten Etappe des Saint-Simonismus.

Nach dem Ende der ersten Zeitschrift, des „Producteur", konnte die Öffentlichkeit glauben, die Anhänger der Lehren Saint-Simons seien verschwunden. Fast ist das Gegenteil richtig. Die engagiertesten unter ihnen arbeiteten in den Jahren 1826–28 zunächst in der Stille weiter, und man konnte mit CHARLÉTY geradezu von einer „expansion silencieuse" der Gruppe in dieser Zeit sprechen. Offenbar fand eine Konsolidierung im Untergrund statt: Ein engerer Kreis hielt weiter Kontakt, traf sich laufend zu Diskussionen und führte mit auswärtigen Freunden und Interessenten eine rege Korrespondenz, die sie selbst später hochtrabend als „apostolisch" bezeichnen werden. – Als die Gemeinde wuchs, ging man dazu über, anstatt nur informelle Diskussionen zu führen, wie der Tag sie brachte, regelrechte und regelmäßige Unterrichtsveranstaltungen über das zunehmend als Heilslehre aufgefaßte Ideengut zu planen und durchzuführen. Man kündigte hierzu erst in Paris, später auch anderswo, öffentliche Vorträge und Diskussionsveranstaltungen über die neue Lehre an. Sie fanden zunächst noch in der Hypothekenbank statt, wo RODRIGUES und ENFANTIN tätig waren. Als der Kreis der Interessenten größer wurde – wozu die damalige wirtschaftliche Stagnation in Frankreich nicht wenig beigetragen haben dürfte –, verlegte man sie in größere Räume: zunächst in die Rue Taranne 12, nahe dem heutigen Boulevard Saint-Germain, wo Säle vermietet wurden, die schon früher eine „Société de la Morale Chrétienne"[5] gemietet hatte, zu welcher Beziehungen bestanden. Schließlich lehrte man die saint-simonistischen Doktrinen auch wieder nördlich der Seine, am Sonntag in der Rue Taitbout, nahe des heutigen Boulevard Haussmann. Im Herzen des akademischen „Quartier Latin", im Saal des „Athenäum", Place de la Sorbonne, zog man mehrfach bis zu 500 Zuhörer an. Auf

---

[5] Die „Société de la Morale Chrétienne" versuchte, allgemeines christliches Gedankengut mit moderneren liberalen Vorstellungen in Einklang zu bringen. Führende Liberale der Zeit waren Mitglieder, z.B. der Herzog DE LA ROCHEFOUCAULD-LIANCOURT, der Historiker FRANÇOIS GUIZOT, ein späterer Minister, ebenso wie CASIMIR PÉRIER, prominenter Oppositionsführer der Restauration. Die philanthropischen und auf Frieden ausgerichteten Bestrebungen der Gesellschaft entsprachen den Tendenzen Saint-Simons, dessen Arbeiten zeitweise von LA ROCHEFOUCAULD, der ihn seit langem kannte, unterstützt wurden. Vgl. u.a. F. DREYFUS, Un philanthrope d'autrefois, La Rochefoucauld-Liancourt, Paris 1903.

dem Höhepunkt der Lehrtätigkeit fanden mehrere Veranstaltungen gleichzeitig statt, und zwar für verschiedene Hörerkreise, damit man diese individueller ansprechen konnte. Über die Finanzierung ist schwer Klarheit zu gewinnen. Selbst größere finanzielle Spenden, ja Opfer der Gruppenmitglieder selbst, die unbestreitbar erfolgten, dürften nicht ausgereicht haben. Hier könnte nur eine geduldige Durcharbeitung des umfangreichen von den Saint-Simonisten hinterlassenen Materials genauere Aufschlüsse geben. Man darf aber vermuten, daß ähnliche Kreise Hilfestellung leisteten wie diejenigen, welche schon den „Producteur" finanziert hatten.

Es ist eine wissens- und wissenschaftssoziologisch fesselnde Frage, ob klare und abgeschlossene oder auslegungsbedürftige Werke stärker schulbildend wirken. Für beides lassen sich berühmte Beispiele anführen. Saint-Simon war jedenfalls niemals im Stande gewesen, in einem geschlossenen, grundsätzlichen Werk oder in einer thematisch klar gegliederten Schriftenreihe ein „System" konzis darzustellen. So gab es reichlich Gelegenheit zur Diskussion über den Sinn vieler seiner Passagen. Aus dem Knäuel der überreichen Anregungen und genialen Einfälle Saint-Simons konnten sich verschiedene, heterogene, ja konfligierende Interessen nun die ihnen passenden Fäden herausziehen und damit weiterarbeiten. Das alles wurde damals auch in den Vorträgen und Diskussionen deutlich. Es verlangte geradezu nach einer führenden und ordnenden Hand und nach dem Versuch einer „authentischen Interpretation", um einschlägige und endlose Diskussionen über die vielen Aussagen zu weiter aktuellen, ja „existentiellen" Fragen zu beenden. Hierin liegt ein wesentlicher Grund für die Schulbildung, wobei man auch an antike Philosophenschulen, etwa an die Sokratiker, denken mag. Das Ergebnis war schließlich eine wirkliche „Doktrin", die dann aber auch schon wichtige neue Elemente enthalten wird. Sie beruhte auf verschiedenen Nachschriften der Lehrveranstaltungen, die vor allem von dem kurz nach Saint-Simons Tod in den Kreis getretenen SAINT-AMAND BAZARD aber auch von ENFANTIN überarbeitet wurden. In diesem Zusammenhang ist als Protokollant und Redakteur auch der junge HYPPOLITE CARNOT zu nennen, dessen Nachschriften die hauptsächliche Grundlage für die schließlich veröffentlichten Texte bildeten. Bevor wir aber die endgültige „Doktrin" der Saint-Simonisten vorstellen, müssen wir uns doch noch etwas mit der soziologischen Struktur des Kreises und mit seinen Hauptpersonen befassen.

22. Kapitel
Zur soziologischen und sozialpsychologischen Analyse eines Kreises

Was waren dies für Leute, so müssen wir jetzt ausdrücklich fragen, welche sich vorgenommen hatten, die französische, ja darüber hinaus die europäische und mondiale Gesellschaft und Wirtschaft zu reformieren, zu modernisieren und nach neuen Prinzipien zu organisieren? Wer war zumindest der engere Kreis dieser Aktivisten, die sich einen berühmten Namen zulegten?

Eine genaue Gruppenanalyse muß erst noch geleistet werden. Von manchen wichtigen Personen z.B. von HOLSTEIN, dem treuen Freund ENFANTINS, erfahren wir noch nicht einmal den Vornamen. Bei vielen bleibt das Alter unklar oder –

Zur soziologischen und sozialpsychologischen Analyse eines Kreises 149

was auch mit dem Alter zusammenhängt – der Beruf. Aber man kann doch schon einiges sagen, zumal eine größere Anzahl von Saint-Simonisten später zu hohen Ehren und Würden oder ökonomischer Prominenz gelangt sind, so daß biographische Angaben vorliegen. Es sei für unseren Zusammenhang gestattet, von den besser bekannten Mitgliedern auf die übrigen zu schließen, von den Hauptpersonen auf die anderen, und nach allem, was wir wissen, dürfte sich das Bild dabei nicht wesentlich verändern.

Betrachten wir also einen engeren Kreis, und nehmen wir als Stichdatum das Jahr 1826, wo sich die Gruppe fester formierte. Da können wir ein gutes Dutzend Namen ausmachen, die in der saint-simonistischen Literatur öfter genannt werden, deren Träger also im Kreise offenbar zu größerer Bedeutung gelangt sind. Dabei ergibt sich:

1) Es handelt sich um eine **Gruppe ausschließlich junger Männer**, jüngerer Erwachsener, überwiegend nach heutiger Terminologie als „Jugendliche" zu bezeichnen, womit wir nebenbei auf ein frühes Beispiel sehr selbstbewußter „Profilierung" einer solchen Altersgruppe stoßen. Während man ansonsten in der damaligen Zeit die betreffenden Jahrgänge bereits voll mit ihren Rechten und Pflichten der Erwachsenenwelt zuordnet, wird bei unserem Kreis, wie wir auch weiter zu verfolgen haben, ein Eigenwert jugendlicher Auffassung und Lebensart postuliert und zumindest *foro interno* auch durchgesetzt. Nur einer, der Senior der Gruppe, BAZARD, war verheiratet.

Sehen wir uns die Betreffenden genauer an. Die Geburtsjahre von 12 Mitgliedern jener Kerngruppe, die wir ohne weitere Schwierigkeiten ausmachen konnten, sind folgende, wobei wir das Alter im Stichjahr 1826 in Klammern setzen:

1. EUGÈNE RODRIGUES: 1809 (ca. 17 Jahre)
2. MICHEL CHEVALIER: 1806 (ca. 20 Jahre)
3. CHARLES LEMMONIER: 1806 (ca. 20 Jahre)
4. ISAAC PÉREIRE: 1806 (ca. 20 Jahre)
5. GUSTAVE D'EICHTHAL: 1804 (ca. 22 Jahre)
6. LÉON HALÉVY: 1802 (ca. 24 Jahre)
7. LAZAR HIPPOLYTE CARNOT: 1801 (ca. 25 Jahre)
8. EMILE PÉREIRE: 1800 (ca. 26 Jahre)
9. BARTHÉLÉMI-PROSPER ENFANTIN: 1796 (ca. 30 Jahre)
10. PHILIPPE-JOSEPH-BENJAMIN BUCHEZ: 1796 (ca. 30 Jahre)
11. OLINDE RODRIGUES: 1794 (ca. 32 Jahre)
12. SAINT-AMAND BAZARD: 1791 (ca. 35 Jahre)

Der älteste in dieser Kerngruppe, BAZARD, ist also im Jahr nach dem Tode Saint-Simons 35, der jüngste, Eugène RODRIGUES, 17 Jahre alt geworden. Das Durchschnittsalter der von uns ausgewählten, weil in den Berichten häufiger genannten 12 Saint-Simonisten liegt bei 25 Jahren.

2) Die Herausstilisierung einer solchen jugendlichen „Subkultur" in der damaligen Zeit war natürlich nur denkbar in einem Kreis, der sich dies leisten konnte. Es fällt also ein gewisser materieller Spielraum ins Auge. Es war ein Kreis, der sich den Zwängen der Erwachsenenwelt für einige Zeit entziehen konnte, wobei, wie in vielen solcher Fälle, die Begüterteren die Ärmeren solidarisch mit trugen. Fast alle Mitglieder der Gruppe stammen aber in der Tat aus dem mittleren, zum Teil aus dem gehobenen **Bürgertum**, ja einige sind herkunftsmäßig ausgesprochen der Großbourgeoisie zuzurechnen. Fragen wir nach den

Vätern, so stoßen wir auf mehrere Bankiers (RODRIGUES, D'EICHTHAL, ENFANTIN, PÉREIRE), und es ist bezeichnend, daß der Saint-Simonismus in STENDHALS Romanfragment „Lucien Leuwen" bei den Auseinandersetzungen Luciens mit seinem reichen Bankiervater eine Rolle spielt. Wir finden unter den Vätern mittelständische Geschäftsleute und einen sehr prominenten früheren Konventspräsidenten (LAZARE CARNOT, den „Organisator des Sieges" der Revolutionsarmee). Der Vater des bisher noch nicht genannten Simonisten DUVEYRIER war ein sehr hoher Jurist, der Vater des späteren Sektenmitglieds EUGÈNE HERMANN sogar französischer Finanzminister. Die Herkunftsmilieus waren also solche des aufsteigenden oder aufgestiegenen Bürgertums, Schichten also, denen Zukunftsorientierung und Fortschrittsoptimismus naheliegen. Wir fanden aber keinen Simonisten aus *proletarischem* Milieu außer einem einzigen, dem bedeutendsten Kopf der Gruppe: SAINT-AMAND BAZARD.

3) Fragen wir nach der **Vorbildung und Berufsstellung** der Gruppenmitglieder selbst, so treffen wir zunächst wieder auf das Bankgewerbe: OLINDE RODRIGUES, GUSTAVE D'EICHTAL, die Brüder EMILE und ISAAC PÉREIRE wären hier vor allem und stellvertretend für manche anderen, weniger im Vordergrund stehenden Gruppenmitglieder zu nennen. Es bestanden also sowohl familiäre wie berufliche Beziehungen zum Großkapital, auch wenn die finanziellen Hilfen durchaus nicht immer reichlich flossen. Eine zahlenmäßig sowie im Hinblick auf die sich bildende Solidarität noch wichtigere Rolle spielten jedoch diejenigen Mitglieder, welche eine Erziehung auf der schon genannten „**Ecole Polytechnique**"[1] genossen hatten, zu der ja schon Saint-Simon selbst enge Beziehungen unterhielt. Die Solidarität unter den Schülern dieser berühmten Anstalt ist auch heute noch in der Regel eine lebenslängliche. ENFANTIN, der später prominenteste Chef der Saint-Simonisten, war zwar nur ein Jahr dort gewesen, legte aber vielleicht gerade deshalb besonderen Wert darauf. MICHEL CHEVALIER und eine Anzahl anderer Mitglieder (GOTTFRIED SALOMON-DELATOUR nennt als ehemalige Schüler des berühmten Politechnikums noch: BARRAULT, MARGERIE, FOURNEL, LAURENT, REYNAUD, TRANSON) hatten dort eine reguläre Ausbildung absolviert. OLINDE RODRIGUES, ein hochbegabter Mathematiker, war sogar Repetitor an der Eliteschule gewesen. Dieser Kreis also, seine Tradition und seine auf die Entwicklung und Anwendung der Technik gerichtete Orientierung ist in unserem Zusammenhang wichtig. Dazu eine kurze Überlegung: Die siegreiche Revolution hatte Frankreich neu gestalten und der Wissenschaft dabei den ihr gebührenden Platz einräumen wollen – ein echtes Anliegen auch schon Saint-Simons. Die „Ecole Polytechnique", zunächst unter anderem Namen („Ecole centrale des travaux publics") durch Erlaß des Konvents 1794 errichtet, sollte diesem Bestreben zum Durchbruch verhelfen. Die Revolutionskriege hatten bereits die Bedeutung der technischen Waffen und damit nicht zuletzt der Ingenieurwissenschaften deutlich werden lassen. Erstmalig verwirklichte man, die Zusammenhänge zwischen Wissenschaft und Praxis erkennend, den Gedanken einer großzügigen Gesamthochschule, die einen höher qualifizierten technischen Nachwuchs sowohl für den militärischen wie den zivilen Sektor ausbilden konnte. In der militärisch geführten Institution lebte dabei ein kräftig republikanischer Geist fort, und man fühlte sich als Avantgarde des Fortschritts. Alles dies fließt in den sich bildenden Kreis der Saint-Simonisten ein. ENFANTIN war sich dieses Zusammenhanges sehr

---

[1] Zur älteren Geschichte der Schule nennen wir: A. FOURCY, Histoire de L'Ecole Polytechnique, Paris 1928.

bewußt: „Die École Polytechnique muß der Kanal sein, durch welchen sich unsere Ideen in der Gesellschaft ausbreiten. Die Muttermilch unserer lieben Schule muß die kommenden Generationen nähren."[2]

Wir finden in dem Kreis, der sich jenseits der offiziellen Bildungseinrichtungen und mit diesen unzufrieden zum Studium sozialer und ökonomischer Fragen bildet, ferner manche Elemente, die sich häufig in entsprechenden Zirkeln zeigen: Literaten (HALÉVY), kleinere Beamte (BAZARD), Studenten der Geisteswissenschaften (EUGÈNE RODRIGUES), Mediziner, Künstler und natürlich Journalisten. Wir finden unter den Saint-Simonisten dagegen, jedenfalls soweit sie zum engeren Kreis gehörten, von dem berichtet wird, keine Arbeiter, nicht einmal junge Leute aus dem Handwerkertum, dessen Abgrenzung zur sich formierenden Arbeiterschaft damals noch fließend war. Das wird sich auch in der ganzen weiteren Geschichte der Bewegung nicht mehr ändern, selbst wenn viele Arbeiter zu öffentlichen Vorträgen kamen, die man sogar speziell für diese neue Klasse veranstaltete (zum Beispiel beim „Enseignement des ouvriers" am 25. 12. 1831). Dies ist festzuhalten, weil die spätere Glorifizierung der Handarbeit und des Proletariats, z.B. durch die Herausgabe einer Sammlung von Arbeiterdichtungen durch O. RODRIGUES oder in Texten der Sekte, andere Vorstellungen erwecken könnten. Wenn auch die Hälfte der Wehrpflichtigen in Frankreich 1832 noch nicht schreiben und lesen konnte, so war doch der Bildungsstand in Paris weit höher (es gab dort nur ca 10% Analphabeten), und das Zentrum der Saint-Simonisten war ja die Hauptstadt. Und wenn auch die ausbeuterische Arbeitszeit damals für Bildungsbemühungen der Arbeiter so gut wie keine Zeit ließ, so hätten ja strebsamere Arbeitslose mitarbeiten können. Sehr richtig stellte also GOTTFRIED SALOMON-DELATOUR rückblickend fest: „Einen bemerkenswerten Anhang hat die Saint-Simonistische Bewegung unter Arbeitern um 1830 kaum gehabt."[3]

4) In den Lebensläufen einiger prominenter Mitglieder des Kreises fallen gewisse **marginale Züge** auf. BAZARD war unehelicher Geburt. Er war ein ehemaliger Carbonaro, als Revolutionär verfolgt und einmal sogar zum Tode verurteilt worden. Er hatte den aus Italien stammenden Geheimbund der *Carbonari*[4] in Frankreich maßgebend mitbegründet und darin eine führende Position eingenommen. ENFANTINS Vater hatte seinen Sohn erst nach der Ehe legitimiert, war als Bankrotteur in Schulden und gesellschaftlich in Mißkredit gefallen. EUGÈNE RODRIGUES mußte wegen seiner schweren chronischen Krankheit ständig mit einem frühen Tode rechnen. BUCHEZ, ebenfalls ehemaliger Carbonaro wie BAZARD, war nach Teilnahme an einem gescheiterten Aufstandsversuch verhaftet gewesen. GUSTAVE D'EICHTHAL war als Jüngling von einem messianistischen

---

[2] Die Briefstelle ist angeführt bei SÉB. CHARLÉTY, l.c., S. 45 der Genfer Ausgabe, nach welcher auch künftig zitiert wird.
[3] GOTTFRIED SALOMON-DELATOUR (Hrsg.): Die Lehre Saint-Simons, Neuwied 1962, Einführung, S. 62.
[4] Der republikanische Geheimbund der „Carbonari" entstand kurz nach 1800 in Italien als revolutionäres Instrument gegen die Napoleonische Herrschaft. Anschließend arbeitete er gegen die Dynastien der Restauration. In Frankreich entstand entsprechend um 1820 gegen die Bourbonenherrschaft die „Charbonnerie". Prominente Franzosen wie LA FAYETTE waren die Führer des Geheimbundes, der nach abgeschlossenen „vents" (entsprechend den italienischen „ventas") organisiert war, die ihre Weisungen von einer im Dunkeln bleibenden Zentralventa erhielten. Nach mißglückten Aufstandsversuchen 1820–22 (z.B. in Belfort) erlosch diese streng hierarchische Organisation, bzw. sie ging in anderen revolutionären Gruppen auf.

Mystizismus erfüllt, der sich nacheinander und sogar nebeneinander in passioniertem Judentum und Neigung zum Katholizismus geäußert hatte. OLINDE RODRIGUES, um ein letztes Beispiel für marginale Erfahrungen zu bringen, war wegen seiner jüdischen Herkunft in seiner Laufbahn als Lehrer diskriminiert und bei Hochschulplänen, die seiner großen Begabung noch mehr entsprochen hätten, behindert worden. Und damit sind wir bei der besonderen Bedeutung, die das Judentum offensichtlich für den Kreis der Saint-Simonisten gehabt hat und dieser für jenes.

5) Daß sich **jüdische** Kreise zu Saint-Simon und zu der sich bildenden Schule hingezogen fühlten, und daß sie dann diese neue Gruppe wesentlich trugen und durch Spenden mitfinanzierten, kann nicht verwundern. Es ist dies genausowenig zufällig, wie es der bedeutende und ins Auge fallende Beitrag ist, welchen Wissenschaftler jüdischer Herkunft zur Entwicklung der Soziologie generell geleistet haben und weiter leisten. Verschiedenes spielt hier eine Rolle, wobei wir nur das für unseren Zusammenhang Wesentlichste hervorheben wollen.[5]

Da ist einmal die größere Schärfe und Freiheit eines Wahrnehmens und Denkens zu nennen, das in weiterer Distanz zu den sozialen Phänomenen einer Umwelt steht, der man infolge unterschiedlicher Religion und auch sonstiger Tradition nicht ganz zugehörig ist. Es geht hier um das faszinierende und soziologisch so wichtige Phänomen des „Fremden" mit seinen besonderen Schwierigkeiten und Chancen, das als erster deutscher Soziologe GEORG SIMMEL schon vor dem ersten Weltkrieg meisterhaft skizziert hat. Da spielt aber vielleicht auch ein aus altjüdischen Traditionen stammender „Erlösungsglaube" eine Rolle, der sich nach Lösung vom orthodoxen Judentum säkularisiert, aber wirksam bleibt. Auf der Suche nach einer neuen Heilslehre scheint er sich auch manchesmal um zentralere Gestalten von „Propheten" und „Heilsbringern" zu kristallisieren, die nunmehr im sozialen Bereich das zu bringen versprechen, was im traditionellen religiösen Rahmen ausblieb. Eine der Haupttugenden der jüdischen Minderheiten ist in leidvoller Geschichte das Lebendighalten der „Hoffnung" gewesen, und es scheint uns kein Zufall zu sein, daß ERNST BLOCH der verbale Schöpfer des heute in allzuvielen banalen Kontexten bemühten „Prinzips Hoffnung" gewesen ist.

Die Beteiligung jüdischen Denkens und Handelns an sozialer Kritik und Opposition, insbesondere an als überflüssig und hinderlich erscheinenden Machtstrukturen und überalterten Herrschaftssystemen, ist deutlich. Das ist natürlich nur die logische Folge jahrhundertelanger Diskriminierung und Unterdrückung in vielen – nicht allen – Ländern. FRIEDRICH LENZ stellte überzeichnend, aber für das 19. Jahrhundert im wesentlichen richtig fest: „Der Anteil, den Literaten und namentlich Juden an der demokratischen und sozialdemokratischen Bewegung nehmen, bleibt soziologisch überaus bedeutsam. Sind sie doch die geborenen Führer einer jeden gesellschaftlichen Opposition gegen die Staatswirklichkeit"[6], wobei das „geboren" selbstverständlich nur als soziologische Metapher zu verstehen ist. Solche Feststellungen schließen keineswegs aus, daß wir beachtliche

---

[5] Vgl. zum Folgenden u. a. als Fundgrube WERNER SOMBART, Die Juden und das Wirtschaftsleben, Leipzig 1911, sowie soziologisch tiefer und für uns von speziellerem Interesse: RENÉ KÖNIG, Die Freiheit der Distanz, „Monat", August 1961, S. 70–76. GEORGES WEILL hat bereits die Rolle der Juden im Saint-Simonismus untersucht: „Les juifs et le Saint-Simonisme, in: Revue des Etudes Juives, Tome 30, 1895, S. 261–273.

[6] FRIEDRICH LENZ, Die deutsche Sozialdemokratie, Stuttgart u. Berlin 1924, S. 56.

Denker und Politiker jüdischer Herkunft auch im konservativen Lager finden, etwa den führenden preußischen Staatsrechtler JULIUS STAHL oder BENJAMIN DISRAELI. Aber ökonomische Potenz bei fortdauernder oder erneut drohender rechtlicher oder sozialer Diskriminierung – Statusinkonsistenz also – trieben viele Juden doch zwangsläufig eher in das progressive Lager. Es wiederholte sich bei ihnen im 19. Jahrhundert manches Dilemma, worin sich die Bourgeoisie im 18. Jahrhundert befunden hatte. Weites, kosmopolitisches Denken, das nationale Grenzen und Vorurteile überschaut und zu überwinden trachtet, ist ferner schon infolge der Schicksale des jüdischen Volkes fast selbstverständlich, weil existentiell notwendig. Man muß ja über die Grenzen schauen, wenn man niemals weiß, wann es im eigenen Lande wieder antisemitische Hetze, Diskriminierung und Pogrome geben wird. Das ist heute wieder aktuell, wenn man an die sowjetrussischen „Dissidenten" denkt, die häufig jüdischer Provenienz sind. Dazu kam die – ebenfalls historisch bedingte – hervorragende Rolle des Judentums im Finanzwesen. GEORGES WEILL resümierte entsprechend: „So spielten die Juden eine große Rolle im Saint-Simonismus. Kürzlich dank der Revolution emanzipiert, nahmen sie gern eine Doktrin an, welche die allgemeine Emanzipation ankündigte. Gewohnt, sich mit Finanzdingen zu befassen, assoziierten sie sich gern mit einer Schule, welche finanzielle Initiativen verherrlichte und den Banken einen fast religiösen Wert beimaß."[7]

6) Alle Mitglieder der genannten Zwölfergruppe waren Franzosen, doch GUSTAVE D'EICHTHAL (die bedeutende Bankiersfamilie wurde in Bayern 1814 baronisiert) und HALÉVY ursprünglich deutsch-jüdischer Herkunft. Die Brüderpaare PÉREIRE und RODRIGUES stammen aus portugiesischen Marranenfamilien, die über Bordeaux nach Paris gekommen waren, wo sie in verwandtschaftliche Beziehung traten. Auch im wachsenden Kreis werden **Familienstrukturen** weiter eine große Rolle spielen. Später werden in Frankreich auch Ausländer, zumindest als häufige Gäste, zum engeren Kreis der Bewegung gehören, die immer weltoffen blieb und im Ausland, sogar auf anderen Kontinenten, Zellen bilden wird. Wir kommen darauf zurück.

Unser zusammenfassender Blick auf den sich formierenden Kreis der Saint-Simonisten hat also ergeben: Es handelt sich um einen ausgesprochen bürgerlichen Kreis höherer formaler, aber nicht eigentlich sozialwissenschaftlicher Bildung. Seine Mitglieder waren französische Bürger, die aber aus verschiedenen, in erster Linie sozial bedingten Gründen an die sich teilweise wieder an das „Ancien Régime" anlehnende Gesellschaft der Restaurationszeit nicht voll angepaßt waren. Teils sind Diskriminierungen feststellbar, teils fühlt man sich zumindest marginal und entwickelt dann zwangsläufig Ressentiments.[8] Deshalb erhofften und erstrebten diese jungen Männer wohl auch eine neue Gesellschaftsordnung. Sie sahen den Fortschritt, an den sie glaubten, auf den meisten Sektoren durch die Wiederkehr alter Strukturen behindert, das Erreichte bedroht. Sie erkannten die Zerstörung der alten Bande der Solidarität, fanden aber keine neuen dafür, die sie nun zunächst im kleinen Kreise suchten. Diejenigen unter ihnen, die selbst im Wirtschaftsleben standen oder aus ihren Elternhäusern über

---

[7] GEORGES WEILL, Les juifs et le Saint-Simonisme, a.a.O., S. 272.
[8] Die Bedeutung des „Ressentiments" für den französischen Frühsozialismus hat ALBERT SALOMON stark betont (l. c., S. 78 f.).

entsprechende Einblicke verfügten, konnten ihre Augen kaum vor dem sich vermehrenden, erbarmungslosen Existenzkampf im beginnenden Industriezeitalter und Frühkapitalismus verschließen. Armut und Elend selbst fähiger und leistungswilliger Bevölkerungsgruppen waren unübersehbar, ebenso das Heranwachsen einer neuen Klasse des Proletariats, der Arbeiterschaft. Über alles das spricht man sich aus, wobei vieles klarer erkannt, manches dramatisiert wird. Die Lehren Saint-Simons schienen diesem Kreis einen Ausweg aus der Trostlosigkeit zu zeigen, aus der empfundenen gesellschaftlichen „Krise", die sich auch in Wirtschaftskrisen zeigte. Es schien ein Ausweg nicht zuletzt auch aus der Lieblosigkeit ihrer Zeit. Entsprechendes galt damals für die „Fourieristen".[9]

Wir werden nun aber zu prüfen haben, wieweit die geistige und menschliche Kapazität der Gruppe, bei ihrem guten Willen und manchen Talenten, dazu imstande sein wird. Und wir werden dabei verfolgen können, wie der unübersehbare Drang nach einer neuen Gläubigkeit, der die Zeitgenossen kennzeichnet, soweit sie geistig streben und nicht nur dem sich ausbreitenden „enrichissez-vous" huldigen, das Bemühen fördert, dann aber um seine Früchte bringt. Die Zeit, in welcher sich die Saint-Simonisten zusammenfanden, weist jedenfalls – trotz des unvergleichlich besseren Volkswohlstands heute – Ähnlichkeiten mit unserer Gegenwart auf. Wo sich in den Gefühlsstrukturen – mit oder ohne guten Grund – Frustration ausgebreitet hat, findet das Ideengut neuer Heilslehren geeigneten Boden.

23. Kapitel
Die „Exposition de la Doctrine"

Dieses bekannte Werk, das man fälschlich oft Saint-Simon zuschreibt, ein Mißverständnis, dem die Herausgeber freilich selbst Vorschub leisteten[1], ist keineswegs eine Abhandlung des berühmten sozialwissenschaftlichen Schriftstellers. Sondern diese Publikation stellt die schriftliche Zusammenfassung der Lehren der Saint-Simonisten dar wie sie seit Dezember 1828, im wesentlichen aber 1829 und in den ersten Monaten des Jahres 1830, kurz vor der Juli-Revolution, in Paris öffentlich vorgetragen wurden. Sie stellt damit aber nicht bloß eine Zusammenfassung der Lehren von Henri de Saint-Simon dar. Dies muß man zunächst sehr deutlich herausstellen. Denn ein großer Teil des Nachruhms, ein großer Teil aber auch der Mißverständnisse und Angriffe verschiedener geistiger und politischer Lager bezieht sich sehr viel mehr auf dieses Grunddokument der Saint-Simonistischen Schule und Sekte als auf die eigenen Schriften des Namensgebers. Dabei hat schon der Simonist G. Hubbard den Unterschied deutlich hervorgehoben, wenn er seine Darstellung der „doctrine Saint-Simonienne" mit dem ehr-

---

[9] Vgl. hierzu die gerade erschienene Bonner Dissertation von Michaela Trude: Die Fourieristen Bonn, 1986.

[1] Die Doktrin wird „Doctrine Saint-Simonienne" oder in der Ausgabe von 1924 (herausgegeben von C. Bouglé und E. Halévy) sogar „Doctrine de Saint-Simon" genannt, wo es doch richtiger „Doctrine des Saint-Simoniens" oder „Doctrine du Saint-Simonisme" hätte heißen sollen. Die deutsche Ausgabe (Hrsg. v. Salomon-Delatour, Neuwied 1962) trägt entsprechend der französischen Ausgabe von 1924 auch den irreführenden Titel „Die Lehre Saint-Simons".

lichen Hinweis schließt ... „so wie sie nicht von Saint-Simon selbst, sondern von seiner Schule dargelegt und gepredigt wurde".²

Es gibt zwei Bände dieser „Exposition", die entsprechend dem Ablauf der Unterrichtstätigkeit nacheinander erschienen sind. Der größte Teil wurde von den Referenten selbst verfaßt und dann zum Druck von einigen Schülern, vor allem von HIPPOLYTE CARNOT, redigiert.³ Die Schlußredaktion nahm offenbar ENFANTIN vor. Wir finden einmal die „Exposition Première Année", die den Zeitraum zwischen dem 17. Dezember 1828 und dem 12. August 1829 umfaßt, d. h. den Stoff der ersten 17 Sitzungen. Daran schließt sich die „Exposition Deuxième Année" an, welche die 13 anschließenden Lehrveranstaltungen der Jahre 1829 und 30 zusammenfaßt. Die „Exposition" wird dann auch in das Gesamtwerk von Saint-Simon und ENFANTIN aufgenommen werden (Band XLI und XLII). CÉLESTIN BOUGLÉ und ELIE HALÉVY werden 1924, rechtzeitig vor dem 100. Todestag Saint-Simons, vom 1. Band eine Neuausgabe veranstalten. Daß der 1. Band ein so viel größeres Interesse gefunden hat, ist darauf zurückzuführen, daß dieser erste Band die entscheidende politisch-soziale Grundlegung bringt. Man sollte freilich nicht (wie SALOMON-DELATOUR) mit Stillschweigen darüber hinweggehen, daß es einen 2. Band mit immerhin 172 Seiten gibt, der auch am Anfang (1. Sitzung) eine gute Zusammenfassung des 1. Bandes enthält. Das Gesamtwerk ist von dem bekannten Wirtschaftshistoriker CHARLES RIST sogar „das Hauptwerk der französischen sozialistischen Literatur" genannt worden⁴), und der Zivilrechtler ANTON MENGER würdigte es als eins der bedeutendsten Monumente des modernen Sozialismus. Man hat es auch „das Alte Testament des Sozialismus" genannt. Es verdient sehr unser Interesse. Hinsichtlich der nicht ganz eindeutigen Verfasserschaft ergeben sich gewisse Bewertungsunterschiede, man kann sich aber an folgendes halten: BAZARD, der kompetenteste und redlichste Zeuge, erklärte den entscheidenden 1. Teil im wesentlichen für sein eigenes Werk, während nach den Angaben von HENRI FOURNEL, dem Verfasser der ersten Saint-Simonistischen Bibliographie⁵, der 2. Teil, der verschiedene dogmatische Ausführungen enthält, in erster Linie von ENFANTIN stammen soll.

Nun zum Inhalt der „Doktrin": Die Darlegungen beginnen mit einer Analyse der damaligen Situation, die uns recht aktuell anmutet und für das „Kommunistische Manifest" stilbildend gewirkt haben dürfte:⁶

„Alle Bande der Zuneigung gerissen, überall Jammern und Klagen, nirgendwo Freude und Hoffnung. Mißtrauen und Haß, Betrug und Hinterlist herrschen im allgemeinen und zeigen sich auch in den individuellen Beziehungen der Menschen. Wir wollen diese Zwietracht in der Politik, *die uns* entzweit, *an den Tag bringen – im Namen der* Macht *und der* Freiheit. *Die in Verwirrung geratenen* Wissenschaften, *deren verschiedene Zweige in keiner Verbindung zueinander stehen, die getrennt voneinander sind wie diejenigen, die sie betreiben; die* Industrie, *in der eine erbitterte* Konkurrenz *soviel opfert und dem Betrug, der Unehrlichkeit prächtige Tempel baut; schließlich die* Kunst, *die – ihrer großen und erhabenen Eingebung*

---

² G. HUBBARD, Saint-Simon, sa vie et ses travaux, Paris 1857.
³ GEORGES WEILL, l.c., S. 27.
⁴ CHARLES RIST, Revue d'Economie Politique, 1924, S. 11.
⁵ HENRI FOURNEL, Bibliographie saint-simonienne. De 1802 au 31 décembre 1832, Paris 1833.
⁶ Wir zitieren die „Doktrin" im folgenden nach der deutschen Ausgabe von SALOMON-DELATOUR, sofern nicht anders angegeben. Hier S. 33.

beraubt – farblos dahinwelkt und nur die Kraft dafür wiederfindet, die Welt, die sie verläßt und sie erschrickt, zu beschmutzen und zu zerspalten.

In dieser schrecklichen Zeit rufen wir die Menschen auf zu neuem Leben. Wir fragen jene entzweiten, isolierten, kämpfenden Menschen, ob nicht der Augenblick gekommen sei, das neue Band der Zuneigung, der Lehre und des Handelns zu enthüllen, das sie vereinigen muß, sie mit Ordnung und Liebe einem gemeinsamen Ziel entgegengehen läßt. Wir fragen sie, ob nicht der Augenblick gekommen wäre, die Gesellschaft auf der ganzen Erde zu vereinigen."

Die gesellschaftliche Analyse der damaligen Zeit ergibt für den Saint-Simonismus eine deutliche Dichotomie, die mit folgenden Worten beschrieben wird:

„*Die Gesellschaft in ihrer Gesamtheit gesehen bietet heute den Anblick zweier Kriegslager. Im einen haben sich die nicht sehr zahlreichen Verteidiger der religiösen und politischen Organisation des Mittelalters verschanzt, im anderen finden sich unter der recht unpassenden Bezeichnung von Anhängern der neuen Ideen alle diejenigen, die am Umsturz des alten Gebäudes mitgewirkt oder diesen Umsturz doch zumindest begrüßt hatten. Wir kommen, um Frieden in diese beiden feindlichen Lager zu bringen, indem wir eine Lehre verkünden, die nicht nur die* Abscheu vor dem Blutvergießen *predigt, sondern die Abscheu vor jedem Kampf, unter welchem Namen er sich auch verbirgt.*"[7]

Im letzten Satz werden nicht nur Marxisten ein „utopisches" Moment im negativen Sinne sehen, getreu der Devise „ohne Kampf kein Sieg". Dessenungeachtet erfüllt aber die Simonisten ein außerordentliches Sendungsbewußtsein, eine große Siegeszuversicht. Ihrer Lehre, so erklären sie, „gehöre die Zukunft", sie werde sich mit ihrer wohltätigen Wirkung „über alle Punkte des Globus ausbreiten". Denn der Erfolg sei denjenigen beschieden, welche „im Geiste der Humanität arbeiten".

Es wird dann (im Anschluß an Konzeptionen Saint-Simons) eine Phasentheorie der Geschichte vorgetragen. Wir hatten sie schon kennengelernt. Solche Phasentheorien hatten bereits nach den antiken Ansätzen auf diesem Gebiet frühere Denker auch vor TURGOT und CONDORCET entwickelt, z. B. der neapolitanische Sozialphilosoph GIAMBATTISTA VICO.[8] Und in HEGELS geschichtsphilosophischen Konzeptionen erfolgt jenseits des Rheins zur gleichen Zeit eine gewaltige Spekulation dieses Genres. Der Saint-Simonist JULES LECHEVALIER, einer der Mitarbeiter an der „Doktrin", hatte zwei Jahre in Deutschland mit Hegelstudien verbracht,[9] und es wäre schon deshalb interessant, entsprechenden Einflüssen nachzugehen. Noch in unserem Jahrhundert haben Phasentheorien – auch außerhalb des Marxismus – Bedeutung gehabt. Als Beispiel nennen wir nur die kulturellen „supersystems" von PITIRIM A. SOROKIN[10] (1889–1968), von denen jeweils ein System eine Epoche dominieren soll.

Bei den Saint-Simonisten werden also die entsprechenden Lehren des Meisters zusammengefaßt, die auf den Wechsel „organischer" und „kritischer" Sta-

---

[7] a. a. O., S. 34.
[8] GIAMBATTISTA VICO (1668–1744) hatte in seinem Werk „Principi d'una scienza nuova intorno alla commune natura delle nazioni" (zuerst 1725) dialektische „corsi" und „ricorsi" herauszuarbeiten versucht.
[9] Nach CHARLÉTY, l.c., S. 45.
[10] Vgl. PITIRIM A. SOROKIN, Social and cultural Dynamics (Fluctuations of systems of Truth, Ethics and Law), New York 1937–41.

dien abzielen, was wir nicht zu wiederholen brauchen. Hat im noch andauernden letzten kritischen Stadium „jede Gedankengemeinschaft, jedes gemeinsame Wirken und alle Koordination aufgehört", in einer Gesellschaft „isolierter gegeneinander kämpfenden Individuen"[11], so muß dieser Zustand nun durch wirkliches Gemeinschaftshandeln mit klaren gesellschaftlichen Zielen beendet werden. Dabei gilt: „Die Lehre, die wir verkünden, soll sich des ganzen Menschen bemächtigen."[12] Das ist ein religiöses Postulat. Und in der Tat meint man, „daß das Merkmal der organischen Epochen im wesentlichen *religiösen* Charakter hat".[13] Nicht zufällig wird daher die Entwicklung der Schule in diese Richtung gehen – eschatologisch findet der in der bisherigen Geschichte erkennbare Wechsel von aufbauenden (organischen) und zerstörenden (kritischen) Epochen ein Ende. Er war „eine folgerechte Reihe von Bestrebungen, die zu einem Endziel hinarbeiten. Dieses Ziel ist die *Weltgemeinschaft*, d.h. die Vereinigung aller menschlichen Kräfte auf der ganzen Erde und in allen Formen ihrer Beziehungen."[14] Es wird betont, „daß die *allgemeine Vergesellschaftung* sich nur aus der Verbindung der menschlichen Kräfte in der *pazifistischen* Richtung versteht."[15] Dabei ist man sich seiner Sache sicher: „Die allmähliche Entwicklung des Menschengeschlechts erkennt nur ein einziges Gesetz an, und dieses Gesetz ist der ununterbrochene *Fortschritt* der Gesellschaft."[16] Nach Jahrzehnten revolutionärer Unruhen und Ausschreitungen, Napoleonischer Kriege und restaurativer Unterdrückungen in ganz Europa wird hier also eine säkularisierte Botschaft künftiger Erlösung verkündet. Sie kam nicht nur der Romantik, sondern auch dem damals tief empfundenen Friedensbedürfnis entgegen.

Alles dies war im wesentlichen bloß abgeschriebener, zusammengefaßter und zugespitzter Saint-Simon. Alles dies würde die Wirkung der Lehre nur unzureichend erklären. Nun taucht aber immer wieder und zunehmend, sogar mehrfach auf einer Seite in der „Doktrin" jene berühmte Formulierung der Saint-Simonisten auf, deren zündende Kraft bis heute nicht erloschen ist. Es handelt sich um den Topos von der *„Herrschaft des Menschen über den Menschen"* oder, synonym damit verwendet, von der *„Ausbeutung des Menschen durch den Menschen"*. Diese Akzentuierung vermied noch der verstorbene Meister, der die industriellen Chefs in einem harmonisierenden Modell mit ihren Belegschaften zu verbinden trachtete. Die Saint-Simonisten wollen diesen Schleier zerreißen: *„Bisher ist der Mensch durch den Menschen ausgebeutet worden. Herren, Sklaven, Patrizier, Plebejer, Grundherren, Leibeigene, Grundbesitzer, Pächter, Müßige und Arbeiter – dies ist das Fortschreiten der Menschheit bis in die heutige Zeit."*[17] Doch es gibt große Hoffnung auf ein „neues" Recht, *„welches an die Stelle des Rechts der Eroberung und der Geburt rückt: der Mensch beutet nicht mehr den Menschen aus, aber der vom Menschen abhängige Mensch beutet die ihm ausgelieferte Welt aus."*[18]

---

[11] SALOMON-DELATOUR (Hrsg), Die Lehre Saint-Simons, a.a.O., S. 36.
[12] Ebenda, S. 53.
[13] Ebenda, S. 78.
[14] Ebenda, S. 82.
[15] Ebenda, S. 83.
[16] Ebenda.
[17] Ebenda, S. 103.
[18] Ebenda.

Wie Paukenschläge kündigen jene zündenden und seitdem immer wieder ähnlich abgewandelten Sätze den Kulminationspunkt der Lehre der Saint-Simonisten an, eine Herausforderung an die Welt: die radikale Kritik an den bestehenden und für verhängnisvoll angesehenen **Eigentumsverhältnissen**. Sehr treffend bemerkten schon um 1900 GIDE und RIST: „Die Doctrine de Saint-Simon gipfelt ganz und gar in einer Kritik des Privateigentums."[19]

Diese Kritik am Privateigentum hat eine lange Geschichte. Sie ist direkt oder indirekt in mehreren klassischen „Utopien" seit der Antike enthalten und findet sich vor allem in dem berühmt gewordenen Discours von J. J. ROUSSEAU über den Ursprung der Ungleichheit unter den Menschen.[20] Die bekannteste Passage daraus wird in der „Doktrin" natürlich zitiert.[21] Die Führer der großen französischen Revolution hatten fast alle nicht nur stillschweigend das Privateigentum anerkannt, sondern sie hatten darüber hinaus seinen Schutz noch ausdrücklich postuliert. In der berühmten „Erklärung der Menschenrechte" von 1789 verteidigten sie es energisch. Im 17. Artikel wird das Eigentum für unverletzlich, ja für „heilig" erklärt: „Das Eigentum ist ein unverletzbares Recht und heilig, keiner kann dessen beraubt werden." Das uns heute befremdende Epitheton „heilig" zeigt – wie immer die Praxis aussah – eben nicht nur deutlich, welche große, positive Bedeutung man damals dem Eigentum zumaß, sondern es indiziert auch, daß es eben das Besitzbürgertum war, welches diese Revolution trug und von ihr profitierte. Schreckensmänner und malerische Sansculotten, wildgewordener Mob standen eben nur zeitweise im Vordergrund der Bühne, wo sie Greueltaten verübten. Die Konfiskationen von kirchlichem und adeligem Grundbesitz waren keineswegs zentrale Anliegen gegen den Großbesitz an sich, sondern politisch gezielte Maßnahmen der Revolutionsführung gegen feindliche Kreise, zum Teil aus finanzieller Not geboren. Wenn auch Reprivatisierung auf dem Fuße folgte, so durfte man natürlich fragen, ob sich der eingebrochene Damm auf die Dauer wieder errichten ließ. Zunächst jedenfalls blieben weitergehende Lehren eines FRANÇOIS-EMILE BABEUF (1760–1797), der sich in Erinnerung an berühmte römische Volkstribunen „Gracchus" BABEUF nannte, noch radikales Außenseitertum. Die Argumentation der „Babouvisten", daß die Revolution ein offener Krieg zwischen den Reichen und den Armen sei, verhallte zunächst. Mit der Enteignung von Kirche und Adel begann sogar die Geschichte zahlreicher Vermögen des französischen Bürger- und Großbauerntums.

Es war also ein sehr kühnes und spektakuläres Unterfangen, wenn die Saint-Simonisten in ihren Vorträgen dieses geheiligte Privateigentum anzugreifen wagten. Denn sie attackierten damit nicht nur reetablierte Vertreter des „Ancien Régime", wie es Saint-Simon gern getan hatte, sondern eben auch das siegreiche

---

[19] CHARLES GIDE und CHARLES RIST, Geschichte der volkswirtschaftlichen Lehrmeinungen, Jena 1913, S. 242.
[20] J. J. ROUSSEAU, Discours sur l'origine et les fondements de l'inégalité parmi les hommes, zuerst 1754.
[21] „Der erste, der ein Stück Land einzäunte und sich erlaubte zu sagen: *dies gehört mir,* und der einfältige Menschen fand, die ihm Glauben schenkten, war der wirkliche Begründer der bürgerlichen Gesellschaft. Welche Kriege, Verbrechen, Mordtaten, Mißstände und Schrecken hätte derjenige der Menschheit erspart, der diese Pfähle ausgerissen, den Graben zugeschüttet und seinesgleichen zugerufen hätte: Hütet Euch davor, auf diesen Betrüger zu hören, ihr seid verloren, wenn ihr vergeßt, daß die Früchte allen gehören und der Boden keinem!" (Zitiert nach: Die Lehre Saint-Simons, S. 144.)

Bürgertum. Hatte Saint-Simon, der große Reichtümer erwarb und nach Aristokratenart für sich und andere verbrauchte, nur den Unterschied zwischen Müßiggängern und Industriellen, zwischen Drohnen und Arbeitsbienen gemacht, so denken nun die Saint-Simonisten seinen Ansatz radikal weiter. Sie fragen sich: Worin liegen denn die Gründe für die Möglichkeiten, schmarotzerhaft auf Kosten anderer zu leben? Saint-Simon, der arm und reich und wieder arm gewesen war, der Neid nur in schweren Notlagen und auch dann nicht immer kannte, stand dem Eigentum mit Nonchalance gegenüber. Er war spekulierender und spendabler, die Wechselfälle des Lebens stoisch aufnehmender Grandseigneur, kein emsig und sorgsam Kapitalien sammelnder Bourgeois. Die Saint-Simonisten ihrerseits, wir sagten es bereits, hatten über „Kapital" nachgedacht, über die Möglichkeiten seines Erwerbs, seiner Manipulation und Rentabilität. So mußten sie auf die Vererbbarkeit des Kapitals als auf die entscheidende Ursache des Drohnentums stoßen: „Ist es nicht offenbar, daß das Privateigentum an Kapitalien das letzte der Privilegien vorstellt? Die Revolution hat die Kastenvorteile verschwinden lassen ... Aber sie hat das persönliche Eigentum beibehalten, das Eigentum, das das ungerechteste aller Privilegien ausmacht, das Recht des Eigentums, ‚eine Abgabe von der Arbeit anderer zu erheben'!"[22] Dabei werden die Arbeiter von den Kapitalbesitzern dazu verpflichtet, diesen einen Teil der Früchte ihrer Arbeit zu überlassen. Eine derartige Verpflichtung ist aber deutlich die moderne Version der Sklaverei und wie diese „Ausbeutung des Menschen durch den Menschen". LORENZ V. STEIN dürfte mit seiner – bei im übrigen insgesamt positiver Würdigung – Vermutung nicht ganz unrecht gehabt haben, daß die Schule der Saint-Simonisten „in den Gegensatz der industriellen Gesellschaft zwischen Besitzenden und Nichtbesitzenden eine feindselige Bitterkeit hineingebracht hat, die nie wieder aus ihm verschwunden ist."[23]

Wird das bisherige Produktionseigentum (nur um dieses geht es) von den Saint-Simonisten also scharf kritisiert, so zielt man dabei doch auf Spezielleres, auf etwas freilich sehr Heikles und höchst Empfindliches: Man plädiert nämlich für nichts Geringeres als für die **Abschaffung des Erbrechts**. Das muß natürlich Furore machen. Die „Doktrin" argumentiert dabei folgendermaßen: Durch das Erbrecht gelangen die produktiven Kapitalien und Einrichtungen in die Hände zufälliger und oft unfähiger Erben, anstatt daß diese Mittel von den Tüchtigsten im Interesse aller nach Kriterien höchster Zweckmäßigkeit und Produktivität eingesetzt werden. In der Tat: Wer kennt denn keine unfähigen Erben? Aber schwieriger ist schon die alte Frage: Wer sind und wie findet man die „Tüchtigsten"?

Die Saint-Simonisten plädieren hier dafür, den **Staat** vertrauensvoll zum Universalerben zu ernennen, denn darauf läuft es hinaus, wenn sie in einem Schreiben an den Parlamentspräsidenten fordern, „daß alle Werkzeuge der Arbeit, die Grundstücke und Kapitalien, welche gegenwärtig die zerstückelte Grundlage der Einzelbesitzungen bilden, in eine gesellschaftliche Grundlage vereint werden."[24] Oder, um es noch deutlicher mit den Worten der „Doktrin" zu sagen: „Das Gesetz des Fortschritts, das wir erkannt haben, neigt zur Errichtung einer

---

[22] GIDE und RIST, l.c., S. 242.
[23] LORENZ V. SEIN, Geschichte der sozialen Bewegungen in Frankreich von 1789 bis auf unsere Tage, Leipzig 1850. Zitiert nach der Neuauflage, München 1921, II. Band, S. 218.
[24] Aus dem „Sendschreiben an den Herrn Präsidenten der Deputiertenkammer" vom 1. Oktober 1830, abgedruckt bei L. v. STEIN, l.c. II. Band, S. 501.

Ordnung, in der der Staat und nicht mehr die Familie die angehäuften Reichtümer erben wird, soweit sie, wie die Nationalökonomen sagen, zum Produktionsfonds gehören."[25] Wegen der Wichtigkeit der Sache noch ein anderes entsprechendes Zitat aus der 1. Sitzung des zweiten Jahres, und zwar im Anschluß an eine Darlegung der Fortschritte der menschlichen Freiheit: Es „muß heute ein neuer Fortschritt erfolgen: er besteht darin, das Erbrecht von der Familie auf den Staat zu übertragen".[26]

Wollten die Saint-Simonisten das Erbrecht innerhalb der Familien abschaffen, so wehren sie sich doch heftig gegen die Verwechslung ihrer Thesen mit solchen der sog. Gütergemeinschaft: „Diese Veränderung soll nicht den Gedanken einer *Gütergemeinschaft* nach sich ziehen, die eine Ordnung begründete, die nicht minder ungerecht und gewaltsam wäre als die blinde Verteilung in der Gegenwart."[27] Ja, im schon zitierten Schreiben an den Präsidenten der Deputiertenkammer heißt es sogar: „Die Saint-Simonisten verwerfen diese gleiche Teilung des Eigentums, die in ihren Augen eine größere Gewalttätigkeit, eine empörendere Ungerechtigkeit sein würde, als die ungleiche Teilung."[28] Denn: „Sie glauben an die **natürliche Ungleichheit der Menschen**" und halten die Gütergemeinschaft für „eine offenkundige Verletzung des ersten aller sittlichen Gesetze..., welches will, daß in Zukunft **jeder nach seiner Fähigkeit gestellt und nach seinen Werken belohnt werde.**"[29] Sagt man zum Eigentum, auch zum Produktiveigentum, ja, zu seiner Vererblichkeit innerhalb der Familien aber nein, so kann man über die Durchführung dieses Prinzips in der Praxis amüsant spekulieren. Völlig zu Recht weisen die Saint-Simonisten dagegen darauf hin, daß auch Eigentumsrecht und Erbrecht im Laufe der Geschichte zahlreichen Veränderungen unterworfen waren.

Brauchen wir kein weiteres Wort darüber zu verlieren, daß die Attacken gegen das Erbrecht Furore machten und die Saint-Simonisten zahlreichen Angriffen aussetzten, so erregten sie Aufsehen noch durch einen zweiten Bereich ihrer Lehre: ihren Kampf gegen die rechtlichen **Diskriminierungen der Frau**. Wer sich mit der Situation der Familie und dem Verfügungsrecht über Vermögen befaßte, mußte darauf stoßen. Darauf werden wir bald ausführlicher zurückkommen, das Thema ist zwar nur kurz behandelt, aber ein Schwerpunkt der Doktrin. Hier wollen wir lediglich noch einen Überblick über die im entscheidenden 1. Band der „Doktrin" ferner behandelten hauptsächlichen Fragen geben:

Da sind noch vor allem die Ausführungen hervorzuheben, die sich mit den **Banken** befassen. Entsprechend der engen Beziehungen zahlreicher Saint-Simonisten zum Bankgewerbe wird dessen Rolle ganz groß geschrieben. „Denn die Bankiers sind durch Verbindungen und Beziehungen viel eher in der Lage, die Bedürfnisse der Gewerbe und die Kapazität der Gewerbetreibenden zu ermessen, als es die müßigen und isolierten Privatleute vermögen. Die Anlage von Kapitalien, die durch ihre Hände gehen, ist nun einmal nützlicher und gerechter."[30] Und es verwundert nicht, daß das neue Gesellschaftssystem den Banken eine

---

[25] Die Lehre Saint-Simons, S. 111.
[26] Zitiert nach THILO RAMM (Hrsg.), Der Frühsozialismus, Quellentexte, S. 132. 2. Aufl., Stuttgart 1968.
[27] Ebenda.
[28] Vgl. L. v. STEIN, l.c. II. Band, S. 500.
[29] S. 500–501.
[30] Die Lehre Saint-Simons, S. 124.

Schlüsselrolle einräumen soll: „Der Kredit, die Bankiers, die Banken – all das ist dennoch nur ein grober Ansatz der gewerblichen Einrichtung, deren Grundlagen wir aufstellen werden."[31] Diese Grundlagen findet man schon im groben skizziert: ein riesiges, hierarchisch gegliedertes **Bankensystem**. „Die *Zentralisierung* des allgemeinen Bankgewerbes, der geschicktesten Bankiers in eine *einzige, leitende* Bank, die alle beherrschte und die verschiedenen Bedürfnisse des Kredits, welche die Industrie nach allen Seiten hin erfährt, genau abwägen könnte – andererseits die immer größere *Spezialisierung* der lokalen Banken –, dies wären in unseren Augen *politische* Ereignisse höchster Bedeutung."[32] Dabei träumen die jungen Bankleute von künftiger Größe und Macht und führen weiter aus: „Es wird nun nicht schwierig sein, sich eine erste Vorstellung zu machen von der sozialen Einrichtung der Zukunft, die im Interesse der gesamten Gesellschaft, und besonders im Interesse der friedlichen Industriearbeiter, alle Gewerbezweige beherrschen wird. Wir geben dieser Einrichtung die provisorische Bezeichnung *allgemeines System der Banken*. Dieses System würde zunächst eine Zentralbank umfassen, die – im *materiellen* Bereich – die *Regierung* darstellte: sie hätte alle Reichtümer, den ganzen Produktionsfonds, alle Arbeitswerkzeuge, kurz alles in Verwahrung, was heute die Gesamtheit des Eigentums der *einzelnen* bildet. Von dieser Zentralbank hingen Banken zweiter Ordnung ab, die nur noch weiter über speziellere Banken zu walten hätten."[33]

Nach einem Überblick über moderne Eigentumstheorien, dem nur mehr registrierender Charakter zukommt, da das Entscheidende schon gesagt ist, wendet sich die Vortragsreihe Fragen der allgemeinen oder moralischen Erziehung und dem Rechtswesen zu und versucht eine Einführung in religiöse Fragen zu geben. Alles hängt natürlich zusammen und die Behandlung des Stoffes in der „Doktrin" zeigt, wie man richtig hervorgehoben hat, ausgesprochen totalitäre Züge. Die Menschheit entwickelt sich über Fetischismus, Polytheismus, jüdischen und christlichen Monotheismus zu einer neuen religiösen Gemeinschaft, wobei die Quintessenz folgendermaßen lautet: „Die Menschheit hat eine religiöse Zukunft – die Religion der Zukunft wird größer und mächtiger sein als jede Religion der Vergangenheit. Ihr Dogma wird die Synthese aller Schöpfungen und aller Arten menschlichen Seins sein: Die soziale und politische Institution wird, in ihrer Gesamtheit gesehen, eine religiöse Institution sein."[34] Die Gesellschaft selbst wird gleichsam zu einem heiligen Gegenstand, und der heutige Leser dieser Zeilen wird nicht umhin können, an Staats- und Gesellschaftslehren der jüngeren Vergangenheit oder Gegenwart zu denken, die einer solchen Apotheose nahekommen.

Im zweiten, wesentlich auf ENFANTIN zurückgehenden Band der „Exposition de la doctrine" wird „das neue Dogma, das den Fortschritt der Menschheit verkündet", weiter ausgeführt. Wir können aber für unseren Zusammenhang auf weitere diesbezügliche Darlegungen verzichten, zumal wir ahnen können, in welche Richtung die Darlegung läuft: zu Überlegungen der diktatorischen Befugnisse moderner „Hohepriester". Dieser 2. Band ist bereits ein deutliches Zeichen dafür, daß sich die Schule der Saint-Simonisten, vor allem unter dem Ein-

---

[31] Ebenda.
[32] S. 125.
[33] S. 126.
[34] THILO RAMM, l.c., S. 137 (1. Sitzung der „Deuxième Année").

fluß ENFANTINS, zu einer pseudoreligiösen Sekte entwickelt. Dies wollen wir nun an der konkreten Gruppe weiterverfolgen.

Dabei werden wir sehen, wie BARTHÉLEMY-PROSPER ENFANTIN (1796–1864) zunehmend zur zentralen Figur wird. Zunächst Weinreisender, war er dann Mitarbeiter einer französischen Bankniederlassung in St. Petersburg gewesen. In der damaligen russischen Hauptstadt hatte er mehrere frühere Polytechniker getroffen, in deren Kreis man viel über Probleme der politischen Ökonomie diskutierte, nicht zuletzt über die Freihandelstheorien von JEAN-BAPTISTE SAY (1767–1832). Nach Frankreich zurückgekehrt, hatte er die Bekanntschaft des Bankiers LAFFITTE zu machen gewußt und seinen früheren Lehrer vom Polytechnikum OLINDE RODRIGUES wiedergetroffen, der ihn in seiner Hypothekenkasse als Kassierer einstellte. Von ihm soll er ein einziges Mal dem sterbenden Saint-Simon vorgestellt worden sein, eine reichlich dünne Filiation, aus der er aber viel zu machen verstand.

24. Kapitel
Sektenbildung und Julirevolution

Die öffentlichen Vorträge der Saint-Simonisten hatten echten Diskussionen über die vorgetragenen Thesen noch breiteren Raum gelassen. Parallel dazu festigte sich aber die Gruppe zur „Familie", will heißen zu einer Sekte mit ausgesprochenen Dogmen. Hierbei lassen sich Schlüsselfiguren ausmachen, unter denen hervorragen: Einmal BAZARD, der alte Revolutionär und Carbonaro; dann ENFANTIN, der agile und viele Jugendliche bezaubernde ehemalige Handlungsreisende, der die Entwicklung zu einem schwärmerischen Bund anführt; OLINDE RODRIGUES, der noch als einziger der Gruppe dem alten Saint-Simon persönlich verbunden gewesen war und so gewissermaßen als dessen „Testamentsvollstrecker" fungiert; und schließlich dessen jüngerer Bruder EUGÈNE, dessen schwärmerische Religiosität, die im Leben der Gruppe Parallelen zum Urchristentum zu finden glaubte, den Intentionen ENFANTINS entgegenkommt. Dabei hatte ENFANTIN selbst sich zunächst hinsichtlich des Spätwerks vom „Neuen Christentum" distanziert gegeben, doch fühlt er sich offenbar zunehmend als „homo religiosus", als Begnadeter. BAZARD, der wissenschaftlich beste Kopf der Gruppe, hatte ebenfalls früher als Gegner der Kirche im religiösen Gefühl nur eine Art von mystischer Disposition gesehen. Doch will nun auch er, der sich jetzt dauernd mit dogmatischen Fragen herumschlagen muß, den von ihm gefundenen Lösungen höhere Weihen geben, um sie abzusichern. So ist die Gruppe zur Transformation bereit. Man könnte über dieses Kapitel auch einen überlieferten Satz von EUGÈNE RODRIGUES setzen: „Das heilige Feuer der Begeisterung brennt nicht auf dem kalten Herd der Philanthropie".

Politisch-religiöse Sekten sind Gruppenphänomene. Sie entstehen und vergehen in der Regel mit fließenden Übergängen. Suchen wir nach Ereignissen, die den Beginn der festeren Gemeinschaft indizieren, so wird man am besten zweierlei hervorheben können: die Herausbildung einer formellen Hierarchie und die Begründung eines festen Domizils, wo der Kern der Gruppe wohnt und der räumliche Mittelpunkt fixiert wird.

Die Hierarchie bildete sich, im wesentlichen auf Drängen ENFANTINS, im Winter 1828/29 heraus, während jene Vorträge gehalten wurden, die im 2. Band der

„Doktrin" zusammengefaßt worden sind, wo es also um die Dogmatik ging. Der ältere Kreis der Schule schloß sich zur sog. „Familie" zusammen oder dem „Kolleg" und grenzte sich nach außen ab. Darunter installierte man am 7. 12. 28 den wachsenden Kreis von Neophyten als einen „second degré". Wenn man sich fester konstituiert, so stellt sich die Frage: Wer soll das Ganze leiten? Denn eine Gruppe kann ohne ein Minimum an Organisation und Führung keine Dauer haben. Da gab es den bewährten OLINDE RODRIGUES, wegen seiner persönlichen Beziehung zu Saint-Simon auch „die lebendige Tradition" genannt. Doch bei ihm scheint das persönliche Führungsstreben wenig ausgeprägt. Statt dessen traten BAZARD und ENFANTIN in den Vordergrund, der eine mit sagenumwobener Verschwörervergangenheit und bedeutender Wirkung als Theoretiker, der andere, besonders die jungen Neophyten gewinnend, von liebevoll-weihevollem Gebaren. Weihnachten 1829 war die Entwicklung soweit gediehen, daß beide vom „Collège" – aus welchem BUCHEZ in diesem Zusammenhang ausgetreten war – offiziell als Duumvirat gewählt und zum Jahresende feierlich als oberste „Pères", als „Väter" der Sekte proklamiert wurden. Diese Zeremonie vollzog sogar OLINDE RODRIGUES selbst – die charismatische Legitimation wurde so deutlich durch ein Element der Tradition verstärkt. Dabei brachte der Traditionspfleger zum Ausdruck, daß er nun „größeren Männern" im Geiste Saint-Simons die Führung anvertraue und daß seine Mission damit erfüllt sei.

Die Szene, die am letzten Tag des Jahres 1829 spielte, muß voller „religiöser" Sentimentalität und euphorischen Überschwangs gewesen sein. Die Wahl der beiden Führer erfolgte – natürlich einstimmig – zu „Pères suprêmes, tabernacle de la loi vivante"; wobei Titulaturen wie „Chef" oder „Prince du Tabernacle", die sich auch im Freimaurerwesen finden[1], Beziehungen zu diesem andeuten. Der Bund bezeugt O. RODRIGUES, mit seinem Vorschlag ein leuchtendes Beispiel für die berühmte Devise „Jeder nach seinen Fähigkeiten" gegeben zu haben. Man umarmt RODRIGUES und BAZARD, während ENFANTIN, ein kluger Taktiker, wegen Krankheit abwesend ist. Denn zur bewußten Pflege seines Prestiges gehörte bei aller seiner fast penetrant anmutenden Herzlichkeit natürlich die Wahrung von Distanz. Seine Selbstüberheblichkeit kommt in einem Brief vom Beginn des nun folgenden Jahres 1830 zum Ausdruck, worin er seiner treuen Cousine THÉRÈSE NUGUES schrieb: „Öffne Deine Augen, erblicke denjenigen, welchen Gott mehr als alle anderen Menschen liebt, weil er auch von ihnen allen der am meisten Geliebte ist. Siehe das Oberhaupt, den König, den Hohepriester eines neuen Jerusalem. Höre auf ihn ohne Furcht, folge ihm mit Liebe. Durch ihn gibt Gott der Welt das Leben."[2] Es ist schwer auszumachen, wieweit religiöser Wahn oder bewußtes Imponiergehabe solche Zeilen diktierten, beides dürfte eine Rolle gespielt haben. Die Passagen lassen jedenfalls Rückschlüsse darauf zu, wie ENFANTIN im Zwiegespräch oder kleinsten Kreise argumentiert haben wird. Die sektiererischen Bewegungen mit ihren Exaltationen und ihrem Erfolg bei unserer heutigen Jugend ermöglichen uns vielleicht wieder ein besseres Verständnis für solche und andere Absonderlichkeiten der Sekte, die wir noch kennenlernen werden.

Alles dies vollzieht sich also im engeren Kreise, während die Lehrtätigkeit an verschiedenen Stellen in Paris weitergeht. Aber der engere Kreis der „Familie",

---

[1] SERGE HUTIN, Les sociétés secrètes, Paris 1963, S. 69.
[2] Zitiert nach CHARLÉTY, l. c., S. 63.

etwa drei Dutzend junge Männer, hatte mehr und mehr das Bedürfnis nach einem eigenen Domizil, nach einem räumlichen Mittelpunkt, wo man sich mit Sicherheit treffen konnte. Hierfür wird ENFANTIN alsbald tatkräftig sorgen. Er mietet zu Beginn des Jahres 1830 Räume in der Rue Monsigny, in der 2. Etage eines großen repräsentativen Gebäudes, des ehemaligen „Hotel de Gesvres". Dieses Stadtpalais erstreckte sich zwischen der Rue Monsigny und der Passage Choiseul. In der Nachbarschaft sind heute die „Bouffes Parisiens" gelegen und entsprechend einer „Opera buffa", einer komischen Oper, wird sich später auch die Sekte entwickeln. Diese „Rue Monsigny" ist jedenfalls eine wichtige Station im Leben des Kreises. Bald werden zahlreiche Histörchen und Skandälchen das Haus umwittern und es nicht zuletzt dadurch zu einer besonderen Attraktion von Paris machen. ENFANTIN wohnte natürlich als erster ständig dort, BAZARD zog bald mit seiner Frau nach, andere Simonisten folgten, und viele trafen sich, auch ohne dort zu wohnen, im Haus zu den gemeinsamen Mahlzeiten. Das gemeinsame Speisen gehört bekanntlich zu den soziologisch bedeutsamsten Zeremoniells. Die werdende Sekte traf sich regelmäßig jeden Dienstag, Donnerstag und Samstag. Am Sonntag speiste der engere Kreis bei Frau CLAIRE BAZARD. Ein besonderer Saal war den offiziellen Versammlungen vorbehalten, bei denen BAZARD und ENFANTIN immer anwesend waren. Ein Gast, anschließend selbst Mitglied der Sekte, kam zufällig vorbei und hat seine Eindrücke folgendermaßen überliefert:

„Vor einem großen Tisch, inmitten einer Reihe junger Leute, zogen zwei Männer mittleren Alters alle Blicke auf sich. Ihre Haltung und Physiognomie verrieten große Willenskraft, und ihre Statur zeugte von erheblicher physischer Stärke. Einer von ihnen sprach. Seine Worte kamen langsam von seinen Lippen. Zwischen seinen Fingern drehte er eine Tabatière und er warf seinen fast immer unbeweglichen Kopf nur von Zeit zu Zeit nach hinten... er erhob seine Augen nur, wenn er einem seiner Sätze besonderen Nachdruck verleihen wollte. ‚Wie heißt derjenige, welcher spricht?' fragte ich leise meinen Nachbarn. ‚Bazard', antwortete er mir. ‚Und jener?' fragte ich, die zweite Hauptperson bezeichnend, die in eigenartig majestätischer Weise liebevolle Blicke über das Auditorium schweifen ließ. – ‚Enfantin'."[3]

In einem anderen Bericht werden die beiden Hauptpersonen folgendermaßen beschrieben: Der eine (BAZARD) „ein robuster Mann, breitschultrig, gedrungen, mit ausdrucksvollem Gesicht, ruhig entschlossen; das regelmäßige Kinn drückt Kraft aus und erinnert an dasjenige Luthers". Der andere „war groß, mit einer gewissen Eleganz gekleidet, schöne, hellkastanienbraune Haare umrahmten sein graziöses Gesicht, dessen feine und etwas weiche Züge Wohlwollen ausdrückten; ein sehr schöner junger Mann, etwas jünger als sein Nachbar: es war der Besitzer der Wohnung, Prosper Enfantin".[4]

Die Lehrtätigkeit in verschiedenen Sälen von Paris und das sich intensivierende Leben der „Familie" und Sekte wird nun abgerundet und nicht unwesentlich ergänzt durch eine rege und zwar ausgesprochen heitere Geselligkeit. Man lud zu den Gesellschaftsabenden einen weiteren Kreis von Sympathisanten und Neugierigen, wobei Frauen mitgebracht wurden und auch Dienstboten – am Rande – zuschauen durften. Die Salons in der Rue Monsigny wurden schnell „à la mode" in Kreisen jüngerer Akademiker und Bürgersöhne, bei Künstlern,

---

[3] Ebenda, S. 65/66. Der Gast war EDOUARD CHARTON.
[4] Nach JEAN PIERRE ALEM, Enfantin, Le Prophète aux Sept Visages, Paris, 1963, S. 41 (ohne weitere Quellenangabe).

Journalisten und Literaten. Hierfür gibt es manche Zeugnisse, auch von nur durchreisenden Fremden wie JOHN STUART MILL. Aus einer Reihe prominenter Quellen wollen wir einen farbigen Bericht von LUDWIG BÖRNE zitieren, der von einem Besuch in der Rue Monsigny sehr beeindruckt war:

„Ich kann Ihnen nicht beschreiben",

heißt es in einem seiner berühmten Pariser Briefe[5],

„welchen wohlthuenden Eindruck das Ganze auf mich gemacht. Es war mir, als wäre ich aus Winterkälte einer beschneiten nordischen Stadt in ein Glashaus gekommen, wo lauter Frühlingslüfte und Blumendüfte mich empfingen. Es war etwas aus einer fremden Zone und aus einer schöneren Jahreszeit ... Es schwebte ein Geist heiteren Friedens über diesen Menschen, ein Band der Verschwisterung umschlang sie alle, und ich fühlte mich mitumschlungen. Eine Art Wehmut überschlich mich, ich setzte mich nieder, und unbekannte Gefühle lullten mich in eine Vergessenheit, die mich dem Schlummer nahebrachte. War es der magische Geist des Glaubens, der auch den Ungläubigen ergreift wider seinen Willen? Ich weiß es nicht. Aber schweigende Begeisterung muß wohl mehr wirken als redende; denn die Reden der Simonisten haben mich nie gerührt. Dabei war alles Lust und Freude, nur stiller. Es wurde getanzt, Musik gemacht, gesungen; man spielte Quartetts von Haydn. Es waren wohl hundert Menschen, ein Drittel Frauenzimmer."

Soweit Börne. Da wir bei ausländischen Gästen sind und von Musik die Rede war, mag auch erwähnt werden, daß FRANZ LISZT, der ja lange in Paris studierte, als Jüngling in den Salons der Simonisten mehrfach konzertierte. Die heitere Außenseite des Lebens der Simonisten hat im übrigen dankbaren Stoff für zahlreiche Karikaturen in zeitgenössischen Pariser Journalen abgegeben, von denen einige in dem schon genannten bebilderten Werk von HENRY-RENÉ D'ALLEMAGNE über die Saint-Simonisten wiedergegeben sind.

Bald wird das ganze Haus den Simonisten zur Verfügung stehen. Man mietete schnell die erste Etage hinzu. Wichtiger war: Man erwarb die Zeitung „LE GLOBE", deren Geschäftsräume sich in der dritten Etage des Hauses befanden. Zu dieser 1824 begründeten „philosophischen, politischen und literarischen" Zeitschrift[6], bestanden manche freundschaftliche Beziehungen. Die ab Februar des Revolutionsjahres 1830 täglich herauskommende radikalliberale Zeitung geriet zunehmend unter den Einfluß der Saint-Simonisten. Diese werden das Blatt im Herbst direkt kaufen, da der Gründer und bisherige Herausgeber (PIERRE LEROUX) finanziell am Ende war. Ab 1831 wird es den Untertitel „journal de la doctrine de Saint-Simonisme" tragen und diese Doktrin von den verschiedensten Seiten beleuchten, propagieren und erweitern. Es wird damit das bedeutendste und bekannteste Simonistische Periodikum und ihre einzige Tageszeitung sein. Man nimmt darin für alle demokratischen Bewegungen Partei, die jetzt in den verschiedenen Staaten Europas durchzubrechen beginnen. Besonders wendet man sich gegen das zaristische Rußland und die Habsburgermonarchie. Freilich war das Ganze ein großes Zuschußunternehmen, das sich nur dank der Hilfen von dritter Seite und des selbstlosen Einsatzes der neuen simonistischen Redakteure halten konnte. Bei einer Auflage von 2500 Exemplaren und nur 500 Abonnenten konnte man das Blatt schließlich fast nur noch gratis verteilen. Am 24. 4. 1832 wird es am Ende sein.

---

[5] LUDWIG BÖRNE, Briefe aus Paris; hier: Brief vom 10. 2. 32 (zitiert nach der Ausgabe: Herisau, 1835).

[6] Vgl. zur Geschichte der Zeitschrift bzw. Zeitung „LE GLOBE": CLAUDE BELLANGER et alii (Ed.), Histoire générale de la presse française, Paris 1969–71, Band II.

Zurück zur Sekte. Unterhalb der beiden „Pères" entwickelten sich weitere hierarchische Grade. Zunächst gab es da den „Conseil", den obersten Rat, unter dem ein zweiter, ein dritter und ein Präparandengrad von Sektenmitgliedern existierten. Zur Zeit seiner größten Ausdehnung hatte das eigentliche „Collège Saint-Simonien", das Pariser Hauptquartier der Lehrtätigkeit und Sektenarbeit, angeblich folgende Besetzung:

1) zwei oberste „Pères",
2) 9 Ratsmitglieder, denen besondere Funktionen zugewiesen waren,
3) 15 Vollmitglieder des eigentlichen „Collegiums", unter Einschluß der Ratsmitglieder,
4) 22 Mitglieder des zweiten Grades,
5) 39 Mitglieder des dritten Grades.[7]

Alle Jünger trugen blaue Kleidung, die bei den niederen Graden dunkel war, bei den höheren Graden in immer hellere Töne überging. Bemühungen, als geistliche Gruppe anerkannt zu werden, was die angestrebte Befreiung vom Dienst in der Nationalgarde zur Folge gehabt hätte, scheiterten natürlich. Aber man betrachtete sich trotzdem als religiösen Orden, das Haus in der Rue Monsigny als ein religiöses Haus. Mit CLAIRE BAZARD und CÉCILE FOURNEL gehörten dem Kreis auch zwei Frauen an.

Haben wir bei unseren Angaben über die Zeitung „Le Globe" schon etwas vorgegriffen, so stehen wir bei der Geschichte unserer Sekte doch noch im Jahr 1830. Die Hierarchie und das Hauptquartier in der Rue Monsigny waren zu Beginn eines Schicksalsjahres entstanden, eines Jahres erheblicher Erschütterungen der europäischen Verhältnisse, von Rückschlägen für die Restauration. Abermals ging die Bewegung von Frankreich aus. Der seit 1824 regierende König KARL X. strebte danach, die absolute Monarchie wiederherzustellen, was auf wachsenden Widerstand stoßen mußte: Hatte sein Vorgänger, der bequeme LUDWIG XVIII., noch Gefühl für die Schwierigkeiten seiner Stellung gehabt, so ignorierte KARL X. diese völlig, legte sich auch törichterweise nicht zuletzt mit der überlegenen liberalen Presse an. In diesem Sinne wird man auch die Aktivierung des „Globe" betrachten können, dem ebenso wie anderen Oppositionsblättern Gelder der Bourgeoisie zuflossen. Oppositionsgruppen bildeten sich in mannigfacher Form. Als der König Ende Juni einige ausgesprochen reaktionäre Verfügungen („Ordonnanzen") unterzeichnete, wodurch er die letzten Parlamentswahlen für ungültig erklärte, die Pressefreiheit aufhob und die Wahlgesetze in seinem Sinne abänderte, war das Maß des Unmuts voll. In Paris bricht am 27. Juli der Aufstand aus, der die berühmt gewordenen „drei Tage" dauern wird. Bereits am 28. Juli kann man vom Pariser Rathaus und von „Notre Dame" die Trikolore flattern sehen.

Wir müssen uns hier natürlich fragen: Wie verhalten sich während dieser „Julirevolution" die Saint-Simonisten? Nach allem Dargelegten ist klar, daß diese Revolution zunächst ihren Interessen entsprach. Das liberale Lager der Bourgeoisie hatte die Sekte und diese jene Schicht unterstützt, mochten dann auch die Forderungen nach Abschaffung des Erbrechts bürgerlichem Denken zuwiderlaufen. Hatten die Saint-Simonisten an der geistigen Vorbereitung dieser Revolution durch ihre Publizistik und ihren Einfluß auf die Intelligenz zweifellos Anteil, so bleibt ihr Einsatz als Straßenkämpfer aus. Solche Aktionen waren nicht

---

[7] Wir übernehmen hier die Angaben vom ALEM, l. c., S. 61.

ihre Sache. CHARLÉTY geht soweit zu sagen: „Die Saint-Simonisten wurden durch die Julirevolution überrascht ... Keiner dachte an einen Massenaufstand. Man hatte das Volk im Kalkül der politischen Kräfte vergessen."[8] Dies traf gewiß auf ENFANTIN und seine schwärmerische Gefolgschaft zu, aber weniger auf BAZARD. Dieser stand dem Volk näher, konnte sich dem Ruf der Stunde nicht völlig verschließen. Einige Saint-Simonisten hatten sich vorsorglich doch bewaffnet, gute Freunde aus der „Ecole Polytechnique" standen auf den Barrikaden. Die beiden „Pères" hatten zwar in einem Aufruf die Sekte zur Ruhe ermahnt, in dem es hieß: „Den Liberalen die politische Macht ... aber nur für den Tag, denn sie wissen nicht, was die Menschheit für die Zukunft möchte."[9] Doch BAZARD muß darüber hinaus aktiv werden.

Der alte Carbonaro begibt sich also als Vertreter der Saint-Simonisten zu seinem alten Kameraden aus Verschwörerzeiten, dem General LA FAYETTE ins Pariser Rathaus. Er schlägt diesem, der mit seinen Entschlüssen gerne zögert, vor, angesichts der verworrenen Lage zunächst die Diktatur zu übernehmen; nur seine Autorität könne jetzt den Ausschlag geben. Wir wissen, daß LA FAYETTE dies nicht tat, sondern daß die Entscheidung am 29. Juli zu Mittag im Hause des Bankiers LAFFITTE fiel, wo sich Abgeordnete und Vertreter der liberalen Bourgeoisie versammelt hatten. Man bildete eine provisorische Regierung, die sich, vom Prestige LA FAYETTES unterstützt, sowohl gegen Reaktion wie gegen das radikale Republikanertum, das sich dupiert fühlte, behaupten konnte. Nach einem weiteren Treffen im Hause von LAFFITTE trägt man dem Herzog LOUIS PHILIPPE von ORLÉANS die Spitze einer konstitutionellen Monarchie an. Als „Bürgerkönig" wird er unter dem demokratischeren Titel „Roi des Français" (statt: „de France") bis 1848 fungieren und entsprechend den Umständen seiner Inthronisierung als königliche Symbolfigur der Bourgeoisie die Epoche des „enrichissez-vous", des „juste milieu" repräsentieren. Als „König Birne" wird er zum beliebten Objekt für Karikaturisten.

Die Sekte der Saint-Simonisten hielt als solche auch zu seinem Regime Distanz und bemühte sich im übrigen, ihre Abstinenz anläßlich der revolutionären Ereignisse zu erklären. Es bedurfte der vielen großen aber hohlen Worte nicht. Die Sekte war pazifistisch und ihrem Bekenntnis nach konstruktiv und nicht zerstörerisch. Diese Bürgersöhne – es gab auch solche militanterer Art – waren Prediger friedlicher Reorganisation und nicht der Revolution. Sie wären wirklich auf den Barrikaden fehl am Platz gewesen. Dafür versuchte man durch verstärkte Vortragstätigkeit in den bekannten Sälen mit den bekannten Lehren das Abseitsstehen in den stürmischen 3 Tagen auszugleichen. Zentrum war der große Vortragssaal der Rue Taitbout, andere Veranstaltungen fanden im Saal des „Athénée", Place de la Sorbonne, statt, vor Auditorien von 4–500 Personen. Der Bankier LAFFITTE, früher ein Gönner Saint-Simons und der späteren Sekte, war als eine der Schlüsselpersonen des neuen Regimes Minister geworden. Er hielt seine alten Beziehungen zu den Saint-Simonisten aufrecht, deren pekuniäre Mittel zunächst nicht knapp waren. Auch in einigen französischen Provinzen konnten sich zahlreiche Zellen der neuen Lehre entwickeln.

---

[8] CHARLÉTY, l. c., S. 72.
[9] Ebenda, S. 73.

25. Kapitel
Frauenfrage und Sexualität. Krise und Schisma

Wir hatten schon früher gesagt, daß für das große Aufsehen, welches die Saint-Simonisten in der Öffentlichkeit erregten, die Frauenfrage eine wichtige Rolle spielte. Wir müssen darauf zurückkommen und fragen: Worum handelte es sich dabei eigentlich?

In der Sekte herrschten seit der Proklamation der „Pères" BAZARD und ENFANTIN unangefochten. Die Meinungen und Direktiven der beiden Führer der Hierarchie, deren Charisma und quasi absolutistische Autorität unbestritten waren, wurden treu befolgt. Aber diese in allen wesentlichen Fragen zunächst einheitliche Linie, die in der Doktrin ihre öffentliche Festlegung erfahren hatte, begann nun in einem wichtigen Bereich Unterschiede zu zeigen: Es ging um die Stellung der Frau in Familie und Gesellschaft.

Einig waren sich gewiß alle darin, daß die Befreiung der Frau mit derjenigen des wachsenden Proletariats Hand in Hand zu gehen habe. Es waren für die Saint-Simonisten, wie für den Sozialismus seitdem, eben nur zwei Seiten derselben Medaille. Die Frauenfrage hatte Henri de Saint-Simon, der bei allen tollkühnen Vorstößen für eine neue Welt immer auch Kavalier des 18. Jahrhunderts blieb, noch kühl gelassen. Er hat das Thema nicht behandelt, zumindest nicht in seinen überlieferten Schriften und Gesprächen. Wo er beiläufig die Materie streift, räumt er den Frauen nur implizite die Gleichberechtigung ein.[1] Noch unter dem Direktorium scheinen sie ihn nur als Partnerinnen amouröser Affären interessiert zu haben. Ganz anders verhält sich die Sekte der Saint-Simonisten, die, wie wir wissen, bereits Frauen den Zutritt gestattet hatte. Die Frage der Frauenemanzipation war inzwischen aktuell geworden. CHARLES FOURIER[2] hatte sie in Zusammenhang mit der von ihm geforderten „Befreiung der Sexualität" ins Spiel gebracht. Unermüdlich wird sich u.a. die Schriftstellerin GEORGE SAND[3] in dieser Hinsicht engagieren und dazu die Gesellschaft auch bewußt provozie-

---

[1] Die einzige Ausnahme findet sich in seinen „Genfer Briefen". Im Hinblick auf den darin vorgeschlagenen obersten Rat heißt es: „Die Frauen werden zugelassen sein zu subskribieren; sie werden auch nominiert werden können". Die Stelle ist in Majuskeln hervorgehoben.

[2] CHARLES FOURIER (1772–1837) hatte bereits 1808 in seiner „Theorie der vier Bewegungen" die Nachteile des isolierten Haushaltes und der lebenslangen Ehe angeprangert und war zu der provozierenden Aussage gekommen: „Die Heirat scheint dazu erfunden worden zu sein, die Widernatürlichkeit zu vergüten." Er behandelte in diesem Werk die „Erniedrigung der Frauen" in der bürgerlichen Gesellschaft, die Fehler eines gesellschaftlichen Systems, das „die Liebe unterdrückt". KARL GRÜN hat deutlich die Vermutung ausgesprochen, daß ENFANTIN aus dem frühen Werk von FOURIER geschöpft habe und sein Sensualismus daher ein Plagiat gewesen sei. L. v. STEIN (l. c. II., S. 209) schrieb schon vorher, sich auf eine persönliche Mitteilung von VICTOR CONSIDÉRANT berufend, ABEL TRANSON habe den Père „mehrmals beim Lesen dieses Buches" überrascht.

[3] GEORGE SAND (Baronin Amandine-Lucie-Aurore Dudevant, geb. Dupin, 1804–1876) trat gern in Männerkleidung auf und schockierte damit die Öffentlichkeit. Entsprechend wirkten ihre verschiedenen Liebesaffären. Ihre ersten Romane erschienen Anfang der 30er Jahre.

ren. Die Saint-Simonisten selbst werden die ersten feministischen Zeitschriften gründen („La Femme libre", u.s.w.). Sie konnten einfach nicht über eine Tatsache hinwegsehen, die sich bei ihren Überlegungen und Postulaten bezüglich des Familienbesitzes und Erbrechts aufdrängte: Die deutliche, damals sogar noch krasse, rechtliche Diskriminierung der Frau. Und wenn man eine neue Gesellschaftslehre aufstellt, so kann die Stellung der Geschlechter davon unmöglich mehr ausgenommen werden. Schon darin lag in jener Zeit aber reichlich Dynamit. Wegen der Bedeutung dieser Materie zitieren wir eine die Stellung der Frau betreffende Stelle aus dem schon genannten Sendschreiben an den Präsidenten der Abgeordnetenkammer vom 1. Okt. 1830 im vollständigen Wortlaut:

„Das Christentum hat die Frauen aus der Knechtschaft gezogen, doch hat es sie zur Untätigkeit verurteilt, und überall in Europa sehen wir sie mit dem religiösen, politischen und bürgerlichen Interdikt belegt.

Die Saint-Simonisten kommen, um endlich ihre Befreiung, ihre vollständige Emanzipation anzukündigen, ohne daß damit das im Christentum verkündigte Gesetz der Ehe aufgehoben werden soll; sie kommen im Gegenteil, um dieses Gesetz zu erfüllen, es neu zu heiligen, um die Macht und die *Unverletzlichkeit* der Verbindung zu erhöhen, die sie schließt.

Sie fordern, wie die Christen, daß ein einziger Mann mit einer einzigen Frau verbunden sei, aber sie lehren, daß die Frau dem Gatten *gleichstehen* soll, und daß sie, nach der Gnade, welche Gott im besonderen über ihr Geschlecht ausgegossen, ihm verbunden werde in der dreifachen Funktion des Tempels, des Staats und der Familie, so daß das soziale Individuum, das bis auf den heutigen Tag der Mann allein gewesen, künftighin der *Mann und die Frau* werde.

Die Religion Saint-Simons will nur jenem schamlosen Handel, jener gesetzlichen Prostitution ein Ende machen, die unter dem Namen der Ehe gegenwärtig so häufig die ungeheuerliche Verbindung der Hingebung und des Egoismus, der Unwissenheit, der Jugend und der Kraftlosigkeit heiligt."[4]

Um die Bedeutung dieser Stelle und die vielleicht in diesem Zusammenhang befremdende besondere Hervorkehrung der zu „heiligenden" Ehe richtig zu verstehen, muß man sich mit der Vorgeschichte dieses Briefes befassen. Ebenso wie man den Simonisten vorgeworfen hatte, die „Gütergemeinschaft" zu predigen, was eindeutig falsch war, hatte man nämlich in der Öffentlichkeit ihnen gegenüber den Vorwurf erhoben, die „Vielweiberei" zu propagieren. Was lag diesem Vorwurf zugrunde?

In den religiösen Lehren der Sekte hatte man sich bereits sehr prononciert von der christlichen Lehre der „Erbsünde" und der von AUGUSTIN im Anschluß an PAULUS weiterentwickelten Lehre abgesetzt, daß der Mensch unfähig zum Guten sei. Man strebte dafür die „Versöhnung" von Geist und Fleisch an. „Die Idee, daß Gott seine Kreatur hätte Schiffbruch erleiden lassen, wird durch den Glauben an einen steten Fortschritt ersetzt."[5] Dazu gehört für die Saint-Simonisten also die „Rehabilitierung des Fleisches". Die möglichen Konsequenzen liegen auf der Hand, und ENFANTIN wird auf diesem Wege schnell weitergehen. Folgen wir zunächst der Darstellung von GEORGES WEILL, die uns plausibel erscheint, weil sie die Krise innerhalb der Sekte und das spätere Schisma gut verständlich macht. Nach Meinung ENFANTINS sollten die „Pères suprêmes" allmächtige Per-

---

[4] Zitiert nach THILO RAMM, l. c., S. 152/153.
[5] *Doctrine Saint-Simonienne. Résumé Général* (Extrait de la Revue Encyclopédique), Paris 1831, S. 44.

sönlichkeiten sein, welche die Pflicht hätten, auf die Jünger mit allen Mitteln einzuwirken. „Das Fleisch war heilig wie der Geist: daher konnten die Oberen auch sexuelle Beziehungen mit den Untergebenen haben, um sie besser anzuleiten. ENFANTIN verstand im übrigen, daß die Familie untrennbar vom persönlichen und vererbbaren Eigentum war; wenn das eine bedroht ist, muß die andere verschwinden; der Kollektivismus hat die Legitimität der freien Liebe zur Folge."[6] In Rußland wird man später nach der Oktoberrevolution 1917 zunächst ähnlich argumentieren. ENFANTIN versuchte seine Thesen auch mit psychologischen Spekulationen zu stützen: Es gebe eben zwei Arten von Menschen, die „immobilen" und die „mobilen" Naturen. Für die ersteren sei Othello die Symbolfigur, für die letzteren Don Juan. Ein oberstes Priesterpaar, das ENFANTIN inthronisieren möchte, sollte beide Tendenzen verkörpern. In einem Brief an seine Mutter, den seine Eitelkeit sogar für die große Ausgabe der gesammelten Werke Saint-Simons und ENFANTINS aufheben ließ[7], hieß es im August 1831: „Ich könnte mir gewisse Umstände denken, wo ich nur meine eigene Frau für fähig hielte, Glück, Gesundheit und Leben einem meiner Söhne in Saint-Simon zu geben ... ihn in ihren zärtlichen Armen zu erwärmen." Auch in der Geschichte suchte ENFANTIN nach Argumenten für seine einschlägigen Theorien, im Heidentum etwa oder in der Ritterromantik. „Er wünschte auch, infolge eines eigentümlichen Ideengemischs, die Rückkehr zu jenem ‚droit du seigneur'[8], das Beaumarchais berühmt gemacht hatte", stellte WEILL – freilich ohne Quellenangabe – fest.[9] Universelle Libido wurde jedenfalls zum Axiom.

Solche Lehren stießen nun auf den erbitterten Widerstand BAZARDS, eines sozialistischen Puritaners. Zu seiner dezidierten Haltung mag – tiefenpsychologische Spekulationen sind hierbei naheliegend – die Malaise seiner unehelichen Geburt beigetragen haben. Er tolerierte zwar die Scheidung unter den damaligen sozialen Verhältnissen, trat aber grundsätzlich eher für eine Festigung der Ehe ein, wie aus dem Brief an den Parlamentspräsidenten, den er verfaßt hatte – und den ENFANTIN wohl nur widerwillig mit „reservatio mentalis" mit unterschrieb – hervorging. In der Promiskuität sah BAZARD sogar eine verstärkte Ausbeutung der Frau. Das ist gewiß ein weites Feld. Neben anderen wie CARNOT stand ihm bei seiner Auffassung auch seine Frau CLAIRE BAZARD zur Seite, die in der Arbeitermission der Sekte tätig war und sich um die Hebung des moralischen Standards des Proletariats und um die Frauenmission bemühte.

Es folgten nun etwa ein Jahr lang unendliche Diskussionen im Hauptquartier der Sekte. Monatelang debattierte man erst im engsten, dann im weiteren Kreise über Fragen der Ehe und Sexualität. Dabei setzte ENFANTIN es schließlich durch, daß alle Teilnehmer auch ganz persönliche Bekenntnisse intimster Art ablegen mußten, was freilich den Kreis noch mehr verstörte. Die Sitzungen der Sekte dauerten ganze Nächte hindurch. Die Teilnehmer, enerviert, geistig verstört, gerieten teilweise in einen Zustand mit Halluzinationen. Der sich zuspitzende Konflikt sollte mit krampfhafter Energie durch Diskussionen – im wesentlichen in

---

[6] WEILL, a.a.O., S. 96.
[7] Œuvres, XXXVII, S. 191f.
[8] Gemeint ist das „Jus primae noctis", ein im Mittelalter sporadisch vorgekommenes Gewohnheitsrecht des Feudalherrn, die erste Nacht mit der neuvermählten Frau eines Hörigen zu verbringen. Seine (historisch nicht haltbare) Generalisierung eignete sich vorzüglich als geistiges Kampfmittel der Revolution.
[9] WEILL, a.a.O., S. 98.

Streitgesprächen zwischen den beiden „Pères suprêmes" – gelöst werden. Er blieb unlösbar. Einer der beiden Standpunkte, die sich eher verhärteten als anglichen, einer der beiden Chefs mußte dem anderen weichen. Die Entscheidung fiel am 25. August 1831. In einer der unendlichen, enervierenden Dauersitzungen und Diskussionen, angesichts immer neuer Sophistereien seines Gegners, trifft BAZARD plötzlich der Schlag. Ein Teilnehmer berichtet: „Er fiel wie ein Stier, getroffen von der Hand des Opferpriesters."[10] Die Strapazen der letzten Monate, die Sorge um die Zerstörung der von ihm mit Ernst und Leidenschaft erarbeiteten jungen sozialistischen Lehre waren für den fast Vierzigjährigen zu viel gewesen.

Die Wochen, welche nun folgten, Wochen einer halben, aber eben doch nur halben, Rekonvaleszenz BAZARDS, der ENFANTIN das Feld noch nicht überlassen wollte, waren eine Zeit der Verwirrung, des Zweifels, ja der Verzweiflung. Die Grundsatzdebatten hörten nicht auf. Einer der Sektenprediger, CHARLETON, fand bei Rückkehr von einer längeren Reise die Brüder, wie sie sich untereinander nannten, in desolatem Zustand: „Alle Mienen zeigten Spuren langer Schlaflosigkeit. Die Augenlider waren schwer, die Lippen bleich, die Haare wüst. Manche hatten entstellte Gesichter mit verzückten Blicken, eingefallenen und grauslichen Zügen."[11] Kaum einer wußte, was werden sollte, und ENFANTIN ließ die Dinge reifen. OLINDE RODRIGUES hatte seine Banktätigkeit unterbrochen, um sich ganz der Sekte zu widmen, um an einer Doktrin zu arbeiten, welche die Standpunkte, wenn schon nicht die Männer, versöhnen konnte. Dabei geriet auch er in einen Zustand der Schwärmerei und Mystik und erklärte sich selbst als vom heiligen Geist auserwählt. Dies qualifizierte ihn zusätzlich für ein Triumvirat, das der oberste Rat der Sekte auf Initiative von MICHEL CHEVALIER vorschlug, hinter dem aber ENFANTIN stand. Und diesem war auch ausdrücklich die führende Rolle in dem Triumvirat nach Art des Napoleonischen Konsulats zugedacht. Es gelang, CLAIRE BAZARD, die dem obersten Rat angehörte, für den Plan zu gewinnen. Wünschte sie ihrem Manne Schonung oder war sie vorübergehend von ENFANTIN umgarnt gewesen? Man spekulierte darüber, munkelte sogar von Ehescheidung. Am 8. November, also rund 10 Wochen nach seinem Schlaganfall, willigte BAZARD in eine partielle Abdankung ein, wobei ENFANTIN allein „Père suprême" sein sollte, über BAZARD als „chef du dogme" und RODRIGUES als „chef du culte". Doch am nächsten Tag schon widerruft BAZARD seine Zustimmung zu dieser Regelung, verläßt demonstrativ den Sitzungssaal und trennt sich für immer von der „Rue Monsigny". Seine Frau zieht mit ihm. Anschließend wird sie das Haus der Sekte verwünschen und in einem Brief (an CÉCILE FOURNEL) ENFANTIN als „Satan" bezeichnen, der im Kampf mit rechtschaffenen Leuten nicht obsiegen dürfe.

Doch hatte dieser in der Tat gesiegt, während sich der kranke BAZARD aufs Land in das Departement Seine-et-Marne zurückzieht. Zehn Tage nach dem Bruch versammelte der neue alleinige Sektenchef die Saint-Simonisten, um sie offiziell von dem Auszug und Abfall BAZARDS zu informieren. Vorsichtig erklärte er seine Meinung keineswegs für ein Dogma, sondern stellte die Präzisierung moralischer Gesetze zukünftiger Beteiligung der Frauen anheim. Bis dahin

---

[10] Zitiert bei ALEM, l. c., S. 68, leider ohne Namen des Zeugen und ohne weitere Quellenangabe.
[11] Nach CHARLÉTY, l. c., S. 115.

sollte man sich äußerlich dem Sittenkodex der bürgerlichen Gesellschaft fügen, da alles andere den Saint-Simonisten Schaden brächte. Mit feinem Gefühl für Symbolik reservierte er den leergewordenen Stuhl BAZARDS für die noch unbekannte „Mère suprême", die „Femme Messie", die mit ihm einmal die Spitze der Sekte bilden werde, und die es jetzt zu suchen gelte. Auch für dieses Modell finden sich in der Religionsgeschichte Vorläufer. Jedenfalls behält er das Heft in der Hand, wenn ihm auch wichtige Mitglieder der Sekte, sei es vor, während oder nach der Sitzung ihre Gefolgschaft aufkündigten. Wir nennen CARNOT („Eure Theorie ist die Legalisierung des Ehebruchs"), LECHEVALIER oder FOURNEL. „Da flohen", wie KARL GRÜN richtig feststellte, „die ernsteren Naturen ..., da ließ man den Vater Enfantin mit seiner Schar der Bigotten den Saint-Simonismus allein vollenden, vollenden bis zur Karikatur."[12] OTTO WARSCHAUER urteilte noch schärfer: „Enfantin versündigt sich an Saint-Simon, indem er für dessen Lehren eintrat und er erstickte den Saint-Simonismus, den er mit Bazard gemeinsam erzeugt hatte".[13] Man versteht jedenfalls, daß spätestens hier das Interesse ernsthafter Sozialisten an den Saint-Simonisten endete. EMILE DURKHEIM meinte: „Es ist überflüssig, die letzten Zuckungen der Schule zu erzählen, die ... keine Ideengeschichte mehr sind."[14] Doch es geht uns hier nicht nur um diese, sondern auch um Sektengeschichte, um konkrete Gruppenphänomene, darüber hinaus um Wirtschafts- und Sozialgeschichte, weshalb wir die Entwicklung weiterverfolgen.

BAZARD wird es in der kurzen Zeit, die dem Kranken noch bis zu seinem Tode vergönnt ist, nicht gelingen, einen Teil der Sekte unter seiner Leitung zusammenzuhalten. Er publizierte zwar noch etwas, wie die „Discussions morales, politiques et religieuses", worin er ENFANTIN heftig attackierte. Auch führte er gegen die Saint-Simonisten einen Prozeß wegen der „Doktrin", deren Autorenrechte er aus Anlaß der 2. Auflage beanspruchte. Elf Monate nach seinem Schlaganfall in der Rue Monsigny wird er sterben.

ENFANTIN sah zunächst freie Bahn. Er intensivierte das Leben der Gruppe nach der weltlichen Seite hin und demonstrierte feierlich oder implizite die Rehabilitierung des „Fleisches" oder der „Materie". Der folgende Winter 1831/32 zeigt das Hauptquartier der Sekte als Bühne eines lebhaften und munteren Treibens, als Ort vieler Reunionen und Feste, zu denen die jüngere elegante Welt strömte, die sich ein gewisses intellektuell-religiöses Air geben wollte, aber es kamen auch bloß Amüsierlustige und Neugierige. Dieser Pariser Winter ist in besonderem Maße die Zeit, in welchem sich das zweideutige Image der Saint-Simonisten verbreitete; diese vorletzte Phase ihrer Existenz als geschlossene Gruppe hat sie bei ernsthafteren Sozialreformern um manchen Kredit gebracht. Dieser Winter brachte sie nicht zuletzt auch um ihr Vermögen, das aus Spenden begeisterter Anhänger, die teilweise ihr ganzes Eigentum opferten, oder aus sonstigen Quellen geflossen war. Daß man daneben – aus besonders dafür gegebenen Mitteln? – einige praktische Versuche mit „Workshops"[15] und Arbeiterausbildung unternahm, ändert an dem unseriösen Bild wenig, sie waren nur von kurzer Dauer. Entsprechendes galt von einem Einsatz bei der Choleraepidemie,

---

[12] KARL GRÜN, Die soziale Bewegung in Frankreich und Belgien, Darmstadt 1845, S. 27.
[13] OTTO WARSCHAUER, Geschichte des Socialismus und neueren Kommunismus, Leipzig 1892, S. 105.
[14] EMILE DURKHEIM, Le socialisme, Paris 1928, hier: Ausg. 1971, S. 263.
[15] Man mietete zu diesem Zweck zwei Häuser in der Rue de la Tour d'Auvergne und der Rue Popinancourt, wo Arbeiter vorübergehend auch wohnten und verpflegt wurden.

wo man Kranke im Hause pflegte, während die Lustbarkeiten weitergingen. Im Unterschied zu dem seriöseren, wissenschaftlich ringenden und dabei die Praxis doch nicht ignorierenden BAZARD war der nun allein regierende „heilige" Père zwar voller Ideen, Phantasien und taktischen Finessen, überließ sich aber voll seinen Gefühlen. Damit zog er vorwiegend Künstler, Poeten und überschwengliche Idealisten an, mit denen allein man aber nichts Dauerhaftes im sozialen Bereich schaffen kann. Das Ganze verkam zu einem religiös verbrämten Kaffeehaus-Literatentum.

Das Ende der „Rue Monsigny" kam von zwei Seiten. Die eine Seite war die materielle Misere. Man hatte die Fonds erschöpft und machte Schulden. Der Bankfachmann RODRIGUES war zwar „chef du culte", arbeitete aber vor allem auf dem Gebiet der Finanzen der Sekte. Er hatte auf ein Modell zurückgegriffen, wie man es schon früher für die Zeitschrift „Le Producteur" angewandt hatte, indem er eine Aktiengesellschaft, den „crédit Saint-Simonien" begründete.[16] Anteile im Nennwert von 1000 Francs, die mit 5% verzinst werden sollten, wurden ausgegeben. 250 000 Francs waren eingesammelt worden, von denen freilich allein 100 000 Fr. der Zeitung „Le Globe" zugute kamen. Das Ende vom Lied war aber, daß die Aktiengesellschaft ihren Bankrott erklären mußte, zumal es offenbar nicht gelang, die noch vorhandenen Aktiva der Gruppe, darunter erheblichen Immobilienbesitz, den einige Mitglieder eingebracht hatten, rasch zu Geld zu machen. Nun gelangt auch der bisher so treue Gefolgsmann OLINDE RODRIGUES, der sich bei dem Aktienunternehmen erheblich exponiert hatte, ans Ende seiner Geduld. Die Lage auf einmal realistisch sehend, drängt er auf saubere finanzielle Verhältnisse. Da er sich damit nicht durchsetzen kann, und ihm überhaupt die Dinge unheimlich zu werden beginnen, wird er seinen Abschied nehmen und die Sekte auch diesen alten Kronzeugen aus den Tagen Saint-Simons verlieren; aber ENFANTIN scheint die Sache leicht zu nehmen. RODRIGUES wird übrigens gerichtlich das Exklusivrecht an den Werken Saint-Simons für sich beanspruchen und sich – wie schon BAZARD – als einzig legitimen Sektenchef ansehen.

Das Ende der Gemeinschaft in der Rue Monsigny war aber schon vorher von staatlicher Seite gekommen. Hatte sich nach der Julirevolution die Sekte zunächst erheblicher Freiheiten erfreuen dürfen, so zog das Regime von LOUIS PHILIPPE allmählich die Zügel wieder an. Die Sekte hatte im Winter 1831/32 immer größere Aufmerksamkeit erregt, sie selbst zählte ihre Anhänger nach Tausenden. Nimmt man die kühner gewordene Sexualmoral ENFANTINS, der Hochzeiten und Scheidungen nach Simonistischem Ritus vornehmen ließ, sowie den sich anbahnenden Bankrott hinzu, so hatte sich genügend Zündstoff angesammelt. Die Justiz schreitet ein. Am 22. Januar 1832 stoßen ENFANTIN und RODRIGUES bei ihrem Aufbruch zu einer Vortragsveranstaltung auf Polizei. Nicht genug damit. In völliger Verkennung des friedlichen Charakters der Sekte hatten die staatlichen Autoritäten außerdem Kontingente der Nationalgarde, ja reguläre Truppenkontingente bereitgestellt, die den Häuserblock umzingelten. Das Haus wird durchsucht, Papiere werden beschlagnahmt, vor allem Korrespondenzen und Rechnungsbücher. Die beiden Sektenführer werden mit Haftbefehl festgehalten. Anklagepunkte sind neben Betrug die schriftliche Aufforderung zu Vergehen gegen die Moral, sowie Verstöße gegen die Versammlungsgesetze. Der Vortragssaal in der Rue Taitbout wird geschlossen und amtlich versiegelt.

---

[16] Wir stützen uns im Folgenden auf DONDO, l. c., S. 206/207.

26. Kapitel
Das Gaukelspiel von Ménilmontant und ein Prozeß

1. Ménilmontant

Ménilmontant[1] ist heute ein Stadtteil von Paris, der zum XX. Arrondissement gehört. Der einstmals selbständige, dann zur Gemeinde Belleville geschlagene, ländliche Ort wurde 1860 mit der Hauptstadt vereinigt und ist heute ganz mit ihr zusammengewachsen. Er erstreckt sich auf den Höhen im Osten von Paris. Die Gegend liegt über 100 m hoch, fast so hoch wie Montmartre, und die Straßen steigen von Paris her steil an. Es ist ein Viertel, in das sich Touristen selten verirren, die in jenem Bezirk meist nur den Friedhof „Père Lachaise" besuchen. Ausgesprochene Arbeiterbevölkerung und kleiner Mittelstand leben dort, wo sich inzwischen industrielle Betriebe ausbreiteten. Zur Zeit, die wir behandeln, war es noch ein idyllischer Weiler mit Feldern und vielen Gärten, welche Paris mit Wein, Obst und Gemüse versorgten. Man hatte von dort einen weiten Blick auf Paris, und die Großstädter wanderten am Nachmittag und Wochenende gern hinaus auf die sonnige, luftigere Höhe. ROUSSEAU gab von einem Ausflug am 24. Oktober 1776 wohl die erste Beschreibung der Landschaft: „Ich folgte nach dem Abendessen den Boulevards ... gewann die Höhen von Ménilmontant und durchzog von dort, auf Wegen durch Weingärten und Wiesen ... die lachende Landschaft" (auf dem Rückweg wurde er freilich von einem Hund angefallen). Kommen solche Orte in Mode, so entstehen Ausflugslokale, und sie boten hier – ähnlich wie das später noch stärker bei Montmartre der Fall sein wird – auch etwas schillernde Amüsements. Ménilmontant umgab im vorigen Jahrhundert ein fröhliches, leicht frivoles Air, das auch in Chansons zum Ausdruck kam.

Wir hatten von der Cholera berichtet, die zur Zeit, als das Leben der Simonisten in der Rue Monsigny zuende ging, auch in Paris wütete. (In Berlin war HEGEL im November 1831 daran gestorben). Die Mutter ENFANTINS fiel dieser Epidemie am 20. 4. 1832 zum Opfer. Sie besaß auf den Höhen von Ménilmontant (Nr. 39) ein großes Landhaus, das ihr Mann, der einst begüterte, dann bankrotte Bankier im Jahre 1793 erworben hatte. Dieses Haus erbt nun der Sohn von seiner Mutter. Es lag nahe der *„Haute Borne"*, hohe Grenze genannt, weil diese höchste dortige Erhebung die tieferen Lagen von Belleville und Ménilmontant voneinander schied. Um eine Vorstellung von dem Landhaus und Besitz zu geben, zitieren wir im Folgenden aus dem späteren Verkaufsprospekt eines Notars:

„Dieses Haus haben immer reiche Leute bewohnt, und es vereinigt alles, was man sich an Angenehmem und Nützlichem nur wünschen kann. Sein Garten umfaßt etwa 5 Arpens[2], und der gegenüber dem Haus gelegene Teil ist auf englische Art angelegt. Er umfaßt eine schöne Rasenfläche, ein türkisches Lusthaus und viel bedeckten Raum. Im Innern umfaßt das Haus mehrere Salons und Speisezimmer, einen sehr schönen langen Saal, 40

---

[1] Ménilmontant: ein kleiner Weiler, der um ein „mesnil", d.h. eine Villa herum entstanden ist. In einer Urkunde von 1224 wurde der Platz „mesniolum mali temporis" genannt, eine Bezeichnung, die sich zum XVI. Jahrh. in „Mesnil montant" wandelt (nach HILLAIRET, l. c., Teil III, S. 201).

[2] Arpens (Morgen) = 42,2 Ar (im Pariser Raum).

Fuß³ lang und 20 Fuß breit, mit gutem Dekor; einen Billardraum, zwei Badezimmer, zahlreiche Schlafzimmer, Cabinets, Toiletten nach englischer Art und viele Spiegel; Stallungen für 12 Pferde sind vorhanden. Ein kleines Bauwerk, getrennt vom Hauptgebäude, kann als Kapelle dienen. Die Aussicht nach allen Seiten ist herrlich. Kurz: Es handelt sich um einen der schönsten und angenehmsten Landsitze in der Umgebung von Paris."

Öfter erwähnt wird auch eine schöne, 300 Fuß lange Lindenallee, die im Park vom Tor zum Gebäude führte. Heute ist von alledem nur noch ein schäbiges Gebäude erhalten, das als Hinterhaus dient.

Die Beisetzung der Mutter ENFANTIN, die in Ménilmontant getrennt von ihrem Mann gelebt hatte, fand mit einem der feierlichen Zeremoniells statt, wie sie sich die Sekte anstelle der christlichen oder jüdischen Riten für solche feierlichen Gelegenheiten geschaffen hatte. Was lag danach für „Père Enfantin" näher, als seine heimatlose, weil aus der Rue Monsigny vertriebene Sekte auf seinem Besitz aufzunehmen? Auch der Frühling lockte. So zogen die Simonisten noch am Abend nach der Beisetzung in Stärke von etwa 40 Mann nach Ménilmontant hinauf, eine neue, die letzte Pariser Phase der Sekte begann. Man fühlte sich dabei in der Nachfolge der ersten armen Christen aus Galiläa, welche dann die Welt befruchteten. Es bleibt bemerkenswert, wie ENFANTIN nach allen Schwierigkeiten, Schismen und Anfeindungen den Kern der Sekte zusammen und in Form hielt. Zweifellos war der Umzug nach Ménilmontant eine Retraite, ein Rückzug gegenüber dem Staat und den Finanzmiseren. Aber gleichzeitig war es eine Flucht nach vorn. ENFANTIN: „Wir müssen aus unserer Retraite als ein geschlossener und unzerstörbarer Kern hinaustreten." Das Leben der Sekte wurde also strikter, man schloß sich von der Öffentlichkeit ab und einen Sommer lang, über vier Monate, lebte die Gruppe auf Ménilmontant in ordensmäßiger Strenge. Es gab Residenzpflicht und Ausgangsverbot. Die Verheirateten trennten sich sogar von ihren Frauen, denn es war eine reine Männergemeinschaft, die ein Gelübde der Keuschheit leistete. Das Leben war nach einem strengen Dienstplan geregelt:

5 Uhr: Aufstehen
5½: Morgenappell
6–8: Arbeit
8: 1. Frühstück
8½: Arbeit bis 12
12: Brotzeit und Mittagsruhe
1: Kontrolle der Zimmer
3½: Gesang
4½: Anlegen der Tracht
5: Abendessen
9: Abendappell
9½: Löschen des Lichts

Dabei gab es eine genaue Aufgabenverteilung für die Haus- und Küchendienste, für Büro und Garten, Musik und Kleidung etc. Die Bedienung bei Tisch galt als besondere Auszeichnung. Aus der Not, d.h. der materiellen Unmöglichkeit, Dienstleistungen von außerhalb zu bezahlen, machte die Sekte eine Tugend und Weltanschauung: Das Ende der Domestikenberufe wird, da diese des Menschen unwürdig seien, proklamiert, und man erledigt soweit wie irgend möglich alle

---

³ 1 pied = 32,5 cm.

Arbeiten selbst. Die Apostel werden auch Apostel der „Selbstbedienung"⁴, die Ideologie des „Do it yourself" war geboren. Dabei wurde besonders die körperliche Arbeit verherrlicht und romantisiert. Wir stoßen hier auf frühe Wurzeln dessen, was in unserem Jahrhundert als „Arbeitsdienst" in mancherlei, darunter auch politisch bedenklicher Form, propagiert und ideologisiert wurde. „Wenn der Proletarier unsere Hände drückt, dann merkt er, daß es schwielige Hände sind. Wir pfropfen uns die Proletariernatur auf", wurde pathetisch formuliert. Proletarierkult von bürgerlichen Intellektuellen oder Halbgebildeten also, die im übrigen eher unpolitisch waren. Denn solches Pathos kann auch eine Flucht vor politischem Engagement und intellektuell nicht zu bewältigenden Denkaufgaben sein. Registrieren wir kurz einige der farbigen Züge und Ereignisse jener Zeit in Ménilmontant, die den Höhepunkt des sektiererischen Gehabes und der Sektenorganisation darstellt.

Da ist zunächst die einheitliche Tracht. Schon in Paris hatte man blau getragen, doch nun wird ein einheitliches Kostüm vorgeschrieben, das ein Maler und Sektenmitglied (RAYMOND BONHEUR, Vater der bekannten Malerin ROSA BONHEUR) entworfen hatte: Ein Rock von blauem Tuch, weiße Hose sowie – als ideologisches Hauptstück – eine weiße, hemdartige Weste, die den Hals frei ließ und von hinten geknöpft werden mußte. Bei ENFANTIN, wo sie mit einem breiten roten Streifen versehen war, trug sie die dicke rote Inschrift „Le Père" (alle trugen symbolische Namen). Daß diese Weste nur von hinten mit Hilfe anderer geknöpft werden konnte, war ein Symbol der Brüderlichkeit: Man bedarf der Hilfe des Nächsten (Die Gemeinschaft sollte total sein. Man müßte sich kennen „von den Haarspitzen bis zur Fußsohle, man brauche Menschen, die bereit seien, überall ganz und mit Allen zu leben".)⁵ Der Rock wurde durch einen breiten Gurt von schwarzem Leder zusammengehalten, ein großer Schal und ein rotes Barett vervollständigten das malerische Kostüm, das zur Zielscheibe zahlreicher Karikaturen wurde. Die Brüder trugen langes Haupt- und womöglich Barthaar, wie es ja auch generell in der demokratischen Bewegung Mode wurde. Am 6. Juni fand die feierliche Zeremonie der Einkleidung statt, welche die Wandlung der Brüder zu neuen Menschen symbolisierte.⁶ ENFANTIN brachte dies in seiner Ansprache zum Ausdruck, worin es hieß: „Mein altes Leben ist beendet. Mit euch und für euch gibt mir Gott heute ein neues Leben. Die alte Hierarchie ist ausgelöscht ... Die Kleidung, die ich euch heute gebe, ist das Zeichen jener Gleichheit, die ich heute zwischen euch [sic! d.V.] herstellen werde."⁷ Sobald die Einkleidung des Sektenchefs beendet war, wurde die Fahne der Simonisten gehißt: Eine Trikolore mit den horizontal angeordneten Farben Weiß, Violett und Rot. Weiß sollte die Religion, Violett die Wissenschaft und Rot die Industrie symbolisieren.

Eine besondere Rolle spielten in der Sekte Gesänge. Der Refrain eines ihrer Lieder lautete: „Alle unsere Tage sind dem Volke gewidmet." Oder man sang:

---

⁴ Vgl. zu diesem aktuellen Thema die Schrift von ROBERT HEPP, Selbstherrlichkeit und Selbstbedienung. Zur Dialektik der Emanzipation, München 1971.

⁵ Zitat nach CHARLÉTY, l.c., S. 139.

⁶ Vgl. zum Grundsätzlichen R. M. EMGE, Der Einzelne und die organisierte Gruppe, Abh. d. Akademie d. Wiss. u. d. Lit., Mainz-Wiesbaden 1956, Kap. V.: Der Eintritt in die Gruppe, S. 58 ff.

⁷ Zitiert nach ALEM, l. c. S. 93.

„Vorwärts, Bürger und Proletarier!
Die Arbeit hat uns gleich gemacht.
Zusammen bewegen[8] wir die Erde
und zeigen so Allen den neuen Menschen!"[9]

Die Sekte zelebrierte weiterhin bestimmte Initiationsriten, wobei man sich gerne in theatralischer Manier vor großem Publikum produzierte, das sensationslüstern aus Paris dazu herauswanderte. Dies geschah vor allem sonntags, wo man, wie auch zweimal während der Woche, das große Holztor für alle öffnete. An manchen Tagen will man mehrere tausend Besucher gezählt haben. Das spektakulärste symbolische Ereignis sollte „Der Beginn der Arbeiten am Tempel" sein, der künftigen Kirche der Simonisten, was nicht nur – wie manche später annahmen – lediglich ideell gemeint war. Denn man entwarf großzügige Pläne für das Gebäude, dem moderne Werkstoffe wie Eisen, aber auch Elektrizität und Gas Glanz verleihen sollten. Man mag an das spätere Heiligtum der Mormonen in Salt Lake City denken. Aber es blieben, was unsere Sekte angeht, nur Pläne.

ENFANTIN wollte durch diese Feier die Gemeinschaft stärken, die etwas abzubröckeln begann. Der Akt begann am 1. Juli 1832 nachmittags um 2 Uhr. Er war von Gesängen umrahmt, deren erster, der „Chant de l'ouverture", von FÉLICIEN DAVID stammte. Es gab einen feierlichen Gruß an den „Père", Ansprachen und eine zeremonielle Arbeitsaufnahme: Drei Kolonnen, zusammengesetzt je zur Hälfte aus Mitgliedern der Sekte und „Männern von Paris", ergriffen die Arbeitsgeräte: Die erste Kolonne mit Spaten (dieser erhielt evtl. hier zuerst seine besondere symbolische Bedeutung) fing zu graben an, die Schubkarrenfahrer karrten die Erde fort, die dritte Kolonne schüttete Erde auf. Das Publikum, wieder mehrere Tausend Personen, verfolgte hinter einem gespannten Band die Zeremonie, bis um 5 Uhr ein Hörnerklang das Ende der Arbeiten verkündete. Da war auch schon Polizei am Ort.

In den Monaten in Ménilmontant sollte aber auch die geistige Arbeit nicht ruhen. ENFANTIN selbst arbeitete mit einigen Assistenten an einem heiligen „Livre Nouveau", einer „neuen Bibel", worin das neue Dogma endgültig festgelegt werden sollte. Das Werk ist niemals publiziert worden, was für die Menschheit wohl kein Verlust ist. Die erarbeiteten Rohtexte sind aber in der „Bibliothèque de l'Arsenal" erhalten und harren dort weiterer Studien.

Wir sagten, daß bereits bei den Feierlichkeiten zur Grundlegung des Tempels Polizei aufgetaucht war. Wo würde sie bei solchen Menschenansammlungen fehlen? Die Staatsgewalt nahm die sanften Prediger ernst, sehr ernst sogar. Schon nach einer Woche erscheint, nach ergebnislosen Vorbesprechungen mit ENFANTIN, der Polizeikommissar MAIGRET mit 100 Soldaten Linieninfanterie, um dem Treiben ein Ende zu machen. Er hatte von der Staatsanwaltschaft entsprechende Weisungen erhalten, zumal außer dem Verdacht auf betrügerischen Bankrott und Unmoral weiterhin zahlreiche Verstöße gegen die Versammlungsbestimmungen vorlagen, gegen Artikel 291 des Strafgesetzbuches, der Versammlungen von mehr als 30 Personen ohne vorherige Erlaubnis verbot. Die Truppe besetzt

---

[8] Das Verb „remuer" brachte in willkommenem Doppelsinn das Umgraben der Erde und das Bewegen der Welt zum Ausdruck.
[9] Nach Œuvres, VII., S. 145.

das Gelände. Am 13. Juli wird der Sektenführung der Termin des schon seit über einem halben Jahr vorbereiteten Prozesses vor dem Geschworenengericht mitgeteilt.

Rund zwei Wochen später, am 29. Juli 1832, stirbt BAZARD, im Dorfe Courtry, nordöstlich von Paris, etwa 20 km vom Quartier der Sekte entfernt. ENFANTIN, immer voller Einfälle, beschließt wohl aus einer Mischung von Kameraderie, schlechtem Gewissen, Kalkül und Reklamesucht heraus, mit der Sekte geschlossen im Kostüm zur Beisetzung zu marschieren. Es gibt einige Schwierigkeiten mit Behörden, die er überwindet. Doch die Witwe lehnt es mit Würde ab, die Gruppe zur Trauerfeier zuzulassen. Die Tochter eines ehemaligen Bischofs läßt die Beisetzung eines ernsthaften Theoretikers nicht zur Farce mißbrauchen.

2. Der Prozeß

Dieser Prozeß hat als „Saint-Simonistenprozeß" Geschichte gemacht. Er verdient unser besonderes Interesse auch deshalb, weil er bereits manche Elemente dessen enthielt, was heute bei politischen Prozessen gegen Provokateure aber auch gegen Terroristen fast regelmäßig in Erscheinung tritt. Die Saint-Simonisten verhalten sich als Ankläger und nicht als Angeklagte, sie lassen sich die gute Gelegenheit nicht entgehen, die Öffentlichkeit auf sich aufmerksam zu machen. Man hatte auch von Ménilmontant aus mit der Massenpropaganda nicht aufgehört und auch in Paris selbst weiter Flugblätter verteilt. Man war also nicht nur durch die Bizarrerien in Ménilmontant, sondern auch durch die schriftliche Propaganda im Gespräch geblieben. Und ENFANTIN hatte die Wirkung staatlicher Verfolgung richtig eingeschätzt: Die Öffentlichkeit, auch bürgerliche Blätter, welche die Sekte mit Mißtrauen verfolgt hatten, mildern ihre Aggression nicht nur zu Spott, sondern zeigen in der aktuellen Verfolgungssituation sogar Sympathie. Unter dem Eindruck staatlicher Repression hatte HEINRICH HEINE bereits Anfang des Jahres für die Sekte eine Lanze gebrochen.[10]

Am ersten Prozeßtage, dem 27. August, versammelte sich die Sekte frühmorgens in vollem Ornat in ihrem Hauptquartier in Ménilmontant. Dann zog man als Prozession durch eine Menge von Neugierigen, die teilweise mitkamen, nach Paris hinunter, der „Père" an der Spitze. Die Haltung der Bevölkerung wird teilweise als freundlich, teils als höhnisch beschrieben. Im Verhandlungssaal gibt es gleich Schwierigkeiten: RODRIGUES will sich nicht neben ENFANTIN setzen. Dieser möchte zwei Frauen, AGLAÉ SAINT-HILAIRE und CÉCILE FOURNEL, Genossinnen aus der Rue Monsigny, statt Anwälten als Beistand haben, was abgelehnt wird. Die Zeugen aus dem Kreis der Sekte wollen den geforderten Eid nicht ohne Erlaubnis ihres Obersten leisten, so daß das Gericht auf sie verzichtet. RODRIGUES, den man als ersten verhört, distanziert sich merklich von der Sekte und wird als unbedeutend für die Anklage angesehen. Anders ist es schon bei MICHEL CHEVALIER, der zu Gegenangriffen übergeht. Als von dem undurchsichtigen Finanzgebaren der Sekte die Rede ist, ruft er: „Geld, immer nur Geld! Sie führen nur dies eine Wort im Munde."[11] Und als man ihm vorwirft, über die Aktiva hinaus Geld aufgenommen zu haben, erwidert er: „Wenn wir damit Schurken geworden sind, dann ist auch die französische Regierung ein Schurke, denn sie schuldet

---

[10] Die Stellungnahme von HEINRICH HEINE wurde zuerst im „Globe" vom 26. Februar 1832 veröffentlicht.
[11] Zitate nach CHARLÉTY, l. c., S. 151 ff. und ALEM, l. c., S. 106 ff.

mehr als vier Milliarden!" Auch ENFANTIN provoziert schon, bevor er an der Reihe ist. Als der Vorsitzende die Länge von Ausführungen CHEVALIERS bemängelt, ruft er dazwischen: „Ein Gewehrschuß ist kürzer!" Auch die Vernehmung des nächsten Angeklagten CHARLES DUVEYRIER, der selbst Jurist war, zeigt uns, wie der Angeklagte selbst zum Ankläger wurde: „Man wirft mir vor, geschrieben zu haben, daß die Welt in einem Zustand des Ehebruchs und der Prostitution lebe – aber Sie leben doch alle in einem solchen Zustand!" Im übrigen sei er ein Apostel und kein Advokat. Alle Angeklagten des ersten Tages äußern sich in ähnlicher Form, sie fühlen oder zeigen sich als verfolgte Sektenprediger.

Der zweite Tag war im wesentlichen ENFANTIN vorbehalten, der ganz als Hohepriester agiert und, seine Hand aufs Herz legend, versucht, die Suggestivkraft seiner Person auszuspielen. Auch er lehnt es ab, sich zu „verteidigen", zu rechtfertigen, er doziert, predigt, spricht es auch wörtlich aus, daß er mit seiner Haltung, seinem Blick argumentieren will. Denn er sei ein Geheiligter: „Ich fühle, daß ich ein Vorläufer der Frau Messias bin. Ich bin für sie das, was für Jesus Johannes der Täufer war." Der geistige Gehalt seiner Ausführungen war mager. Am besten hatte noch DUVEYRIER für alle gesprochen, als er zu den Richtern sagte: „Sie sind doch nur einfache Bürger, die ein friedliches Leben führen und sich nicht darüber beunruhigen, was einmal aus der Welt werden soll. Sie bekümmern sich nur um den engen Kreis Ihrer Geschäfte und häuslichen Probleme. Stören Sie nicht selbst die Sicherheit, die Sie genießen. Lassen Sie Gott seine Rolle, und respektieren Sie den noblen Gebrauch, den junge Männer von ihrer Freiheit machen, wenn sie sich erheben, um ihm zu dienen."[12]

Was sollte das Gericht mit solchen Leuten machen? Man blieb kühl und suchte – wie es Gerichte oft tun – einen Mittelweg zu finden zwischen der Scylla, aus Schuldigen Märtyrer zu machen, und der Charybdis, Unschuldige verfolgt zu haben. Nach kurzer Beratung ergeht folgendes Urteil: ENFANTIN, CHEVALIER und DUVEYRIER erhalten ein Jahr Gefängnis und müssen jeweils 100 Francs Geldstrafe zahlen. RODRIGUES und BARRAULT erhalten 50 Francs Geldstrafe. Die Gemeinschaft der sog. Saint-Simonisten wird durch das Gericht für aufgelöst erklärt. Nach dem Urteilsspruch, der wegen der Möglichkeit der Berufung nicht sofort rechtskräftig war, zieht die Sekte, von einer Menschenmenge draußen im strömenden Regen erwartet, wieder nach Ménilmontant. Nach großen Worten und trotz gewisser Erfolge scheint die Stimmung allerdings eher gedämpft gewesen zu sein.

Die Berufung der Angeklagten wurde verworfen, ENFANTIN und CHEVALIER mußten am 15. Dezember 1832 ihre Gefängnisstrafe antreten. Haftort war das Gefängnis Sainte-Pélagie, wo bereits Saint-Simon während der Schreckensherrschaft ein halbes Jahr verbracht hatte, unter ungleich härteren Bedingungen und mit weit düstereren Aussichten. Wir fanden keine Angaben darüber, wo DUVEYRIER, der dritte zu Gefängnis Verurteilte, blieb. Genoß der Sohn eines hohen Juristen vielleicht Vergünstigungen? Mag dies gewesen sein wie es will, ENFANTIN und CHEVALIER hatten es jedenfalls im Gefängnis keineswegs schlecht. Sie empfingen Besuch, konnten korrespondieren und reiche Geschenke empfangen. Man liest von üppigen Mahlzeiten, ja von Champagner, und Mitgefangene, selbst Schwerverbrecher, durften sich von dem einsitzenden Sektenchef bewirten lassen. Dafür mußte er die menschliche Enttäuschung erleben, daß sich sein treuer Jünger CHEVALIER während der Haft förmlich von ihm lossagt, sich den

---

[12] Zitiert nach CHARLÉTY, l. c., S. 154.

Bart abnimmt und bürgerliche Kleidung anlegt. Er war nur einer von vielen, welche der Sekte damals den Rücken kehrten. ENFANTIN hatte dies dadurch erleichtert, daß er bei Antritt seiner Strafe förmlich auf seine höchste Autorität verzichtete. Wenn es ihm bei dieser Gelegenheit wirklich ernst damit war (was man bezweifeln darf), so wird er, wie wir noch sehen werden, später durchaus wieder versuchen, seine Führungsfunktion auszuüben.

Teil V
Diaspora und weitere Wirkungsgeschichte

27. Kapitel
Projekte in Ägypten und Visionen über Israel

Am 1. August 1833 wurde ENFANTIN durch einen Gnadenerlaß vorzeitig aus dem Gefängnis entlassen. 7½ Monate hatte er abgesessen, die Reststrafe von 4½ Monaten wurde ihm erlassen. Die Anklagen wegen Betrugs waren in sich zusammengebrochen, die Saint-Simonisten waren keine Kriminellen. Doch besaß ENFANTIN im Unterschied zu vielen seiner Jünger, wie auch dem schon vor ihm aus der Haft entlassenen MICHEL CHEVALIER, keine Familie, die ihn wirksam auffangen und beruflich lancieren konnte. Eine rasche Rückkehr in den Schoß der bürgerlichen Gesellschaft, von vielen Saint-Simonisten in dieser Zeit willig oder *nolens volens* vollzogen, schied für ihn aus. Damit läßt sich vielleicht zum Teil erklären, daß das formale Ende der Sekte, die sogar eine Kirche hatte sein wollen, noch nicht ihr faktisches Ende darstellte. Vielmehr nimmt der oberste Sektenchef noch einmal die Zügel in die Hand. Für eine Restgefolgschaft war er weiterhin mit Charisma ausgestattet und autoritär wie zuvor. Wieder müssen wir die Macht seiner Phantasie bestaunen, wieder können wir eine „Flucht nach vorn" registrieren. Immer noch scheint er seine „Frau-Messias" zu suchen. Jedenfalls gibt er sich diesen Anschein, und wir sahen schon, daß bei diesem Manne Taktik und religiöser Wahn schwer zu trennen sind. Die Simonisten, die sich 1833 in einer ihrer Nachfolgegruppen auch „Les compagnons de la femme" nennen, wollen die Sektenchefin im Vorderen Orient, erst in der Türkei, dann in Ägypten suchen. Versöhnung des Westens mit dem Osten! Die Erinnerung daran, daß bereits NAPOLEON von der Nilregion fasziniert war, dürfte bei Ägypten mitgespielt haben. Doch ging es dort darüber hinaus um ein kühnes technisches Projekt, um praktische Bewährung mit einer saint-simonistischen Großtat, für welche freilich ENFANTIN selbst keine Qualifikationen besaß.

Hatte sich schon Saint-Simon sowohl während seiner Jahre in der Karibik wie dann in Spanien mit gewaltigen Kanalbauprojekten getragen, so wurde dieser Interessenschwerpunkt nun von den letzten Jüngern aufgegriffen: Man wandte sich dem Isthmus von Suez zu. Dessen Faszination beruhte nicht nur auf den geographischen Gegebenheiten, die es zum Schlüssel für den kürzesten Seeweg von Europa nach Indien, Ostasien und Australien machen, sondern auch auf einer langen Historie. Es war ein uralter Gedanke, die Landenge von Suez für Schiffe passierbar zu machen. Schon die Pharaonen hatten in dieser Richtung mit Arbeiten begonnen, die später vom Perserkönig DARIUS I. weitergeführt wurden. Sporadisch benutzt, z. B. von KLEOPATRA, mehrmals zerfallen und wiederhergestellt, bestand ein altes Kanalsystem, das im 8. Jahrhundert endgültig versandete und verfiel. Im 16. Jahrhundert gab es venezianische Pläne zur Wiederherstellung, Ende des 17. Jahrhunderts hatte LEIBNIZ eine Durchstechung des Isthmus angeregt. NAPOLEON griff den Gedanken während seines Feldzuges in

Ägypten auf und beauftragte eine Kommission damit, die Möglichkeiten für einen neuerlichen Kanalbau zu untersuchen. Nach seiner Rückkehr berichtete er selbst dem „Institut de France" über die Ergebnisse. Falsche Berechnungen, z. B. über unterschiedliche Höhen der Meeresspiegel von Mittelmeer und Rotem Meer, ließen damals Schwierigkeiten erwarten, deren Überwindung zu aufwendig schien. Auch mußten die Franzosen dann sowieso bald das Land räumen. Jedenfalls gab es hier eine uralte, berühmte Aufgabe zu lösen, deren militärisch-strategische wie auch ökonomische Bedeutung auf der Hand lag, und deren Bewältigung die dabei erfolgreichen Unternehmer als Vorkämpfer des Fortschritts vor aller Welt auszeichnen würde. Es war also eine Aufgabe so recht nach dem Geschmack der Simonisten, die zudem auch den Traditionen der „Ecole Polytechnique" entsprach, denen man sich, wie wir sahen, verpflichtet fühlte.

Die politischen Rahmenbedingungen für das Projekt erschienen der Gruppe nicht ungünstig. Die Landenge gehörte, wie heute, zu Ägypten, dieses wiederum zwar formal zum Osmanischen Reich, es wurde aber faktisch vom Statthalter der Provinz, dem berühmten Usurpator MEHEMED ALI (1769–1849) allein als Vizekönig regiert. Dieser frühere Befehlshaber eines türkischen, vor allem albanischen Armeekorps in Ägypten hatte sich nach dem Rückzug der napoleonischen Armee die Herrschaft gesichert und war 1806 von der „Hohen Pforte" als Pascha und Statthalter in Ägypten bestätigt worden. Er hatte durch Hilfeleistungen für das Osmanische Reich gegen aufständische Griechen, aber auch durch Siege über konkurrierende türkische Militäreinheiten in geschicktem Taktieren seine Herrschaft befestigt, wobei er auch Interessen europäischer Großmächte miteinbezog. Teilweise mit grausamer Härte regierend (1811 hatte er z. B. zahlreiche bei ihm zu Gast geladene prominente Mamelucken-Beys umbringen lassen), versuchte er, Elemente moderner europäischer Zivilisation in Ägypten einzuführen. Die vorübergehende Eroberung der Region durch NAPOLEON hatte sie in einen plötzlichen und unmittelbaren Kontakt mit der westlichen Welt gebracht und damit aus einem jahrhundertelangen Schlaf gerissen. Daß dabei gerade die französische Zivilisation dort Eingang gefunden hatte, liegt auf der Hand. Man hörte von Plänen, in Ägypten verschiedene militärische, technische und Bildungsinstitutionen aufzubauen und wußte schon einige französische Berater dort. Dies schien ENFANTIN und seinen Getreuen Grund genug, ein abenteuerliches Unternehmen zu wagen.

Nachdem ein Vorkommando abgereist war, das schnell die alten Kanalverläufe der Suezregion erkunden und erste Messungen durchführen sollte, stach der Haupttrupp der Saint-Simonisten am 23. November 1833 von Marseille aus nach Alexandria in See. Vom Mast des angeheuerten Schiffes „Le Prince héréditaire" flatterte ein saint-simonistisches Banner, Stücke des Szenariums von Ménilmontant kommen wieder ins Spiel: Kostüme für das kleine Expeditionskorps werden entworfen, FÉLICIEN DAVID (1810–1876), der saint-simonistische, später recht bekannt werdende Komponist, beschäftigte sich mit entsprechenden musikalischen Darbietungen. Wichtiger mußte sein, daß auch einige Ingenieure mit von der Partie waren, wobei vor allem der frühere Direktor der bekannten Eisenwerke von Le Creuzot, der Saint-Simonist HENRI FOURNEL, zu nennen ist. Er hatte seinerzeit einen bedeutenden Posten in Le Creuzot aufgegeben, um sich ganz der Sekte zu widmen.

In Kairo, wohin man sich von Alexandria aus sogleich begab, wurden die Saint-Simonisten zunächst recht gut aufgenommen. ENFANTIN logierte an prominentem Ort, und zwar bei SOLIMAN-Bey (später: Soliman-Pascha). Dieser, ein ehemaliger französischer Offizier, hatte die Aufgabe, die ägyptischen Truppen als Generalstabschef zu reorganisieren. Wenn mehrere Franzosen im Lande maßgebende Stellungen innehatten, so schien dies damals dem Vizekönig als politisches Gegengewicht gegen mögliche Opposition im Lande, gegen die „Hohe Pforte" und gegenüber England nützlich. Als offiziellen Vertreter seines Landes traf ENFANTIN in Ägypten neben dem französischen Generalkonsul auch seinen alten Bekannten FERDINAND DE LESSEPS (1805–1894) wieder, der früher in Paris öfter den Veranstaltungen der Saint-Simonisten beigewohnt hatte. Es geht freilich zu weit, LESSEPS direkt einen „alten Saint-Simonisten" zu nennen, wie es gelegentlich geschieht[1], er war im Kreis der Jünger nur Verkehrsgast gewesen. Seit 1828 war er als Vizekonsul in Kairo stationiert, kannte das Land also bereits gut. So hatte man also auf mehrfache Weise Zugang zur politischen Herrschaftsspitze, wobei freilich der Chefingenieur HENRI FOURNEL dem Sektenchef ENFANTIN vorgezogen wird. Der ägyptische Potentat empfing am 13. 1. 1834 den Ingenieur, der vom französischen Generalkonsul begleitet wurde, in Audienz, um sich mit ihm lange über verschiedene technische Projekte zu unterhalten: über Kanalprojekte, eine zu bauende Eisenbahnlinie zwischen Suez und Kairo sowie über verschiedene Möglichkeiten von Niltalsperren. Bei dieser Besprechung fand ein Talsperrenprojekt das besondere Interesse des praktischen Vizekönigs und wurde daraufhin den Saint-Simonisten als vordringlich zur Ausführung übertragen. Dagegen wurde der Kanalbau von Suez auf unbestimmte Zeit vertagt, obwohl nach den Messungen der Saint-Simonisten eine günstigere Ausgangslage bestand als man sie früher angenommen hatte. Diese Absage war eine große, freilich erst allmählich realisierte Enttäuschung für die Saint-Simonisten; und man darf sich fragen, welche Rolle damals LESSEPS gespielt hat, mit dessen Namen später der Bau des Suez-Kanals für immer verbunden sein wird. Chefingenieur FOURNEL erhielt zwar noch die Möglichkeit, das Kanalbauprojekt von Suez dem „Großen Rat" vorzutragen, einem Herrschaftsorgan, dessen wirkliche Befugnisse aber angesichts der diktatorischen Stellung des Vizekönigs gering gewesen sein dürften. Auch dieser hohe Rat lehnte den Kanalbau ab, und der Ingenieur kehrte bald darauf enttäuscht nach Frankreich zurück.

Dagegen wird nun das Staudamm-Projekt von dem wendigen ENFANTIN in Angriff genommen. Hierbei handelte es sich vor allem darum, die Überschwemmungen in Unterägypten zu regulieren, auch dies war ein uraltes Anliegen. Die Bedeutung „hydraulischer Agrikultur" für bestimmte Gesellschaftsstrukturen und ihr Zusammenhang mit zentraler Arbeitsplanung und wissenschaftlichem Fortschritt sind seit längerem erkannt worden (K. A. WITTFOGEL)[2]. Jedenfalls war auch dieses ein sehr geeignetes Feld für praktischen Saint-Simonismus. Man begann unterhalb Kairos im Nildelta zu bauen, wo die beiden großen Arme des Deltas nach Rosetta und Danetta auseinandergehen. Freilich zeigte sich bald

---

[1] Z.B. bei MAXIME LEROY, l. c., S. 105: „C'est un ancien Saint-Simonien, Ferdinand de Lesseps, qui ouvrira l'isthme de Suez..."
[2] KARL AUGUST WITTFOGEL hat sich bei der Herausarbeitung des Typs einer „Hydraulischen Gesellschaft", die auf „Hydraulischer Agrikultur" beruht, Verdienste erworben. Kennzeichen sind u.a.: zentralisierter Arbeitseinsatz zu festgesetzten Zeiten, daraus folgend Agrarbürokratie und die Entwicklung von Mathematik und Astronomie. „Die Orientalische Despotie", so einer seiner bekannten Buchtitel, steht nach seiner einleuchtenden These damit im Zusammenhang.

deutlich ein Mangel an technisch geschulten Kräften, auch wenn es ENFANTIN gelang, noch einige junge Ingenieure aus Kreisen der „Ecole Polytechnique" zu gewinnen. Es fehlte auch an Geld, der Vizekönig zahlte kaum und zögernd. Von den zwangsweise herbeigeführten ägyptischen Bauarbeitern desertierten immer wieder viele des Nachts. Da erinnerte sich ENFANTIN ähnlicher Projekte Saint-Simons in Spanien und regte an, ägyptische Militäreinheiten zum Talsperrenbau abzuordnen. Doch das Militär zeigte ihm diesbezüglich ganz die kalte Schulter, vielleicht weil es eine konkurrierende Privatarmee unter dubioser ideologischer Führung befürchtete. So hatte das mit soviel Elan begonnene ägyptische Abenteuer bald mit unüberwindlichen Schwierigkeiten zu kämpfen, was sich ENFANTIN lange nicht eingestehen wollte. Am 15. 8. 35 feierte man noch mit zahlreichen Ansprachen und unter Strömen von Champagner mit ägyptischen und französischen Gästen am Ort der begonnenen Talsperre den Geburtstag des verewigten NAPOLEON. Doch verlaufen sich die Projekte und Arbeiten der Saint-Simonisten dann buchstäblich im Sande. Der Ausbruch einer Pestepidemie kommt hinzu, die in die Reihen der unentwegt Getreuen größere Lücken reißt: es sterben daran 8, nach anderer Version 12 Saint-Simonisten. ENFANTIN selbst distanziert sich von der epidemischen Gefahr, beurlaubt sich von der Arbeit und zieht den Nil hinauf, wobei er sich länger im sagenumwobenen Theben aufhält. „Je vais m'amuser", erklärt er sogar recht zynisch einem seiner Getreuen. Die Suche nach der „Mère Suprême" oder „Frau-Messias", jenem von seiner Phantasie geschaffenen Monster, schien er zugunsten konkreter Begegnungen aufgegeben zu haben. Einige Simonisten hatten die geistige Chefin übrigens vorher in der legendären Lady STANHOPE[3] zu finden gehofft, die sie in ihrer Residenz in den Bergen Libanons empfing, wobei sie ihnen Geld spendete.

Sind dies nur Arabesken, so verdient doch noch neben dem praktischen Bereich technischer Großprojekte in Ägypten ein geistiger Problemkreis unser Interesse, der in einer Äußerung ENFANTINS zum Ausdruck kommt: „Wir werden daher einen Fuß auf den Nil, den anderen auf Jerusalem setzen".[4] Auch hier ist es sinnvoll, auf den Feldzug NAPOLEONS zurückzukommen. Der General hatte sich nach seinen Erfolgen in Italien, in großen Räumen denkend, Gedanken über ein französisches Satellitenreich im nahen Orient gemacht, dessen Zentrum in Ägypten und Palästina liegen sollte. In diesem Zusammenhang ist nun überliefert, er habe nach der Einnahme von Gaza und Jaffa den Juden der Region die Wiederherstellung eines Heimatlandes in **Palästina** angeboten. Dabei soll er freilich die Bedingung gestellt haben, daß sie die französische Sache zu ihrer eigenen machen müßten. Wie dies auch immer gewesen sein mag, vermutlich kannten auch die Simonisten diese Geschichte. Es war eine Vision nach ihrem Geschmack, und, wie wir schon wissen, waren mehrere Mitglieder des Kreises jüdischer Provenienz und einige davon engagierte Wahrer jüdischer Traditionen. Daß im Kreis der in Ägypten weilenden Saint-Simonisten daran gedacht wurde, von historischem Boden aus auch dem Judentum wieder stärkere Gel-

---

[3] Lady HESTER LUCY STANHOPE (1776–1839) war die Tochter des 3. Earl of STANHOPE, Nichte von WILLIAM PITT d. J. und Enkelin des älteren PITT. Sie hatte sich 1814 in Syrien niedergelassen. Exzentrisch und wohltätig, gewann sie großes Prestige im Libanon, wo sie als Königin, Zauberin und „Sibylle" bezeichnet wurde. Am Ende starb sie verlassen und verarmt auf ihrer libanesischen Besitzung.
[4] Œuvres IX, S. 56.

tung zu verschaffen, daran kann man kaum zweifeln. Die alte Heimat lag ja vor der Tür und gehörte zu Syrien, dessen sich der ägyptische Vizekönig ebenfalls bemächtigt hatte. Aber mit welcher Intensität darüber nachgedacht wurde, welche konkreten Pläne man erwog, das alles ist heute schwer nachzuprüfen, darüber könnte allenfalls eine sorgfältige Durchsicht der entsprechenden Archivbestände aus dem Nachlaß der Sekte Aufschluß geben. Auch wird man sich die Frage stellen dürfen, was dabei Hauptzweck und was eher Mittel war. Mit anderen Worten: Ging es z. B. ENFANTIN, der trotz abbröckelndem Charisma weiter der maßgebende Führer blieb, letztlich um jüdische Anliegen, oder war er im wesentlichen doch nur um die Erschließung jüdischer Kapitalien bemüht? Welchen Stellenwert haben die religiösen Komponenten in dieser Hinsicht, die bei ENFANTIN und vielen Simonisten damals doch noch zu berücksichtigen sind? Wir können nur wenig Material zu diesen Fragen beibringen. Der Verfasser hält es aber für gerechtfertigt, die Saint-Simonisten während ihres Aufenthalts in Ägypten auch in gewisser Weise als Vorläufer, wenn auch unseriöser Art, THEODOR HERZLS zu betrachten[4a], der dann gegen Ende des Jahrhunderts die neuere zionistische Bewegung begründen wird.

Zur Unterstützung dieser These sei hier zunächst ausführlicher aus einem Brief ENFANTINS zitiert, den er von Ägypten aus einige Zeit nach seiner Ankunft schrieb: „Von allen Erzadern, welche der Pascha besitzt, ist die reichste und zugleich die verlassenste: Judäa. Dies meine ich nicht im Hinblick auf den Boden, sondern im Bezug darauf, daß es sich um das Zentrum der jüdischen Welt handelt, d.h. der ganzen alten Welt, da der Jude die Erde überzieht. Die Adern dieser Erzmine erstrecken sich bis nach Paris, bis nach London, St. Petersburg, Amsterdam und Berlin ... Wir werden dem Pascha zu zeigen haben, wie er diese Quelle von Reichtümern erschließen muß. Rothschild, Stieglitz, Hertz und Mendelssohn werden seine Untertanen sein und ihm Tribut zahlen ..."[5] Dies war in der Tat eine ausschweifende Vision, die ihre öffentliche Ergänzung in einem Appell des Simonisten EMILE BARRAULT „an die jüdischen Frauen" findet.[6] Leider braucht man solche Äußerungen nur mit negativem Vorzeichen zu versehen, um ein unheilvolles antisemitisches Hirngespinst vor sich zu haben. Es ist aber möglich, daß ENFANTIN die Beziehung zu HEINRICH HEINE nicht zuletzt deshalb gepflegt hat, weil dessen Hamburger Onkel SALOMON HEINE einer der reichsten Bankiers Europas war. HEINRICH HEINE wird ENFANTIN jedenfalls, als dieser sich – in Paris verfemt – in Ägypten befindet, 1835 die erste französische Ausgabe seines Werkes „De l'Allemagne" widmen, woraufhin der Empfänger mit einem ausführlichen und programmatischen, aber etwas wirren Brief dankt. Dieser Brief ENFANTINS ist als „Lettre à Henri Heine" in die Geschichte des Saint-Simonismus eingegangen, wobei es den Empfänger befremdet haben dürfte, daß darin ausgerechnet der Habsburgermonarchie METTERNICHS eine Art von geistig-

---

[4a] Bereits vor den Saint-Simonisten hatte der österreichische Feldmarschall Fürst CHARLES DE LIGNE (1735–1814) in seinem „Mémoire sur le juifs" das Thema berührt (mündl. Hinweis von Prof. I. STAGL).
[5] Zitiert nach ALEM, l. c., S. 155f.
[6] In dem ohne Erscheinungsjahr gedruckten exaltierten Appell BARRAULTS, „Aux femmes juives" heißt es: „Die Männer Eurer Rasse sind das industrielle und politische Band zwischen den Völkern. Sie sind die Bankiers der Könige. In ihren Händen liegt der Friede oder der Krieg. Und Ihr, Ihr Frauen, seid aufgerufen, die Welt durch ein neues moralisches Gesetz zu verbinden, durch eine neue Liebe." EMILE BARRAULT (1800–1869) hatte am 22. 1. 1833 die Vereinigung „Les Compagnons de la Femme" gegründet, die wir schon nannten.

religiöser Führerrolle im neuen Europa zugedacht war. ENFANTIN schickte sogar GUSTAVE D'EICHTHAL als seinen Vertreter nach Wien, um dem Staatskanzler und Erzherzog KARL seine Pläne vorzutragen. Um welche krausen Pläne handelte es sich dabei? Gleichviel, trotz seiner guten familiären Beziehungen wird EICHTHAL in Wien nicht an maßgebender Stelle empfangen werden.

Die Israel betreffenden Überlegungen der Saint-Simonisten in Ägypten wird man bloß im Rahmen einer ideengeschichtlichen Betrachtung registrieren können, sollte sie hier aber nicht übersehen. Auch kabbalistische Phantasien gehören dazu und passen zum Messiasglauben, etwa wenn ENFANTIN aus Ägypten schreibt: „Heute ruft der Orient das Volk Gottes: Siehe den ewigen Juden, es handelt sich nicht um einen Menschen, sondern er heißt Israel".[7] Jedenfalls gehörte zu der den Saint-Simonisten in jener Zeit so am Herzen liegenden „Versöhnung zwischen Abendland und Morgenland", ein Topos, der bei ihnen häufiger vorkommt, gewiß auch die Respektierung und Wiederherstellung jüdischer Traditionen. Aber die Zeit für den Zionismus war noch nicht gekommen. Die orthodoxen Judenschaften warteten eher passiv auf ein Wunder, während die dem Fortschritt zugeneigten Schichten in Europa voll mit Integration, Assimilation und dem Kampf um Gleichberechtigung beschäftigt waren.

Die Bemühungen ENFANTINS um den Aufbau einer großen, seinen Weisungen unterstehenden Arbeiterarmee, sein gelegentliches Werben um direkte Sympathien bei der Arbeiterschaft, wie es in der Tradition seiner Arbeit in Frankreich lag, seine konfusen religiösen Argumentationen, alles das konnte kaum den Beifall des Vizekönigs finden. Es mußte sogar das Mißtrauen des Autokraten wecken. Hinzu kam, daß sich der politische Wind gedreht hatte: MEHEMED ALI begann, die für das Ziel seiner eigenen Unabhängigkeit und zu begründenden Dynastie allzu einflußreichen Franzosen aus verschiedenen Schlüsselstellungen zu entlassen, darunter auch den Generalstabschef SOLIMAN. Diese Distanzierung lag in Englands Interesse. In diesen Zusammenhang wird man auch, neben technischen und finanziellen Überlegungen, die Vertagung der weiteren Arbeiten am Stauwerk stellen können. Im Januar 1837 kehrt daher ENFANTIN nach Frankreich zurück. Im nächsten Jahr läßt der Vizekönig das Staudammprojekt endgültig fallen. Was von den Saint-Simonisten noch in Ägypten geblieben war, zerstreute sich und kehrte im wesentlichen nach Frankreich zurück. Die Sekte ist nun endgültig tot. Von den Versuchen eines praktischen Saint-Simonismus in geschlossener Formation blieben die Anfänge eines Staudamms. Der Plan eines großen Suezkanals wird 20 Jahre später von LESSEPS, die Vision eines Zentrums der Juden ein Jahrhundert später von den Zionisten realisiert werden.

28. Kapitel
Eisenbahnbau, „Crédit Mobilier" und Ausklänge in Frankreich

Der einzige Versuch der Saint-Simonisten, als geschlossen organisierte Gruppe ein größeres und praktisches öffentliches Werk zu vollbringen, war also gescheitert. *De facto* hört damit auch die Geschichte dieser schwärmerischen und selbstüberzogenen Sekte auf, die im Pariser Prozeß schon *de jure* ihr Ende gefunden

---
[7] Zitiert nach ALEM, l. c., S. 156.

hatte. Doch das Ende der organisierten Gruppe bedeutet keineswegs das Ende des Saint-Simonismus. Man könnte vielmehr sagen: Wie die Geschichte der Saint-Simonisten mit dem Tode Saint-Simons begann, so beginnen die praktischen Erfolge des Saint-Simonismus mit dem Ende der Sekte.

ENFANTIN selber freilich, Führer ohne Gefolgschaft, mußte in Paris zunächst lange auf neue, seiner angeblichen Größe entsprechende Aufgaben warten. Schließlich, Ende 1839, begab er sich nach Algerien. Die östlichen Küstengebiete dieser Region waren in den 30er Jahren von französischen Truppen erobert worden, was in Europa überwiegend als die Beseitigung von Piratennestern begrüßt wurde. Es war aber der Beginn der neueren Kolonisation Afrikas durch die modernen europäischen Kolonialmächte. Im Schutze des französischen Expeditionskorps sollte nun eine Studienkommission die Erschließung des Gebiets vorbereiten, und ENFANTIN wurde der Kommission durch Vermittlung eines Generals, der sein Vetter war, zugeteilt. Seine Aufgabe, die ethnischen, sozialen und historischen Verhältnisse der Region zu untersuchen – was, wie so oft auch in diesem Fall, irrtümlich als Nebensache betrachtet wurde – endete aber im Oktober 1841. Das Ergebnis war ein Buch[1], in dem ENFANTIN den kolonialen Herrschaftsanspruch Frankreichs rücksichtslos vertritt, aber die Respektierung einiger Stammes- und Eigentumstraditionen, insbesondere solcher kooperativer Natur fordert. Praktische Folgen hatte seine Arbeit wohl kaum.[1a]

Da bot der beginnende Eisenbahnbau mehreren Saint-Simonisten, darunter auch ihm, ein hervorragendes, passendes und in vieler Hinsicht lohnendes Aufgabenfeld. War nicht dies das große Jahrhundertwerk, für welche sie sich früher als alle anderen Publizisten und Propagandisten eingesetzt hatten? Mit dem Eisenbahnbau begann ja, wie man gesagt hat, „gewissermaßen eine zweite Phase der Industriellen Revolution" (WILHELM TREUE). Und keine Wirtschaftsgeschichte kann hier den Beitrag des praktischen Saint-Simonismus verschweigen. Nachdem GEORGE STEPHENSON 1814 seine erste Lokomotive gebaut und sie sich Mitte der 20er Jahre auf der Strecke Liverpool–Manchester bewährt hatte, brauchten die Eisenbahnpioniere noch einige Jahre, um sich auch auf dem Festland wirklich durchzusetzen. Um 1835 aber hatte die Lokomotive gesiegt und mit ihr zugleich die neue umfassende technische Weltanschauung. Denn das Eisenbahnwesen stand, woran heute selten mehr gedacht wird, voller Symbolgehalt für die neue Zeit überhaupt, für den angeblich unaufhaltsamen und universalen Fortschritt der Menschheit. Dabei hat schon KARL BRINKMANN konstatiert, daß der Eisenbahnbau „das erste große Unternehmen von gesamtwirtschaftlicher Bedeutung war, das nicht mehr der merkantilistische Staat, sondern sein Machtnachfolger, das hochkapitalistische Privatunternehmertum der modernen Welt errichtet hat."[2] Aber der Staat sekundiert. 1842 verabschiedet das Pariser Parlament ein Gesetz, worin sich der Staat verpflichtete, den privaten Gesellschaften beim Aufbau eines Eisenbahnnetzes Hilfe zu leisten, um Paris mit den

---

[1] BARTHÉLEMY PROSPER ENFANTIN, Colonisation de l'Algérie, Paris 1843.
[1a] Ein langjähriger Gefolgsmann ENFANTINS, der Simonist und Mulatte THOMAS URBAIN, wird den Themenbereich publizistisch weiterverfolgen. Zum Islam konvertiert, wird er rassische und kulturelle Befriedung durch gleichberechtigte Kooperation und Konnubium befürworten und das daraus folgende Heil für die Welt darlegen. Der Einfluß dieses Militärdolmetschers, der ein enger Freund GUSTAVE D'EICHTHALS war, ist noch weiter zu untersuchen (vgl. JAMES H. BILLINGTON, Fire in the Minds of Men, New York 1980, S. 221–224).
[2] KARL BRINKMANN, Wirtschafts- und Sozialgeschichte, München/Berlin 1927, S. 130.

Provinzen zu verbinden. Hier mündet nun der eine Lauf des Saint-Simonismus voll ein. Deutschland und Belgien waren bei dieser Staatssubvention vorausgegangen. MAX WEBER hat in einer Vorlesung im WS 1919/20 zu Recht gesagt: „Die Eisenbahnen sind das revolutionärste Mittel gewesen, das die Geschichte der Wirtschaft, nicht nur für den Verkehr verzeichnet."[3] Vielleicht gilt diese Aussage trotz aller seitdem erfolgter Innovationen noch heute. Denn in der Tat: Immer hatte man sich zu Lande nur zu Fuß bzw. mit Reit- oder Zugtieren fortbewegt, und auf diese Kommunikationsgeschwindigkeiten war das ganze soziale Leben abgestellt. Das ändert sich nun fast schlagartig. Ein großes „Eisenbahnfieber" wird fast ein halbes Jahrhundert anhalten und eine Region nach der anderen ergreifen, wobei schon die Scharen der Bauarbeiter – disloziert – soziale und politische Bedeutung als „Fremde" in bisher relativ abgeschlossenen Gebieten gewinnen. Europa wird gründlich verwandelt.

Wenn im Frankreich jener Jahre verschiedene Gesellschaften entstehen, die sich mit dem Eisenbahnbau befassen, so müssen als Protagonisten an erster Stelle die Brüder JACOB-EMILE PÉREIRE (1800–1875) und ISAAC PÉREIRE (1806–1880) genannt werden, zwei der prominentesten Saint-Simonisten. Aus portugiesisch-jüdischer, in Bordeaux ansässig gewordener Familie stammend, kamen sie nicht nur aus den gleichen Kreisen wie OLINDE RODRIGUES, sondern sie waren auch mit ihm nahe verwandt und befreundet. Die beiden jungen Börsen- und Wechselmakler wurden in Paris früh zu intimen Kennern des Börsengeschehens und der darin führenden Personen, beschäftigten sich aber auch mit den theoretischen Grundlagen des Finanz- und Geldwesens, mit „politischer Ökonomie". Dieses Interesse brachte sie zu den Saint-Simonisten, bei denen sie ihr Vetter OLINDE einführte. 1832–35 sammeln die beiden Brüder ein Kapital von 5 Millionen Francs, um die erste kleine Eisenbahnlinie von Paris nach Saint-Germain-en-Laye zu bauen, die sie nach 20 Jahren für 60 Millionen verkaufen werden.

Diese kleine Linie war nicht „als Spielzeug für die Pariser" gedacht, wie man damals spottete. Sie sollte vielmehr das Anfangsstück einer großen Linie bilden, die, an der Seine entlanggeführt, Le Havre zustrebte. Die schon länger prominente Familie ROTHSCHILD, im Bund mit alten Dynastien groß geworden und konservativ gesonnen, mußte sich nun gleichfalls im Eisenbahnbau engagieren, wollte sie nicht große Chancen verpassen. Ein erster Gedanke: Gemeinsam ist man stärker. JAMES DE ROTHSCHILD (1792–1868) und die Gebrüder PÉREIRE kooperieren daher zunächst, z.B. schon bei der Linie Paris–Saint Germain. Wie überwiegend in Europa, zeigte sich auch in Frankreich die Konkurrenz staatlicher und privater Interessen. Militärische und politische Anliegen, Sorgen um Transportsicherheit auf seiten des Staates kamen liberalen Eigentumsauffassungen ins Gehege. Für Frankreich ergab sich: „Ein Wechselbalg. Der Staat wird die sehr hohen Kosten des Unterbaus übernehmen, wie er es von den Straßen her gewohnt ist. Das Amt der „Ponts et Chaussées" wird das Schienenbett, die Erdarbeiten, Tunnels und Brücken übernehmen. Diesen Untergrund wird der Staat, mit großen Krediten, den Gesellschaften verkaufen, die ihrerseits die Schienen drauflegen und das zugehörige rollende Material kaufen."[4]

Für die rentabelsten Linien finden sich in der Folge leicht kapitalkräftige Un-

---

[3] MAX WEBER, Wirtschaftsgeschichte, 3. Aufl. Berlin 1958, S. 255; 1. Aufl. 1923.
[4] CHARLES MORAZÉ, Das Gesicht des 19. Jahrhunderts („Les Bourgeois Conquérants"), Düsseldorf/Köln 1959, S. 215f.

ternehmer, wie die ROTHSCHILDS, welche die Linie Paris–Lille anregten. An dieser und an anderen Linien entzündeten sich aber nun Interessenskonflikte und Konkurrenzkämpfe zwischen den Gelddynastien ROTHSCHILD und PÉREIRE, die sich auch auf Eisenbahnprojekte im Ausland erstreckten. Die Habsburger Monarchie und Spanien waren zwei große Kampfarenen für den Konflikt der beiden Finanz-Giganten. So mündete ein vom Saint-Simonistischen Ideengut deutlich befruchtetes Werk, das mit aufrichtigem humanitären Elan begonnen worden war, in ein erbittertes kapitalistisches Ringen.

Die Gebrüder PÉREIRE vergessen ihre alten Freunde aus dem Kreis der Saint-Simonisten nicht. Die Überreste der ehemals sozialreformerischen Sekte zeigen zunehmend Züge einer Freundesclique, einer „Seilschaft", die sich gegenseitig fördert. Außer auf die PÉREIRE treffen wir dabei auf die Bankiersfamilie D'EICHTHAL und auf OLINDE RODRIGUES, der hauptberuflich zum Bankgewerbe zurückgekehrt ist. Der Bankier ARLES DUFOUR wird Hauptaktionär der Eisenbahngesellschaft „L'Union pour le Chemin de Fer de Paris à Lyon", wodurch er wiederum ENFANTIN fördern kann. Dieser wird Verwaltungschef von drei Eisenbahngesellschaften, die sich die Strecke Paris-Marseille teilten, und die er nun koordinieren soll. Noch brauchte man auf dem Sektor ja nicht nur Techniker und Verwaltungsbeamte, sondern auch geschickte Verhandler und Propagandisten. 1852 wurde er Direktor der Lyon-Mittelmeerbahn, was er dann bis zu seinem Tode blieb. Auch weitere Saint-Simonisten können wir an maßgebenden Stellen im jungen Eisenbahnwesen ausmachen: PAUL TALABOT, ein enger Freund ENFANTINS, wurde nicht nur Generaldirektor der „Paris-Lyon-Méditerranné", sondern wirkte auch beim Eisenbahnbau in Piemont und Österreich mit, der Saint-Simonist TOURNEAUX baute Eisenbahnen in Spanien, um nur noch diese zwei Beispiele zu nennen.

Der Bau immer neuer Eisenbahnen und ihr sich verstärkender Betrieb übten auf verschiedene Wirtschaftssektoren großen Einfluß aus. Neben der Eisenindustrie und dem Arbeitsmarkt, dem der Eisenbahnbau große Arbeitermassen entnahm, interessiert hier besonders der Kapitalmarkt und die Möglichkeit seiner Aktivierung für das Gründergeschäft. Während man 1842–1854 nur 144 Millionen Francs für Eisenbahnbauten verausgabte, waren es allein im Jahre 1856 schon 520 Millionen[5], der Kapitalbedarf stieg kontinuierlich an. Und im Zusammenhang mit dem Eisenbahnbau hat die Börsenspekulation eine riesenhafte und bisher nicht geahnte Ausdehnung gewonnen, was jedoch bald nicht nur auf diesen Zusammenhang beschränkt blieb.

Zum Bau der Strecken und des rollenden Eisenbahnmaterials brauchte man so große Mittel, daß sie aus verschiedenen Quellen und auch aus den Taschen kleiner Besitzer zusammenfließen mußten. Entsprechende Sammelaktionen waren die besondere Domäne der Brüder PÉREIRE. Man kann sie als die ersten betrachten, welche aus Anlagebanken – die es auch im 18. Jahrhundert gegeben hatte – den bankmäßigen Betrieb von Gründungsgeschäften entwickelten. Darin sah man überhaupt zunehmend eine Hauptaufgabe der Banken.[6] Überall in Europa wird aber nicht nur das Jahrhundertwerk des Eisenbahnbaus mit Hilfe von Gründungsbanken vollendet, sondern die hierbei gemachten Erfahrungen

---

[5] Nach WERNER SOMBART, Die Juden und das Wirtschaftsleben, Leipzig 1911, S. 125.
[6] Im Geschäftsbericht des „Schaaffhausenschen Bankvereins" von 1852 heißt es, „daß es die Aufgabe eines großen Bankinstituts sei, nicht sowohl durch eigene große Beteiligung neue Industriepapiere ins Leben zu rufen, als durch die Autorität ihrer ... Empfehlungen

werden auch für andere Wirtschaftsbereiche genutzt. Die Gebrüder PÉREIRE sind so maßgebend dabei, daß PIÈRRE JOSEPH PROUDHON von dem älteren und bedeutenderen Bruder EMILE in einem Brief 1853 kritisch geschrieben hat, er sei „der Repräsentant und der Chef des Saint-Simonistischen Prinzips industrieller Feudalität, welches momentan unsere nationale Wirtschaft regiert."[7]

So gründen die Brüder PÉREIRE 1852/53 als Gegengewicht gegen das Haus ROTHSCHILD, mit dem sie immer heftiger konkurrieren, die „Société Générale du Crédit", kurz „Crédit Mobilier" genannt, das Muster moderner Gründungs- und Finanzierungsgesellschaften. Die darin verkörperten Ideen waren schon Jahrzehnte vorher in Saint-Simonistischen Publikationen und Vorträgen in verschiedenen Variationen vertreten worden, und die Brüder PÉREIRE waren sogar als Autoren dabeigewesen. Jetzt schrieb man ihnen den Ausspruch zu, sie wollten nun Banken gründen, wie KARL D. GROSSE Lehen begründet habe.

Einige Saint-Simonisten nutzen jetzt nicht nur wirtschaftliche, sondern auch politische Konjunktur. Nach der Revolution 1848 treten einige von ihnen sowohl als gemäßigte wie als sozialistische Republikaner hervor, L. H. CARNOT wird z. B. Erziehungsminister. Das Regime NAPOLEONS III., der sich ein Jahr nach seinem Staatsstreich vom 2. Dez. 1851 („Der 18. Brumaire des Louis Bonaparte", schreibt KARL MARX) zum Kaiser machen wird, kam dann dem unternehmerischen Saint-Simonismus entgegen. Der Kaiser begünstigte das großbürgerliche Unternehmertum; CH. A. SAINTE BEUVE, der große Chronist, wird sein Regime geradezu den „Saint-Simonisme à cheval", den Saint-Simonismus hoch zu Roß, nennen. Der ehemalige Simonist JEAN-MARTIAL BINEAU (1805–55) hatte anläßlich des Staatsstreichs für LOUIS NAPOLEON Partei ergriffen und war zum Dank dafür 1852 Finanzminister geworden, eine wichtige Verbindung für den ganzen Kreis. Ein anderes bekanntes Mitglied der alten Sekte (LAURENT DE L'ARDÈCHE) verherrlichte in populärer Darstellung den ersten NAPOLEON. Nicht alle, aber doch die meisten alten Saint-Simonisten arrangierten sich mit dem neuen Regime. Hatte NAPOLEON III. denn nicht immer den Volkswillen betont, war er nicht selbst sogar ein politischer Verschwörer gewesen? Dies also war der politisch günstige Rahmen für die Gründung des „Crédit Mobilier" durch die Brüder PÉREIRE, einer Anstalt, deren dramatische Geschichte häufiger behandelt worden ist.[8] WERNER SOMBART berichtet: „Die Liste der von den einzelnen Gründern gezeichneten Aktienbeträge weist aus, daß die beiden Péreire zusammen 11446, Fould-Oppenheim 11445 Aktien besaßen, daß unter den großen Aktionären sich noch Mallet Frères, Ben.Fould, Torlonia-Rom, Salomon Heine-Hamburg, Oppenheim-Köln ... befanden".[9] Also „die Hauptvertreter der europäischen Judenschaft, von den Rothschilds abgesehen", resümiert er. Auch damit wollte er seine These untermauern, daß die Juden die Wegbereiter des modernen Kapitalismus gewesen seien – der Versuch eines geistigen Konkurrenzunternehmens zu der berühmten These seines Kollegen MAX WEBER, daß der Puritanis-

---

    die Kapitalisten des Landes zu veranlassen, die müßigen Kapitalien solchen Unternehmungen zuzuwenden." (Zitiert bei SOMBART, l.c., S. 127.)

[7] Zitiert nach: CHARLES-AUGUSTIN SAINTE-BEUVE, J. P. Proudhon – sa vie et sa correspondance – 1838–1848, 6. éd. Paris 1894, S. 323.

[8] Wir nennen als wichtigstes deutschsprachiges Werk hier die Monographie von JOHANNES PLENGE: Gründung und Geschichte des Crédit Mobilier, Tübingen 1903. An neuerer Literatur: B. GILLE, La fondation du Crédit Mobilier et les idées financières des frères Péreire, in DERS., La Banque en France au XIXe siècle, Genf u. Paris 1970.

[9] W. SOMBART, l.c., S. 128.

mus der Nährboden des Kapitalismus gewesen sei.[10] In Deutschland war die „Bank für Handel und Industrie" (die „Darmstädter Bank") die erste Anstalt, welche die Grundsätze des „Crédit Mobilier" vertrat. 1853 auf Initiative der Kölner OPPENHEIMS zusammen mit den Frankfurter Bankhäusern BETHMANN und GOLDSCHMIDT gegründet, wählte sie sich als ersten Direktor einen höheren Beamten des „Crédit Mobilier" (HESS).

Wir können die Geschichte des „Crédit Mobilier", eines der fesselndsten Kapitel der Bankgeschichte, hier nicht ausführlicher verfolgen. Die PÉREIRE, denen man eine „activité dévorante", eine unersättliche Aktivität nachsagte, ließen sich in einen hemmungslosen Konkurrenzkampf mit den erfahreneren ROTHSCHILDS ein. Dabei spielten Spekulationen mit den Anteilen des „Crédit Mobilier" eine große Rolle. Erreichten die Aktien ihren Höchststand 1856 mit 1982 Francs, wobei 1855 über 40% Dividende ausgeschüttet worden waren, betrug diese 1863 immerhin noch 25%, so blieb sie ab Mitte der 60er Jahre aus. Das Unternehmen mußte 1867 liquidiert werden. Die Brüder PÉREIRE, die auch Abgeordnete waren, gerieten durch die Affäre, die viel Staub aufwirbelte, in ein schiefes Licht und verloren als Parlamentarier ihre Sitze. Man kann natürlich die Ansicht vertreten, daß bei allen ersten Versuchen, gleich auf welchem Feld, mit einem besonders hohen Lehrgeld zu rechnen ist. Man darf aber auch darüber nachdenken, ob nicht im Saint-Simonismus selbst etwas angelegt war, das auf mehreren Gebieten nach schnellen Anfangserfolgen zum Zusammenbruch führen mußte. War es das „Faustische", eine Art Hybris? War es die Ungeduld, welche die Dinge nicht reifen ließ? Waren die ideologischen Komponenten – Umgestaltung der ganzen Gesellschaft durch Banken – zu stark? Man darf den „Crédit Mobilier" jedenfalls nicht isoliert sehen, er sollte Teil eines umfassenden Werkes sein: Während der „Crédit Mobilier" vor allem der Großindustrie dienstbar sein sollte, wollte man mit einem „Crédit Mutuel" das Kleingewerbe fördern. Neben dem Eisenbahnbau betrieben die PÉREIRE auch andere Unternehmen des Verkehrssektors, wie Dampfschiffahrtslinien („Société Maritime", 1855, „Compagnie Générale Transatlantique", 1861) und den Bau von Kanälen. Auch an den Bauunternehmungen der sich stürmisch entwickelnden Hauptstadt Paris war man maßgeblich beteiligt („Société des Immeubles de la Rue de Rivoli", „Compagnie Immobilière de Paris"). Der Grundgedanke war dabei immer derselbe, den übrigens schon früh der Bankier LAFFITTE, der Freund Saint-Simons, ausgesprochen hatte: Die ganze gesellschaftliche Arbeit hängt völlig vom Kreditwesen ab.

Viele Saint-Simonisten erlebten den Zusammenbruch des „Crédit Mobilier" nicht mehr, auch ENFANTIN nicht. In den 40er und 50er Jahren hatten er und seine Mitarbeiter am alten Suez-Unternehmen noch die Hoffnung gehegt, das große Werk wiederaufnehmen zu können, wofür man 1846 eine „Studiengesellschaft" konstituiert hatte. Mehrere ausländische Fachleute wirkten mit oder sollten mitwirken. Das geheimniskrämerische Unternehmen wurde aber wenig bekannt und LESSEPS, mit welchem man zunächst Kontakt gehalten hatte, ging dann seine eigenen Wege. 1853 hatte MEHEMED SAIS, ein Sohn MEHEMED ALIS, in Ägypten die Herrschaft angetreten. Als der Thronfolger noch ein Knabe war, hatte der junge Diplomat LESSEPS seine Freundschaft gewonnen, was sich nun positiv auswirkte. Er gewann diesen Herrscher für das Kanalbauprojekt, das nach heftigem englischen Widerstand in den Jahren 1859–69 durchgeführt wer-

---

[10] MAX WEBERS einschlägige Aufsätze bilden den 1. Band seiner „Gesammelten Aufsätze zur Religionssoziologie", zuerst Tübingen 1920.

den wird, wobei die Kosten 640 Millionen Francs betrugen. Die Eröffnung wird in Anwesenheit zahlreicher Staatsoberhäupter von der Gemahlin NAPOLEONS III. am 17. November 1869 glanzvoll vollzogen werden. Welchen Anteil die Vorarbeiten der Saint-Simonisten an der späteren Realisierung hatten, könnte nur eine Spezialuntersuchung klären. LESSEPS, der sich am Ende ganz von ENFANTIN und seinem Kreise distanziert hatte und in seinen Erinnerungen die Vorarbeiten der Saint-Simonisten völlig verschweigt, erntete jedenfalls allen Ruhm. Er wird später noch den Versuch unternehmen, sich auch noch den Lorbeer des Erbauers des Panama-Kanals zu verdienen. Dabei wird er aber in einen riesigen Finanzskandal geraten und mit seiner Panamagesellschaft 1889 einen spektakulären Bankrott machen, der ganz Frankreich erzittern läßt und prominente Politiker dem Vorwurf der Korruption aussetzt. Dieses alte Projekt Saint-Simons wird erst Anfang unseres Jahrhunderts von den Vereinigten Staaten realisiert werden.

Engagiert, für die Zukunft denkend und neue Projekte planend, so bleiben jedenfalls die Saint-Simonisten bis zuletzt, soweit sie noch zusammenhalten oder sich wieder zusammenfinden. Man mag darin die Bewahrung von Jugendlichkeit und Idealismus bewundern, in Einzelnem aber auch Züge von Unreife erkennen. Noch kurz vor seinem Tode am 31. 8. 1864 in Paris hat ENFANTIN Pläne mancherlei Art entweder selbst geschmiedet oder doch lanciert. Sie stehen völlig im Rahmen der alten Orientierung: Ein Unterstützungsverein auf Gegenseitigkeit für alte Saint-Simonisten; der Plan einer neuen Enzyklopädie, schon ein Lieblingsgedanke von Saint-Simon selbst; der „Crédit intellectuel", mit dessen Hilfe junge Begabungen einen Vorschußkredit auf ihre späteren Leistungen erhalten sollten, ein Projekt, welches GEORGE SAND besonders begrüßte und das modern anmutet. Aber nur der Unterstützungsverein und der Plan einer Sammlung der Saint-Simonistischen Publikationen und Materialien wurden realisiert. ENFANTIN hinterließ den größeren Teil seines Erbes für letzteren Zweck. Die angesehene „Bibliothèque de l'Arsenal", deren Konservator der Simonist LAURENT geworden war, erhielt die Archivarien der Sekte, und ein Herausgeber-Gremium von Saint-Simonisten bekam den Auftrag, das Wichtigste daraus zu publizieren. So entstand die umfangreiche, aber gestaltlose und bizarre Sammlung der „Œuvres de Saint-Simon et d'Enfantin". Ihre 1865–1878 bis zum Verbrauch aller Geldmittel erschienenen 47 Bände, von denen nur 5 die Schriften Saint-Simons – unvollständig – enthalten, bringen in buntem Gemisch wichtige und unwichtige Texte, nicht zuletzt einen Wust von Korrespondenzen und Tätigkeitsberichten des darin ungemein produktiven ENFANTIN. Das Ganze ist auch ein „Jahrmarkt der Eitelkeit". Dreißig Jahre nach dem Tod ENFANTINS werden die umfangreichen Materialien (der „Fonds Enfantin" umfaßt ca. 35 000 Stücke) der Öffentlichkeit zugänglich gemacht, woraufhin 1896 die beiden klassischen und konkurrierenden Studien von SEBASTIEN CHARLÉTY und GEORGES WEILL über die Saint-Simonisten erscheinen.

Zu den Ausklängen in Frankreich könnte man noch Vieles anführen. Man müßte die Sammlung von Arbeiterdichtungen nennen, die OLINDE RODRIGUES 1841 veröffentlicht hat.[11] Die berühmten Untersuchungen der Lebensverhältnisse einzelner Arbeiterfamilien durch Frédéric Le PLAY (1806–1882) gehören hierher.[12] Andere Traditionen führte MICHEL CHEVALIER fort, der nicht nur ein

---

[11] Poésies sociales des ouvriers, réunies et publiées par OLINDE RODRIGUES, Paris 1841.
[12] FRÉDÉRIC LE PLAY, Les Ouvriers européens, 6 Bde., Paris 1855.

Dem Träger der Krankenversicherung vorlegen, der die bescheinigten Zeiten nach § 13 der 2. Datenerfassungs-Verordnung dem Träger der Rentenversicherung zu melden hat

Bescheinigung

für Zwecke der gesetzlichen Rentenversicherung

über Zeiten der Schul-, Fachschul-, Fachhochschul- oder Hochschulausbildung

– auszustellen durch Schule, Fachschule, Fachhochschule oder Hochschule –

Personalien

Versicherungsnummer

Familienname, Vorname, Geburtsname

Geburtsdatum | Geburtsort

Straße und Hausnummer

Postleitzahl | Wohnort

Ausbildungszeiten *

nach Vollendung des 16. Lebensjahres

☐ Schule ☐ Fachschule ☐ Fachhochschule/Hochschule

Name der Ausbildungsstätte/Ort

Zeiträume (vom/bis)

Bei Fachschul-, Fachhochschul- oder Hochschulausbildung: Abschlußprüfung bestanden als | Datum der Prüfung

Bei Promotion: Fachrichtung | Datum der Promotion

Ort/Datum | Stempel der Ausbildungsstätte

Unterschrift

Zeiten einer nach Vollendung des 16. Lebensjahres liegenden weiteren Schulausbildung sowie einer abgeschlossenen Fachschul-, Fachhochschul- oder Hochschulausbildung werden unter <u>bestimmten versicherungsrechtlichen Voraussetzungen</u> als Ausfallzeit berücksichtigt.

* Erläuterungen s. Rückseite

bitte wenden

1. **Weitere Schulausbildung nach Vollendung des 16. Lebensjahres**

    Weitere Schulausbildung nach Vollendung des 16. Lebensjahres liegt bei dem Besuch einer allgemeinbildenden weiterführenden Schule (z.B. Hauptschule, Realschule oder Gymnasium) vor und wird als Ausfallzeit anerkannt. Die Anerkennung erfolgt auch in den Fällen, in denen die weitere Schulausbildung nicht bis zum Abschluß einer Prüfung durchgeführt wird.

    Weitere Schulausbildung ist auch die Teilnahme am sogenannten Berufsbildungsjahr in vollzeitschulischer Form (in einigen Bundesländern auch als "10. Vollzeitschuljahr" oder "Berufsgrundschuljahr" bezeichnet).

2. **Fachschulausbildung**

    Eine Fachschulausbildung nach Vollendung des 16. Lebensjahres kann als Ausfallzeit anerkannt werden, wenn sie planmäßig abgeschlossen ist.

    Fachschulausbildung liegt vor beim Besuch von

    2.1 Fachschulen

    Fachschulen sind solche nicht als Hochschulen anerkannte berufsbildende Schulen, deren Besuch grundsätzlich den Abschluß einer einschlägigen Berufsausbildung oder einer entsprechenden berufspraktischen Tätigkeit voraussetzt. Sie dienen der landwirtschaftlichen, gartenbaulichen, bergmännischen, technischen, verkehrswirtschaftlichen, frauenberuflichen, sozialpädagogischen, künstlerischen, sportlichen oder einer verwandten Ausbildung. Der Lehrgang muß mindestens einen Halbjahreskurs mit Vollzeitunterricht oder bei kürzerer Dauer in der Regel mindestens 600 Unterrichtsstunden umfassen. Der Besuch der Fachschule ist freiwillig und setzt im allgemeinen eine ausreichende praktische Berufsvorbildung oder berufspraktische Tätigkeit, in manchen Fällen auch nur eine bestimmte schulische Vorbildung oder eine besondere (etwa künstlerische) Befähigung voraus.

    2.2 Berufsfachschulen

    Berufsfachschulen sind Schulen, die, ohne eine praktische Berufsausbildung vorauszusetzen, freiwillig in einem mindestens einjährigen Ausbildungsgang in vollzeitschulischer Form besucht werden. Sie dienen entweder der Vorbereitung auf einen industriellen, handwerklichen, kaufmännischen, hauswirtschaftlichen oder künstlerischen Beruf, wobei der Schulbesuch in der Regel auf die Lehrzeit angerechnet wird, oder gelten als voller Ersatz für eine betriebliche Lehrzeit und schließen mit der Gesellen-, Facharbeiter- oder Gehilfenprüfung ab.

    2.3 Fachakademien/Berufsakademien

    Fachakademien/Berufsakademien sind berufliche Ausbildungsstätten, deren Besuch einen mittleren Bildungsabschluß sowie grundsätzlich eine abgeschlossene Berufsausbildung, ein zweijähriges Praktikum oder eine mehrjährige berufliche Tätigkeit voraussetzt. Sie führen bei täglichem Unterricht in mindestens vier bis fünf Halbjahren zu einem gehobenen Berufsabschluß, der mit Bestehen einer staatlichen Prüfung erreicht wird.

3. **Fachhochschul- und Hochschulausbildung**

    Fachhochschul- und Hochschulausbildungen sind ebenfalls nur Ausfallzeiten, wenn sie planmäßig abgeschlossen werden. Das Studium kann sowohl durch eine Prüfung (Fachhochschul-, Hochschul- oder Staatsprüfung) als auch durch die Promotion abgeschlossen werden.

    Eine Promotionszeit nach einer das Hochschulstudium abschließenden Diplomprüfung ist grundsätzlich keine Ausfallzeit. Der Begriff der Hochschulausbildung ist gleichbedeutend mit dem Begriff Hochschulstudium.

Hinweis

Über die Anerkennung und Anrechnung der Zeiten als Ausfallzeit entscheidet der Rentenversicherungsträger.

bekannter politischer Ökonom war, sondern – NAPOLEON III. nahestehend – die Staatsinitiativen bei großen öffentlichen Arbeiten wirksam vertrat. CHEVALIER war es auch, der die Wirtschaftsverhandlungen mit England führte, die mit dem französisch-englischen Vertrag von 1860, dem sog. „Cobden-Vertrag"[13] endeten, womit für Frankreich eine Ära der Handelsfreiheit begann. Er wirkte auch als Präsident der „Internationalen Liga für Frieden und Freiheit" und war der einzige Senator, der den Mut hatte, 1870 gegen die Kriegserklärung an Preußen zu votieren. Ein anderer sehr prominenter Pazifist war der Saint-Simonist CHARLES LEMONNIER, der 1859 in Brüssel eine dreibändige Ausgabe von Schriften Saint-Simons ediert hatte, und später, 1867, der Gründer der internationalen Friedensliga wurde. Er leitete auch die Zeitschrift der Liga unter dem programmatischen Namen „Les Etats-Unis d'Europe". Zu den Ausklängen in Frankreich gehört das Fortleben Saint-Simonistischer Traditionen in bestimmten Familien, z. B. den EICHTHALS, den PÉREIRE, den HALÉVY. Ein Sohn GUSTAVE D'EICHTHALS, der eine Tochter von OLINDE RODRIGUES geheiratet hatte, wurde später Direktor und ein Enkel von Léon HALÉVY Lehrstuhlinhaber an der einflußreichen, 1872 gegründeten „Ecole libre des Sciences Politiques". Und es gehörten in unserem Jahrhundert, 1925, zum hundertsten Todesjahr Saint-Simons, Feiern, Ausstellungen und zahlreiche neue Publikationen zum Erbe. Man kann, zumal für Frankreichs Führungsschicht sprechend, mit dem prominenten Wirtschaftswissenschaftler FRANÇOIS PERROUX sagen: „Wir sind alle mehr oder weniger Saint-Simonisten geworden". Und die Arbeiterbewegung bekennt sich zu Henri de Saint-Simon als einem ihrer Ahnherrn, und wohl jeder engagierte französische Arbeiter kennt wenigstens den Namen.

29. Kapitel
Der Saint-Simonismus in England und Deutschland

Der Saint-Simonismus war zwar zunächst ein französisches Phänomen, aber er ist international angelegt. Er missionierte im Ausland. Er zielte nicht nur auf Völkerverständigung und internationale Kooperation, sondern mehr noch: Vereinigte Staaten von Europa erschienen Mitte des vorigen Jahrhunderts vielen Mitgliedern der Bewegung ebenso erstrebenswert und realisierbar wie Henri de Saint-Simon einige Jahrzehnte vorher. Wir erinnern uns, daß in seinen Konzeptionen Frankreich und England dabei die Schlüsselrolle zugedacht war, wobei Deutschland dann als dritter wesentlicher Partner hinzukommen sollte. Schon von daher muß es uns interessieren, welches Echo der Saint-Simonismus in England und Deutschland fand. Doch auch im Hinblick auf die faktische Wirkung außerhalb Frankreichs darf man diese beiden Länder besonders hervorheben, denn bedeutende Namen und wichtige geistige Strömungen sind in beiden Fällen involviert.

Daneben muß im Rahmen unserer beschränkten Darstellung wenigstens noch Belgien besonders genannt werden, das den Franzosen damals gewissermaßen

---

[13] So genannt nach RICHARD COBDEN (1804–1865), dem englischen Wirtschaftspolitiker und Propagandisten des Freihandels, der den Vertrag auf englischer Seite aushandelte.

als ein „kleines, industrielles und arbeitsames Frankreich"[1] erschien. Im Zusammenhang mit den Wirren der Revolution und der Unabhängigkeitsbewegung um 1830 konnten die Saint-Simonisten hoffen, durch Propagandaaktionen hier Terrain zu gewinnen. Man schickte Redner nach Belgien, LAURENT sprach z. B. in Lüttich vor rund 15 000 Personen. Aber trotz Gründung einer Zeitschrift blieb der Erfolg ephemer. Für andere Länder lassen sich vermutlich nur einzelne, wichtigere Spuren aufzeichnen, die sich freilich weithin bis nach Rußland (man denke z. B. an ALEXANDER HERZEN[2]) oder sogar bis nach Brasilien[3] erstrecken. Die Saint-Simonisten waren, wie wir sahen, sehr beweglich. Schiffskapitäne und Ingenieure, „anciens élèves de l'Ecole Polytechnique", brachten das Gedankengut in fernste Erdteile. Man kann diesbezüglich bestimmt noch Entdeckungen machen. Doch nun zu den beiden hauptsächlichen Schwerpunkten außerhalb Frankreichs.

A. Der Saint-Simonismus in England[4]

Wie sonst nur in Belgien wurde von Paris aus auch in England der planmäßige Versuch unternommen, die Saint-Simonistische Lehre weiter zu verbreiten. Dieser Versuch fällt in den Anfang der 30er Jahre, wo man die Schule und Sekte straffer organisierte, große Propaganda machte, und wo es der von Prozessen bedrohten Sektenführung sicher nützlich erschien, auch außerhalb Frankreichs Stützpunkte und Ausweichquartiere zu bilden. Eine wichtige persönliche Beziehung bestand seit langem zu JOHN STUART MILL (1806–1873), dem prominenten Philosophen und Sozialwissenschaftler. Er hatte die Saint-Simonisten 1830 in ihrem Pariser Hauptquartier besucht und war vor allem mit GUSTAVE D'EICHTHAL weiter in laufendem, freundschaftlichem Kontakt geblieben.[5] So lag es nahe, daß gerade EICHTHAL Anfang des Jahres 1832 nach London fuhr, um den Saint-Simonismus in England weiter zu verbreiten, zusammen mit DUVEYRIER, der schon vorher in Belgien missioniert hatte. Von England berichtete EICHTHAL über seine Kontakte und Erfolge. Kurz nach seiner Ankunft schrieb er, daß die Tätigkeit der Anhänger von OWEN, BENTHAM, aber auch die Unitarier schon den Boden für den Saint-Simonismus vorbereitet hätten.[6] Man sei optimistisch und „habe

---

[1] CHARLÉTY, l. c., S. 82.
[2] In den „Erinnerungen" von ALEXANDER HERZEN heißt es 1833: „In dieser Zeit ... fielen uns die Broschüren St.-Simons, die Predigten und der Prozeß der St.-Simonisten in die Hände. Wir waren erstaunt und aufs stärkste betroffen". Und zwei Seiten weiter: „Der St.-Simonismus wurde zur Grundlage unserer Überzeugungen und ist es in seinen wesentlichen Momenten immer geblieben". (l. c., I. Bd., Basel und Leipzig 1931, S. 97 und 99.)
[3] H. HAUSER, Problèmes d'influences. Le Saint-Simonisme au Brésil, in: Annales d'histoire économique et sociale, IX (1936–37), S. 1–7.
[4] Vgl. zu England vor allem: RICHARD K. PANKHURST; The Saint-Simonians, Mill and Carlyle, etc., London 1957.
[5] Vgl. JOHN STUART MILL, Correspondance avec Gustave d'Eichthal (1828–1842, 1864–1871). Avant-propos et traduction par Eugène d'Eichthal, Paris 1898.
[6] ROBERT OWEN (1771–1858), praktischer Sozialreformer, Gründer von Produktionsgemeinschaften („New Harmony", U.S.A., 1825) und einer Tauschbank (London, 1832).
JEREMY BENTHAM (1748–1832), Jurist und Philosoph. Grundsätzlich Anhänger des Empirismus, entwickelte er eine Sozialethik, die auf „the greatest happiness of the greatest number" zielte. Mit J. St. MILL Begründer des „Utilitarismus". „UNITARIER": Bezeichnung protestantischer Gruppen, welche die Trinitätslehre ablehnen. Besonders in England und den USA einflußreich.

viele Freunde getroffen". Er glaubt den Tag nahe, wo Irland und England sich mit Frankreich „unter dem friedlichen Banner Saint-Simons vereinen". Außer London, wo das Hauptquartier der Sekte installiert wird, besucht man Liverpool, Manchester, Birmingham, Dublin, Glasgow und Edinburgh. In London mietet man die „Burton Lecture Rooms" in Burton Crescent als Propagandazentrum. Dort konnte man auch reichlich schriftliches Informationsmaterial erhalten, das es daneben aber noch in einem halben Dutzend anderer progressiver Informationsstände der Hauptstadt gab. Auch Sprachkurse in Französisch, Deutsch und Italienisch wurden angeboten.

Länger in England tätig waren die Saint-Simonisten FONTANA[7] und Dr. PRATI, die mit ihren Veranstaltungen einen ziemlichen Wirbel verursachten. Ihre religionsphilosophischen Konzepte fanden in Arbeiterkreisen reges Interesse, wobei antiklerikale Haltungen eine Rolle spielten. Diese und andere simonistische Missionare in ihrer auffallenden Tracht setzten sich in dem puritanischer gewordenen und auf das prüde viktorianische Zeitalter zusteuernden England ebensolchem Unwillen aus, wie die Sekte in Frankreich. Lehren zumal, welche die Gütergemeinschaft, die Befreiung der Frau und mehr oder weniger große Libertinage in sexueller Beziehung zum Inhalt hatten oder angeblich haben sollten, mußten das englische Bürgertum ebenso verschrecken wie das französische. Hinzu kam, daß man nach einiger Zeit fast noch radikalere Töne anschlug als in Frankreich. So hieß es 1834 anläßlich einer Aussperrung von Arbeitern in Derby:

„Hail! Labourers of Derby! The hour of social regeneration is at hand! The reign of the *idlers,* who for centuries have wrested, to their profit, the fruits of your toil, is about to end! You are the heralds of that final revolution! ... St. Simon was the first of his age to show the immorality of the present distribution of wealth, which permits a few idlers to absorb the products of the labouring many, under the feudal exactions of rent, interest and taxes."[8]

Oder kurz darauf:

„We are aware of the vast difficulties which the establishment of a new scheme tending to rescue the **labourer** from the oppression of the tyrannical **capitalist** has to encounter in a land where wealth ist the only God sincerely adored".

Man muß bei diesen radikalen Tönen die Verhältnisse im frühkapitalistischen England im Auge haben mit dem besonders großen Arbeiterelend, das erst ab 1833 durch verschiedene Fabrikgesetze ganz allmählich gemildert wurde. Auch DISRAELI hat ja in jener Zeit das berühmte Wort von den „two nations", den Reichen und den Armen, aus PLATONS „Staat" als Romantitel verwandt.[9]

Freundlich war die Haltung des älteren Sozialreformers und Philanthropen ROBERT OWEN, der sich nicht, wie in Frankreich FOURIER, von der Konkurrenz der Saint-Simonisten bedroht fühlte, sondern die Bundesgenossen für Sozialreformen und möglicherweise auch für seine genossenschaftlichen Projekte will-

---

[7] FONTANA bezeichnete sich als „chief of the St. Simonian Religion in England" und verfaßte mit PRATI gemeinsam: St. Simonism in London, Community of goods, Community of women, or matrimony and divorce, London 1833 (British Library. 4139. g. 15).
[8] Dieser und der folgende Text erschienen 1834 in „The Pioneer, or Trade's Union Magazine" sowie im „‚Destructive and Poor Man's Conservative" (nähere Quellenangaben bei RICHARD K. P. PANKHURST, l. c.).
[9] BENJAMIN DISRAELI, Sybil: or The Two Nations, 3. Bde., London 1845.

kommen hieß. Er lud EICHTHAL und DUVEYRIER zu einem Ball ein und vermittelte ihnen weitere wichtige Bekanntschaften und Kontakte. Er diskutierte mit PRATI öffentlich die Ähnlichkeiten und Unterschiede ihrer Lehren und öffnete seine Zeitschriften (vor allem sein Pfennigmagazin, die „Crisis") für Artikel und Nachrichten über den Saint-Simonismus. Unterstützung erhielten die Saint-Simonisten auch vom englischen Feminismus. Hier ist vor allem Mrs. ANNA WHEELER zu nennen, die bereits früher vom Ideengut des Saint-Simonismus beeinflußt worden war, und einen ihrer Artikel überschrieben hatte: „With the emancipation of women will come the emancipation of the useful class".[10] Darin hieß es dann weiter ganz im Sinne der Saint-Simonisten: „Up to the present hour have not women through all past ages been degraded, oppressed, and made the property of men? This property on women, and the consequent tyranny it engenders, ought now to cease." Mrs. WHEELER übersetzte und publizierte auch mehrere Stücke aus der Saint-Simonistischen Frauenzeitschrift „La femme libre", die wir schon erwähnt haben.

Weniger spektakulär, aber wichtiger und weitreichender in der zeitlichen Wirkung scheinen uns aber für England die Einflüsse des Saint-Simonismus auf die beiden großen Autoren JOHN STUART MILL und THOMAS CARLYLE gewesen zu sein, die wir nun behandeln müssen.

Wie wir erwähnten, war JOHN STUART MILL (1806–1873) schon in Paris mit den Saint-Simonisten in Kontakt getreten, er war 1830 dort den beiden „Pères" vorgestellt worden. Früher hatte er sogar noch Saint-Simon persönlich kennengelernt (er bezeichnete ihn als ein „clever original"), und zwar im Salon des bedeutenden Ökonomen und Begründers der französischen Freihandelsschule JEAN-BAPTISTE SAY (1767–1832). In und aus Paris hatte er COMTES „Philosophie positive" und allerhand Schriften der späteren Sekte erhalten. Am 1. 3. 1831 schrieb er an EICHTHAL: „Man beginnt von Ihrer Doktrin zu sprechen, und sie erweckt eine gewisse Neugierde. Ich war in der Lage, sie einigen Personen auf ihren Wunsch hin näher zu erläutern. Kurz: Ohne Saint-Simonist zu sein oder ohne gegenwärtig im Begriff zu sein, es zu werden, unterhalte ich bei mir ein Büro für den Saint-Simonismus."[11] MILL drückte auch in der Zeitschrift „Globe" seine warmen Sympathien für den Saint-Simonismus aus. Im „Examiner" schreibt er aber dann am 9. Sept. 32: „The strange attitude which their leaders have assumed since the retirement to Ménilmontant, is of itself enough to prevent any further good or harm that could have arisen from their exertions. En France c'est le ridicule qui tue ... we hope better things yet from several of them." Die Bizarrerien der Sekte haben die Sympathie MILLS also stark abgekühlt, aber keineswegs grundsätzlich beseitigt, denn dazu sind sich die Stoßrichtungen der Saint-Simonisten und seine eigenen zu ähnlich. Man denke in diesem Zusammenhang schon daran, daß MILL bereits als Siebzehnjähriger selbst eine „utilitarische Gesellschaft" für junge Leute gegründet hatte. Und obwohl es für ihn keine andere Quelle der Erkenntnis gab als die Erfahrung, wird er sein Leben hindurch von fortschrittsgläubigem Optimismus erfüllt bleiben („On liberty", 1859, „The Subjection of Women", 1869). In seinem wirtschaftswissenschaftlichen Werk (vor allem seinen „Principles of Political Economy", 1848) setzt er die Wirtschaft, wie es nötig ist, in enge Beziehung zu anderen Feldern

---

[10] In „Crisis", june 15th, 1833.
[11] Siehe „Correspondance avec Gustave d'Eichthal".

des gesellschaftlichen Handelns und läßt seine Nähe zu sozialistischen Lehren erkennen. Im Hinblick auf den Saint-Simonismus heißt es bewundernd in den „Principles", dieser habe „in the few years of its public promulgation ... sowed the seeds of nearly all the socialist tendencies."[12] Mit AUGUSTE COMTE hat sich MILL dann noch 1865 in einem besonderen Werk („Auguste Comte and Positivism") auseinandergesetzt. Auch in seiner Autobiographie, die 1873 erschien, räumte MILL dem Saint-Simonismus gebührenden Raum ein. Dort heißt es unter anderem:

„The writers by whom, more than by any others, a new mode of political thinking was brought home to me, were those of the St. Simonian school in France. In 1830 I became acquainted with some of their writings. They were then only in the earlier stages of their speculations. They had not yet dressed out their philosophy as a religion, nor had they organized their scheme of Socialism. They were just beginning to question the principle of hereditary property. I was by no means prepared to go with them even this length; but I was greatly stuck with the connected view which they for the first time presented to me of the natural order of human progress; and especially with their division of all history into organic periods and critical periods."[13]

Und MILL stellt an dieser Stelle seiner Autobiographie solche Perioden dar, geht auf das Drei-Stadiengesetz von AUGUSTE COMTE ein und zeigt sich dankbar für die Erkenntnis, in einer Übergangszeit zu leben, die ihr Ende finden werde. Dann fährt er fort: „The St. Simonians I continued to cultivate. I was kept *au courant* of their progress by one of their most enthusiastic disciples, M. GUSTAVE D'EICHTHAL, who about that time passed a considerable interval in England ... as long as their public teaching and proselytism continued, I read nearly everything they wrote. Their criticisms on the common doctrines of Liberalism seemed to me full of important truth."[14]

Und wenn Mill auch an den Realisierungsmöglichkeiten mancher Vorschläge der Saint-Simonisten zweifelt, so glaubt er doch, daß „the proclamation of such an ideal of human society could not but tend to give a beneficial direction to the efforts of others to bring society, as at present constituted, nearer to some ideal standard."[15] Er zeigt sich beeindruckt von der kühnen Kritik der Saint-Simonisten an den herkömmlichen Familienstrukturen und schließt: „In proclaiming the perfect equality of men and women, and an entirely new order of things in regard to their relations with one another, the St. Simonians, in common with Owen und Fourier, have entitled themselves to the grateful remembrance of future generations."[16]

Wir kommen zu dem mit MILL befreundeten THOMAS CARLYLE (1795–1881). Dieser zu seiner Zeit weltbekannte schottische Schriftsteller und Kulturphilosoph wird heute in Deutschland meist nur als ein negatives Beispiel für einen übersteigerten Heroenkult genannt. Den betrieb er in der Tat. Darüber wird aber vergessen, daß CARLYLE auch sozialpolitische Schriften von Rang und mit erheblicher Wirkung verfaßt hat: „Chartism" (1839), „Past and present" (1843) oder „Latter day pamphlets" (1850) Auch sein „Sartor resartus. The life and opinions of Herr Teufelsdröckh" (1834, aber bereits 31 vollendet) gehört in diesen Zusammenhang, wobei autobiographische Züge einfließen.

---

[12] Ausgabe 1926, S. 204.
[13] JOHN STUART MILL, Autobiography, London 1873, S. 163.
[14] Ebenda, S. 166.
[15] Ebenda, S. 167.
[16] Ebenda, S. 167/168.

Die Saint-Simonisten, immer voller Aufmerksamkeit und Initiative, hatten nach dem Erscheinen des Essays von CARLYLE „Signs of the Times" (1830) an ihn geschrieben und ihm Informationsmaterial über ihre Sekte gesandt, da er doch verwandte Tendenzen vertrete. Der Empfänger, der in Briefwechsel mit GOETHE stand, fragte diesen nach seiner Meinung, worauf ihn der 81jährige am 17. Okt. 1830 warnte: „Von der *Société St. Simonienne* bitte Sich fern zu halten".[17] Diese Warnung scheint CARLYLE jedoch nicht besonders beeindruckt, jedenfalls nicht von der Beschäftigung mit dem ihm in vieler Hinsicht verwandten Saint-Simonismus abgehalten zu haben. Am 22. 1. 31, nachdem er erneut viel Material von den Saint-Simonisten erhalten hatte, schrieb er nochmals darüber an GOETHE: „They seem to me to be earnest, zealous, and nowise ignorant men, but wandering in strange paths".[17a] In seiner Korrespondenz mit J. ST. MILL heißt es aber unter dem 16. Juni 1832 dann doch prophetisch: „As to the Saint-Simonian Sect, it seems nearly sure to die with the existing ‚father of Humanity'", womit natürlich ENFANTIN gemeint ist. Den sozial engagierten und von dem Leiden des englischen Proletariats im Frühkapitalismus tief berührten CARLYLE mußte aber das „Neue Christentum" beeindrucken, zumal er im Freikirchentum wurzelte. Er übersetzte das Werk nebst einer entsprechenden Einführung und teilte die Fertigstellung 1830 in einem Brief mit. Es ist aber damals weder erschienen noch hat sich das Manuskript nachweislich erhalten, während eine Übersetzung des Werks ins Englische aus der Feder des religiösen Sozialreformers Rev. JAMES ELIMALET SMITH herauskam. Das ist aber auch nicht entscheidend.

Wichtiger ist, daß sich zahlreiche Parallelen zwischen den Saint-Simonisten und dem einflußreichen THOMAS CARLYLE ziehen lassen. Als Kulminationspunkt hat man dabei sowohl auf den zur Zeit der engsten persönlichen Beziehungen entstandenen „Sartor resartus" hingewiesen, wo wörtlich der Aphorismus Saint-Simons vom goldenen Zeitalter nebst Hinweis auf die Sekte enthalten ist, oder man hat ihn in „Past and Present" sehen wollen. Mehrfach findet sich in CARLYLES Werk auch die Konzeption von den sich abwechselnden Zeitaltern negativer Kritik und positiven Aufbaus, was schon HAYEK hervorgehoben hat, und was natürlich reiner Saint-Simon ist. Und um die Gleichartigkeit der Auffassungen weiter zu unterstreichen, bringen wir abschließend drei Zitate CARLYLES. Sie lauten:[18] „Ein großer Fortschritt liegt nach unserer Meinung unter den gegenwärtigen Umständen in der klaren Überzeugung, daß wir im Fortschritt begriffen sind." Oder: „Eine vornehme Klasse, die keine Pflichten zu erfüllen hat, gleicht einem an Abgründen gepflanzten Baume, von dessen Wurzeln alle Erde hinweggebröckelt ist." Sowie schließlich: „Die Anführer der Industrie, wenn die Industrie jemals angeführt werden kann, sind die Hauptleute und Heerführer der Welt." Solchen Henri de Saint-Simon und den Lehren der späteren Sekte völlig entsprechenden Äußerungen könnte man noch zahlreiche andere hinzufügen. Sie haben nicht nur in England, sondern besonders auch in Deutschland weite Verbreitung gefunden, wo die Werke des deutschfreundlichen CARLYLE im zweiten Kaiserreich zum geistigen Besitz des Bildungsbürgertums wurden. Doch

---

[17] GOETHES und CARLYLES Briefwechsel, Berlin 1867, S. 118.
[17a] l. c., S. 238.
[18] Die drei Zitate CARLYLES sind der deutschen Auswahlsammlung „Arbeiten und nicht verzweifeln", Düsseldorf u. Leipzig, o. J. entnommen: S. 102/103, 134, 135. FRIEDRICH MUCKLE hat „Saint-Simon und Carlyle" ein langes Kapitel gewidmet (l. c., S. 345–380).

müssen wir uns nunmehr den direkten Einflüssen des Saint-Simonismus auf Deutschland zuwenden, die schon früher in recht beachtlichem Umfang zu registrieren sind.

B. Der Saint-Simonismus in Deutschland

Während die Saint-Simonisten in Belgien und Großbritannien direkt in größerem Umfang missioniert haben, läßt sich Entsprechendes für Deutschland nicht feststellen. Jedenfalls gilt dies für die direkte Unterrichtung breiter Bevölkerungsschichten. Hierzu gab es offenbar nur kümmerliche Ansätze vom elsaß-lothringischen Grenzraum her, aus denen im Klima des reaktionären Vormärz nicht viel wurde. Ein Beispiel mag dies illustrieren. So berichtete GEORG BÜCHNER am 27. Mai 1833 in einem Brief aus Straßburg an seine Familie über sein Treffen mit einem Saint-Simonisten namens ROUSSEAU:

„Es ist ein liebenswürdiger junger Mann, viel gereist. Ohne sein fatales Kostüm hätte ich nie den St. Simonisten verspürt, wenn er nicht von der femme in Deutschland gesprochen hätte. Bei den Simonisten sind Mann und Frau gleich, sie haben gleiche politische Rechte. Sie haben nun ihren père, der ist St. Simon; aber billigerweise müßten sie auch eine mère haben. Die ist aber noch zu suchen ... Rousseau mit noch einem Gefährten (beide verstehen kein Wort Deutsch) wollten die femme in Deutschland suchen; man beging aber die intolerante Dummheit, sie zurückzuweisen ... Er bleibt jetzt in Straßburg, steckt die Hände in die Taschen und predigt dem Volke die Arbeit, wird für seine Kapazität gut bezahlt und ‚marche vers les femmes', wie er sich ausdrückt. Er ist übrigens beneidenswert, führt das bequemste Leben unter der Sonne, und ich möchte aus purer Faulheit St. Simonist werden, denn man müßte mir meine Kapazität gehörig honorieren."[19]

Über diesen Versuch finden sich entsprechende Angaben bei L'ALLEMAGNE[20], aus denen wir das Folgende entnehmen: Von Lyon aus versuchten zwei Simonisten (einer davon war ROUSSEAU) in Deutschland zu missionieren. Die badischen und württembergischen Behörden ließen die beiden Missionare passieren. In Augsburg aber wurden sie von der bayerischen Polizei festgenommen und über die Landesgrenze abgeschoben. Sie gingen nach dem württembergischen Ulm. Von dort wurden sie ebenfalls abgeschoben, und das gleiche passierte ihnen auch in Stuttgart. So kehrten sie nach Straßburg zurück und schrieben von dort an die „Allgemeine Zeitung" in Augsburg: „Da es uns unmöglich ist zu kommen und unseren Glauben persönlich zu vertreten, so bekennen wir ihn schriftlich und senden unser Wort. Wir werden nun in Straßburg bleiben, wo wir die noblen und würdigen Kinder Germaniens erwarten." Und ROUSSEAU schrieb sogar pompös an den König von Bayern, getreu der simonistischen Tradition, sich prominente Adressaten zu wählen, auch wenn diese es so gut wie nie zur Kenntnis nahmen.

Ist dies alles Firlefanz, so gab es doch andere und gewichtige Einflüsse auf Deutschland. Die Wege, über welche der Saint-Simonismus bei uns einzieht, sind geistige, genauer gesagt: Es sind Einflüsse, die auf Angehörige demokratischer Gegeneliten im Vormärz wirken. Dabei kam zunächst deutschen Literaten und Künstlern Bedeutung zu, die in Paris längere oder kürzere Zeit residierten wie LISZT oder MENDELSSOHN-BARTHOLDY. Bei dem Befreiungskampf gegen die Napoleonische Herrschaft war neben dem neuen nationalen Elan auch die

---

[19] GEORG BÜCHNER, Werke in einem Band, Berlin-Weimar, 1980. S. 196.
[20] L'ALLEMAGNE, l. c., 388 f.

Sehnsucht nach demokratischen und sozialen Freiheiten zum Durchbruch gekommen, wobei bekanntlich die akademische und sonstige geistig engagierte Jugend eine besondere Rolle spielte. Diese jüngere Generation vor allem, aber nicht nur sie, verfolgte mit großer Aufmerksamkeit die Entwicklung in Frankreich, das Deutschland geistig damals näher lag als heute: Die beiden nationalen Gesellschaften waren weniger geschlossen und durchorganisiert, die Grenzen weniger trennend, das Elsaß spielte seine Mittlerrolle, und die gebildeteren deutschen Schichten konnten selbstverständlich Französisch. Das Hauptquartier der Schule und Sekte in Paris, nicht zuletzt ENFANTIN selbst, war bemüht, auch in Deutschland entsprechende Schlüsselpersonen mit Propagandaschriften und Abonnements von Zeitschriften und Zeitungen zu versorgen.

So las auch der alte GOETHE jahrelang regelmäßig den „Globe", auf den in den „Gesprächen mit Eckermann" an vielen Stellen die Rede kommt. Dort verzeichnet ECKERMANN unter dem Datum des 20. Oktober 1830 auch eine Unterhaltung über die Saint-Simonisten, denen GOETHE, wie wir schon wissen, distanziert gegenüberstand:

„Goethe bat mich, ihm meine Meinung über die Saint-Simonisten zu sagen. ‚Die Hauptrichtung ihrer Lehre', erwiderte ich, ‚scheint dahin zu gehen, daß jeder für das Glück des Ganzen arbeiten solle, als unerläßliche Bedingung seines eigenen Glückes.' ‚Ich dächte', erwiderte Goethe, ‚jeder müsse bei sich selber anfangen und zunächst sein eigenes Glück machen, woraus dann zuletzt das Glück des Ganzen unfehlbar entstehen wird. Übrigens erscheint jene Lehre mir durchaus unpraktisch und unausführbar. Sie widerspricht aller Natur, aller Erfahrung und allem Gang der Dinge seit Jahrtausenden. Wenn jeder nur als einzelner seine Pflicht tut und jeder nur in dem Kreise seines nächsten Berufes brav und tüchtig ist, so wird es um das Wohl des Ganzen gut stehen' ..." Der Saint-Simonismus „wäre nur ein Rezept für Fürsten und Gesetzgeber; wiewohl es mir auch da scheinen will, als ob die Gesetze mehr trachten müßten, die Masse der Übel zu vermindern, als sich anmaßen zu wollen, die Masse des Glückes herbeizuführen." Er beendete das Gespräch mit den Worten: „Meine Hauptlehre aber ist vorläufig diese: der Vater sorge für sein Haus, der Handwerker für seine Kunden, der Geistliche für gegenseitige Liebe, und die Polizei störe den Frieden nicht."

So äußerte sich also der alte GOETHE eher konservativ. Aus dem zitierten Gespräch ist aber nicht nur am Rande, sondern als für die Sache wichtig zu notieren, daß er die Geistlichkeit in erster Linie dazu anhalten will: „für gegenseitige Liebe" zu sorgen. Das entspricht dem Hauptanliegen des „Neuen Christentums".

Doch GOETHE kontrastiert mehr in unserem Zusammenhang. Was dagegen HEINRICH HEINE und LUDWIG BÖRNE aus Paris berichteten, das fand in weiteren Kreisen nicht nur reges Interesse, sondern auch viel Zustimmung und dies um so mehr, je stärker die reaktionären Regierungskreise im Deutschland des Vormärz daran Anstoß nahmen. Was zunächst HEINE angeht, so nahm er im Mai 1831 dauernden Wohnsitz in Paris, zu einer Zeit also, wo die Saint-Simonisten besonders aktiv waren. Er nannte sie einmal „die fortgeschrittenste Partei im Befreiungskampf der Menschheit", stand mit ENFANTIN („der bedeutendste Geist der Gegenwart"), MICHEL CHEVALIER („mein sehr lieber Freund, einer der edelsten Menschen, die ich kenne") und anderen Simonisten in enger freundschaftlicher Beziehung. Von dem Einschreiten der französischen Justiz gegen die Sekte im Januar 1832 sehr betroffen, half er den Freunden mit dem schon erwähnten Schreiben, das am 26. Februar im „Globe" publiziert wurde, worin es heißt: „Je me déclare le plus vif admirateur de la nouvelle doctrine".

Auch nach dem Prozeß und der Verurteilung führender Simonisten trat HEINE zunächst weiter für diese ein, zumal ihr Lebensgefühl mit ihrer großen Liebe zum Irdischen seiner Mentalität entsprach, und ihre religiösen Ideen, ihr „dieu progrès", ihn anzogen. Er schreibt 1832 an VARNHAGEN V. ENSE, ohne Datum, aber offenbar nach dem Auszug der Sektierer nach Ménilmontant:

„Daß sich die Saint-Simonisten zurückgezogen, ist vielleicht der Doktrin selbst sehr nützlich; sie kommt in klügere Hände. Besonders der politische Theil, die Eigenthumslehre, wird besser bearbeitet werden. Was mich betrifft, ich interessiere mich eigentlich nur für die religiösen Ideen, die nur ausgesprochen zu werden brauchten, um früh oder spät ins Leben zu treten. Deutschland wird am kräftigsten für seinen Spiritualismus kämpfen", ... worauf er auf französisch fortfährt: „mais l'avenir est à nous."[21]

Wir haben schon berichtet, daß er dann sein Buch „De l'Allemagne" PROSPER ENFANTIN widmen wird. Für beide galt ja, wie für die meisten Simonisten, seine Maxime: „Wir wollen hier auf Erden schon das Himmelreich errichten".

HEINES positive Stellungnahmen, die später stark abkühlen, als manche Simonisten Karrieristen werden[22], wirken in Deutschland auf verschiedenen wichtigen Wegen. Hervorzuheben ist einmal, daß der Dichter der Pariser Korrespondent der Augsburger „Allgemeinen Zeitung"[23] war, und daß sich zu jener Zeit die Presse auf dem Wege zur politischen Macht befand. Die bekannte Zeitung gab damals nach anfänglicher Skepsis dem Saint Simonismus breitere Resonanz. Doch schon vorher war in Deutschland vom Saint-Simonismus die Rede gewesen: Der seinerzeit viel gelesene politische Schriftsteller FRIEDRICH BUCHHOLZ (1768–1843) hatte die Bewegung seit 1824 und dann laufend zwischen 1826 und 29 in seiner „Neuen Monatsschrift für Deutschland"[24] durch Übersetzungen entsprechender Texte bekannt gemacht, die größtenteils aus seiner Feder stammten. Meist waren es Übersetzungen aus dem „Producteur".[25] 1832 schrieb BUCHHOLZ seinen eigenen Artikel: „Was ist von der neuen Lehre zu halten, die sich die St. Simonistische nennt?" und kam zu einem positiven Ergebnis: „Sie wissen nämlich, daß die Gesellschaft nicht ohne geltende Lehre bestehen kann, und daß auf ein verbrauchtes Dogma ein nicht verbrauchtes folgen muß."[26]

Doch zurück zu HEINE. Er war ja nicht nur ein genialer Dichter, sondern auch eine geistige Schlüsselfigur, in modischer Terminologie könnte man sagen, ein „Multiplikator" hohen Grades. Einmal gehörte er zu jener Schriftstellergruppe,

---

[21] Zitiert nach HEINRICH HEINE, Sämtliche Werke, hrsg. v. Rudolf Frank, München und Leipzig 1923, 9. Band, S. 325.
[22] So heißt es in der Vorrede zur 2. Auflage von „De l'Allemagne" über die Saint-Simonisten kritisch: „La plupart ... sont à présent dans la prospérité; plusieurs d'entre eux sont néo-millionaires ... on va vite avec les chemins de fer ... ces ci-devant apôtres qui ont rêvé l'âge d'or pour toute l'humanité, se sont contentés de propager l'âge de l'argent" (Sämtliche Schriften, Bd. 11, 1976, S. 440).
[23] Die „Allgemeine Zeitung", eine politische Tageszeitung, war 1798 v. J. F. COTTA begründet worden. Nach Verbot durch den Herzog v. Württemberg (1803) erschien sie zunächst in Ulm, dann ab 1810 in Augsburg, daher in Frankreich meist „Gazette d'Augsbourg" genannt. COTTA ließ sie seit 1824 auf einer Schnellpresse drucken.
[24] Die „Neue Monatsschrift für Deutschland historisch politischen Inhalts", hrsg. v. FRIEDRICH BUCHHOLZ, erschien in Berlin 1820–35.
[25] RÜTGER SCHÄFER hat diese Artikel in seinen „Saint-Simonistischen Texten", 2 Bde, Aalen 1975, dankenswerteweise leicht zugänglich gemacht und gut kommentiert. Er ist auch Verfasser eines Werkes über BUCHHOLZ.
[26] Texte, Bd. II, S. 548.

für die sich der Name „Junges Deutschland"[27] eingebürgert hat, und zu der man außer HEINE Namen wie BÖRNE, GUTZKOW, HEINRICH LAUBE und THEODOR MUNDT rechnet, wozu noch weitere Geistesverwandte kamen. Zum anderen verfügte Heine darüber hinaus über enge Beziehungen zu anderen wichtigen geistigen Kräften, von denen wir VARNHAGEN V. ENSE nannten, aber unbedingt auch seine Gattin RAHEL hervorheben müssen. RAHEL VARNHAGEN schrieb zehn Monate vor ihrem Tode: „Ich bin die tiefste Saint-Simonistin. Nämlich mein ganzer Glaube ist die Überzeugung des Fortschreitens, der Perfectibilität, der Ausbildung des Universums, zu immer mehr Verständnis und Wohlstand im höchsten Sinne."[28] Die Lektüre des „Globe" nannte sie in einem anderen Brief einmal ihr täglich Brot: „le pain quotidien, welches man haben muß." Man kann wohl kaum überschätzen, was die gastfreie und ungemein schreibfreudige RAHEL in jener Zeit für das Bekanntwerden des Saint-Simonismus in Deutschland bewirkt hat. Zum Freundeskreis gehörte nicht zuletzt auch der berühmte Fürst HERMANN V. PÜCKLER-MUSKAU (1785–1871), der durch seine Schriften, Tagebücher und Briefe stark gewirkt hat. So könnte man ein ganzes Kommunikationsnetzwerk aufzeichnen, über welches sich damals die Gedanken des Simonismus in bestimmten geistig maßgebenden Kreisen schnell verbreiteten.

Was den in Paris residierenden LUDWIG BÖRNE angeht, den wir bereits früher mit seiner Schilderung eines Simonistischen Abends zu Worte kommen ließen, so teilte er nicht die große Bewunderung HEINES für die Sekte, sondern blieb bei allem Interesse den Lehren gegenüber von differenzierter Einstellung. Sein 17. Brief aus Paris vom 30. Dez. 1831 widmet sich ausführlich und ausschließlich dem Saint-Simonismus: Ihm mißfällt „die monarchische Verfassung ihrer Kirche. Sie haben einen Papst; vor solchem kreuze ich mich, wie vor dem Satan". Zum „Neuen Christentum" fragte er, was das heiße? „Es gibt nur **eine** reine Quelle des wahren Glaubens, und aus dieser fließen die mannigfaltigen Ströme der Religionen." Und zu den Lehren, die den „Globe" täglich als Motto zieren, führt er aus, daß er nur die erste akzeptiere: Die Dringlichkeit der besonderen Förderung des Proletariats. Freilich könne man dem Grundsatz, daß die bürgerliche Gesellschaft n u r dafür da sein solle, erst dann beipflichten, „nachdem man stillschweigend angenommen, daß die Minderzahl der Geist- und Güterbegabten ... den Schutz und Beistand der bürgerlichen Gesetze entbehren können". Die zweite Grundlehre, die Abschaffung ererbter Privilegien, hält er für selbstverständlich und darum für überflüssig („Jedes Wort, noch ferner gegen den Adel gesprochen, ist ein Schwertstreich dem Schlachtfeld entzogen"). An der dritten Grundregel „Jeder nach seiner Kapazität, jede Kapazität nach ihren

---

[27] Über das „Junge Deutschland" gibt es eine umfangreiche Literatur, aus der wir nur das klassische Werk von GEORG BRANDES hervorheben: Das Junge Deutschland, Hauptströmungen in der Literatur des 19. Jahrhunderts. Bd. 6 (zuerst 1892), sowie die neuere Bonner Habilit.-Schrift von HELMUT KOOPMANN: Das Junge Deutschland. Analyse seines Selbstverständnisses, Stuttgart 1970. Die sich nach der Julirevolution 1830 bildende Bewegung setzte sich für Humanität, Bürger-, Juden- und Frauenemanzipation sowie für Freiheit der Publizistik und des Theaters ein. Der Name bürgerte sich nach dem Vorbild von MAZZINIS revolutionärem Geheimbund „Junges Europa" ein. Speziell zum Einfluß des Saint-Simonismus nennen wir die gründliche Studie von E. M. BUTLER, The Saint-Simonian Religion in Germany. A Study of the young german movement, Cambridge 1926. Auf die große Bedeutung des Saint-Simonismus für das „Junge Deutschland" hat mich zuerst mein Seminarteilnehmer HERMANN RÖSCH aufmerksam gemacht.

[28] RAHEL VARNHAGEN V. ENSE am 8. 5. 1832 in einem Brief an KARL SCHALL.

Werken" hat BÖRNE wohl als erster eine wichtige Kritik geäußert, die zu unterstreichen ist: „Was der Mensch ist, bestimmt seinen Wert, nicht das, was er thut."[29] Gerade heute, auch der Verf. hat dies seit über 30 Jahren betont, besteht die große Gefahr, das „operari" einfach mit dem „esse" gleichzusetzen, den *Nutz*wert eines Menschen also allen seinen sonst möglichen Wertigkeiten überzuordnen. Das ist heute in unserer übertechnisierten und überbürokratisierten Welt eine billige Einsicht, aber es war ein Verdienst, diese Gefahr schon vor 150 Jahren gesehen zu haben.

Jedenfalls fand der Saint-Simonismus Anfang der 1830er Jahre in Deutschland großes Interesse. Er wurde bei Sympathisanten, vor allem aber bei Gegnern, zu denen nicht zuletzt konservative Kirchenkreise gehörten[30], Tagesgespräch. In rascher Folge erschienen 1831/32 Schriften über die Bewegung (WARNKÖNIG, CAROVÉ, SCHIEBLER, BRETSCHNEIDER).[31] LORENZ V. STEIN hat dann in den 40er Jahren in seinem epochemachenden, mehrfach aufgelegten Werk „Geschichte der sozialen Bewegung in Frankreich von 1789 bis auf unsere Tage"[32] Saint-Simon und den Saint-Simonisten ein ausführliches Kapitel gewidmet, das lange Zeit die beste Darstellung in deutscher Sprache geblieben ist. Daß seine Darstellung und Bewertung heute zum Teil überholt ist und auch nicht in allem mit der unsrigen übereinstimmt, mindert nicht ihre Bedeutung. STEIN hat den Saint-Simonismus damals in Deutschland in weiten Kreisen so populär gemacht, daß jeder Gebildete wenigstens vage davon wußte. Als gleichzeitiger Autor mit ähnlicher Thematik, wenn auch von geringerem Rang und mit engerer Wirkung, muß außerdem KARL GRÜN[33] genannt werden. Alle diese von uns aufgezeigten Einflüsse auf das deutsche Geistesleben und die deutsche Politik können sich freilich an Intensität und Dauerhaftigkeit nicht mit demjenigen messen, womit wir unser Deutschland-Kapitel abschließen: mit dem Einfluß auf den **Marxismus.**

Die Saint-Simonisten hatten neben anderen Schwerpunkten in einigen Provinzen Frankreichs (etwa im Raum Lyon) besonders auch im Osten, im Elsaß und in Lothringen Fuß gefaßt. Im Elsaß gab es simonistische Zirkel, in Mühlhausen

---

[29] Alle Briefstellen BÖRNES zitiert nach der Originalausgabe „Briefe aus Paris 1831–1832", 4. Teil, Herisau 1835.

[30] Noch heute befindet sich eine Schrift ENFANTINS, die Saint-Simons „memoire sur la science de l'Homme" enthält, auf dem „index librorum prohibitorum" der katholischen Kirche. (Vgl. Index Romanus, hrsg. v. ALBERT SLEUMER, Osnabrück 1957.)

[31] Der Jurist WARNKÖNIG schrieb über den Saint-Simonismus in „Der Gesellschafter", Berlin 31. 1. 32, nach „Le Globe" vom 16. 1. und 26. 2. 1832 publizierte er darüber auch in der „Kritischen Z. f. Rechtswissenschaft". FRIEDRICH WILHELM CAROVÉ, Der Saint-Simonismus und die neuere französische Philosophie, Leipzig 1831. K. W. SCHIEBLER, Der Saint-Simonismus und die Lehre Saint-Simons und seiner Anhänger, Leipzig 1831. KARL GOTTLIEB BRETSCHNEIDER, späterer Generalsuperintendent, Der Saint-Simonismus und das Christentum, Leipzig 1832.

[32] LORENZ V. STEIN, Geschichte der sozialen Bewegung in Frankreich von 1798 bis auf unsere Tage, Ausg. letzter Hand, Leipzig 1850. Neuausgabe, hrsg. v. GOTTFRIED SALOMON, München 1921. Das Werk von LORENZ V. STEIN erschien 1842–50 in drei aufeinanderfolgenden Bearbeitungen und machte den Verf. schnell bekannt. Es soll Ergebnis einer von preußischen Regierungsstellen angeregten Untersuchung über den Sozialismus unter Deutschen in Paris gewesen sein.

[33] KARL GRÜN, Die soziale Bewegung in Frankreich und Belgien. Briefe und Studien, Darmstadt 1845 (die Seiten 79–126 sind Saint-Simon und den Simonisten gewidmet).

und Straßburg, aber ein noch stärkerer Schwerpunkt war Lothringen, wo die Sekte vor allem in Nancy und in Metz florierte. In beiden Städten wurden um 1830 regelrechte „Familien" organisiert, und 1831 kamen in Nancy und Metz mehrfach jeweils rund 1000 bis 2000 Zuhörer zu Veranstaltungen der Simonisten. Die Linie von Nancy nach Metz läßt sich nun unschwer im Moseltal bis zum von dort nur rund 80–90 km entfernten Trier verlängern, wo man den Fuß nach Deutschland hinübersetzen konnte. In der Tat muß der Einfluß dort so groß geworden sein, daß der Bischof von Trier ihn als Bedrohung empfand und sich veranlaßt sah, dagegen einzuschreiten. Der Bischof richtete Anfang Februar 1832 an seine Geistlichen ein Rundschreiben gegen die Umtriebe des Saint-Simonismus, eine Lehre, welche für Staat und Kirche gefährlich sei. Er verdammte die Bewegung auch von der Kanzel aus. Der 1818 geborene KARL MARX war damals ein 13jähriger Schüler des Trierer Friedrich-Wilhelm-Gymnasiums.

Es kann kein Zweifel darüber bestehen, daß KARL MARX bereits in Trier, wo er 1835 das Reifezeugnis erhielt, mit dem Saint-Simonismus in Berührung gekommen ist, der nicht zuletzt durch die Stellungnahmen der Kirche bekannt wurde. Der Vater, HEINRICH MARX, liberaler Anwalt und Justizrat, war von den Auffassungen der französischen Aufklärung durchdrungen, mit ihrem Glauben an den Fortschritt der Vernunft und die Verbesserung der Welt. Der Vater war loyaler preußischer Staatsbürger, gehörte aber auch der liberalen und gelegentlich der Regierung suspekten „Gesellschaft des literärischen Casinos" an. Wie seine Frau aus alten Rabbinerfamilien stammend, war er zum Protestantismus übergetreten. Ein Mann, der – nach dem Zeugnis seiner Enkelin ELEANOR – seinen VOLTAIRE und ROUSSEAU „auswendig" kannte, dürfte auch Schriften der Saint-Simonisten gelesen und gelegentlich mit seinem geistig früh regen Sohn darüber gesprochen haben. Allgemein wird jedoch angenommen, die Bekanntschaft KARL MARX' mit dem Saint-Simonismus sei vor allem auf seinen „teuren väterlichen Freund" LUDWIG V. WESTPHALEN zurückzuführen, dessen Tochter JENNY er einmal heimführen wird. Wir wissen, daß WESTPHALEN, welcher der preußischen Verwaltung angehörte, wie manche seiner damaligen preußischen Beamten-Kollegen – was heute oft vergessen wird – „fortschrittlich" gesonnen war. Die in benachbarten Häusern lebenden Familien MARX und WESTPHALEN pflegten freundschaftlichen Verkehr, bei dem auch die gemeinsame, in Trier marginale evangelische Konfession eine Rolle spielte. Da die beiden Väter sich um die Bildung des jungen MARX bemühten (sie lasen mit ihm u. a. Klassiker), dürfte dieser dabei von beiden Seiten manches von den Lehren Saint-Simons und der Simonisten erfahren haben. Und noch eine weitere Informationsquelle sollte für die Trierer Jahre in Betracht gezogen werden: die sehr aktive Propaganda, welche der Trierer Kreissekretär LUDWIG GALL dort in jener Zeit für den Fourierismus betrieb. Es wäre recht unwahrscheinlich, wenn dabei nicht auch vom Saint-Simonismus die Rede gewesen sein sollte und wenn davon nichts zu Ohren des jungen KARL MARX gelangt wäre.

Wir können hier keine Überlegungen darüber anschließen, in welchen Kreisen dann auf den Universitäten Bonn und Berlin der junge MARX von den Lehren Saint-Simons und der späteren Sekte weiteres erfahren hat. Wir können hier auch nicht der Frage nachgehen, durch welche akademischen Lehrer (er hörte in Berlin z. B. bei EDUARD GANS[34], der von Saint-Simon beeindruckt war) oder

---

[34] EDUARD GANS (1798–1839), Professor der Rechte in Berlin und Gegner der historischen

durch welche Schriften er seine Kenntnisse über die Lehre erweiterte. Tatsache bleibt jedenfalls, daß die Werke von KARL MARX und FRIEDRICH ENGELS mit positiven und negativen Hinweisen auf Saint-Simon und den Saint-Simonismus (die zum „utopischen Sozialismus" gerechnet werden) geradezu „gespickt" sind. In der großen Ausgabe der Werke von MARX und ENGELS (MEW), die das Institut für Marxismus-Leninismus ab 1956 herausgab, hat man einmal rund hundert Stellen gezählt, die sich allein und direkt auf Henri de Saint-Simon beziehen.[35]

Es kann schließlich im Rahmen dieser Darstellung auch keine Rede davon sein, den Versuch zu unternehmen, Einflüsse des Saint-Simonismus auf KARL MARX und den Marxismus an einzelnen Lehrstücken (etwa an dem Klassenbegriff oder der in letzter Instanz maßgebenden ökonomischen Determination) nachzuweisen und dabei die Gemeinsamkeiten und Unterschiede herauszuarbeiten. Das wäre ein anderes Buch, und das haben wir auch bei anderen Autoren, z. B. bei COMTE, nicht getan. Halten wir am Ende dieses Deutschland betreffenden Unterkapitels daher lediglich fest, was heute wohl niemand mehr bestreitet: Der Saint-Simonismus hat einen starken und unmittelbaren Einfluß auf KARL MARX und andere deutsche Sozialisten ausgeübt. Es beeinträchtigt den Ruhm des Marxismus nicht im geringsten, wenn man diesen Einfluß mit F. A. v. HAYEK sogar als „immens" bewertet. Der Einfluß wurde von den Begründern des „Wissenschaftlichen Sozialismus" auch immer anerkannt. So rühmte FRIEDRICH ENGELS, um nur ein Zitat für mehrere ähnliche zu bringen, in seinem „Anti-Dühring", an dem auch Karl MARX mitgearbeitet hat, „bei Saint-Simon eine geniale Weite des Blicks, ... vermöge deren fast alle nicht streng ökonomischen Gedanken der späteren Sozialisten bei ihm im Keim enthalten sind".[36] Ob dies stimmt, ist eine weitere Frage. Und ob Saint-Simon überhaupt ein „Sozialist" war, darüber kann man streiten, schon weil man sich über die Definition des vom Saint-Simonisten PIERRE LEROUX erstmalig 1832 verwendeten Begriffs nicht einig ist.[37]

30. Kapitel
Zur Aktualität Saint-Simons: Zwischen Realität und Utopia

„Immer werden", stellte STEFAN ZWEIG einmal fest, „Gestalten und Geschehnisse der Geschichte nach abermaliger Deutung ... verlangen, die ein Schleier von Ungewißheit umschattet." Wir haben, wie andere vor uns, die freilich meist kritiklose Verehrer waren, einige Schleier um Saint-Simon und die sich nach ihm benennenden Neophyten zu heben versucht. Doch es bleibt, zumal sich Meister und Jünger gerne selber mystifizierten, noch manche Ungewißheit.

Diese Schleier der Ungewißheit beruhen nicht darauf, daß Henri de Saint-Simon und auch noch die jugendlichen Saint-Simonisten gewissermaßen zwischen zwei Zeitaltern der Menschheitsgeschichte lebten: Sie lebten am Ende des euro-

---

Schule, vor allem SAVIGNYS, hat sich auch als Herausgeber von HEGELS „Grundlinien der Philosophie des Rechts" (1833) Verdienste erworben.

[35] Nach einer Zählung von Dr. NEMETZADE am Bonner Seminar für Soziologie.
[36] FRIEDRICH ENGELS, Herrn Eugen Dührings Umwälzung der Wissenschaft, zuerst 1878, hier zitiert nach der 8. Aufl., Stuttgart 1914, S. 277.
[37] Vgl. zu dieser Frage: GÉRARD DEHOVE, Saint-Simon a-t-il été socialiste? In „Revue des Etudes Cooperatives", Nr. 57 (Okt.–Dez. 1935), S. 121 ff.

päischen „Ancien Régime" und zu Beginn der modernen Industriegesellschaft, was ihnen ihren spezifischen Erkenntnis- und Freiheitsspielraum gab. Sondern das Schillern des Bildes von ihrem Leben und Wirken führen wir darauf zurück, daß sie sich zwischen zwei geistigen Sphären bewegten und diese miteinander zu verbinden trachteten: Einerseits standen sie auf dem Boden scharf erkannter Realitäten, nicht ohne diese zeitweise zweckrational mit Erfolg zu nutzen. Doch andererseits suchten sie Erlösung für sich und die Menschheit im Reiche der Utopie.

Wichtiger als die Aktualität Saint-Simons und des Saint-Simonismus an einzelnen Punkten nochmals darzulegen – etwa an dem Bekenntnis zur modernen Industriegesellschaft, an dem Friedenspostulat, dem Europagedanken, der Notwendigkeit neuer Glaubensüberzeugungen oder der Gleichberechtigung der Frau –, scheint uns die Aktualität dieser Doppelorientierung zu sein. Nicht zufällig hat diese zweifache Denkrichtung Saint-Simon sowohl zu einem wichtigen Ahnherrn der wissenschaftlichen Soziologie als auch zu einem solchen säkularer Erlösungsreligionen werden lassen. Wenn wir abschließend zu dieser Doppelorientierung noch einige Worte sagen, so dürfen wir uns zugleich fragen, ob nicht Zeitalter des Umbruchs mit deutlichen Krisensymptomen in besonderem Maße Chancen zur Wirklichkeitserfassung wie Versuchungen zu utopischem Suchen bieten. Dies bedeutet nicht nur, daß verschiedene Einzelne und Gruppen sich entweder so oder so orientieren, sondern daß auch Betrachter und Denker, welche die Wirklichkeit ihrer Zeit und Gesellschaft mit scharfem analytischen Verstand durchdringen, sich gleichzeitig oder in der Folge mit Utopien versuchen. Gerade solche erscheinen uns dann beachtenswert. Und Utopien können natürlich auch starke Kraftquellen sein, wenn die Welt wankt oder doch – wie der Verf. lieber sagen würde – zu wanken scheint.

Der Lebenslauf Henri de Saint-Simons und die Historiographie der sich auf ihn berufenden Sekte, die Werke des Meisters wie die der posthumen Jünger, zeigen uns immer wieder deutlich: Es liegt hier eine faszinierende Mischung von scharfsinniger Tatsachenbeobachtung, richtiger Vorausschau und einem pseudoreligiösen Fortschrittsglauben vor, der auf dem Humus einer säkularreligiösen Wissenschaftsgläubigkeit gedieh. Das Anliegen Saint-Simons, daß auch die Sozialwissenschaften mit streng empirischen Methoden arbeiten sollten, ist zum Teil erfüllt und geht weiter in Erfüllung, mag sich die praktische Politik auch heute noch zu wenig darum scheren. In doppelköpfiger, sich polarisierender Gestaltung tritt uns andererseits der Utopismus als säkularisierte Erlösungshoffnung entgegen: Als Fortschrittsgläubigkeit in den beiden Supermächten unserer Welt, vor allem bei ihren Führern.[1] Sie breitete sich auch rasch in Teilen der „Dritten Welt" aus.[1a] Die dabei oft zutagetretende Naivität frappiert zunehmend das alte Europa, wo man sich zu fragen beginnt, ob es nicht berufen wäre, hier moderierend einzugreifen. Die „planende Vernunft" (FRIEDRICH H. TENBRUCK) beginnt, sich ihrer Grenzen bewußt zu werden.[2] Hierher gehören auch als No-

---

[1] Es bedarf hier keiner Belege für den ungebrochenen Fortschrittsoptimismus der beiden zeitgenössischen Supermächte, da sie laufend der Tagespresse zu entnehmen sind. Ein Beispiel für unzählige andere: Der Präsident der USA, RONALD REAGAN, erklärte laut einer Sendung des deutschen Fernsehens vom 7. 2. 1985: „Es gibt keine Schranken für den Fortschritt außer denen, die wir selbst errichten."

[1a] Vokabeln für „Fortschritt" finden sich in zahlreichen Unabhängigkeitserklärungen, Parteinamen und Verfassungen von Entwicklungsländern.

[2] FRIEDRICH H. TENBRUCK, Zur Kritik der planenden Vernunft, Freiburg 1971.

vum – mit umgekehrtem Vorzeichen – die früher eher rechts, heute eher links im politischen Spektrum angesiedelten kulturpessimistischen Horrorvisionen, die in breiteren Kreisen Resignation bewirken. Man kann eine ganze „no future"-Welle bei Intellektuellen und Jugendlichen dazurechnen. Seit einiger Zeit hat man für die entsprechende Orientierung den Begriff der „negativen" Utopie geprägt, wofür ALDOUS HUXLEYS „Brave new world" (1932) und GEORGE ORWELLS „1984" (1949) nur die bekanntesten literarischen Zeugnisse sind. Auch diese Schreckensvisionen haben ihre religiösen Vorläufer, sie sind ebenso wie die Erlösungsutopien abgeschiedener Geist der Theologie.

Es müßte langweilen und pedantisch wirken, wollten wir in diesem Schlußkapitel, gewissermaßen in einem „Soll und Haben", noch einmal Punkt für Punkt zu registrieren suchen, was am Werk Saint-Simons und der Saint-Simonisten jeweils der Realitätserfassung (SCHUMPETER: „his pungent sense of reality"[3]) oder dem Reich der Utopie zuzuordnen ist. Das Wesentliche ist bereits zur Sprache gekommen, auch werden diesbezüglich die Urteile nicht immer leicht zu fällen sein und einheitlich ausfallen können. Der Begriff der Utopie umfaßt zudem nach heutigem, wenn auch nicht einhelligem Verständnis sowohl dasjenige, was „niemals", wie das, was „noch nicht" möglich ist, wobei man letzteres auch gern mit dem paradoxen Begriff der „konkreten Utopie" zu fassen sucht. Die Ausdehnung des Begriffes macht ihn als Werkzeug der Analyse natürlich stumpfer. Immerhin könnten wir uns in wesentlichen Punkten über Saint-Simon und den Saint-Simonismus doch einig werden, was noch kurz versucht werden soll.

Die Heraufkunft eines neuen, alle Bereiche zunehmend umfassenden und letztlich prägenden Industriezeitalters schon um 1800 klar erkannt zu haben, war nicht nur Realismus, sondern scharfsinnige Extrapolation. Daß in dieser wachsenden und sich immer weiter ausbreitenden Wirtschaftsgesellschaft moderner Artung die führenden Wirtschaftskreise auch politisches Sagen haben würden, gehört als richtige Prognose dazu. Ebenfalls war es richtig gesehen – und wurde selbst später noch von bedeutenden Theoretikern verkannt –, daß innerhalb solcher Industriegesellschaften der materielle Wohlstand wachsen werde, freilich weniger schnell bei zentraler Planung. Daß die Herren dieser Industriegesellschaften, seien es tätige Kapitalisten, Manager, Politiker oder Wirtschafts- und Politkommissare verschiedenster Couleur, im Unterschied zu den bis zum Ende des „Ancien Régime" herrschenden Schichten, den Verführungen der Macht nicht oder doch sehr viel weniger unterliegen würden, das war freilich eine naive Utopie im schlechten Wortsinn. Eine solche Utopie war es auch, entsprechende Läuterung von den an der Machtausübung als Verkünder eines neuen „Erlösungswissens" beteiligten Intellektuellen zu erhoffen. Auch sie bleiben Menschen mit ihrem Macht- und Geltungsdrang. Ja, man wird sogar fragen dürfen, ob sich in einer „mobilen" Gesellschaft solche Züge nicht stärker ausprägen müssen als in einer dem Streben des einzelnen starre Grenzen setzenden Ständegesellschaft. Man beklagt mit Grund den Mangel an geistigen Orientierungen am Gemeinwohl, die Überzeugungskraft und zugleich Breitenwirkung haben. Im Westen steht, wie SALVADOR DE MADARIAGA überspitzt formuliert hat, ein „Heer ohne Banner"[4], auch die Feldzeichen der Freiheit leuchten nur schwach. Wer sähe aber nicht die Gefahren für die Humanität, die überall da lauern, wo

---

[3] JOSEPH SCHUMPETER, History of Economic Analysis, New York 1954, S. 462.
[4] SALVADOR DE MADARIAGA, Der Westen: Heer ohne Banner, Bern u. Stuttgart 1961.

zwar einem Establishment neben der politischen und wirtschaftlichen auch die geistige Führung gelingt, aber zugleich ein politisches Priestertum entsteht, das dem Totalitarismus die Wege ebnet? Es ist dies das berühmte Problem, welches DOSTOJEWSKI im „Großinquisitor" aufwarf, der im Namen Christi den Heiland selbst als Störenfried des Landes verweist.[5]

Wie dem auch sei, utopisches Denken ist an sich nichts Böses, es kann nur böse Konsequenzen haben. Es ist freilich keine Wissenschaft, doch auch aus dieser kann, wie heute jeder weiß, Unheil erwachsen. Utopisches Denken kann, ebenso wie künstlerische Gestaltung, in welche es oft einfließt, in die richtige Richtung und in die Zukunft weisen, die Geschichte der Erfindungen wie der Literatur ist voll solcher Beispiele. Es führt aber auch in Abgründe.

Die drei ältesten, urkundlich nachgewiesenen Namensträger des später berühmten Geschlechts der Saint-Simon trugen eigentümlicherweise den Beinamen „le borgne", d. h. der Einäugige. Auch der prominente Herzog und Memoirenschreiber und sein zeitweise im Proletariat vegetierender Neffe, die beiden bedeutendsten Mitglieder der Familie, waren geistig einäugig. Sie gehören nicht nur familiär, sondern auch ideologisch eng zusammen und zwar dialektisch. Der Herzog sah alles nur mit dem Auge der Vergangenheit, der scharfsinnige Beobachter und Analysator seiner Zeit war ein romantischer, rückwärts gewandter Utopist, der alles Heil von der niemals möglichen Wiederherstellung vergangener Zustände erwartete. Daß sein Neffe sich mit der Pistole wirklich ein Auge ausschoß, erscheint uns symbolisch. Denn auch Henri de Saint-Simon war geistig einäugig. Er war wie sein Onkel ein äußerst scharfsinniger Diagnostiker der Gegenwart und noch dazu ein Prognostiker von hohen Graden. Zugleich aber war er Utopist im pejorativen Sinne, auf einem geistigen Auge war er blind. Er glaubte, daß der Mensch durch Wissenschaft, Technik und zentrale Planung zum Glück auf Erden gelangen könne. Er war zwar kein egalitärer Träumer, aber er glaubte doch fest an eine harmonische und friedliche Etablierung echter Leistungseliten, an den Altruismus neuer, moralisch besserer Führungsschichten. Der alte, zum Antimilitaristen gewordene Oberst hatte kein Gespür dafür, daß auch die zivile Welt in modernen Industriegesellschaften eine Kampfarena nicht zuletzt organisierter Mächte bleibt. Man verkennt den Menschen, wenn man glaubt, die einseitige These „homo homini lupus" (THOMAS HOBBES) einfach durch diejenige vom „homo homini amicus" ersetzen zu können. Wir behalten beide Möglichkeiten und die zweite als Maxime. Freilich ist diese Blindheit beim Blick in die Zukunft vielleicht ein liebenswerter Zug an diesem durchaus nicht untadeligen Menschen.

Für den Einzelnen und seine Mitwelt ist es jedenfalls schlimmer, die Chancen überhaupt nicht mehr zu sehen, welche unsere Menschheit trotz allem weiter hat. Zwar haben Krisen und Revolutionen sich inzwischen über den ganzen Erdball ausgebreitet, und die Technik läßt auch apokalyptische Züge erkennen. Aber ist 1984 nicht bereits vorbei? Auch bei der Beantwortung dieser Frage kann uns Henri de Saint-Simon heute hilfreich sein. Sehen wir von einigen dunklen Stunden der Resignation ab, so hatte er zu Recht von sich gesagt: „je vis encore dans l'avenir", ich lebe noch immer in der Zukunft. Diese kann aber nur mitgestalten, wer nicht verzagt.

---

[5] Die Erzählung, welche DOSTOJEWSKI in den 1. Band seiner „Brüder Karamasow" eingefügt hat, geht jeden an, der sich mit Fragen der geistigen Macht über Menschen befassen will.

Chronologische Übersicht

1750 Turgot: „Tableau philosophique des progrès successifs de l'esprit humain"

1751–1780 „Encyclopédie"

1760 Henri de Saint-Simon geboren

1769 James Watts Dampfmaschine

1772–1837 Charles Fourier

1774 Regierungsantritt Ludwig XVI.

1775–1783 Nordamerikanischer Befreiungskrieg

1779–83 Saint-Simon in Amerika

1785 Saint-Simon in den Niederlanden

1786 Mechanischer Webstuhl

1787–88 Saint-Simon in Spanien

1789–91 Assemblée Constituante

1789 Saint-Simon kehrt nach Frankreich zurück

1789, 14. Juli: Erstürmung und Zerstörung der Bastille. 27. Aug.: Erklärung der Menschenrechte. 2. Nov.: Enteignung der Kirchengüter beschlossen

1790–98 Immobilientransaktionen und sonstige wirtschaftliche Spekulationen Saint-Simons

1791–92 Assemblée législative

1791 Armand Bazard geboren

1792 Stürmung der Tuilerien, Gefangenschaft des Königs im „Temple". Septembermorde, Frankreich Republik

1792–95 Nationalkonvent

1793 Ludwig XVI. hingerichtet

1793–94 Saint-Simon 9 Monate im Kerker

1794 Sturz und Hinrichtung Robespierres (9. Thermidor)

1795–99 Direktorialregierung

1796 Barthélémy-Prosper Enfantin geboren

1799 Staatsstreich Bonapartes (18. Brumaire)

1798–1857 Auguste Comte

1800 Elektrische Elemente von Volta ermöglichen Stromverwendung

1801–02 Ehe Saint-Simons

1802 Saint-Simon in England, Genf und Deutschland. 1. Aufl. der „Genfer Briefe"

1803–06 Saint-Simon in großer finanzieller Misere

1806 Kaiserkrönung Napoleons

1806–07 Arbeit Saint-Simons im Pariser Pfandhaus

	1807–13 Empire-Schriften Saint-Simons
1812 Gescheiterter Rußlandfeldzug Napoleons	1812–13 Zusammenbruch und Krankheit Saint-Simons
1813–15 Befreiungskriege	1813–18 Zusammenarbeit Saint-Simons mit Augustin Thierry
1814–15 Wiener Kongreß	1814 „De la Réorganisation de la Société Européenne"
1814–24 Ludwig XVIII.	1815 Saint-Simon Bibliothekar an der Bibliothèque de l'Arsenal
	1816–18 „L'Industrie"
	1817 Zusammenarbeit Saint-Simons mit Comte beginnt
1818–83 Karl Marx	1819–20 „L'Organisateur" (darin die „Parabel")
1820 Ermordung des Herzogs von Berry	
	1820–22 „Du Système industriel"
1820–95 Friedrich Engels	1823 Selbstmordversuch Saint-Simons
	1823–24 „Catéchisme des industriels" (Das 3. Cahier von Comte)
1824–30 Karl X.	1824 Bruch zwischen Saint-Simon und Comte
	1825 Tod Saint-Simons, „Nouveau Christianisme"
	1825–26 Zeitschrift „Le Producteur"
1826 Erste Eisenbahn zwischen Liverpool und Manchester	
	1829 (31.12.) Bazard und Enfantin „Pères de la religion Saint-Simonienne"
	1829–30 Exposition de la Doctrine
1830 Pariser Julirevolution. König Louis Philippe v. Orléans („Bürgerkönig"). Aufstände in Belgien und Polen. Belgien Königreich	1830–42 Comte: cours de la philosophie positive, 6 Bde.
	1831 Simonisten diskutieren Familien- und Frauenfrage. Bruch zwischen Bazard und Enfantin, Schisma der Sekte.
	1832 Saint-Simonisten in Ménilmontant. Tod Bazards. Prozeß und Verurteilung von Sektenmitgliedern

1848 Pariser Februarrevolution. Revolutionäre Bewegungen in Deutschland. „Kommunistisches Manifest".

1851 Staatsstreich Louis Napoleons

1852 Louis Napoleon wird als Napoleon III. Kaiser

1869 Suez-Kanal eröffnet

1870–71 Deutsch-Französischer Krieg

1871 Herrschaft der „Kommune" in Paris. Absetzung Napoleons III., Frankreich erneut Republik

1833–37 Saint-Simonisten in Ägypten.

1837 ff. Saint-Simonisten engagieren sich praktisch im Eisenbahnbau

1852 Brüder Péreire gründen den „Crédit Mobilier" (besteht bis 1867)

1859 Charles Lemonnier: „Œuvres Choisies de Saint-Simon", 3 Bde, Brüssel

1864 Tod Enfantins

1865–76 „Œuvres de Saint-Simon et d'Enfantin", 47 Bde.

1867 Gründung der „Ligue internationale de la paix et de la liberté" durch Lemonnier und Beginn intern. Friedenskongresse.

Genealogie Saint-Simon
(Ausschnitt)

| Louis-François, Marquis de Saint-Simon Generalleutnant (1680–1751) | ⚭ 1717 | Louise-Marie-Gabrielle de Gourges (1699–1754) | | Henri, Marquis de Saint-Simon Maréchal de Camp (Brigadegeneral) (1703–1739) | ⚭ 1735 | Blanche-Louise Zaccaria (verwitwete Marchesa Gastona de Botta) (1695– ?) |

Balthazar-Henri Comte de Saint-Simon
Brigadegeneral, Großzeremonienmeister des Königs von Polen und Lothringen
(1721–1783)

⚭ 1758

Blanche Elisabeth de Saint-Simon
(1737– ?, nach Juni 1813)

| Adelaide Blanche Marie (1759–1820) ⚭ Vicomte de Saint-Simon-Monbléru ↓ Duc Henri-Jean-*Victor* (1782–1865) Divisionsgeneral, Gesandter und Senator, Pair von Frankreich und Grande von Spanien | CLAUDE-HENRI (1760–1825) ⚭ 1801 Alexandrine-Sophie Goury de Champ-grand (1773–1860), Schriftstellerin (geschieden 1802, sie erneut ⚭ mit Baron de Bawr (†1810). Außereheliche Tochter: *Caroline*-Charlotte Thillais (1795–1834) 1. ⚭ Bouraîche, Kaufmann in Paris 2. ⚭ Charon, Gendarm ↓ *aus 2. Ehe:* 2 Töchter 1 Sohn | Claude-Henri-René (1762–63) | Marie-Louise (1763–?) ⚭ Louis Comte de Montléart | Eude-Claude-Henri (1765–85) Chevalier de Malte | Adrienne Emilie Josephine (1767–1846) ⚭ Comte de Talhouet-Grationnaye | Claude-Louis-Jean (1769–?) Offizier ⚭ Maria Horlandis | André Louis (1771–?) Chevalier de Malte | Hubert (Hébert) (?–1852) Konteradmiral ⚭ Regina Sachs |

Bibliographie*

(Generell: JEAN WALCH, Bibliographie du Saint-Simonisme, Paris 1967, die 1049 Titel aufführt)

A) Hauptschriften Saint-Simons

Lettres d'un Habitant de Genève à l'humanité, Genf 1802 (2. A. unter dem veränderten Titel: ... à ses contemporains, Paris 1803)
Introduction aux travaux scientifiques du XIXe siècle, 2 Bde., Paris 1807/08
Lettres, Paris 1808 (bekannt unter dem Titel: Lettres au Bureau de Longitudes)
Verschiedene Entwürfe und Prospekte für eine „Nouvelle Encyclopédie"
Mémoire introductive de M. de Saint-Simon sur sa contestation avec M. de Redern, Alençon 1812
Mémoire sur la Science de l'Homme, in handschriftl. Kopien verbreitet 1813 (gedruckt Brüssel 1859)
Travail sur la gravitation universelle (Kopien verbreitet 1813)
De la Réorganisation de la Société européenne (mit A. Thierry), Paris 1814
Profession de foi du Comte de Saint-Simon au sujet de l'invasion du territoire français par Napoleon Bonaparte, Paris 1815
Opinion sur les mesures à prendre contre la coalition de 1815 (mit A. Thierry), Paris 1815
L'Industrie, 4 Bde., Paris 1816–1818
La Politique, Paris 1819
L'Organisateur, Paris 1819–20 (darin die „Parabole")
Considérations sur les mesures a prendre pour terminer la revolution, Paris 1820
Lettres à M. M. les Jurés, Paris 1820
Du Système industriel, 3 Bde., Paris 1820–22
Des Bourbons et des Stuarts, Paris 1822
Catéchisme des industriels, 4 cahiers, Paris 1823–24 (das 3. Cahier von A. Comte)
Opinions littéraires, philosophiques et industrielles, 1825(?)
Nouveau Christianisme, Paris 1825

Umfassendste gegenwärtige Gesamtausgabe:

Œuvres de Claude-Henri de Saint-Simon, 6 Bde., Paris 1966, **éditions anthropos** (fotomechanischer Neudruck der Schriften aus den „Œuvres de Saint-Simon et d'Enfantin", siehe B, sowie ein 6. Ergänzungsband mit weiteren Arbeiten).

Deutsche Übersetzungen längerer Auszüge finden sich z. B. in:
DAUTRY, JEAN (Hrsg.), Saint-Simon, Ausgewählte Texte, Berlin 1957
RAMM, THILO (Hrsg.), Der Frühsozialismus, Quellentexte, 2. A., Stuttgart 1968
SCHÄFER, RÜTGER (Hrsg.), Saint-Simonistische Texte, 2. Bde., Aalen 1975

Englische Übersetzungen u. a. in:
MARKHAM, F. M. H. (Hrsg.), Henri, Comte de Saint-Simon: Selected writings, Oxford 1952 und New York 1953

B) Exemplarische Publikationen der Saint-Simonisten

Œuvres de Saint-Simon et d'Enfantin, Paris 1865–1878, 47 Bde. (Hauptwerke Saint-Simons in den Bänden 15, 18–23, 37–40). „Précédées de deux Notices Historiques et publiées par les membres du Conseil institué par Enfantin pour l'exécution de ses dernières volontés."

Zeitschrift „Le Producteur", Paris 1825–26
Zeitschrift „L'Organisateur", Paris 1829–31
Zeitung „Le Globe" (seit Übernahme der Leitung durch die Saint-Simonisten) 1830–32

---

* Die in den Anmerkungen zitierten Quellen sind hier nur zum Teil aufgeführt.

Zeitschrift „La Femme libre. Apostolat des Femmes", Paris 1832–34 (auch unter den wechselnden Titeln „La Femme de l'avenir", La Femme Nouvelle", „Tribune des Femmes")
BAZARD, SAINT-ARMAND: Religion Saint-Simonienne, Paris 1832
BUCHEZ, PHILIPPE-JOSEPH-BENJAMIN: Introduction à la science de l'histoire, ou science du developpement de l'humanité, Paris 1833
DERS.: Sur le Saint-Simonisme, lecture faite à l'Académie des Sciences morales et politiques, Paris 1887
CARNOT, HIPPOLYTE-LAZAR: Doctrine Saint-Simonienne, Résumé générale de l'exposition faite en 1829 et 1830, 2. A., Paris 1831
CHARTON, EDOUARD: Mémoire d'un prédicateur Saint-Simonien, Paris 1832
CHEVALIER, MICHEL: Cours d'Economie politique, fait au Collège de France 1841–44, 2 Bde.
COMTE, AUGUSTE: Système de politique positive, 1834 (3. Cahier des „Catéchisme des industriels, siehe unter A), Paris 1824
Bezüglich der zahlreichen weiteren Werke des berühmten Positivisten verweisen wir auf die Spezialliteratur.
ENFANTIN, BARTHÉLÉMY-PROSPER: Religion saint-simonienne. Economie politique et politique (Auszüge aus dem „Globe"), Paris 1833
DERS.: Religion saint-simonienne, Morale, Réunion générale de la famille. Enseignements du Père suprême, Paris 1832
(vgl. zu weiteren Publikationen: Œuvres, s. o.)
D'EICHTHAL, GUSTAVE: De l'Unité européenne, Paris 1840
FOURNEL, HENRI: Bibliographie saint-simonienne, de 1802–1832, Paris 1833
HALÉVY, LÉON: Souvenirs de Saint-Simon, Revue d'histoire économique, Paris 1925
LEMONNIER, CHARLES: La doctrine de Saint-Simon, exposition lère année 1829, Paris 1830 (Neuausgabe v. C. Bouglée und E. Halévy, Paris 1924. Deutsche Übersetzung eingel. u. hrsg. v. Gottfried Salomon-Delatour, Neuwied 1962)
DERS. (Hrsg.): Œuvres choisies de C. H. de Saint-Simon, 3 Bde., Brüssel 1859
LE CHEVALIER, SAINT-ANDRÉ (JULES): Religion saint-simonienne, Enseignement central, 2 Bde., Paris 1831
LEROUX, PIERRE und JEAN REYNAUD: Encyclopédie nouvelle, 8 Bde., Paris 1836–41
PÉREIRE, ALFRED: Autour de Saint-Simon, documents originaux, Paris 1912
PÉREIRE, ISAAC: Leçons sur l'industrie et sur les finances, suivies d'un projet de banque, Paris 1832
RODRIGUES, OLINDE (Hrsg.): Œuvres de Saint-Simon, Paris 1841
DERS. (Hrsg.): Poésies sociales des ouvriers, Paris 1841

C) Ausgewählte Sekundärliteratur über Saint-Simon und den Saint-Simonismus

D'ALLEMAGNE, HENRY-RENÉ: Les Saint-Simoniens 1827–1837, Paris 1930
ALEM, JEAN-PIERRE: Enfantin, le Prophète aux Sept Visages, o. O. 1963
ANSART, PIERRE: Saint-Simon, Paris 1969
DERS.: Sociologie de Saint-Simon, Paris 1970
BOOTH, ARTHUR JOHN: Saint-Simon and Saint-Simonism, London 1871
BUTLER, ELIZA M.: The Saint-Simonian religion in Germany. A study of the young German movement, Cambridge 1926
CHARLÉTY, SÉBASTIEN: Histoire du Saint-Simonisme, Paris 1896, spätere Ausgaben, Paris 1931 und Genf 1964
DONDO, MATHURIN: The French Faust Henri de Saint-Simon, New York 1955
DURKHEIM, EMILE: Saint-Simon, fondateur du positivisme et de la sociologie in „Revue philosophique", XCIX, 1925
DERS.: Le Socialisme, sa définition – ses débuts – la doctrine saint-simonienne, Paris 1928
EMGE, RICHARD MARTINUS: Saint-Simon als Wissens- und Wissenschaftssoziologe, in „Kölner Zeitschrift für Soziologie und Sozialpsychologie", Sonderheft 22/1980
FEHLBAUM, ROLF PETER: Saint-Simon und die Saint-Simonisten. Vom Laissez-Faire zur Wirtschaftsplanung, Basel-Tübingen 1970

GOUHIER, HENRI: La jeunesse d'Auguste Comte et la formation du positivisme, 3 Bde., Paris 1933–1941 (der 2. und 3. Band handeln ausführlich auch von Saint-Simon)
GURVITCH, GEORGES: Les fondateurs français de la sociologie contemporaine. Fasc. I: Saint-Simon: Sociologue („Les cours de Sorbonne", 1955)
IGGERS, GEORG G.: The cult of authority. The political philosophy of the Saint-Simonians. A chapter in the intellectual history of totalitarism, Den Haag 1958
KAYSER, RUDOLF: Claude-Henri Graf Saint-Simon, Fürst der Armen, München 1966 (überaus freie, romanartige Erzählung)
KÖNIG, RENÉ: Emile Durkheim zur Diskussion. Jenseits von Dogmatismus und Skepsis, München u. Wien 1978 (Darin Kap. über Saint-Simon nebst Bibliographie)
KRÄMER, HANS LEO: Die fraternitäre Gesellschaft: Aspekte der Gesellschafts- und Staatstheorie von Claude-Henri de Saint-Simon. Dissertation, Saarbrücken 1969
LEROY, MAXIME: La vie véritable du Comte Henri de Saint-Simon (1760–1825), Paris 1925
MANUEL, FRANK E.: The Prophets of Paris, Cambridge (Mass.) 1962
DERS.: The New World of Henri Saint-Simon, Cambridge (Mass.) 1956. 2. A. Notre Dame Press 1963 (nach letzterer wird zitiert)
MUCKLE, FRIEDRICH: Henri de Saint-Simon. Die Persönlichkeit und ihr Werk, Jena 1908
PANKHURST, RICHARD K. P.: The Saint-Simonians Mill and Carlyle ... , London 1957
PERROUX, FRANÇOIS: Industrie et création collective. I: Saint-Simonisme du XXe siècle et création collective, Paris 1964
DERS. und SCHUHL, PIERRE-MAXIME, Hrsg.: Saint-Simonisme et pari pour l'industrie XIXe à XXe siècles, „économies et sociétés", IV/4, 1970
PETERMANN, THOMAS: Claude-Henri de Saint-Simon: Die Gesellschaft als Werkstatt, Berlin 1979
PLENGE, JOHANNES: Gründung und Geschichte des Crédit Mobilier, Tübingen 1903
SCHMIDTLEIN, KARL: Saint-Amand Bazard, in „Schmollers Jahrbuch", XLVI (1922)
SCHUHL, PIERRE-MAXIME: Henri de Saint-Simon (1760–1825), in „Revue philosophique", Bd. CL (1960), S. 441–458
SOMBART, NICOLAUS: Vom Ursprung der Geschichtsphilosophie, in „Archiv f. Rechts- und Sozialphilosophie", Bd. 41 (1954/55)
STARK, WERNER: Saint-Simon as a Realist, in „The Journal of Economic History", Vol. III (1943); The Realism of Saint Simon's Spiritual Program, Vol. V (1945)
WARSCHAUER, OTTO: Geschichte des Sozialismus und neueren Kommunismus, 1. Abt.: Saint-Simon und der Saint-Simonismus, Leipzig 1892
WEILL, GEORGES: Un précurreur du socialisme, Saint-Simon et son œuvre, Paris 1894
DERS.: L'Ecole saint-simonienne: son histoire son influence jusqu'à nos jours, Paris 1896

D) Weitere einschlägige Literaturhinweise

ARON, RAYMOND: Dix-huit leçons sur la société industrielle, Paris 1962
BAMBACH, RALF: Der französische Frühsozialismus, Opladen 1984
BILLINGTON, JAMES H.: Fire in the Minds of Men. Origins of the Revolutionary Faith, New York 1980
BLANC, LOUIS: Histoire de dix ans 1830–1840, 5 Bde., Paris 1841–44
DE BONALD, LOUIS: Œuvres complètes, 12 Bde., Paris 1817–19
BORN, KARL ERICH: Geld und Banken im 19. und 20. Jahrhundert, Stuttgart 1977
BRUGMANS, HENRI: Prophètes et fondateurs de l'Europe, Bruges 1974
CASSIRER, ERNST: Die Philosophie der Aufklärung, Tübingen 1932
COMTE, AUGUSTE: Lettres à M. Valat, Paris 1970
DE CONDORCET, ANTOINE-NICOLAS, Esquisse d'un tableau historique des progrès de l'esprit humain (1794), Paris 1883
DENIS, HENRI: Histoire de la pensée économique, 5. Aufl. Paris 1977 (insbes. Kap. II: Le socialisme technocratique, Saint-Simon et ses disciples)
DUPEUX, GEORGES: La société française 1789–1960, Paris 1964
FOURIER, CHARLES: Œuvres complètes, 12 Bde., Paris 1966–68
GIDE, CHARLES und RIST, CHARLES: Geschichte der volkswirtschaftlichen Lehrmeinungen, Jena 1913

GILLE, BERTRAND: La Banque en France au XIXᵉ siècle, Genf und Paris 1970
GROETHUYSEN, BERNHARD: Die Entstehung der bürgerlichen Welt- und Lebensanschauung in Frankreich, 2. Bde., Halle 1927/30
DERS.: Philosophie der Französischen Revolution, Neuwied und Berlin 1971
HAYEK, FRIEDRICH-AUGUST: Mißbrauch und Verfall der Vernunft, Ein Fragment, Frankfurt 1959
HOFMANN, WERNER: Ideengeschichte der sozialen Bewegung des 19. und 20. Jahrhunderts, Berlin 1962
JONAS, FRIEDRICH: Geschichte der Soziologie, 4 Bde., Reinbek b. Hamburg, 1968 ff., insbes. Bd. II
KLAGES, HELMUT: Geschichte der Soziologie, München 1969
LEPENIES, WOLF: Das Ende der Naturgeschichte. Wandel kultureller Selbstverständlichkeiten in den Wissenschaften des 18. und 19. Jahrhunderts, München-Wien 1976
LÖWITH, KARL: Weltgeschichte und Heilsgeschehen, 7. A., Stuttgart etc. 1979 (zuerst 1953)
MAGER, WOLFGANG: Frankreich vom Ancien Régime zur Moderne, Stuttgart etc., 1980
MAIER, HANS: Revolution und Kirche. Studien zur Frühgeschichte der christlichen Demokratie 1789–1903, 2. A., Freiburg 1965
DE MAISTRE, JOSEPH: Œuvres, 4 Bde., Paris 1864
MORNET, DANIEL: La pensée française au XVIIIᵉ siècle, 5. A., Paris 1938
MOSCA, GAETANO: Histoire des doctrines politiques, neue Aufl. komplettiert von Gaston Bouthoul, Paris 1955
MUELLER, IRIS W.: John Stuart Mill and French Thought, Urbana, Ill., 1956
PERNOUD, RÉGINE: Histoire de la bourgeoisie en France, 2 Bde., Paris 1960–62 (hier Bd. 2: Les temps modernes)
RECKTENWALD, HORST CLAUS (Hrsg.): Geschichte der Politischen Ökonomie, Stuttgart 1971
RÉMOND, RENÉ: L'Ancien Régime et la Révolution, Paris 1974
SALOMON, ALBERT: Fortschritt als Schicksal und Verhängnis. Betrachtungen zum Ursprung der Soziologie, Stuttgart 1957
SCHMÖLDERS, GÜNTER: Geschichte der Volkswirtschaftslehre, Neuausgabe, Reinbek b. Hamburg 1962
SCHUMPETER, JOSEPH: Kapitalismus, Sozialismus und Demokratie, 2. deutsche Aufl., Bern und München 1950 (zuerst englisch 1942)
(V.) STEIN, LORENZ: Geschichte der sozialen Bewegung in Frankreich von 1789 bis auf unsere Tage. Neuausgabe in 3 Bänden, München 1921 (zuerst in letzter eigener Bearbeitung Leipzig 1850)
DE TOQUEVILLE, ALEXIS: L'Ancien Régime et la Révolution, Paris 1856 (deutsch: Der alte Staat und die Revolution, Bremen o. J.,Sammlung Dieterich)
TREUE, WILHELM: Wirtschaftsgeschichte der Neuzeit. Das Zeitalter der technisch-industriellen Revolution. 2. A. Stuttgart 1966

Sachregister

(Laufend verwendete Stichworte wie Fortschritt, Gesellschaft oder Organisationen wurden fortgelassen.)

Absentismus 13, 16
Absolutismus 11
Adel 14–18, 24, 32
- Beamtenadel 9, 14, 17
- Hofadel 16, 24
- Provinzadel 16
- Schwertadel 10, 15, 17, 116
- Abschaffung des Adels 52 f.
- Adelsverzicht (Saint-Simons) 52
Adoption 56
- *„Fils adoptif"* 89
Akademie der Wissenschaften 25, 35, 49, 104
Algerien 187
Amerikaerlebnis (Saint-Simons) 41 f., 110
Anarchie 135
Anekdoten (über Saint-Simon) 34 f., 40, 52, 57, 60, 68 f., 74, 96 f.
Antisemitismus 1, 152 f., 185
Arbeit 19, 48, 88, 100, 114 f., 177
Arbeitsdienst 176
Arbeitspflicht 100, 118, 129, 134, 136
Arbeiter (siehe auch Proletariat) 136 f., 145, 151, 154, 159, 195
- ägyptische Arbeiter 186
- Arbeiterausbildung 170, 172
- beim Eisenbahnbau 188 f.
- Arbeiterbewegung 193
- Arbeiterdichtungen 192
- Arbeiterelend 136 f., 195
- Arbeiterfamilien 192
- Arbeiterworkshops 172
Arbre encyclopédique 106
Aristokratie, siehe Adel
Arme (siehe auch Proletariat) 95, 128 ff., 136, 139
Assignaten 53, 59 f.
Association 146
Aufklärung 20–26, 115
Ausbeutung
- der Frau 169 f
- der Welt 157
- des Menschen durch den Menschen 157, 159

Babouvisten 158
Banken, Gründungsgeschäfte 189 ff.
Bankensystem 161
Bankiers 18, 48, 55, 58, 62, 87 f., 90, 93 f., 118, 135, 145, 150, 185

Bauern 20, 56, 65, 87, 158
Belgien 193 f.
Besitzlose (siehe auch Arme, Proletariat) 101 f.
Bibel 129
- neue Bibel 177
Bibliothèque de l'Arsenal 86, 192
Bildungsbürgertum 26, 198
„Biogenetisches Grundgesetz" 133
Blutsmythos 14 f., 55 f.
„Bonhomme" 56 f., 61, 136
„Bon sauvage" 130
Bourbonendynastie 21, 28, 83, 86, 91, 116
Bourgeoisie 17 ff., 24, 107, 149 f., 158 f., 166 f., 195
- Großbourgeoisie 10 f., 62, 87, 98, 149, 191
Brasilien 194
Brüderlichkeit 92, 125, 129, 137
Bureau de Longitudes 78, 106
Bürgerkönigtum 167
Bürgerliche Gesellschaft (siehe auch Bourgeoisie) 67, 167 f., 181

Carbonari 151, 162, 167
Censuswahlrecht (Klassenwahlrecht) 87, 137
Charte octroyée 83, 87
Choleraepidemie 172 f., 174
„Christentum, Neues" 95, 124–131, 162
Cincinnatus, Orden v. 43, 57
Cobden-Vertrag 193
Compagnons de la femme 181, 185
Corps industriel 114
Crédit Intellectuel 192
Crédit Mobilier 190 ff.
Crédit Mutuel 191
Crédit Saint-Simonien 173

Dampfschiffahrtslinien 191
Deutschland 21, 24, 27, 73, 75, 112 f., 156, 199–205
Dialektik 29, 208
Dienstplan (Saint-Simonistischer) 175
Diktatur 161
Diskriminierung (siehe auch Frau) 18 f., 153
Doktrin, allgemeine 65
- Notwendigkeit derselben 115 f., 129, 137, 161, 201

Sachregister

Domestiken 175
„Drei-Stadien-Gesetz" 23, 82, 105 f., 133, 197
„Dritte Welt" 206

École de Médicine 68 f.
École libre des Sciences Politiques 193
École Normale Supérieure 84
École Polytechnique 26, 68 f., 89, 120, 123, 150 f., 162, 167, 182, 184, 194
Egalität 29, 108, 116, 129, 135
Ehe 72, 168 ff.
Ehe Saint-Simons 69–73
Eisenbahnen 145, 183, 187–189, 201
– Börsenspekulationen 189
– Konkurrenzkämpfe 188 f.
– Staatshilfen 187 f.
Eliten, siehe Führungseliten
Empirie 22 f., 97, 110, 131, 206
Emigranten 55, 75, 87
England 22 f., 27, 36 ff., 62–64, 66, 73, 84, 86, 106, 112, 186, 194–198
Entwicklungsgedanke 105 f., 108, 132
Enzyklopädie 22 f., 24 f., 65, 98
– neue 15, 78, 104 f., 107, 192
Erbrecht (siehe auch Privateigentum) 159 f., 166, 197
Erbsünde 169
Erlösungsglaube 152, 206
Erlösungswissen 207
Erziehung des Adels 24
– Saint-Simons 34 f.
Eschatologie 157
Europäische Vereinigung 84, 110 ff., 193

Familie 160, 169 f.
Familienfideikommiß der Saint-Simons (Projekt) 81
Familiensoziologie 7
Familienstrukturen 197
– im Saint-Simonismus 153
Farbensymbolik 176
Faschismus 1
Finanzkapital (Großkapital) 146, 150, 188
Fonds Enfantin 192
Fourieristen 154, 168, 204
Frauen 164, 166, 168–172, 196
– Diskriminierung 160, 169, 196
– Einstellung Saint-Simons 66, 69, 103, 168
– Emanzipation 168 ff., 196 f., 202
– jüdische 185
Frau Messias 172, 179, 181, 184, 199
Freihandel 145, 193, 196
Freimaurer 163
Fremde 152, 188

Frieden 82, 109–113, 138 f., 156, 165
Friedensbewegung 3, 139
Friedensforscher 110
Friedenssehnsucht 109, 157
Fronde 16
Führerprinzip 85
Funktionalität passim u. a. 13, 90 ff., 116, 198
Führungseliten 102, 106, 116–118, 135 ff., 145, 198, 207 f.

Gefängnisse
– aristokratische Subkultur 58
– *Luxembourg* 58
– *Sainte Pélagie* 57 f.
Geheimdiplomatie 46, 63
Gemeinschaftsbedürfnis 147
Genie 77, 93, 117
Gesänge
– *Chant des industriels* 92
– der Saint-Simonisten 176 f.
„Geschichte der Zukunft" 82
Geselligkeit der Saint-Simonisten 164
Gewalt, physische 129
Gläubigkeit, neue 154
„Goldenes Zeitalter" 108, 113, 133, 144
Granden 6, 15, 50, 59
Gravitation 82, 87, 105
Gütergemeinschaft 160, 169, 195

Haar- und Barttracht der St.-Simonisten 176
Handarbeit 26
Handwerker 19, 25, 49, 90, 151
handwerkliche Tätigkeit von Monarchen 26
„Herrschaft des Menschen über den Menschen" 157
Herrschaft über die Natur 132, 144
Herrschaftsrollen (siehe auch Führungseliten) 106
Hierarchie, Saint-Simonistische 166
Historiographie 28
Historismus 2
Holland 23 f., 32, 46 f., 82
Humanität 156, 207
Hybris des Menschen 3, 191
Hydraulische Agrikultur 183

Ideen, positive (siehe auch Positivismus) 115, 137
Ideologen 76
Ideologie
– Kritik 107
– Verdacht 28

– Notwendigkeit (siehe auch
    Doktrin) 115, 137
Idolenlehre (Bacons) 107
Illuminaten 103
Industrie, passim, u. a. 87 f., 113–118, 134, 198
Industrielle (Definition) 114
Industriesystem 92
Industriezeitalter 134, 207
Inquisition 128
Institut de France 104, 182
Institutionen, ihre Zeitbedingtheit 126
Intelligenz
– als Eigenschaft 108
– als Schicht (Intellektuelle) 19 f., 101 f., 117, 135, 146, 166, 207
Interessenpolitik 92
Italien 10, 82, 189

„*J'accuse*" als lit. Stilform 127
Jacquerie 56
Jakobiner 9, 27, 130
Jesuiten 49, 128
Judentum 94, 130, 152 f., 184–186, 202
jüdische Kapitalien 185, 190
Jugendliche 149, 163, 207
„Junges Deutschland" 202
jus primae noctis 170

Kabbalismus 186
Kanalbauprojekte 186
– in Ägypten 181–184
– in Frankreich 191
– im Panamagebiet 46, 192
– in Spanien 48 ff.
Kapitalismus 146, 190 f., 195
– Frühkapitalismus 154, 195, 198
Karbonari, siehe Carbonari
Kirchengüter, Enteignung 53 ff., 158
Klassenanalyse 101 f.
-begriff 1
-bewußtsein 19
-gesellschaft 10
-kampf 3, 101, 137
Klerus 12–14, 53, 76, 111, 125, 129, 204
– neuer 138, 161, 163, 208
– Unbildung 14, 128
Kongresse 112
– Wiener Kongreß 84, 86, 110, 112, 114, 135
Koalition von 1815 86
Konkurrenzkämpfe 155, 188 f., 191
Krankheiten (Saint-Simons) 78–81, 96 f.
Kreditwesen 146, 161, 191
Krieg 41, 109 ff.
Krise 29, 100, 110, 115, 133, 134, 138, 154, 208

– Wirtschaftskrisen 154
Kritische und organische Epochen 115, 132, 156 f., 197 f.
Krone (französische) 11 ff., 15 f., 17, 19, 25, 58, 91, 116 f.
Kulturpessimismus 207
Künste, Künstler 23, 30, 67, 71, 87, 89 f., 95, 101 ff., 108, 114 f., 123, 129, 144, 151, 155, 164, 173, 199, 208

Landwirte 114, 118
Legisten (Juristen) 17, 92, 116, 134 f.
Legitimität 11, 25, 83, 102, 147
Lehrtätigkeit (Saint-Simonistische) 147 f., 155, 163 f., 167
– bei Arbeitern 151, 170, 172
Lettres de cachet 12
Liberalismus 85 f., 87 f., 92, 101, 116, 120, 145 ff., 166 f., 188, 197, 204
Liebe 92, 95 f., 138, 156, 168, 200
    (Sexualität siehe dort)
Lille, Verhandlungen v. 62 f.
„List der Vernunft" 67
Literaten, Literatur 59, 86, 90, 115, 123, 129, 151 f., 165, 208
– Kaffeehaus-L. 1, 173
„*Lumières*" 21, 102 f.
Luxus 13, 60, 62, 64
Lycée républicain 100

Malteserorden 34, 55
Marginalität v. Saint-Simonisten 151 f.
Marxismus 2, 18, 82, 103, 119, 121, 134, 139, 146, 156, 203 ff.
Ménilmontant 174–179, 196, 201
Menschenrechte 24, 29, 53, 132, 158
– Erklärung der M. 53 f.
Meritokratie 53, 116 f., 136, 160
Messianismus 1, 97
Metaphysik 75, 102, 104 f., 106 f., 116, 129, 132 f.
Mittelalter 97, 111, 125, 129, 156
Mobilität
– geographische 65, 188
– soziale 8, 65, 207
Mont-de-piété 76 f.
Moral 3, 113, 137 f.
– neue Moral, siehe Doktrin
Moralisten 138
Musik, Musiker (siehe auch Gesänge) 90, 103, 129, 165, 175, 182
Müßiggang 91 f., 134, 137, 159
Mythen 1, 5, 7, 9, 14

Nächstenliebe, siehe Brüderlichkeit
Nationalsozialismus 1

Naturwissenschaften 22 f., 68, 90, 101, 103, 144
Neo-Saint-Simonismus 2
Niltalsperren 183 ff.
Noblesse, siehe Adel
- *d'épée*, siehe Schwertadel
- *de robe*, siehe Beamtenadel

Oberschicht (siehe auch Führungseliten) 25, 50
Öffentliche Meinung 3, 21, 29 f., 85, 112, 137, 178
Offizierschargen 15, 26, 42, 47
- Saint-Simons 44 f.
Organische Epochen (siehe auch kritische und organische Epochen) 126, 157, 197
Osmanisches Reich 182

Paarbeziehungen, wissenschaftliche 119 ff.
Palais Royal 69, 71, 79, 96, 146
Palästina 184–186
Panama-Kanal, siehe Kanalbauprojekte
Papsttum 112, 126 ff., 130
Parabel *(parabole)* 90, 114
Pazifismus 55, 109 f., 139, 157, 167, 193
Perfektibilität d. Menschen 108 f., 133
Pestepidemie in Paris 184
Phasentheorien der Menschheitsgeschichte 105 f., 133, 156
Philosophische Innovationen 97
Picardie 7 f., 31, 33, 35, 52
Planwirtschaft 3, 135, 207 f.
Politische Wissenschaften 41, 86
Positivismus 2, 82, 94, 100 f., 104 f., 116, 120, 123, 131 f., 137
Postkutschendienste
- in Spanien 49
- in Paris 61 f., 65
Priester, siehe Klerus
Priesterpaar (Saint-Simonistisches) 170
„Prinzip Hoffnung" 152
Privateigentum 20, 54, 136, 158 ff., 197, 201
Privilegien 12–18, 29
- Verzicht 52
Produktion, Produktivität 17, 26, 74, 87 f., 90, 114, 118, 134
Proletariat 95, 102, 107, 129 f., 136, 138, 147, 150 f., 154, 168, 170, 176 f., 198, 202
- geistliches 14
Proletarierkult 176
Promiskuität 170
Protestantismus 128 f.
Prozeß
- Saint-Simons 91
- der Saint-Simonisten 176–179

Rassismus 14 f.
Reformation, siehe Protestantismus
Regierungen 117, 135
Religion 11 f., 24, 29, 108, 124–130
- des Fortschritts 130
Ressentiment 17, 153
Revolution (passim)
- von 1688 22
- in Amerika 36 f., 41 f.
- von 1789 11, 20, 22, 26–30, 51–59, 133
- von 1830 (Julirevolution) 166 f., 173
- von 1848 (Februarrevolution) 190
- Beendigung der Revolution 27, 86, 92, 133 f.
- der Wissenschaften 106, 132
Rheinbund 82
Romantik 27, 88, 126, 146, 157
Rue Monsigny 164 ff.
Rußland 162, 194, 206

Saint-Louis, Orden v. 43, 57
Sans-culotten 57
Schreckensherrschaft (siehe auch Terror) 27, 29, 58, 70
Selbstbedienung 176
Selbstmordversuch Saint-Simons 93 f., 130
Sexualität 168 f., 172 f., 195
Sociétaires 137
Société de la morale chrétienne 147
Solidarität 100, 147, 153
Sozialismus 1 f., 155, 171 f., 197, 203, 205
- utopischer S. 205
Soziologie 2, 3, 27, 99, 109
- Parteiensoziologie 85
- Wissenschaftssoziologie 148
- Wissenssoziologie 10, 18, 26, 119, 130, 146, 148
Spanien 47–50, 82, 189
Spekulationsgeschäfte Saint-Simons 53 f., 59–67
Spielkarten, revolutionäre 60
Sprache 108
Staat 28, 159 f., 187
- Finanznot des Staates 19 f., 53
- Staats- und Regierungsformen 28
- Staat und Gesellschaft 28
- Frau im Staat 169
- staatliche Repression 178
Stand, Ständegesellschaft, Ständestaat 10–20, 29, 51
- dritter Stand 13 f., 18–20
- Ständeversammlung 51
Statusinkonsistenz 153
Stuarts 92
Suezkanal 181–183, 186, 191
Symbolik 43, 146, 166, 172, 175 f., 177, 187

Technik, Techniker 25f., 87, 101, 115, 117, 120, 144, 150f., 187, 208
Tempel (der Saint-Simonisten) 177
Terror (siehe auch Schreckensherrschaft) 51, 56
Totalitarismus 3, 135, 161, 176, 208
Tracht, Saint-Simonistische 166, 175f.

Ultramontanismus 126
Ungleichheit, Prinzip d. 11, 116, 135f., 160
Unitarier 194
Urchristentum 162
„Utopia" 117
Utopie, Utopismus 1, 84, 91, 100, 103, 116, 118, 156, 158, 206ff.
– „konkrete" 207
– negative 207
– rückwärtsgewandte 208

Vereinigte Staaten von Amerika 26–39, 41f., 206
– Unabhängigkeitserklärung 36
Vereinigung Europas, siehe Europäische Vereinigung
Vernunft 21f., 25f., 29, 103
– „planende Vernunft" 206

„verkehrte Welt" 91
Versöhnung von Geist und Fleisch 169ff.
– von Abendland und Morgenland 186
„Vie expérimentale" 67, 69f., 72, 76, 97
Vielweiberei 169
Volonté générale 29

Wahnsinn 80
Weltgemeinschaft 65, 110, 148, 157
Werkstatt, Gesellschaft als 2, 101, 118, 134, 137
– der Enzyklopädie 23
Wissenschaft (passim)
– allgemeine 75, 78, 104
– vom Menschen *(science de l'homme)* 69, 82, 84, 104, 110, 139
– Einheit 104
– Revolutionen der Wissenschaften 106, 132
Wissenschaftler 67f., 102, 104ff., 110, 115, 117
Wohlfahrtsausschuß 55, 57

Zeitalter, goldenes (siehe „Goldenes Zeitalter")
Zionismus 185f.

Buchanzeige

 Oldenbourg · Wirtschafts- und Sozialwissenschaften · Steuer · Recht

Sozialwissenschaft

Methoden

Roth
Sozialwissenschaftliche Methoden
Lehr- und Handbuch für Forschung und Praxis.
Herausgegeben von Professor Dr. Erwin Roth unter Mitarbeit von Dr. Klaus Heidenreich.

Soziologie

Eberle · Maindok
Einführung in die Soziologische Theorie
Von Dr. Friedrich Eberle und Dr. Herlinde Maindok.

Mikl · Horke
Organisierte Arbeit
Einführung in die Arbeitssoziologie
Von Dr. Gertraude Mikl-Horke, Univ.-Professorin für Soziologie.

Politologie

Albrecht
Internationale Politik
Einführung in das System internationaler Herrschaft.
Von Dr. Ulrich Albrecht, Professor für Politische Wissenschaften.

 Oldenbourg · Wirtschafts- und Sozialwissenschaften · Steuer · Recht

St